大型反射面天线设计及关键技术

李东伟　段玉虎　等　编著

西安电子科技大学出版社

内 容 简 介

本书结合大型反射面天线研制和建设的工程实践，从天线结构、天线射频、天线控制、天线指向精度的测量与补偿等方面，全面系统地论述了反射面天线的发展历史、关键技术和发展趋势，并重点介绍了大型反射面天线的特点以及研制难点与最新研究成果。本书是中国电子科技集团公司第三十九研究所对有关研究者几十年研制大型反射面天线技术成果和工程经验的总结与凝集，具有系统性强、与工程实践结合紧密等特点。希望本书能为从事大型反射面天线研究与工程设计的技术人员提供参考，为更多天线领域的从业者和高校学生提供帮助。

本书的主要读者对象为从事大型反射面天线射频、结构工艺、伺服控制和检测测量研究与工程设计的技术人员。本书也可供高等院校相关专业师生学习参考。

图书在版编目(CIP)数据

大型反射面天线设计及关键技术/李东伟等编著. —西安：西安电子科技大学出版社，2021.1(2021.10 重印)

ISBN 978-7-5606-5949-7

Ⅰ. ①大… Ⅱ. ①李… Ⅲ. ①反射面天线—无线电技术 Ⅳ. ①TN82

中国版本图书馆 CIP 数据核字(2020)第 272894 号

策划编辑 臧延新
责任编辑 马晓娟 阎 彬 许青青
出版发行 西安电子科技大学出版社(西安市太白南路 2 号)
电 话 (029)88202421 88201467 邮 编 710071
网 址 www.xduph.com 电子邮箱 xdupfxb001@163.com
经 销 新华书店
印刷单位 广东虎彩云印刷有限公司
版 次 2021 年 1 月第 1 版 2021 年 10 月第 2 次印刷
开 本 787 毫米×1092 毫米 1/16 印张 17.5
字 数 408 千字
定 价 85.00 元
ISBN 978-7-5606-5949-7/TN

XDUP 6251001-2

《大型反射面天线设计及关键技术》
编　写　组

主　编：李东伟

副主编：段玉虎

编写组成员：

赵武林　凡国龙　张　宇　张录健　杨永忠　贺更新　姚海章

王力生　李志杰　阎宏涛　张　萍　陈庚超　曹燕华　苏　秦

崔依萍　渠芳芳　王　铮　田唯人　陈　慰　谭元飞　张新盼

前言

PREFACE

天线是一种能量变换器，它把传输线上传播的导行波变换成在自由空间传播的电磁波，或者进行相反的变换，是无线电设备中用来发射或接收电磁波的主要设备。抛物面天线作为天线的一个重要分支，由于具有优良的能量转换效率和极低的噪声等特性，被广泛应用于卫星通信、雷达、航天测控、深空测控通信和射电天文观测等领域。

抛物反射面天线是集机、电、控于一体的复杂系统，涉及的技术包括机械结构、电磁场与微波、自动控制、通信、工艺制造和计量检测等。中国电子科技集团公司第三十九研究所(以下简称三十九所)作为国内天线研究和产品开发的骨干研究所，长期从事各种天线的研制工作，在大型反射面天线研究领域有50年的技术和经验积淀，研制各种用途的反射面天线上万台(套)，最大口径达70 m，其中15 m以上口径的反射面天线多达100台以上。在研制过程中，三十九所的工作人员积累了丰富的经验，形成了特有的技术和规范，特别是在大型高精度反射面天线的结构设计、制造工艺、射频设计、伺服控制、现场施工以及精度检测和标校等技术领域形成了自己的特色。本书编写组成员有幸全程参与了多数大型反射面天线的论证、设计和现场整架的全过程，在研制过程中接触了大量的新技术并积累了不少研究成果，我们认为有必要将这些新技术和新成果及经验教训提炼总结，呈献给从事相关研究和工程实践的同行。

本书共7章。第1章主要介绍了天线系统的组成和设计要求、反射面天线的设计技术和面临的主要技术挑战及大型反射面天线设计新技术，给出了目前国际上先进的几个典型大口径天线设计实例。第2～6章分别从天线结构工艺设计、天线射频设计、天线控制系统设计、天线系统的指向标校技术与补偿、天线装备的服务保障管理等方面，介绍了天线系统的组成、技术特点、关键技术、指标分析及仿真方法等。第7章介绍了天线反射面精度测量。

本书紧密结合大型反射面天线的应用场景和工程建设实践，针对大型反射面天线的特点和设计难点，较系统地介绍了天伺馈系统各组成部分的设计、制造和集成全过程涉及的关键技术，对从事天线研究和设计的工程技术人员以及大专院校相关专业的师生有一定的参考价值。

本书由李东伟研究员主持撰写，三十九所段玉虎、赵武林、凡国龙、张宇、张录健、杨永忠、贺更新等同志参与了部分章节的编写和图表整理工作。本书先后进行了多次修改与补充完善，凝结了三十九所许多同事的知识和工程经验，希望能对未来的天线研制工作有所贡献，能为更多的从业者提供参考，能为高校天线相关专业的学生提供帮助。

承蒙段宝岩院士在本书编写过程中给予的关心和指导、西安电子科技大学出版社臧延新副社长给予的大力支持，在此表示诚挚的感谢。

由于水平有限，不足之处在所难免，恳请广大读者不吝指正。

编著者

2020年11月于西安

目 录

CONTENTS

第 1 章　绪　论

天线作为获取无线电信息的前端基础共性设备，被广泛应用在雷达探测（深空测控通信）、射电天文、卫星通信、导航定位、遥感接收、技术侦察、电子对抗等领域。进入 20 世纪以后，由于技术进步，抛物反射面天线在雷达、深空测控通信、射电望远镜和卫星地面通信的发展中扮演着越来越重要的角色。

由于要实现对遥远目标的测控通信、微弱射频信号的接收，除了要求接收系统具有很高的灵敏度、极低的噪声温度外，还要求天线系统提供较高的增益，因此，大口径抛物反射面天线的优势就进一步凸显出来。随着天线口径的增大和工作频率的提高，天线反射面的面精度、天线指向误差和天线的高精度控制成为天线设计者面临的最大挑战。

1.1　天线系统的组成和设计要求

1.1.1　天线系统的组成

天线系统是一个机电结合的复杂系统，由用于支撑天线并使其转动的座架机构、用于收集或发射电磁能量的馈源（或光学系统）以及控制天线结构指向特定目标的驱动控制系统组成。天线系统主要用于射电天文观测、卫星通信以及深空测控通信，它集电磁场与微波技术、现代控制技术、结构工艺制造技术和测量技术于一身，实现对空间目标信号的接收、控制。典型的天线系统由结构、射频、控制和标校等系统构成，图 1.1 为典型的用于航天测控的天线系统。

天线结构系统是天线的重要组成部分，是天线控制系统的执行机构。天线结构系统对天线系统的精度、使用性能、设备可靠性、成本及研制周期都有着不同程度的影响，其机械性能直接反映了系统的性能指标，所以，了解天线结构系统的组成，使其始终处于良好的工作状态十分重要。

天线射频系统的功能类似于空间滤波器，它接收所需要方向和频段的射频信号，经过主反射面、副反射面光路传输，聚焦到馈源，再进入高频单元。典型的测控天线一般都具有差模跟踪功能。如果天线对准目标，则和信号是唯一的，即在高次模耦合器侧口无信号输出。天线一旦偏离目标，和信号就变小，在耦合器侧口将有信号输出，这就是差信号，其强弱与天线偏离目标的偏角大小成比例。此信号经高频单元送至跟踪接收机。在跟踪接收机中，该信号经过放大、变频、鉴相和坐标转换等环节处理后送出近似直流的误差信号给控制系统，经控制系统的校正、放大、驱动等环节，使天线向减少误差的方向运动，进行自跟踪闭环。此时天线实时指向目标，输出被测目标的方位、俯仰数据。

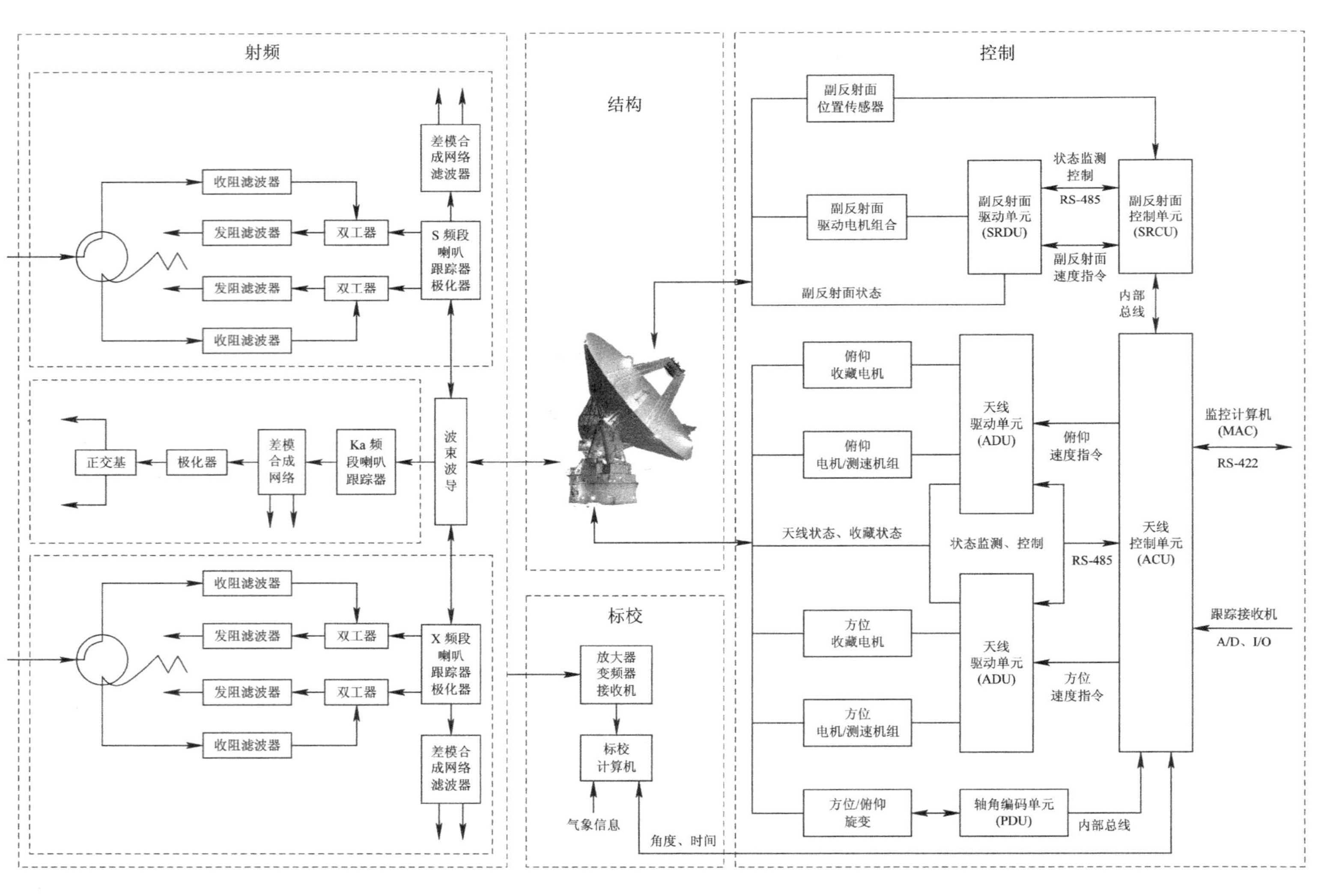

图 1.1 典型的用于航天测控的天线系统的组成框图

天线控制系统由速度环路和位置环路组成，如图1.2所示。速度环路包括转速计和驱动器，转速计速度反馈到驱动器。通常，设计位置环路时，使天线稳态速度与位置环路输入常数成比例。位置环路输入常数又称为速度指令。一般用方位和俯仰编码器来测量天线的位置信息。位置环路是一个反馈天线位置的外部环路。天线的速度和加速度被限幅，其极限反映了天线驱动器的功率限度，在跟踪过程中，不会违反此限度，但在天线运动期间速度和加速度的限度会被打破。

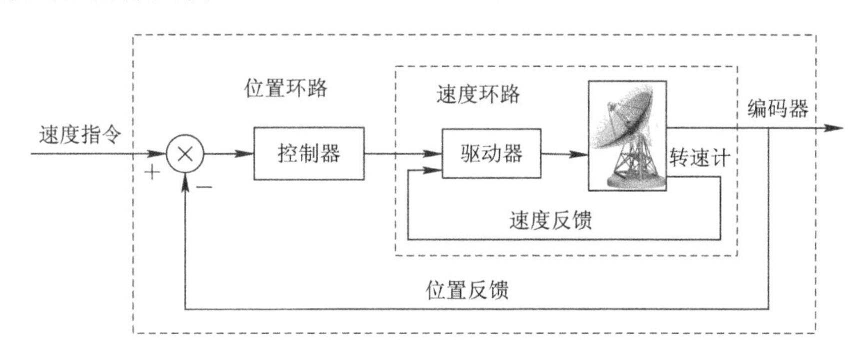

图1.2 天线控制系统的组成框图

天线标校系统根据所选择的射电源，计算当前天线方位、俯仰位置，引导天线进行跟踪、偏开、扫描射电源等观测，同时记录当前射电源的理论位置、天线的实际位置和功率计输出的信号幅度；根据射电源扫描观测数据完成天线指向误差的测量，并计算出天线轴系误差的修正参数；根据射电源跟踪、偏开的观测数据，完成Y因子和G/T值的测试。

应该注意的是，射电天文观测与卫星通信、深空测控通信在天线系统的设计理念上有很大的区别。

在射电天文观测中，接收到的信号本质上是白噪声，要么作为同步加速器或热辐射的连续光谱，要么呈原子和分子的谱线形式，它们在射电光谱中以特定的频率出现，因此，射电望远镜天线只能根据其结构参数的限制在很宽的频率范围内使用，其灵敏度正比于观测时间的平方根。另外，为了观测邻近的射电源，对射电望远镜天线的角度分辨率也有较高的要求。

在卫星通信和深空测控通信方面，天线应用情况有所不同。在此应用中，信息被调制在相对较窄的带宽内以固定的频率传输，因此，提高天线性能的努力可能集中在窄带宽的单一频率上。通常，最大限度地提高天线增益与接收系统噪声温度的比值(G/T值)是设计的主要追求目标。

总之，无论天线用途如何，其组成和设计目标大体相同，即高指向、高分辨率和高G/T值是天线设计师永恒的追求目标。

1.1.2 设计指标与要求

衡量天线系统性能优劣的指标很多，既有量化指标，又有功能指标。对于天线的不同组成部分，有不同的设计指标。结构系统的主要指标有刚度、强度、谐振频率、面精度、轴系精度和可靠性等。衡量射频系统好坏的主要指标包括天线效率、噪声温度、旁瓣电平、交叉极化鉴别率、电压驻波比等。对控制系统而言，我们最关心的指标是带宽、收敛特性、运动速度等。这些指标除了保证设备安全可靠运行外，还要保证天线系统的效率和指向精度。此处我们只对主要指标做简要描述，其他指标与功能要求将在后续相关章节进行较详细的描述。

1. G/T 值(品质因数)

G/T 值(品质因数)的定义为天线接收增益与系统的噪声温度的比值，是衡量天线接收无线电信号灵敏度的重要指标。在射电望远镜和深空测控通信天线系统中，为了接收来自遥远天体或空间航天器辐射的微弱信号，就要求地面接收系统有很高的灵敏度。

除了在设计天线系统时采取措施提高天线系统的 G/T 值外，如何准确地测量和标定天线系统的 G/T 值，是天线测试工程师关心的主要问题之一。常用的测量方法有源天线法和射电星法。顾名思义，源天线法就是在满足天线测量条件的测试场架设源天线或用同步卫星信标作为辐射源进行天线射频性能测试的方法。该方法要求精确测量已知源天线的等效全向辐射功率(EIRP)、源天线与被测天线之间的距离 R(单位为米)，只要测量出被测天线接收的信号功率与噪声功率谱密度之比 S/ϕ，由通信链路方程即可计算出天线指向源天线仰角下的品质因数，记为 G/T_1：

$$G/T_1 = S/\phi - \mathrm{EIRP} + 20\lg\frac{4\pi R}{\lambda} + 10\lg k + \mathrm{Loss} \tag{1.1}$$

式中：λ——波长(m)；

k——玻耳兹曼常数，约为 1.38×10^{-23} J/K。

用源天线法只能测量源天线所在仰角的 G/T 值，如果需要测量其他特定仰角的 G/T 值，只要分别测量出被测天线在源天线所处仰角的噪声功率谱密度和要求仰角处的噪声功率谱密度之差 $\Delta\phi$，再用 $G/T=G/T_1+\Delta\phi$ 即可计算出该仰角的 G/T 值。源天线法的优点是简单易行；缺点是当天线电尺寸很大时，很难找到满足要求的测试场(特别是对口径电尺寸很大的射电望远镜天线和深空测控通信天线)，地面环境的反射和多路径效应对测试精度影响也很大。

随着天文工作者对射电天体绝对测量成果的丰富，一些射电星体的辐射强度、角径和位置都已被精确测定，利用它们作为源来校准并测量天线性能是目前常用的理想方法，称为射电星法。该方法测量精度高，受地面环境影响小，尤其对大型天线的参数的测量及标校，该法是唯一行之有效的方法。

2. 面精度

反射面天线的面精度是影响天线的增益、波束宽度、波束指向以及天线辐射方向图的旁瓣性能的最主要因素。影响反射面天线的面精度的主要因素有：重力载荷引起的变形、温度载荷引起的变形、风载荷引起的变形、反射面面板制造误差、安装调整误差等。对大型反射面天线而言，重力变形引入的误差是天线面精度的最大误差源，其对工作于高频段的天线的射频性能的影响是很大的。如何精确地测量任意仰角下天线反射面面精度的误差并减小其影响，是天线设计者最关心的问题。

主反射面的面精度误差包含了单块面板制造误差、安装误差、重力变形误差、温度变形误差、风载荷变形误差和测量误差等。Ruze 给出了天线反射面均方根误差与增益损失的关系[1]：

$$\Delta G = \mathrm{e}^{-\left(\frac{4\pi\varepsilon}{\lambda}\right)^2} + \frac{2r_0}{D}\left[1 - \mathrm{e}^{-\left(\frac{4\pi\varepsilon}{\lambda}\right)^2}\right] \tag{1.2}$$

式中：ΔG——天线反射面轴向均方根误差引入的增益损失；

ε——总的轴向均方根误差；

λ——波长；

r_0——误差的相关半径；

D——天线直径。

对于随机表面误差，$r_0=0$，式(1.2)可写成：

$$\Delta G = e^{-\left(\frac{4\pi\varepsilon}{\lambda}\right)^2} \tag{1.3}$$

一般来说，对天线反射面面精度的设计要求，需根据天线的工作波长、系统所能承受的效率损失、制造工艺水平和制造成本等因素统筹考虑，并按照误差形成的要素对误差进行分配。一般要求达到最小工作波长的1/16，对应的增益损失为3 dB。

3. 天线指向误差

天线指向误差是指天线的实际指向与目标实际位置的差值，是大型反射面天线的一个重要指标。对天线指向误差的要求由在实际工作条件下所能接受的由此引起的增益损失倒推而得，也受制造工艺技术和制造成本的限制。一般用于射电天文观测和深空测控通信的天线都为大型反射面天线，工作频段很高，波束宽度很窄，1/10的指向误差是系统设计的挑战指标之一。指向误差引起的天线增益损失由下式计算：

$$\Delta G = e^{-2.773\left(\frac{\Delta\theta}{\theta_{0.5}}\right)^2} \tag{1.4}$$

式中：$\Delta\theta$——天线指向误差；

$\theta_{0.5}$——天线半功率波束宽度。

当指向误差达到波束宽度的1/10时，增益损失达到3%。

1.2 天线结构

大型反射面天线一般用于射电望远镜、卫星通信和深空测控通信领域。不同的用途，对天线设计要求的侧重不同，但对射电望远镜和深空测控通信大型反射面天线而言，其设计的要求基本相同。总体来说，对天线结构的设计要求包括以下几个方面。

1. 电性能要求

一个具有良好电性能的天线要求有高的增益、一定的方向图形状和低的旁瓣电平等。结构设计与电性能密切相关，在尽量满足电性能要求的前提下，应采用合理的结构以使天线的整体性能最佳。

2. 机械性能要求

天线应具有足够的强度，保证在各种载荷下不被破坏；天线应具有足够的刚度，保证在各种载荷下，其结构变形在允许的范围内。为防止发生结构谐振，要求结构本身固有频率高。此外，天线结构的重量要轻。重量与强度或刚度的要求往往是矛盾的，因此在选材与结构形式上应力求在技术的先进性、合理性与经济性之间折中。结构所受的风阻力要尽量小。

3. 可靠性要求

天线要能适应各种环境条件和使用条件，应能防腐蚀、耐热、耐低温、防盐雾等。提高天线的可靠性，对确保天线的正常工作至关重要。

4. 制造工艺要求

天线的结构设计与制造工艺技术密切相关。结构设计既要考虑工艺实现的可行性和难度，也要考虑材料、机械加工设备、制造周期、运输的限制以及现场吊装设备等因素。这些要求有可能是相互矛盾的，要尽可能地抓住关键问题，解决主要矛盾。

1.2.1 天线座的形式及特点

天线座是支撑天线并使天线在规定空域内运动的装置。它通过天线控制系统使天线按照预定的要求运动或者跟踪目标运动。天线座有多种结构形式，按照转轴的数量分为单轴、两轴、三轴、四轴等，应用最广泛的是两轴俯仰-方位型天线座[2]。

俯仰-方位型天线座以地面为基准，所以也称为地平式或经纬仪式天线座。它的方位轴与大地垂直，俯仰轴与方位轴垂直。俯仰-方位型天线座的优点是结构紧凑，重量轻，承载能力强，测量标校方便，是两轴天线座中应用最广泛的形式。俯仰-方位型天线座又可细分为立轴式、转台式和轮轨式。

(1) 立轴式天线座：用立轴(方位轴)支撑天线和方位转动部分。中小口径天线多采用这种座架，它的特点是结构简单，设计、制造及维修比较方便。

(2) 转台式天线座：天线和方位转动部分用能够承受轴向载荷、径向载荷和倾覆力矩的特大型滚珠轴承或静压轴承来支撑。转台式天线座的优点是承载能力强，刚度好，精度高，轴向尺寸小，重心低，稳定性好，通常用于大、中型反射面天线。

(3) 轮轨式天线座：天线和方位转动部分用滚轮和轨道支撑。轨道直径一般为天线口径的 1/2～2/3，滚轮和轨道也是方位驱动系统的末级传动装置。滚轮和轨道之间是摩擦传动，所以方位驱动能力不仅取决于驱动电机的功率，也取决于滚轮与轨道之间的静摩擦力。为了保证方位驱动能力，轨道与滚轮之间必须有足够的正压力和摩擦系数。轮轨式天线座采用桁架结构，与前两种形式相比，省去了大型方位轴承、方位大齿轮和大转台。轮轨式天线座一般用于大型天线，其优点是结构简单，重量与口径比值小，造价低，安装维修方便，而且可以实现较高的结构精度。

俯仰-方位型天线座的缺点是在天顶位置有死区(盲区)，当目标从天线天顶附近经过时，所需的方位角速度趋于无穷大，死区大小取决于驱动能力。

1.2.2 天线座的基本设计要求

天线座的基本设计要求是：根据使用要求，保证天线的转动范围；有足够的角速度和角加速度；满足跟踪测量精度；具有足够的刚度和强度，在规定的环境条件下能够安全、精确地工作[3]。对于高精度天线座，为了保证控制系统的精度和动态性能，还要求天线座有较小的转动惯量和较高的结构固有频率，回差小，摩擦和低速性能好。在极端环境条件下，要求天线座结构安全稳定、轴系精度高。因此，在设计天线座时，必须进行力学分析计算。

天线座的设计包括结构形式和驱动方式的选择，支撑转动装置、驱动装置、轴角编码装置以及安全保护装置的设计。天线座最关键的部分是支撑转动装置、驱动装置和轴角编码装置，它是保证天线系统高精度工作的基础。

1. 轴系精度

天线座的轴系精度是保证天线系统指向和跟踪精度的关键指标。一般来说，天线系统的指向误差要小于天线半功率波束宽度的1/10，只有这样才能满足链路损耗和跟踪要求。对大型毫米波天线，这个要求甚至达到数角秒。轴系误差是影响天线指向误差的主要误差源，俯仰-方位型天线座对轴系精度的要求包括方位轴的垂直度、俯仰轴与方位轴的正交度以及电轴与俯仰轴的垂直度。测量目标的角位置信息是通过俯仰轴和方位轴的角度位置传感器的输出获得的，如果方位轴、俯仰轴和电轴互不垂直，轴角编码装置所输出的就不是目标的真实位置信息，就会产生测角误差。影响轴系精度的因素主要有轴承的径向跳动、座架的制造误差、检测调整误差和结构变形等。

2. 结构固有频率

天线结构系统是由天线座、驱动系统组成的复杂的弹性系统，它具有一定的固有频率。当外界的扰动(阵风、振动等)的频率接近或等于固有频率时，系统便会发生谐振。对于伺服驱动的天线系统，如果结构固有频率落入伺服系统的带宽之内，那么伺服噪声会激发系统并产生谐振，使系统不稳定从而不能正常工作，甚至造成天线结构的损伤和毁坏。为了保证伺服系统的稳定性并使其具有足够的稳定裕度，通常要求结构固有频率为伺服带宽的3～5倍。随着天线口径的增大，结构谐振问题越来越受到天线结构设计人员的重视。

天线的固有频率取决于天线的仰角位置和天线的尺寸。随着天线尺寸的增大(结构变软)，固有频率降低是一个普遍趋势。最低阶的固有频率(称为基频)是衡量天线结构性能的重要指标。基于对许多已建成天线结构的基频数据的统计分析，业内研究人员得出了固有频率随天线反射面尺寸增加而减小的结论。基于这些数据，可得出对天线结构最小固有频率的设计要求：

$$f = 20.0D^{-0.7} \tag{1.5}$$

式中：D——天线直径(m)；

f——天线基频(最低频率)(Hz)。

式(1.5)表示给定天线直径时天线的平均固有频率，可用于评估一个特定天线结构的安全性。如果所考察的天线结构的基频高于从式(1.5)得到的固有频率，则说明天线有较好的指向性能；如果低于从式(1.5)得到的固有频率，则说明天线的指向性能较差。

1.2.3 天线反射面

天线反射面由中心体、辐射梁、环梁、交叉杆件、单块面板、主反射面、副反射面及支撑调整机构等组成。

天线反射面的分块需要综合考虑各种因素，既要实现反射面面精度及制造精度，又要考虑到分块方案对模具数量、面板单元数量、促动器数量、反射面拟合精度、背架结构的复杂程度等的影响，因此选择划分方法时，也需要着重考虑各个因素的影响权重，再选择合适的划分方法。射电望远镜中常用的面板划分方法主要有足球三角形法、贴纸法、球面对称六边形法和辐射状等腰梯形法。射电望远镜反射面为抛物曲面，常用的反射面单元为梯形。因为射电望远镜的反射面为旋转对称的抛物面，所以使用梯形面板最大的优点就是处于同一环的梯形单元其面形是完全相同的，这样可以节省模具的成本。

辐射状等腰梯形法是最常用的面板分块方法。这种方法将反射面用梯形单元按照径向和周向两个方向划分，将梯形面板在背架上按同心圆一圈一圈排列构成反射面，环与环之间的面板一般属于不同种类，如图 1.3 所示。这种方法的思路和计算过程简单明了，即首先确定每环面板的径向长度，再根据面板的重力变形、面板加工能力确定每环面板的周向尺寸，由内向外划分。当单元面积超过面积上限时，增加半辐射梁后再划分，以此类推，直到划分完成。

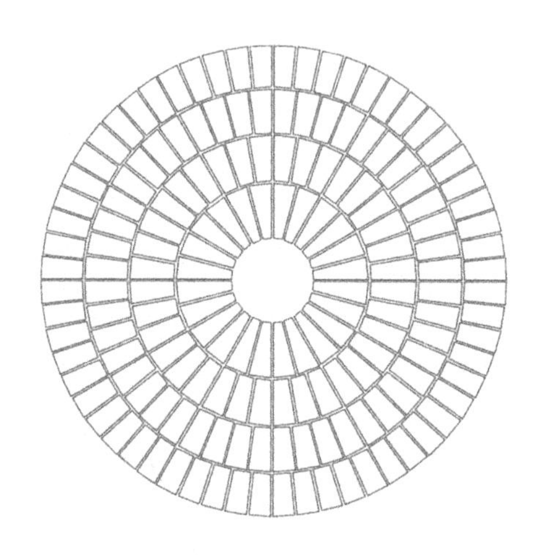

图 1.3　梯形单元分块示意图

1.3　光路及几何构型

天线反射面的光路及几何构型取决于天线的用途、功能，设备的科学目标，技术的可行性以及投资和建设周期。除了最基本的主焦馈电形式外，卡塞格伦和格里高利双反射面天线是最常用的构型，它们的主要区别在于次级反射面的形状，卡塞格伦天线的次级反射面为双曲面，而格里高利天线的次级反射面为椭球面。在此基础上发展出了多反射镜组合的馈电结构，如波束波导形式。最简单的波束波导形式是在方位轴与俯仰轴交叉处 45°放置一个平面镜，从卡塞格伦或格里高利双反射面的次级反射面反射的电磁波经该平面镜反射后，改变传输方向并通过俯仰轴在其上一点聚焦，形成一个固定的焦点，将馈源安装于此就可以避免其随俯仰角运动。这种馈电形式称作内史密斯(Nasmyth)形式。

1.3.1　卡塞格伦和格里高利双反射面

反射面天线是 17 世纪后期由光学望远镜发展而来的，由尼古拉斯·卡塞格伦(Nicholas Cassegrain)和詹姆斯·格里高利(James Gregory)设计了第一个双反射面系统，主要用于天文光学观察。300 多年后的今天，我们仍然在光学频段使用这一设计，也将其应用于微波频段。

图 1.4 为卡塞格伦和格里高利双反射面天线的光学配置。主反射面的离心率为 1 时，为抛物面。离心率大于 1 时，为双曲面，对应为卡塞格伦双反射面天线；离心率小于 1 时，为椭球面，对应为格里高利双反射面天线。卡塞格伦和格里高利双反射面天线的副反射面的一个焦点与主反射面焦点重合，而馈源放置在另一个焦点上。由馈源发出的射线经主、

副反射面反射后平行于天线的光轴，主、副反射面的反射都满足斯涅耳(Snell)定律(光的折射定律)。同主焦单反射面天线相比，双反射面天线在射频和机械方面都有明显的优点。首先，由于馈源指向天空而不是地面，因此天线接收到的热噪声明显降低，极大地提高了系统灵敏度；其次，馈源对主反射面的照射角很小，因而对反射面的照射更均匀，照射效率更高；再次，馈源对位置的敏感度很低，引入的交叉极化很小；最后，馈源位于主、副反射面的中间，或由波束波导引入地面，简化了建设和维修难度，在大型反射面天线应用中可以得到很高的设计自由度和结构刚度。

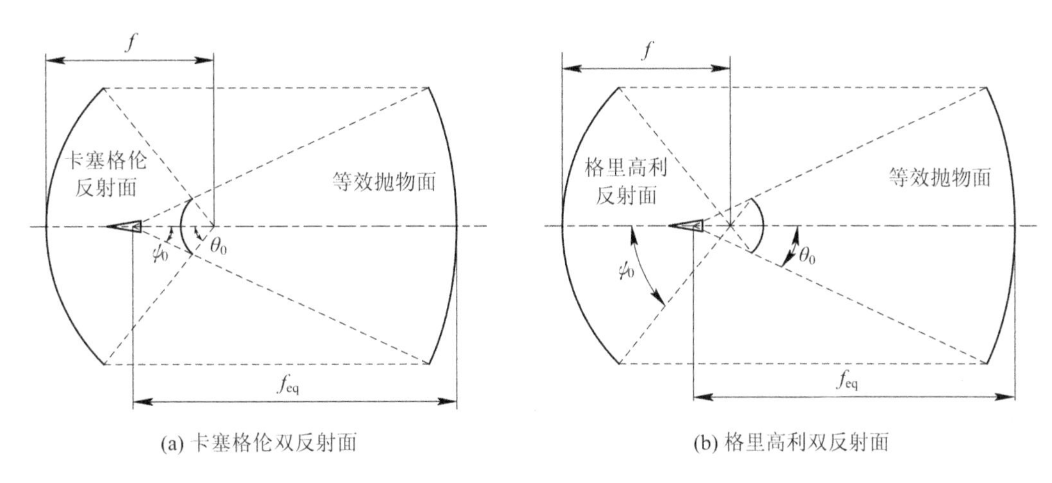

(a) 卡塞格伦双反射面　　(b) 格里高利双反射面

图 1.4　卡塞格伦和格里高利双反射面天线的光学配置

双反射面天线的效率主要取决于馈源对反射面照射幅度和相位的均匀程度(照射效率)、副反射面的截获能力(漏射效率)和副反射面及其支撑结构的遮挡(遮挡效率)。通过适当减小副反射面的尺寸，可以减小遮挡。但是，照射效率和漏射效率往往成反比，增大照射的均匀性将会导致漏射效率降低；同样，提高漏射效率会使照射效率下降。这是由于在经典的双反射面系统中，副反射面无法改变馈源辐射方向图的幅度。

1.3.2　双反射面天线的参数

1. 离心率

如图 1.4 所示，主反射面的张角为 $2\psi_0$，副反射面的张角为 $2\theta_0$，副反射面的离心率定义为：对卡塞格伦天线，有

$$e=\frac{\sin\left[\frac{1}{2}(\psi_0+\theta_0)\right]}{\sin\left[\frac{1}{2}(\psi_0-\theta_0)\right]} \tag{1.6}$$

对格里高利天线，有

$$e=\frac{\sin\left[\frac{1}{2}(\psi_0-\theta_0)\right]}{\sin\left[\frac{1}{2}(\psi_0+\theta_0)\right]} \tag{1.7}$$

2. 放大率

双反射面天线可以等效成一个焦距更长的单反射面天线，即用由馈源对副反射面照射

锥角截取的与双反射面口径相等的另一个抛物面来等效原双反射面。等效抛物面的焦距 f_{eq} 与双反射面天线的焦距 f 的比值，定义为双反射面天线的放大率，用 M 表示，即

$$M=\frac{f_{eq}}{f}=\frac{\tan\psi_0}{\tan\theta_0}=\left|\frac{e+1}{e-1}\right| \tag{1.8}$$

3. 副反射面两焦点之间的距离

副反射面两个焦点之间的距离用 $2c$ 表示，即对卡塞格伦天线，有

$$2c=\frac{2P\cdot e^2}{e^2-1} \tag{1.9}$$

对格里高利天线，有

$$2c=\frac{2P\cdot e^2}{1-e^2} \tag{1.10}$$

式中，参数 P 为副反射面的准线长度，它使得设计馈源的放置位置又多了一个设计自由度。由此可以得到准线长度与 $2c$ 的关系，即对卡塞格伦天线，有

$$P=\frac{c(e^2-1)}{e^2} \tag{1.11}$$

对格里高利天线，有

$$P=\frac{c(1-e^2)}{e^2} \tag{1.12}$$

4. 副反射面直径

可以由离心率、准线长度和主反射面张角得到副反射面直径：

$$D_s=\frac{2eP\sin(\pi-\psi_0)}{1-e\cos(\pi-\psi_0)} \tag{1.13}$$

我们可以很容易地得到主反射面顶点到馈源相位中心的距离和馈源相位中心到副反射面顶点的距离，分别为 $L_m=f-2c$ 和 $L_s=c(1+1/e)$。

1.3.3 反射面天线的赋形设计

为了提高天线的口径效率，降低漏射损耗，可以对反射面天线进行赋形设计。对双反射面天线赋形采用几何光学方法，具体来说就是对经典的卡塞格伦或格里高利天线执行以下两个步骤：第一，对副反射面进行修正，获得所需要的口径场分布，达到提高口径效率的目的；第二，对主反射面进行修正，补偿由副反射面修正引入的相位误差。换言之，对副反射面和主反射面进行赋形设计分别影响口径场的幅度和相位分布。按照上述两个步骤赋形后的反射面没有一个固定的焦点，而是在焦点区域形成焦线，焦线区域的扩展或焦线的长度取决于对主反射面修正的质量。因此，即使采用该方法可以产生高性能设计，也需要对馈源位置和特征进行调整，以优化系统整体性能。图 1.5 为反射面赋形坐标系。

反射面赋形基于以下光学原理：

(1) 衍射线管的能量守恒定理。

(2) 主、副反射面的斯涅耳反射定律。

(3) 等光程或等相位条件，即由馈源发出的所有射线到达主反射面口径的光程相等或相位相等。

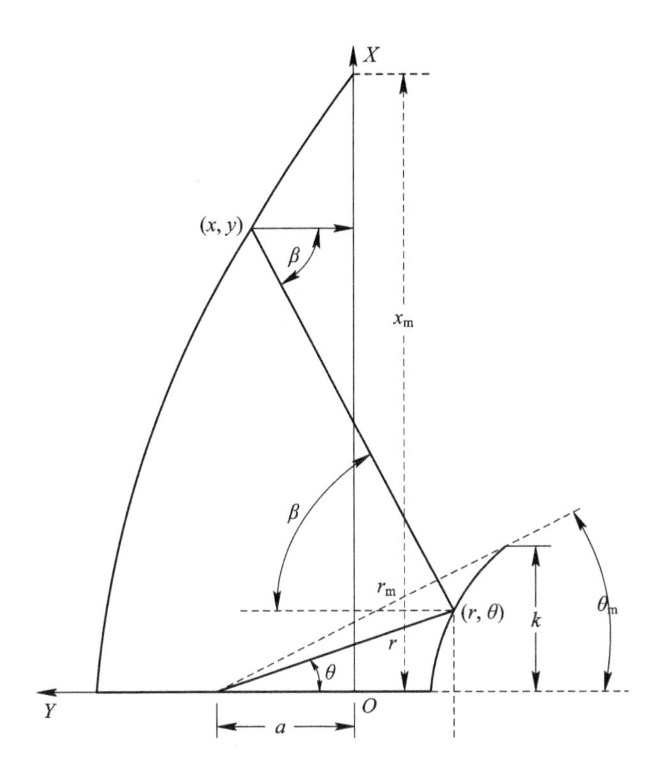

图 1.5 反射面赋形坐标系

赋形主、副反射面坐标的计算公式如下：

$$\begin{cases}\dfrac{\mathrm{d}\theta}{\mathrm{d}x}=\dfrac{xE^2(x)}{f_p^2(\theta)\sin\theta}\dfrac{\int_0^{\theta_m}f_p^2(\theta)\sin\theta\mathrm{d}\theta}{\int_0^{\frac{x_m}{2}}xE^2(x)\mathrm{d}x}\\ \dfrac{1}{r}\dfrac{\mathrm{d}r}{\mathrm{d}x}=\tan\dfrac{\beta+\theta}{2}\dfrac{\mathrm{d}\theta}{\mathrm{d}x}\\ \dfrac{\mathrm{d}y}{\mathrm{d}x}=-\tan\dfrac{\beta}{2}\\ \tan\dfrac{\beta}{2}=\dfrac{x-r\sin\theta}{r\cos\theta+y-a}\end{cases}\tag{1.14}$$

式中：$E(x)$——主反射面口径场分布；

$f_p(\theta)$——馈源照射函数；

a——副反射面焦点距主反射面口径的距离。

详细的赋形设计方法见第3章相关内容。

1.3.4 卡塞格伦与格里高利双反射面天线的比较

当设计参数相同时，对于大电尺寸反射面天线而言，卡塞格伦或格里高利双反射面天线在射频性能上几乎没有差异，只是在结构参数和具体应用上有些差别，主要表现在以下几点：

(1) 格里高利天线的副反射面焦点位于主反射面与副反射面之间，在射电天文观测应用时，更适合主焦馈源、宽带多波束馈源和相控阵馈源工作。

(2) 在初始参数和天线口径场函数、馈源完全相同时，两者的辐射性能基本相同。

(3) 初始参数相同时，赋形格里高利天线馈源的前伸量和副反射面的前伸量都要比卡塞格伦天线大，这会影响天线的动态和指向性能。

1.3.5 波束波导馈电的双反射面天线

波束波导是由按一定规律排列的透镜或反射镜组成的波导结构，由透镜或反射镜的聚束作用，导引电磁波集中在横截面较小的区域内以波束形式传播，其电场沿传播方向呈周期性变化，沿径向呈高斯分布。由反射镜组成的波导结构具有传输路径长、传输损耗小、镜面组合灵活、传输过程波束变形小等特点，在卫星通信、射电望远镜以及深空测控通信天线中应用很广泛。美国航空航天局和欧空局(欧洲太空局，ESA)建设的深空测控通信天线几乎全部采用波束波导馈电系统。

波束波导系统的分析方法有高斯波束展开法[4]、几何光学法、物理光学法、基于共轭相位匹配的焦平面法[5]和高斯波束展开与物理光学迭代法等[6]。各种波束波导系统设计和分析各有特点，高斯波束展开法是基于准光学的方法，可以在特定的频率范围内使波束波导的性能最佳，当反射面电尺寸较小(小于 20 波长)时，这种方法也可以得到较好的性能，这种波束波导称为"带通"型。与之相对应，用几何光学法设计没有上限频率限制，但在低频段性能将恶化，这样的设计可以看作"高通"。物理光学法是一种常用的准确分析波束波导传输特性的方法，对于电尺寸较大的波束波导系统，分析仿真所需的时间较长。

镜面的配置要根据天线结构、工作频率、极化性能以及功率容量等要求确定。一般波束波导传输系统的镜面由平面镜面和曲面镜面组成。平面镜面分为频率选择镜面和极化选择镜面。曲面镜面分成抛物面镜面、椭球面镜面和双曲面镜面等，如图 1.6 所示。

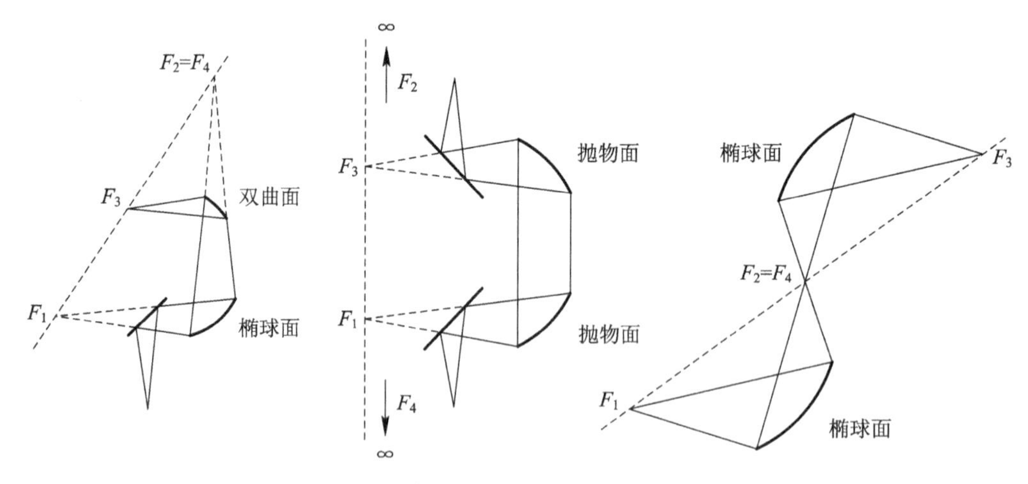

图 1.6 波束波导曲面镜镜面的形式及布局

在大功率工作时应尽量避免采用有聚焦能力的曲面镜[7-8]，防止聚焦导致空气击穿。图 1.7 为一种典型的 S/X/Ka 三频段工作的用于深空测控通信系统的波束波导馈电的卡塞格伦天线的波束波导镜面配置。它由 8 个镜面组成，其中，M1、M4、M6、M7、M8 为平面镜面(M6、M7 为频率选择镜面)，M2、M3 为偏置抛物面镜面，M5 为椭球面反射镜面。f_1 为副反射面的焦点，它与 M2 焦点的镜像重合，f_2、f_3 分别为 M5 的两个焦点，它与 M2 焦点的镜像重合。M1和主副反射面一起随方位、俯仰转动，M2、M3和M4只随方位旋转，其他镜面固定在位于地面或地下的射频房内不做运动。

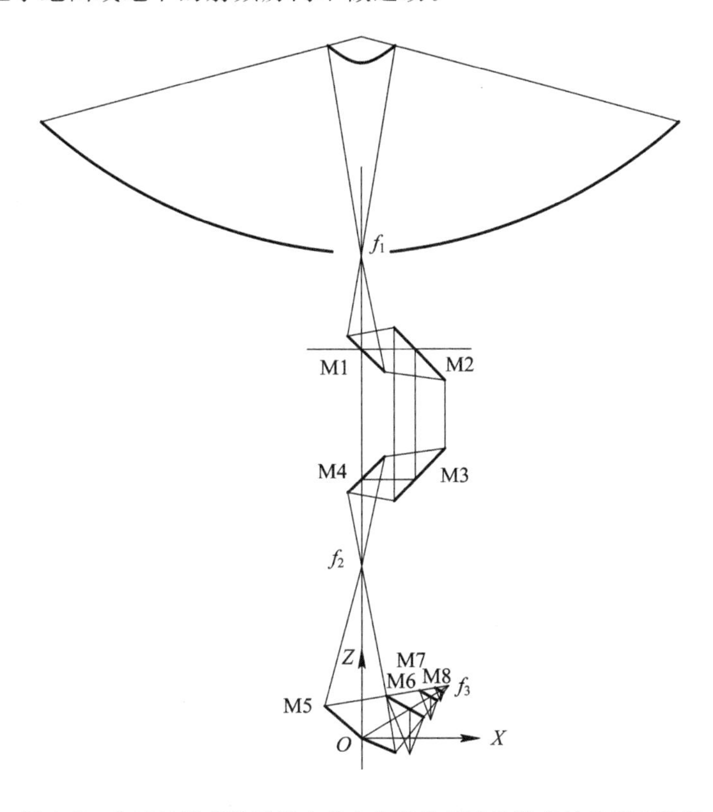

图1.7 典型的波束波导馈电的卡塞格伦天线的波束波导镜面配置

波束波导馈电系统在深空测控通信天线应用中有很多优点，但在实际工程应用中还有许多问题需要特别注意，如波束峰值位置随天线方位俯仰角的变化、小电尺寸镜面绕射对传输效率的影响，以及跟踪时的坐标转换等。

1.4 反射面天线的技术挑战

反射面天线主要应用于射电天文观测、航天器测控和深空测控通信领域。在深空测控通信领域，随着探测距离和接收数据率的不断增加，对大口径天线的需求也在不断增加。在射电天文观测领域，大口径天线的需求也在不断增加，现有天线的口径已达到了100 m，工作频率超过了100 GHz，对天线反射面面精度和指向精度的要求也越来越高，这成为天线设计者面临的最大挑战[9]。

1.4.1 反射面天线的面精度

在天线结构设计中，首先要根据对天线增益(效率)、天线工作频段等的要求，确定天线反射面的面精度、成型工艺、检测方法等。

1. 天线反射面面精度分类

影响天线反射面面精度的主要因素有：① 天线单块面板的制造误差和检测误差；② 重

力载荷变形误差；③ 环境变化，如温度载荷引起的变形、风载荷引起的变形；④ 反射面总装及安装调整误差等。对面精度的要求一般根据容许的对系统增益、指向误差等的影响确定。

2. 重力变形

天线结构在重力载荷作用下会发生弹性变形[10]。重力变形随天线的仰角变化而变化，在某一固定仰角，其变形规律是固定不变的。因此，可以通过设计技术和补偿方法减小或消除重力变形引入的误差。在设计阶段，可以采用保型设计技术，使重力变形后的反射面变为一个新的不同焦距的反射面，这种设计不追求反射面的绝对变形，而要使变形后的反射面具有良好的圆对称性。

最常用的重力变形的补偿方法有[11]：

(1) 在某个角度将主反射面调整为理论反射面。该角度称为预调角，一般选在45°附近，偏离该角度后反射面的面精度变差。根据天线俯仰角度工作范围，可以选择适当的预调角，使反射面的面精度满足需求。

(2) 最佳吻合抛物面与副反射面实时调整。即通过对变形后的反射面顶点位置的平移、旋转和焦距变化，使变形后的抛物面与最佳吻合面的误差最小，将馈源(或副反射面)移至最佳吻合面的焦点，达到补偿重力变形的目的。

(3) 采用主动反射面技术。主动反射面技术分为主动主反射面技术和主动副反射面技术。主动主反射面技术是在主反射面面板与背架之间安装电动可调的驱动器，根据工作仰角的变形，促动器调整反射面的位置，使反射面的面精度满足需求的技术；主动副反射面技术是在副反射面面板与其背架之间安装促动器，与变形主反射面进行最佳吻合后，对副反射面的形状进行调整，使之与最佳吻合后的主反射面匹配组成一个新的反射面系统的技术。

3. 温度变形

日照作用源于一昼夜内太阳东升西落在物体表面产生的非均匀温度变化，这种变化受到太阳辐射、阴影遮挡、大气温度、风力风向和四季交替等诸多因素的影响，如图1.8所示。目前，日照作用是影响大型反射面天线面精度的一个主要因素。它要求在太阳辐射强度显著改变或周围环境温度剧烈变化时，通过热控措施后，对天线反射面面精度的影响仍在要求范围内。

天线结构的热变形具有随机性、时变性和偶然性，一般采用被动防护和主动补偿方法。被动防护是指在天线结构上增加适当的防护和隔热措施，避免因太阳光的直射造成天线结构局部温度的升高，从而使得变形增加、精度降低。一般的防护和补偿措施有以下几种：

(1) 给天线结构喷涂高散射油漆。实验证明，这种方法可以使天线反射面表面温度降低约5℃。

(2) 用隔热材料对易受温度影响的关键部位包裹。这种方法只能对结构杆件进行热防护。

(3) 给天线结构设置隔热挡板、隔热罩或将天线背架结构与面板设计成密闭空间。对于低频段中小口径天线，天线罩是有效的；对于毫米波、亚毫米波天线，一般需采用遮阳挡板遮挡太阳光的影响。

(4) 主动反射面补偿，即用安装于天线背架与面板之间的促动器调整温度变形。

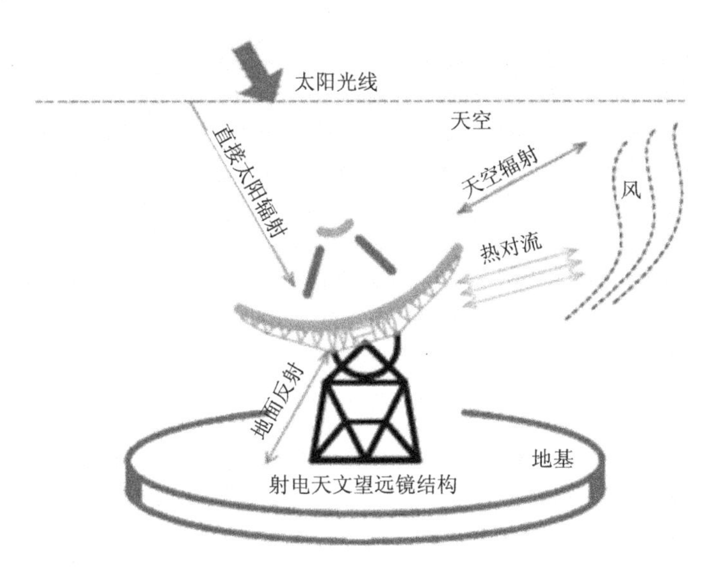

图 1.8　天线结构与周围环境的热平衡关系

(5) 测量天线反射面温度场分布，计算由此温度场产生的变形并对其进行最佳吻合，再用反射面主动调整系统，或采用副反射面补偿，或计算由此变形造成的天线波束偏移，由控制系统补偿指向。

以上方法可以单独使用，也可组合使用。前三种措施实时性很好，不需要额外的计算；措施(4)需要根据温度场计算反射面的变形，得到调整点促动器的调整数据；措施(5)不但要根据温度场计算天线结构变形，还要对天线反射面进行最佳吻合并计算辐射场。因此，后两种措施的实时性较差。

4. 风载荷变形

风载荷从两方面影响天线变形，一方面是风力作用在天线反射面和天线座架结构上，使反射面发生变形，座架结构扭曲变形，这种变形与天线、风力风向有关，影响天线反射面面精度和指向精度。对于天线反射面面精度的影响，由于随机性和偶然性，一般很难补偿，只能在结构设计时，根据要求的工作风速，加强结构强度。对于指向精度的影响，一般是在控制环路中增加控制算法[12]，补偿阵风扰动对指向精度的影响。

1.4.2　天线系统指向误差

指向误差是天线系统运行的重要性能指标之一。为保证天线能够准确指向目标，使天线增益损失最小，一般要求射电望远镜的指向误差小于 1/10 波束宽度。理想情况下，天线应该精确对准要测量的目标，由于天线或多或少存在一定的装配误差，比如方位轮轨不水平，方位轴和俯仰轴不正交，编码器零点有位置偏差，或者因为大天线的重力变形、大气折射等外界因素，使得天线指向总是存在一定误差。通常要求天线的指向误差在 1/10 波束宽度以内，这样指向误差引起的信号幅度变化将小于 3%。原则上，可以通过改进天线机械结构的设计和提高安装精度来提高天线的指向精度，比如采用保型设计等方法。但对几十米口径的大抛物面天线，提高硬件指标不仅会增加建造难度，还会使天线造价大幅度升高。具体到工程上，人们不仅仅会注意大天线的结构设计，还会对可重复的大天线指向误差采取软件补偿和校准的方式，有效提高天线的指向精度。

1. 静态误差源

1）轴系误差

由于制造、安装过程中不可避免的误差以及重力变形等因素，一台真实的地平式大射电望远镜不可能具有理想的刚性地平座架，因而望远镜的实际指向将偏离命令的指向位置。根据天线转台形式，轴系误差一般分为方位轴倾斜误差、俯仰轴与方位轴不正交偏差和天线电轴与俯仰轴不正交偏差。

2）编码器误差

编码器误差是指编码器安装到俯仰轴和方位轴上后产生的与轴线不一致的安装和调整误差，即俯仰轴编码器的零位偏差和方位轴编码器的定向偏差，它们影响测量值的真实性，从而影响指向精度。文献[13]将编码器的低频误差分为两部分：刻度误差和偏置误差。

3）轴承误差

方位轴承和俯仰轴承的跳动会引起方位轴的垂直度误差(或转台的水平度误差)和俯仰轴的水平度误差。轴承跳动引起的几何误差主要源于轴承的制造和安装精度[14]。

4）水平调整误差

当望远镜安装在基座上时，它几乎不能完全水平放置，任何倾斜都会改变望远镜的指示方向。由于望远镜座架的水平调整误差是有规律的，属于系统误差，因此可以通过修正模型进行补偿。望远镜任意方向的倾斜都可以分解到两个独立且正交的方向上，如分解成向北和向东两个方向的分量。而基座具有缓慢变化的特性，对望远镜指向的影响在一段时间内往往可以忽略不计[15]。

5）自重引起的变形误差

重力引起的误差是因重力作用于各结构部分所引起的弯曲而产生的。抛物面的几何形状误差导致天线效率降低；主反射面和副反射面的偏转引起电轴偏转，使电轴的实际仰角与数据传递元件读出的仰角不一致，产生仰角测量误差。由于俯仰轴的重力矩是仰角的余弦函数，所以自重变形也是随着仰角而变化的，是有规律的，属于系统误差，可通过修正模型进行补偿。此外，由于仰角0°时变形最大，仰角90°时变形最小，因此按仰角45°时调整主反射面和副反射面，可使误差的幅度最小。

6）大气折射误差

在利用射电望远镜进行观测时，由于大气折射，观测到的射电源方向与其真实方向不同，这个方向差通常称作蒙气差。观测所得星的高度减去蒙气差，才是星的真实高度[16]。观测目标的俯仰角越小，蒙气差越大；温度气压有改变，蒙气差大小也就不同。蒙气差是影响目标观测精度的一个重要因素，目前所采用的蒙气差理论公式是根据空气密度随地面距离的变化，以及随外界条件而变化的各种假设所得到的。文献[17]给出了大气折射误差的简单公式：

$$\delta_E = 60 \cdot \frac{P}{760} \cdot \frac{273}{273+T} \cdot \tan(90^\circ - E) \tag{1.15}$$

式中：P——大气压强，单位为 mmHg(毫米汞柱)，1 mmHg≈133.28 Pa(帕)；

T——绝对温度，单位为K。

2. 动态误差源

大射电望远镜被放置在室外，容易受到外界干扰，如惯性负荷、温度和风的影响。温度变化会通过热膨胀改变结构的形状，同时改变其物理特性。风会使望远镜摆动，对结构会产生作用力，它必须通过驱动才能抵消掉。望远镜自身运行也会带来动态影响，如伺服误差、传动齿轮误差和齿隙的影响等。此外，地球自转和地震运动、望远镜维护的相关因素以及运行程序都会对指向误差带来影响。

1）惯性载荷作用下的变形误差

望远镜俯仰和方位转动部分都有较大的转动惯量，在加速或减速转动时，就会产生较大的惯性力矩，使副反射面支撑（支杆）、主反射面、俯仰轴、方位轴和座架等构件产生变形。惯性力矩使天线电轴在俯仰和方位方向与俯仰和方位数据传递元件之间产生弹性变形，使电轴的实际转角与编码器输出数据产生误差。将数据传递元件安装在靠近反射面的位置，数据传动链与动力传动链不直接连接在一起，可以减小这种变形。

2）风载荷作用下的变形误差

风载荷作用在天线系统会使主反射面、副反射面和支撑产生变形，除了降低面精度、天线效率之外，也会引起指向误差。风分为稳态风和阵风，稳态风引起的误差是相对于风向的天线位置的函数，可视为系统误差，阵风在幅度上和时间上均无规律，以随机误差形式出现。稳态风将引起两种误差：一种为天线各结构部分的偏斜，如反射面、馈源支撑、转轴、轴支座、传动箱等；另一种是为了抵抗风力撑稳天线在伺服系统内部引起的误差。结构偏斜误差可分到结构各部分，以不同迎风角度来计算。通常情况下，风向和风力都是无规则的，以阵风形式多见，所以风载荷作用下的结构变形是随机的。从反射面正面和背面吹来的风主要影响面精度，对指向精度影响不大。对指向精度影响较大的是侧面和斜向吹来的风，它使得电轴产生偏转。

3）温度变形引起的误差

大射电望远镜要在露天环境下进行操作。这不仅意味着望远镜需要在校准后的不同温度下运行，也意味着运行温度要不断改变以匹配外界的温度，这些温度变化会引起结构形状的变化，从而影响指向精度。例如，太阳照射在望远镜各构件上的温度不均匀，以及各构件材料的热膨胀系数不同，都会产生温度变形。天线副反射面的四个支撑温度变形不一致，副反射面产生偏移而引起电轴偏转；主反射面一面受太阳直接照射，一面背阴，或者面板是铝板，背架是钢，膨胀系数不一样，产生挠曲，从而降低面精度并引起望远镜指向误差；俯仰轴的两个支臂，太阳照射不均匀，温度变形不一致，使两个俯仰轴承在铅垂方向产生同心度偏差，影响俯仰轴和方位轴的正交性；天线座的基座一侧受阳光直接照射，一侧在阴影之下，也会产生温差变形，影响基座的水平度。为了防止或减小温度变形引起的误差，应将望远镜天线和基座的外露表面涂上白漆或特殊涂料，或者采取措施，避免日光直接照射。文献[18]提出一种热稳定的参考结构来改进射电天线布局的指向精度，该结构由低热膨胀率的材料构成，它可以探测座架形状的变化，使用主动指向修正进行补偿。

4）伺服误差

由伺服和机械传递系统不理想而产生的随机误差，称为伺服误差。根据误差产生的原因将伺服误差分为：速度、加速度的动态滞后误差，阵风引起的伺服误差，放大器零点漂移和伺服噪声等。

5）传动齿轮误差与齿隙引入的误差

传动齿轮误差分为两种。一种是由于调节积累、公法线长度等变化原因而产生的运动不规则误差，此项误差属于系统误差，服从反余弦分布，但由于频率太低，在系统中不造成误差。另一种是齿轮造型不规整引起的噪声式误差，可以按正态分布的随机误差处理，随机误差值的大小与系统开环增益有关。已知随机误差频率后，其引起的误差可减小为对应频率的开环增益倍数，条件是随机误差必须在系统带宽频率内。

齿隙是由齿轮间吻合时间隙造成的，在静态时，引起天线游移晃动，在低速时，是引起不连续运动低速爬行的一个重要原因。天线在单向运动时不造成误差，而在往复运动或静态低速时造成误差，通常以半个齿隙角作为近似误差。这个误差是随机量，可以认为其平均值等于零，标准值等于其峰值。

3. 误差的性质和综合方法

传统误差理论将误差分为随机误差、系统误差和粗大误差三类[19]。

1）随机误差(Random Errors)

随机误差的大小是随机的，具有偶然性，但遵循一定的统计规律。从概率统计理论上讲，它是服从某一种分布的随机量。在静态测量中，如果测量的条件相同，测量的随机误差则可以说是来自同一母体。对于动态测量，随机误差是一个时间过程，在很多情况下可视为平稳的时间序列。

2）系统误差(System Errors)

系统误差一般是固定的或满足某一函数规律的误差。系统误差的数值较大，而且不具有随机误差的抵偿性，不像随机误差那样引起数据的波动，不易被发现。因此，分析、估计和修正系统误差在数据处理中显得非常重要。系统误差的表现形式有不变的系统误差、线性系统误差、周期性系统误差、其他规律变化的系统误差以及不定性系统误差。

常用的系统误差的识别方法有对比法、残差图观察法、模型残差检验法。前两种方法较直观，可以大概判定是否存在系统误差。判定系统误差，主要是对残差进行分析，利用残差构造各种统计量来分析，称之为模型残差检验法。但这种方法也不可能发现所有可能的系统误差。发现系统误差需要对残差的结构与系统误差的数学模型进行系统分析。对系统误差的处理，主要是消除，其途径主要有：

(1) 消除系统误差产生的根源。

(2) 在测量过程中采取措施，避免把系统误差带入测量数据。

(3) 设法掌握系统误差的变化规律，建立数学模型，采用统计方法进行估计、补偿等。

3）粗大误差(Gross Errors)

粗大误差是指在正常观测条件下比可能出现的最大的误差还要大的误差。通常，粗大误差要比偶然误差大好几倍。粗大误差是由于某些突发性的异常因素引起的，如设备的故障及读数、记录和计算等过程中产生的明显错误。这种错误在一定程度上是可以避免的。但在当今高精度的自动化数据采集中，粗大误差经常会混入数据中，严重地歪曲测量值，因此在数据处理中应该将含有粗大误差的观测量数据剔出。

4. 误差补偿技术

1）轴系校准

天线方向图的极大值方向称为天线的电轴。在射电望远镜安装初期，天线的几何轴就已确定，对于轴对称的天线，在反射面旋转轴线位置安装一台经纬仪，称为轴线经纬仪。经纬仪的光轴可近似地认为和天线的几何轴相一致。在天线的边缘处安装另一台经纬仪，称为导星镜。通常以一颗光学亮星作为目标，经过多次观测，反复调整，使两台经纬仪的光轴相互一致或平行，则可近似地认为导星镜的光轴和天线的电轴相一致，此时称光轴和电轴是匹配的，使用轴线经纬仪作为安装馈源的基准，导星镜作为天线定期检测与天线指向的粗测基准。

2）馈源最佳位置调整

调整馈源最佳位置就是使馈源的相位中心和天线反射面的焦点相重合。使用天线的几何轴作为馈源安装的基准，馈源的位置可能不是最佳，此时会产生以下两种误差：

（1）纵向散焦误差。纵向散焦由馈源的相位中心沿电轴的轴向方向偏离反射面的焦点而引起。纵向散焦会使天线增益下降，并使天线主瓣半功率宽度加宽。馈源中心在电轴轴向上的调整可以通过测量射电源得到天线功率方向图来实现。逐次改变馈源在电轴轴向上的位置，从相应的方向图的测量结果中便能确定馈源的相位中心在电轴轴线的最佳位置。

（2）横向散焦误差。横向散焦由馈源的相位中心偏离电轴方向而引起。横向散焦会引起天线方向图，尤其是副瓣波瓣图形的不对称，调整方法与调整纵向散焦的方法相似，只是需逐一旋转馈源的位置来实现。

应特别指出，由于天线俯仰角的大小受测量条件的限制，当俯仰角较低时，天线的电轴方向受地面反射和环境影响较大，工作时的电轴方向会产生一定偏差。

1.5 反射面天线设计技术的新发展

1.5.1 天线由单一功能向多功能方向发展

天线系统是一个设备配置复杂、投入高、建设周期长、用途广泛的复杂系统。在深空测控通信领域，根据未来航天测控设备的发展趋势，单一功能的测控设备将不能满足发展的需要，因此，新建天线必将具备更多的功能，适应多种任务的需求，而对于现有的大量测控天线设备，通过适当的技术升级，拓展其性能和功能，满足未来一定时期的多功能任务需求，进行测控系统天线设备的多功能融合设计，是测控系统发展的必然趋势。另外，充分利用深空测控通信天线口径大、灵敏度高的特点，进行射电天文观测也是大型深空测控通信天线发展的趋势。

在射电天文领域，除了利用其完成射电科研外，利用其低噪声、高指向和高灵敏度特点，进行深空远距离高速率下行数据的高质量接收，对深空探测器的 VLBI 高精度干涉测量以及高精度定轨，也是扩展射电望远镜天线功能的主要方向。

1.5.2 天线组阵替代单一超大口径天线

为了提高对远距离微弱信号的接收能力，地面天线系统必须使接收信号与接收系统噪声功率比最大。这个比值是用天线系统品质因数或载噪比(G/T 值或 SNR)来衡量的。载噪比定义为天线有效面积(或等价的增益)与系统噪声温度之比，因此，提高天线系统载噪比(SNR)是提高系统灵敏度的行之有效的方法[20-21]。而要提高载噪比，需要从两方面入手，即增大天线有效口径、降低系统噪声。当提高工作频率、提升放大器和天线性能、提升链路性能等手段不足以满足未来数据传输速率不断增加的要求时，一种方案是建造口径更大的天线，另一种更经济的方案是利用大量小直径(10 m 级)天线组阵，如图 1.9 所示。增大天线口径能有效提高接收面积，但这会带来一系列不利的后果，即制造成本大幅增大，因天线重量急剧增加导致天线变形和指向控制难度成倍增加等。利用天线组阵可以将深空网下行链路能力提升 2～3 个数量级，大大增加深空任务返回的科学数据量，可以接收更加微弱的信号，从而降低航天器上通信系统的质量和功率，将单位数据的成本降低 2 个数量级，与太阳系以外的航天器也可以进行高速数据通信。

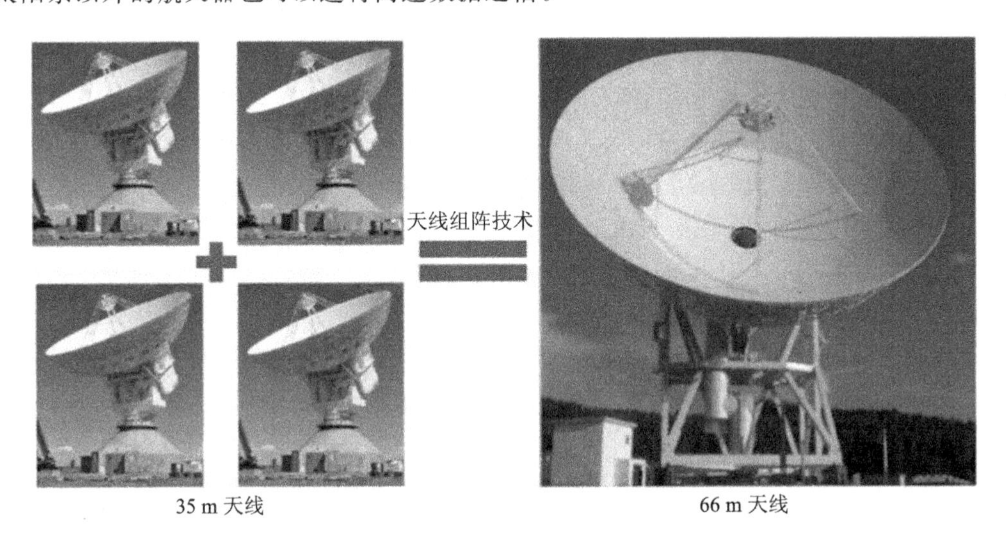

图 1.9 天线组阵示意图

天线组阵技术有以下优点：

(1) 性能增强。天线口径越大，波束宽度越窄，对天线指向误差要求就越严格，但若采用多个小天线组阵，单个天线的指向误差就不成为问题。对下行组阵的衡量指标是 G/T 值，对于 N 个理想的同口径天线下行组阵，组阵后的 G/T 值是单天线的 N 倍，即

$$\left(\frac{G}{T}\right)_{\text{array}} = \sum_{i=1}^{N}\left(\frac{G}{T}\right)_i = N\left(\frac{G}{T}\right) \tag{1.16}$$

同理，对于 N 个理想的同口径天线上行组阵，其等效全向辐射功率(EIRP)为单个天线的平方，即

$$(\text{EIRP})_{\text{array}} = N^2 \cdot \text{EIRP}_i \tag{1.17}$$

(2) 可操作性增强。组阵可以增加系统的可操作性。① 可以实现更高的资源利用率，可根据支持的任务性质和链路需求确定所需天线组阵的规模，以提高资源利用率；② 组阵

后，系统的可用性和维护的灵活性更好，如果构建的天线阵有10%的冗余单元，则可以轮流的方式进行预防性日常维护，而系统可以全时全功能工作；③ 备份部件的投资会更小，不必给系统做100%的备份就能全时全功能工作。

(3) 成本优势。使用较小的天线成本低，容易建造，也可以采用自动化的制造工艺技术降低成本。一般来说，天线的建造成本与天线的体积成正比。文献[22]给出了估算组阵费用的最新研究成果。

(4) 提供了灵活性。组阵提供了计划的灵活性，可以在任务需要时增加额外的阵元，以扩大总的有效口径，达到减小一次性投入的目的。

(5) 提供了科学应用。可以利用具有长基线的阵元支持依赖于干涉测量的科学应用，如甚长基线干涉(VLBI)和射电天文观测。

1.5.3 毫米波亚毫米波和太赫兹天线技术

传统上，对所有的近地任务，使用S波段(2025 MHz～2120 MHz，2200 MHz～2290 MHz)进行测控通信和科学数据传输，未来的科学任务将移到更高的频段，如X波段(7145 MHz～7235 MHz，8400 MHz～8500 MHz)。尽管一些遗留的深空任务仍使用深空S波段(2110 MHz～2120 MHz，2290 MHz～2300 MHz)，但由于该波段很难与陆地移动通信应用共享，未来的任务将可能不采用该波段，而近地S波段将会为地球观测任务的测控保留。至于地球观测载荷数据的传输，则使用专用的X波段(8025 MHz～8400 MHz)。对未来要求高下行数据速率的近地观测和科学应用，可能会使用K波段(25 500 MHz～27 000 MHz)，该波段也用于地球中继系统的星间链路(Inter-Satellite Links of Earth Relay Systems)。未来的深空应用，分配使用Ka频段(34 200 MHz～34 700 MHz，31 800 MHz～32 300 MHz)。对更长期未来的深空和地球近地任务，将在Ka波段(37 000 MHz～38 000 MHz，40 000 MHz～40 500 MHz)提供双重配备。同样，对更长期的深空高数据速率下行应用，将使用光学(激光)通信。

太赫兹(THz)波是指频率在0.1 THz～10 THz(波长为3 mm～30 μm)范围内的电磁波，在低频段与毫米波/亚毫米波相重合，在短波段与红外光相重合，是宏观经典理论向微观量子理论的过渡区，也是电子学向光子学的过渡区，称为电磁波谱的“太赫兹空隙(THz gap)”，如图1.10所示。

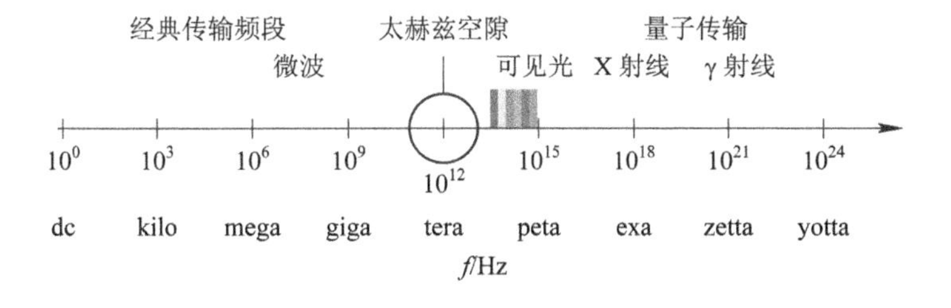

图1.10 频段划分

太赫兹波的量子能量和黑体温度很低，许多生物大分子的振动和旋转频率都处于太赫兹波段，所以利用太赫兹波可以获得丰富的生物及其材料信息。太赫兹波辐射能以很小的衰减穿透如陶瓷、脂肪、碳板、布料、塑料等物质。太赫兹波的时域频谱信噪比很高，使太赫兹波非常适用于成像应用。另外，太赫兹波的瞬时带宽很宽(0.1 THz～10 THz)，利于高速通信。

太赫兹波在射电天文领域的应用越来越广泛。典型的应用是建在智利北部阿塔卡玛沙漠的大型毫米波/亚毫米波阵列(ALMA)天线系统。该天线阵分为由 64 台 12 m 天线组成的大型阵列以及由 12 台 7 m 和 4 台 12 m 天线组成的紧凑阵列，采用波束波导馈电的卡塞格伦天线，馈源分为 10 个频段，频率覆盖 30 GHz～950 GHz，对应的波长范围为 10 mm～0.3 mm。ALMA 天线技术代表了目前先进的毫米波、亚毫米波射电望远镜技术，也被国际天线业界视为太赫兹天线技术的典型代表。ALMA 阵列天线系统在天线阵布局、天线结构设计、高精度反射面制造、新型接收机开发、天线装配、天线测试与验收、整体天线运输等方面都采用了创新性成果，备受各国天线技术人员的关注。

我国计划在南极东经 77°，南纬 80°，海拔 4093 m (60 km×10 km)穹顶 A(Dome A)建设 5 m 口径的太赫兹射电望远镜。它采用卡塞格伦双反射面天线结构形式，规划工作频段覆盖 0.6 THz～1.55 THz，工作波长包括 450 μm(0.6 THz～0.72 THz)、350 μm(0.78 THz～0.95 THz)和 200 μm(1.25 THz～1.55 THz)。指向精度要求小于 2 角秒，反射面精度优于 10 μm(包括主副反射面的面形精度、主副反射面的位置精度、重力热和风载荷变形等影响)。

1.5.4 馈源向宽频带多功能和多波束方向发展

射电天文观测要求 10 倍频的超宽带望远镜，例如 SKA 的中频频段抛物面天线阵为 1 GHz～10 GHz，VLBI 2010 要求 2 GHz～14 GHz。这些频段十分类似于美国联邦通信委员会(FCC)规定的未来短程通信和雷达的 3.1 GHz～10.6 GHz 超宽带。射电望远镜强制性要求的 10 倍频宽带天线辐射性能比通信用超宽带天线的更严格，因此射电望远镜用的超宽带天线更为复杂。此外，与其他超宽带应用不同的是，超宽带射电望远镜必须具有非常低的系统噪声温度(约 35 K)。采用低温冷却低噪声放大器是这种射电望远镜系统的关键。为了防止部件引起的额外阻塞，超宽带馈源与低温箱紧密结合也是很重要的。因此在 VLBI 2010 和中频 SKA 射电望远镜用的 10 倍频超宽带馈源的设计中，与尺寸和低温制冷相关的问题都十分重要。国外有关研究机构围绕未来射电望远镜系统，在宽带、超宽带馈源研究方面开展了大量的选择和研究工作。典型的代表有：Eleven 10 倍频程超宽带对数周期偶极子阵列，具有 11 dBi 指向性的恒定带宽、固定的相位中心、低剖面以及简单的结构；Allen 望远镜阵列(ATA)用的锥形超宽带对数周期馈源在 0.5 GHz～12 GHz 频段范围内具有良好的输入匹配；其他研究机构对四脊张角喇叭、准自互补天线、Sinuous 馈源等的应用和可行性也进行了研究。

1. 超宽频带馈源

超宽带技术并非新的概念，其应用可以追溯到 20 世纪 60 年代。超宽带技术一直仅限于军事、灾害救援、搜索雷达定位及测距等方面的应用，加上技术和工业发展水平的限制，其发展缓慢。20 世纪 90 年代中期以来，超宽带通信技术进入成熟阶段，2002 年，美国联邦通信委员会(FCC)批准超宽带无线技术应用于民用通信和个人通信系统中，同时规定，民用超宽带频段为3.1 GHz～10.6 GHz，脉冲宽度在0.1 ns～0.33 ns之间。军、民卫星通信领域大力发展的宽带卫星通信系统都要求开发高频段、超宽带天线以适应新系统。射电天文和深空测控方面，高灵敏性、多功能、高频率化、大范围连续频率覆盖是射电望远镜改造升级和新系统的发展趋势。倍频程宽带馈源、超宽带馈源是目前研发的热点。

1) Eleven馈源

Eleven馈源是一种平行偶极子呈"11"形排列的对数周期阵列。Eleven天线最初是由Kildal提出的[23]，其基本结构是两个平行折叠偶极子以半波长间隔配置在接地面上。然后，折叠偶极子对以对数周期比例因子扩展，形成大量的偶极子对，对应的折叠偶极子一个接一个地级联组成两个相对立的对数周期偶极子阵列，有时称作花瓣。双极化Eleven天线有4个花瓣，如图1.11左图所示。4个花瓣的结构决定Eleven馈源的辐射场函数，也强力影响输入反射系数。

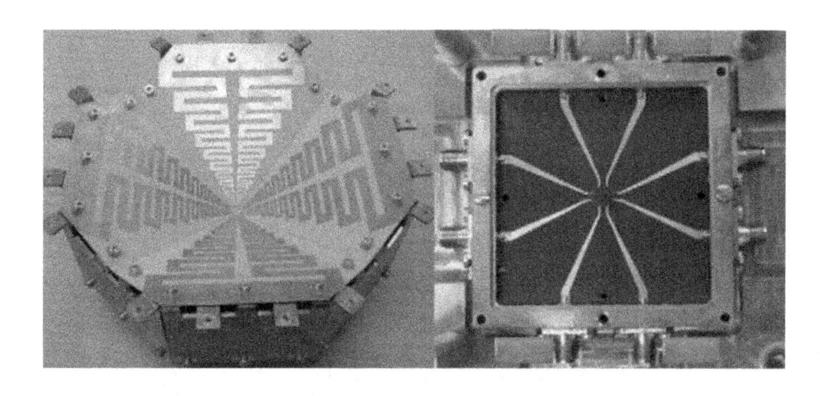

图1.11 Eleven馈源(左)和接地面后面的反扰频电路板(右)

瑞典查尔姆斯理工大学开发了一系列Eleven馈源模型，见图1.12所示，已经向挪威制图局、Vertex天线技术公司和Haystack天文观测台等交付了第1代VLBI2010版2 GHz～12 GHz馈源，为加利福尼亚大学研制了SKA版1.2 GHz～10 GHz馈源。

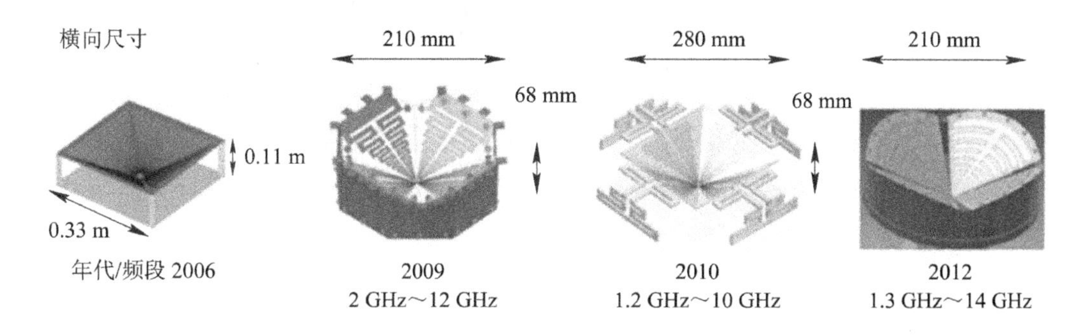

图1.12 瑞典查尔姆斯理工大学开发的系列Eleven馈源

除了用于射电望远镜外，Eleven天线还被用于其他领域，例如，要求产生轴向零陷辐射方向图的单脉冲跟踪天线以及卫星通信终端、卫星通信系统的监控天线。在这些应用中，最突出的是把其他天线与Eleven天线组合实现双频段工作[24]。图1.13显示了喇叭和帽形天线分别与 Eleven 天线组合成双频段馈源的结构。

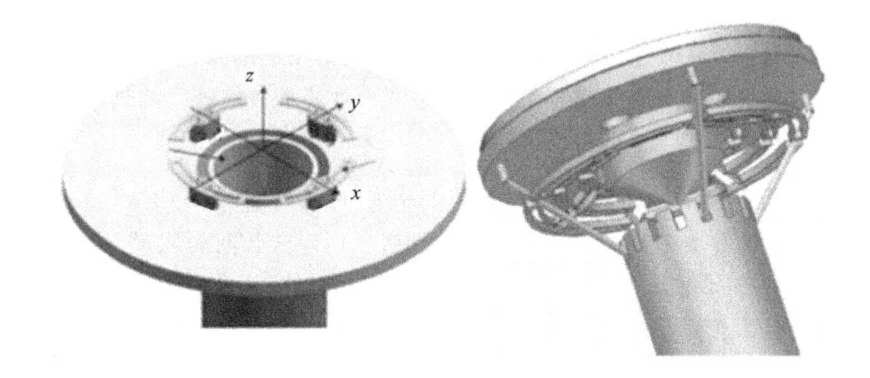

图 1.13　Eleven 天线分别与喇叭和帽形天线组合的双频段馈源

2）锥形对数周期超宽带馈源

Allen 望远镜阵列（ATA）是以常规观测和寻找外星智慧为目的的共用探测阵列，由 350 个口径 6 m 的抛物面天线组成[25]。ATA 覆盖 0.5 GHz～10 GHz 的连续频率范围，后端可同时利用 600 MHz 频段。ATA 阵列采用一种锥形对数周期馈源，由美国加利福尼亚大学伯克利分校 Greg Engariola 设计，频率范围为 0.5 GHz～12 GHz，见图 1.14。这种受专利权保护的馈源包含一个新式的中心金属棱锥，可以将低噪声放大器装在小型低温杜瓦瓶内，直接置于天线终端后的小馈源端，从而减小电缆损耗，降低总的接收机噪声温度。

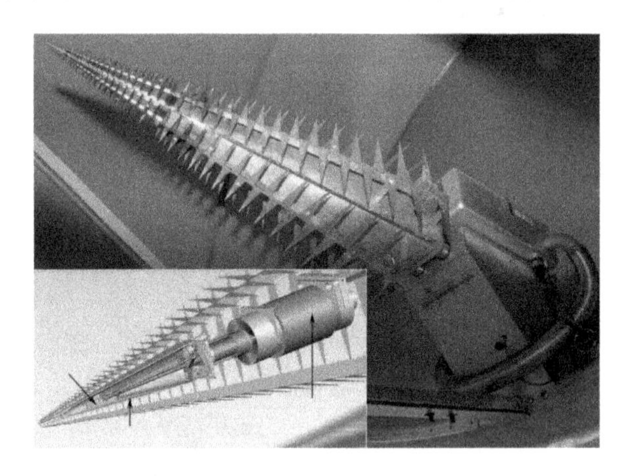

图 1.14　ATA 的锥形对数周期超宽带馈源

3）四脊喇叭馈源

喇叭天线具有结构简单、易于加工、方向图对称性好、增益高等优点，因此，被广泛用作抛物面天线的馈源。在喇叭天线中采用脊加载方法能极大扩展喇叭天线的工作带宽。如果采用四脊加载，即四脊喇叭，还能够实现双极化要求。因此，采用脊加载喇叭天线作为抛物面天线的馈源具有较大的优越性。超宽带喇叭天线具有较宽的工作带宽、良好的方向性以及在主辐射方向上有稳定的相位中心等特性，使得超宽带加脊喇叭天线辐射和接收的时域短脉冲信号具有良好的保真性，并且此类天线不仅可以适用于单个结构的简单系统，还可以作为天线单元组成天线阵列。国内外研究机构针对不同望远镜天线开发了不同的四脊喇叭馈源，图1.15是德国100 m射电望远镜用的超宽带馈源[26]。

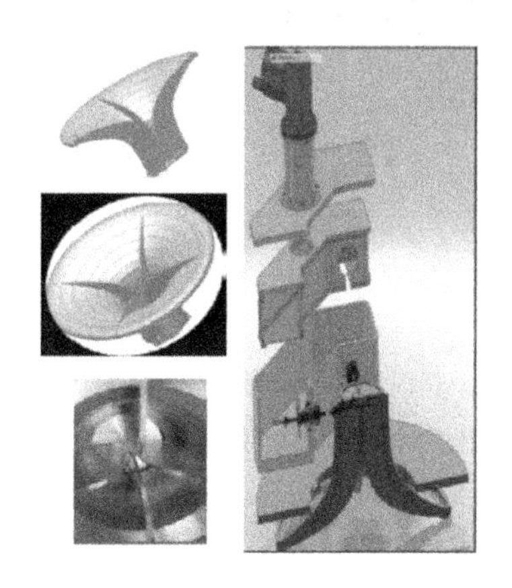

图1.15　德国100 m Effelsberg射电望远镜用的馈源

4）准自互补馈源

美国康内尔大学和国家射电天文与电离层中心针对平方公里望远镜阵列(SKA)超宽带馈源的需要，开发了准自互补超宽带馈源[27]，如图1.16所示。这种受专利保护的双极化馈源的带宽大于3.3个倍频程，反射损耗优于−10 dB，−10 dB波束宽度约为130°，差分输入阻抗为270 Ω，相位中心与频率无关。研究结果有两种模型：400 MHz～4 GHz的低频室温馈源和1.0 GHz～10 GHz的高频低温冷却馈源。

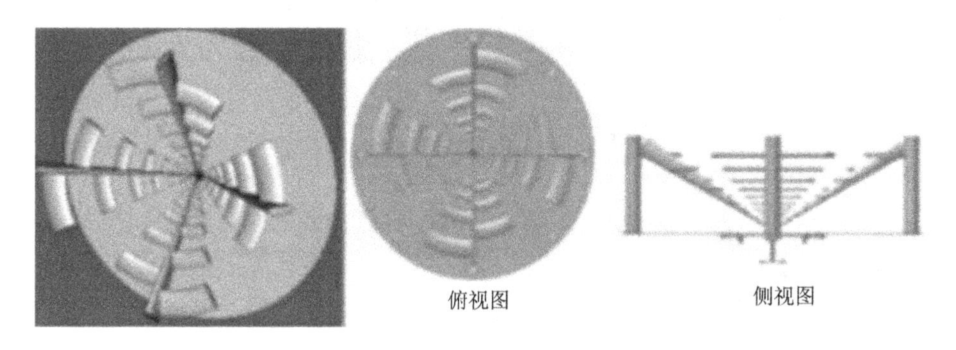

图1.16　准自互补超宽带馈源

5）Sinuous馈源

作为一种与频率近乎无关的天线，超宽带Sinuous(正弦)天线同时具备平面、超宽带、单孔径、全极化这4种特性。自1987年R. H. Duhamel提出正弦天线(见图1.17)概念以来[28]，这种天线得到了迅速的发展，目前在国外已逐渐成为电子战和电子警戒系统的担纲者，在反辐射导弹的微波导引头等领域已开始全面替代常规的平面螺旋天线。已有研究表明，平面Sinuous天线结构固有的与频率近乎无关性和自互补特性，使其在10∶1频率范围内也能实现近乎恒定的波束方向图和固定的相位中心，用作超宽带馈源时，在新一代射电望远镜上具有应用潜力。

图 1.17 超宽带 Sinuous 馈源(1 GHz～3 GHz)模型

6) Vivaldi 馈源

Vivaldi 天线是 1979 年由 Gibson[29] 提出的一种非周期、渐变的行波天线，由呈指数规律变化的槽线构成，将介质板上的槽线宽度逐渐加大，形成喇叭口向外辐射或向内接收电磁波。对于某一工作频率，只有槽线宽度与波长接近的区域才能向空间形成有效的辐射，当工作频率发生变化时，其辐射区域也相应变化，且辐射区域槽线的宽度与辐射的波长成比例。在不同工作频率下，Vivaldi 天线的电尺寸始终保持不变，因此其具有宽频带特性，理论上可以达到无限大带宽，且在这个频率范围内具有相同的波束宽度。作为阵列单元使用的 Vivaldi 天线也具有优良的性能，可以由它们组成单极化和双极化的阵列，用于宽带天线阵列或宽频带宽扫描角的相控阵中。这种阵列还被用在射电天文、遥测遥感等各种宽带测量系统以及多波束卫星通信系统和空间功率分配技术中。如图 1.18 所示，以 Vivaldi 天线为单元组成的焦平面相控阵(PAF)是为某些要求具有大视场的射电望远镜开发的[30]，这种致密性阵列工作在 2.3 GHz～7 GHz。

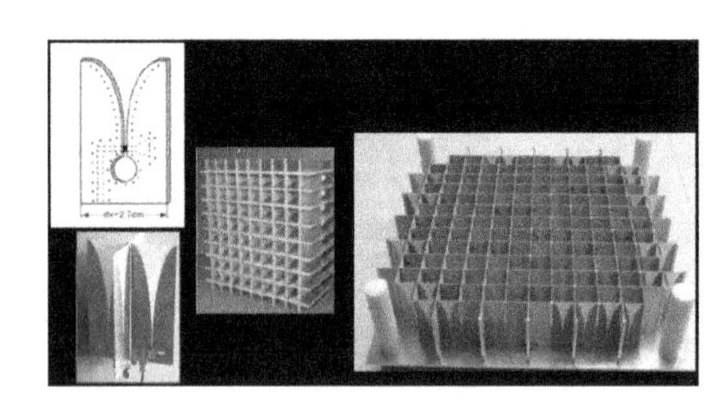

图 1.18 Vivaldi 天线组成的射电望远镜用焦平面相控阵

2. 相控阵馈源(PAF)

尽管射电望远镜天线具有很高的增益和分辨率，但完成一次巡天观测仍需要花费大量的时间，因此反射面形式的射电望远镜天线常配备多波束接收机，以提高巡天速度[31]。传统的多波束接收机将多个馈源同时置于反射面天线的焦点，通过馈源的偏焦使用，实现多个波束的同时工作[32]，其本质上是多个单波束接收机的组合。近年来，各国开始研究将小型相控阵天线作为射电望远镜的多波束馈源的可行性，通过数字波束合成网络，对阵列天线接收到的信号进行合成，形成数个瞬时波束，称为相控阵馈源技术。与传统多波束技术相比，相控阵馈源技术可以形成更多性能优良、连续覆盖的波束，从而更为有效地扩大射电望远镜的视场，提高巡天速度。此外，由于相控阵馈源实现了对某一区域的同时观测，从而使得对瞬态宇宙现象的研究成为了可能。

将相控阵馈源作为大口径射电望远镜天线的主焦馈源的研究始于20世纪末，与传统的多馈源的方式相比，相控阵馈源可以形成紧密交叠的波束，实现连续的天空覆盖，还能够通过适当的激励，补偿馈源偏焦造成的相位误差，从而将偏轴波束的增益提高至与轴向波束相当的水平。尽管相控阵馈源技术已在星载卫星通信天线等领域有所应用[33]，但由于射电天文的应用背景和需求与卫星通信及雷达存在明显的区别，相控阵馈源距离其在射电望远镜天线的应用，还有很长的路要走。为此国际射电天文界正在进行相关的理论和试验研究。欧洲的FPARADAY(the Focal Plane Array for Radio Astronomy: Design, Access and Yield)项目以提高单口径射电望远镜使用效率为目的，在高低两个频段分别进行了多喇叭馈源和相控阵馈源技术的研究，如图1.19所示。在低频段(2 GHz～5 GHz)，FPARADAY通过若干小尺寸的Vivaldi单元对焦面场采样，并利用后续的波束合成网络，实现了两个波束的同时观测。该样机成功地在荷兰的韦斯特伯格综合孔径望远镜(Westerbork Synthesis Radio Telescope，简称WSRT，由14部焦径比为0.35的25 m抛物面天线组成)中的一部天线上进行了验证[34]。

图1.19 WSRT天线焦平面的PAF馈源(左图)和安装于澳大利亚的ASKAP的PAF馈源(右图)

3. 多频段、多功能高性能馈源

多频段、多功能高性能馈源多用于多功能测控系统、高性能射电望远镜以及深空测控通信系统。它要满足天线系统高增益、低噪声和多频段的要求，特别是在深空测控通信系统中，不仅需要多个频段工作，还需要具有上下行链路。典型的多频段、多功能馈源由宽带波纹喇叭、收发频段耦合器、TE_{21}模耦合器及合成网络、收发阻滤波器等微波部件组成，对于有超低噪声温度的接收系统，还会有低温制冷的杜瓦设备。对多频段、多功能高性能馈源的一般要求是带宽足够宽、能够对高性能反射面天线进行有效照射、馈源辐射方向图幅度相位等化优良、交叉极化鉴别率高和极低的圆极化轴与反射损耗等。

图1.20所示为深空测控通信系统用的典型的X/X/Ka频段馈源[35]。它由Ka频段TE_{21}跟踪模耦合器及X频段上下行链路TE_{11}模耦合器及合成网络组成。Ka频段差模通过TE_{21}模耦合器激励，其设计方法与文献[3]的相似，和模为圆极化TE_{11}模，它由正交模耦合器和圆极化器激励，通过差模耦合器的中心圆波导进入波纹喇叭。差模为圆极化TE_{21}模，它由单脉冲耦合器臂激励，也进入喇叭，这些模式由Ka频段模转化器转换成HE_{11}和HE_{21}平衡混合模。X频段下行信号由下行接头提取，它由按90°增量分布在圆波导径向的四个耦合波导组成，它在喇叭中激励一对正交的TE_{11}模，其后连接波纹波导段。X波段上行信号

由下行接头注入，它的设计与下行链路接头相似。接着，X 波段模转换器将 TE_{11} 模转换成 HE_{11} 模，最后进入等张角、等槽深的喇叭辐射段至喇叭口面。喇叭后的其他节的各种喇叭元件将在后面做详细描述。

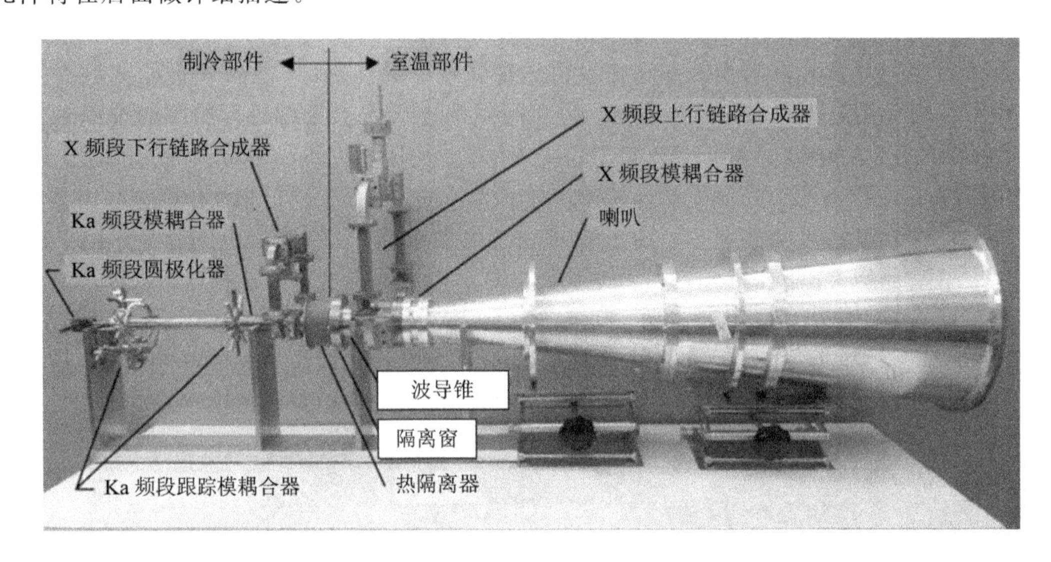

图 1.20　深空测控通信系统用的典型的 X/X/Ka 频段馈源

1.6　大型反射面天线设计新技术

第一个全可动抛物反射面天线是二战时期的雷达天线，在德国和盟国都有建造和使用，战后将其改造成射电望远镜。满足口径越来越大，精度、分辨率和接收灵敏度越来越高的需求是射电天文学家和机械工程师的主要工作。简单来说，射电望远镜天线和测控通信天线的主要任务是在实际工作环境(重力，风和温度载荷)下准确指向所跟踪的目标，并尽可能有效地收集来自该目标的辐射能量或有效地向该目标发射电磁信号，同时对来自其他方向的信号不敏感。通常情况下，对指向误差的基本要求是在最短工作波长下，保证指向误差达到半功率波束宽度的 1/10。这些基本要求有时是很难实现的。例如，直径 30 m 的毫米波射电望远镜天线，当工作频率达到 250 GHz 时，其指向误差要小至 1 角秒，表面均方根误差要低于 75 μm。常规的设计方法很难满足这些要求，只有通过创新设计方法，研究应用具有良好特性的材料，才能满足这些要求。

1.6.1　天线结构保型设计

对于大型高精度反射面天线而言，由于刚度要求高，自重成为主要载荷，而自重变形又影响了精度。为克服自重变形的影响，1967 年 Von Hoerner 提出了严格保型设计思想[36]，即希望设计出的圆抛物面天线自重变形后，仍然是一族理想抛物面，只是当天线从某一角度转到另一角度时，反射面由一个抛物面变为另一个同族抛物面，在各个仰角，电性能均达到最优。这只要使天线在仰天及指平位置变形后仍为理想抛物面即可。按照严格保型的设计目标，应当使表面相对误差的均方根值为零，精度达到最高。

实际工程中，反射面天线背架结构是轴对称的，单片辐射梁的严格保型并不意味着圆抛物面天线能够实现严格保型。为此，在严格保型思想的启发下，有学者提出了近似保型设计思想，即最佳吻合抛物面的思路。天线反射面是一个有误差的实际变形曲面，这一变形曲面定有相对应的最佳吻合抛物面。这里所指的实际变形曲面可以是通过对实际工作的天线进行测量得到的曲面，也可以是在设计载荷作用下计算设计曲面所得到的拟合曲面。新的抛物面有新的顶点和焦点，只需将馈源移动到新焦点处即可实现电性能最优。因为表面误差对电性能的影响是在口径面上产生了相位误差，相位误差取决于表面各点误差相互之间的差别，并非绝对值。一般情况下，变形反射面相对于最佳吻合抛物面的误差均方根仅为相对原设计抛物面均方根的1/5～1/3。不同的天线结构形式决定着吻合效果的好坏，其吻合精度相对于原始精度的提升幅度也不尽相同。目前工程中主要采用近似保型技术，即保精度设计。

1. 重力和温度的自然限制

在Von Hoerner的研究中，对具有一定质量的全可动反射面天线的大小建立了一些自然限制。首先是应力极限，即结构在自重的作用下会坍塌，对于钢结构，大约是600 m。

第2个限制是作为俯仰角函数的重力变形，它正比于构件的长度与质量的乘积除以刚度，即单位长度的质量。重力变形通常与长度成正比，因此与反射面的直径平方成正比：

$$\delta_g \propto \left(\frac{\rho}{E}\right)D^2 \tag{1.18}$$

式中：ρ——材料的密度；

E——弹性模量。

如果定义最短工作波长为λ_g(等于$16\delta_g$)，代入钢材的密度和弹性模量，可得到

$$\lambda_g \approx 70\left(\frac{D}{100}\right)^2 \tag{1.19}$$

式中，λ_g的单位为毫米，D的单位为米。因此，对于经典的刚性设计方法，最短工作波长为70 mm时天线的直径限制为100 m。

第3个限制是整个天线结构上的温度差，即热变形，它正比于结构长度、热膨胀系数C_t和温度差ΔT：

$$\delta_t \propto C_t \cdot D \cdot \Delta T \tag{1.20}$$

对于钢结构，最短工作波长与温度差的关系为

$$\lambda_t \approx 6\Delta T \cdot \frac{D}{100} \tag{1.21}$$

式中，λ_t的单位为毫米，D的单位为米，ΔT的单位为开尔文。对于铝结构，其值大约为钢结构的2倍。

2. 任意角度的变形及预调角

保型结构设计必须为反射面提供“等柔性”支撑。反射面一般由一组面板组成，因此面板在背架结构上的支撑点必须要同样地“等柔性”设计。结构设计的过程就是要找到这样一种结构，将载荷从反射面表面上的这些点转移到俯仰轴承上的两个支撑点，使反射面在整个俯仰运动范围内保持抛物面形状。Von Hoerner证明了解的存在，而结构设计工程师面临的挑战是找到一个实用的解决方案。由于多种实际因素的影响和限制，在工程设计中不能用完全的保型设计思想，引入了一个称之为“保型偏差”的变量δ_0，在俯仰-方位型天线座

架中，任意仰角处的变形可以用俯仰角位于天顶位置(90°)和指平位置(0°)的变形表示。分别用 δ_Z 和 δ_H 表示天顶和指平位置的变形，保型偏差可表示为

$$\delta_0 = \sqrt{0.5(\delta_Z^2 + \delta_H^2)} \tag{1.22}$$

一般来说，我们感兴趣的是尽量减小天线在工作仰角内反射面与最佳吻合面的偏差，对于卫星地面站天线，这个仰角就是对准卫星的角度；对于深空测控通信和射电望远镜天线而言，希望工作仰角尽可能大。因此，一般情况下，在中间仰角 ϕ_0 将反射面调整成理想抛物面。这时，以仰角 ϕ 为函数的重力变形可以表示为

$$\delta_\phi = \sqrt{\delta_Z^2\ (\sin\phi - \sin\phi_0)^2 + \delta_H^2\ (\cos\phi - \cos\phi_0)^2} \tag{1.23}$$

参数 δ_Z 和 δ_H 可以通过测量天线口径效率或用结构有限元分析得到，两种方法相互验证以提高测量的可靠性。显然，当 $\delta_Z = \delta_H$ 时，按照在整个俯仰角范围工作考虑，在最佳“预调角”处将反射面调整成最佳吻合抛物面的仰角应在45°，此时，在极端的天顶和指平位置的变形偏差将减小25%左右，预调角的误差将趋于零。对于不同的天顶和指平变形值，对应的预调角也不同。在有限的观察角度范围内，例如，当需要在20°～80°仰角范围工作时，可以对预调角进行优化。在任何情况下，优化后的预调角总在40°～50°之间。

在预调角最优的情况下，考虑反射面在风扰动下的变形很有意义。分析结果表明，当风力从正面施加在天线反射面且仰角为50°时，由风力和风力矩引起的变形最大，在这个角度将反射面调整到最可能好的形状，将会减小对整个反射面误差的扰动。

3. 各变形分量的影响实例

图1.21给出了西班牙IRAM-30 m毫米波射电望远镜天线的设计实例[37]。结果表明，采用保型设计的反射面在0°和90°仰角的偏差分别为80 μm和60 μm，以20°和80°仰角表面变形相等为保型设计目标，预调角应为50°，其结果是在该仰角重力变形趋于零。在30°以上仰角风载荷引入的变形明显增大，在50°～60°时达到最大值。诸如热变形、面板制造和装配调整等其他误差的贡献在图中用水平虚线表示。

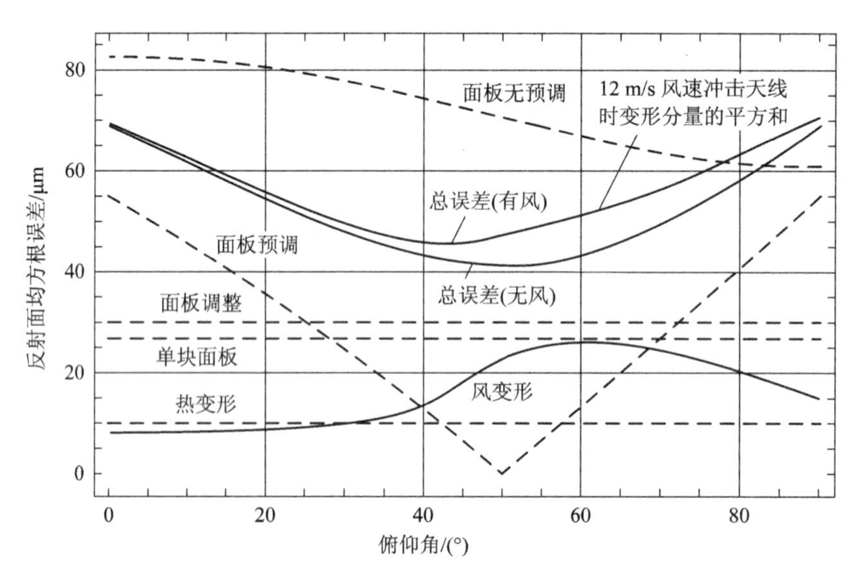

图 1.21　西班牙IRAM-30m毫米波射电望远镜天线变形分析结果

1.6.2 高精度反射面面板成型工艺技术

天线反射面除了要满足电性能需求外，还应当满足机械性能要求，如刚度好、重量轻、对风的阻力小等。反射面主要包括实体面板反射面(如金属面板、蒙皮筋条面板、铝蜂窝夹芯面板等)、网状面板反射面以及开孔金属板反射面。实体面板适合观测频率较高的场合，其成型工艺相对复杂，面板精度较开孔面板高。网状面板的优点是风阻小、重量轻，缺点是表面精度低、刚性差、运输及架设时易变形，适合于低频段观测。开孔金属板弥补了网状面板刚性差问题，表面精度相对提高，但仍然适合低频观测场合。天线面板制造方法很多，其制造技术与其结构相对应，视面板精度要求、结构形式、材料构成、使用环境等情况而定[38]。目前国内外重点望远镜的面板结构包括碳纤维蜂窝、铝蒙皮蜂窝、电铸镍蜂窝、铝合金板、开槽筋胶粘、铝蒙皮型材铆接等[39-41]。应根据天线口径与工作频率选择相应结构，如 ALMA12 m[42]、LMT50 m[43]天线工作频率分别达到 950 GHz 和 300 GHz，其面板精度分别为 8 μm、20 μm，采用成型工艺复杂的电铸镍蜂窝结构能够满足需求。对 GBT 100 m[44-45]天线而言，其工作频率为 117 GHz，面板精度要求为 68 μm，如采用电铸镍蜂窝结构，将会使得天线成本完全失控，因此其采用了开槽筋胶粘结构。表 1.1 给出了几种面板成型工艺及面板的性能。

表 1.1 几种面板成型工艺及面板的性能

面板成型工艺	用　例	最大尺寸/m	典型高度/mm	典型单位面积质量/(kg/m^2)	面精度(rms)/μm
盒式铝面板	Effelsberg	2.5	200	20	>80
铝或 CFRP 夹层	MRT/HHT	1.2	50	10	25/6
机加工铝面板	ALMA(NA)	0.8	50	10	<10
电铸镍	ALMA(EU)	1.2	30	10	<10

常用的高精度面板结构形式及其制造技术主要有以下几种。

1. 一体式薄壳结构

一体式薄壳结构的整个面板的反射面与加强筋是同一零件，采用铸件或厚板在高精度机床上直接加工成具有加强筋的薄壳结构，这种方法可以加工出型面精度很高的面板，面精度均方根值可达微米级。面板加工前需要对整个工艺系统进行精度分析，确定机床、夹具、刀具、测量仪器等工艺系统各环节是否能达到精度要求。为保证加工精度，可以先加工一块铝质试验件，以此来验证机床、刀具和三坐标测量机的精度要求。采用这种形式制造的面板精度虽高，但缺点也很明显。一是生产周期长，需挤占大量数控加工设备；二是受制于加工工艺限制，成品自重很大，进而造成整个反射面重量很大，拖累天线伺馈系统运动指向指标；三是加工中切削量大，材料浪费大，加工成本高；四是需要额外的工艺措施进行辅助，除了进行常规退火处理外，在最后阶段的精加工前，还需要进行多次热处理以消除加工应力，保证面板的型面精度。总之，这种结构的制造成本过高，一般用于小型高精度天线，不适用于大型天线工程 。

2. 蜂窝夹层结构

蜂窝夹层结构根据常用夹芯层材料又可分为玻璃钢蜂窝夹芯层结构和铝蜂窝夹芯层结构。

1）玻璃钢蜂窝夹芯层结构

玻璃钢蜂窝夹芯层结构是由前后两层玻璃布作为蜂窝夹芯层的表面蒙皮，再与玻璃钢蜂窝夹芯层胶合成反射面，在要作为反射面的一侧表面采用化学沉铜、火焰喷铝或覆铜丝网的方法使其表面对电磁波具有良好的反射特性。这种结构具有强度高、刚度好和重量轻的优点，但其生产周期长、成本高且玻璃钢耐温性能差，易老化，易燃烧。

2）铝蜂窝夹芯层结构

铝蜂窝结构由金属薄箔（一般为铝箔）制成的蜂窝状夹层和两层蒙皮组成，即两层蒙皮中加粘铝蜂窝夹层。这种结构相对于蒙皮筋条结构强度高、刚性好、重量轻，缺点是传热系数低、温度变形大。另外，由于蒙皮和蜂窝之间只能通过胶粘，无法铆接，因此，其面板的保持性长期来看不高。

3. 蒙皮筋条结构

蒙皮筋条结构一般是由蒙皮、纵筋、环筋及节点板组成的壳体结构，从其截面看可分为蒙皮层、胶层、筋条层、节点板层共 4 层。蒙皮为整体零件，筋条层为用弯角件将铝型材连接起来的框架结构，节点板为单件且相对于筋条，其位置固定。蒙皮是面板的最终使用面，但不具有满足精度要求的强度与刚性，其最终定型由外部结构件来保证，即钻型材、弯角件连接起的框架结构。蒙皮背面的纵筋、环筋由铝型材拉伸成与蒙皮背面相同的曲面，以使各环筋、纵筋与蒙皮相贴间隙达到最小，从而使蒙皮曲面与理论曲面达到最佳重合效果。虽然单个筋条具有一定的强度和刚度，然而各自独立的筋条并不能保证整个面板强度、刚度要求，因此用弯角件将筋条连接起，使四周筋条连接为一整体。这样可以大大加强面板的强度及刚性。然而筋条与蒙皮、弯角件并未形成具有完全刚度的壳体，筋条仍可沿曲面法向扭曲。如果在筋条两面均有蒙皮将会形成一个封闭壳体，筋条自由度被完全限制，蒙皮相对筋条的位置将可精确控制。为达此目的，在筋条各接缝处加铆节点板，使筋条、蒙皮、弯角件、节点板浑然一体，从而保证单块面板的结构性能。

4. 组合面板结构

大口径高精度反射面天线由于其重（质）量大的特点，反射面自重会严重影响主面精度。如果采用优化的单面板结构，受成型工艺所限，其面积不能太大，会导致主面总面板数量增加，背架结构变得复杂，促动器数量增加，反射面重（质）量急剧增加，进而导致天线总重（质）量增加。为了调和面板工艺、数量以及天线背架结构的矛盾，国际上的一些高频段望远镜采用了组合面板的结构形式，如图 1.22 所示。组合面板即用几块小面积高精度面板，采取一定的结构形式拼接为一块满足精度需求的大面板。根据面板精度需求，有不同组合面板结构形式。以 LMT 50m、GBT 100m 为例，前者面板精度为 20 μm，采用了基于等柔性支撑过渡子桁架的组合形式，加之面板采用电铸镍技术成型，所以造价高昂，但由于天线口径为 50 m，因此其相对制造价格还可以接受；后者面板精度为 68 μm，同时考虑到 100 m 口径，因此选择基于开槽筋条结构的拼接技术。采用组合面板技术，亦可有效减少现场安装周期。

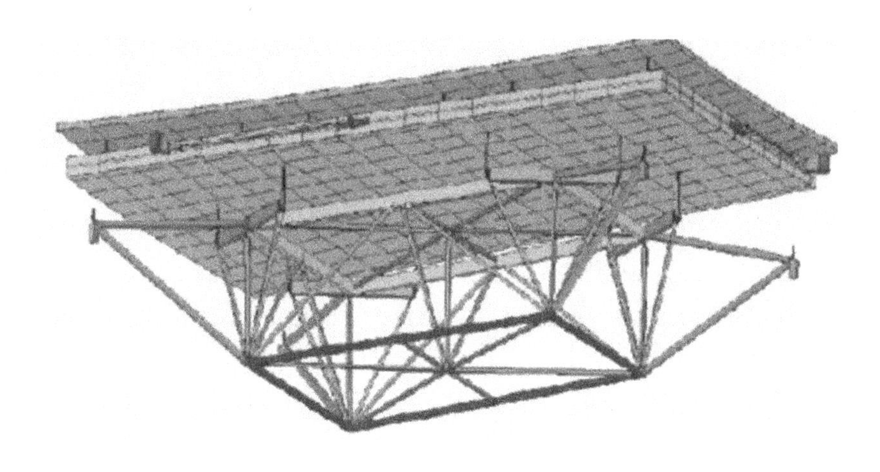

图 1.22 组合面板结构示意图

1.6.3 主动反射面技术

一般大型天线的主反射面由成百上千块面板组成，在工作时，由于受重力、温度及风力等因素的影响，天线面板组成的实际曲面与理想曲面之间的误差将会增大。增大的误差(表面均方根误差)会导致天线增益降低，影响天线在高频段的效率。为了解决这一问题，20 世纪 90 年代工程人员提出了主动反射面技术。主动反射面技术的原理是在反射面上安装可调节面板的机电促动器，建立控制促动器的通信网络，以构成反射面主动调整系统，在天线变形时通过促动器调整反射面面板，从而将变形的反射面恢复到设计的理论曲面(或最佳吻合曲面)，最终实现天线设计效率。

1. 反射面主动调整系统的组成及工作原理

反射面主动调整系统一般由控制计算机、控制网络、控制总线、促动器及供电单元等组成。如图 1.23 所示，反射面主动调整系统是一个闭环控制系统[46-47]，根据天线俯仰角的变化，通过主动反射面控制计算机给出的各促动器的调整数据，与基于局域网的智能控制器控制促动器对主反射面进行调整。主动反射面控制计算机实时计算任意仰角的天线变形数据，并将补偿结果发送到智能控制器，由促动器实时调整主反射面面板到需要的位置，消除或减小反射面变形的影响。有时也将应用了主动反射面技术的反射面称为主动反射面。

促动器是最终执行器件，由箱体、蜗轮蜗杆副、滚珠丝杠副、法兰、调整螺杆、电源模块、步进电机、限位开关和转接插座等元件组成。促动器的驱动采用一体化步进电机，内部集成了由微控制器、驱动器、编码器和数据寄存器等元器件组成的智能控制器。智能控制器接收来自主动反射面控制计算机的调整指令，控制促动器完成调整，并向主动反射面控制计算机报告促动器当前的状态，监视每个控制节点的实时状态。

2. 主动反射面技术应用实例及效果

最先采用主动反射面技术的射电望远镜天线是美国 20 世纪 90 年代建造的 100 m 口径的格林班克望远镜(GBT)。为了提高天线效率，降低副瓣电平，GBT 采用了偏置反射面光学配置，它的母抛物面的直径达到 206 m，口径长轴为 110 m，短轴为 100 m，投影直径为 100 m。在设计的初期，经论证认为，要实现 0.4 mm(rms)的表面精度目标，采用主动反射

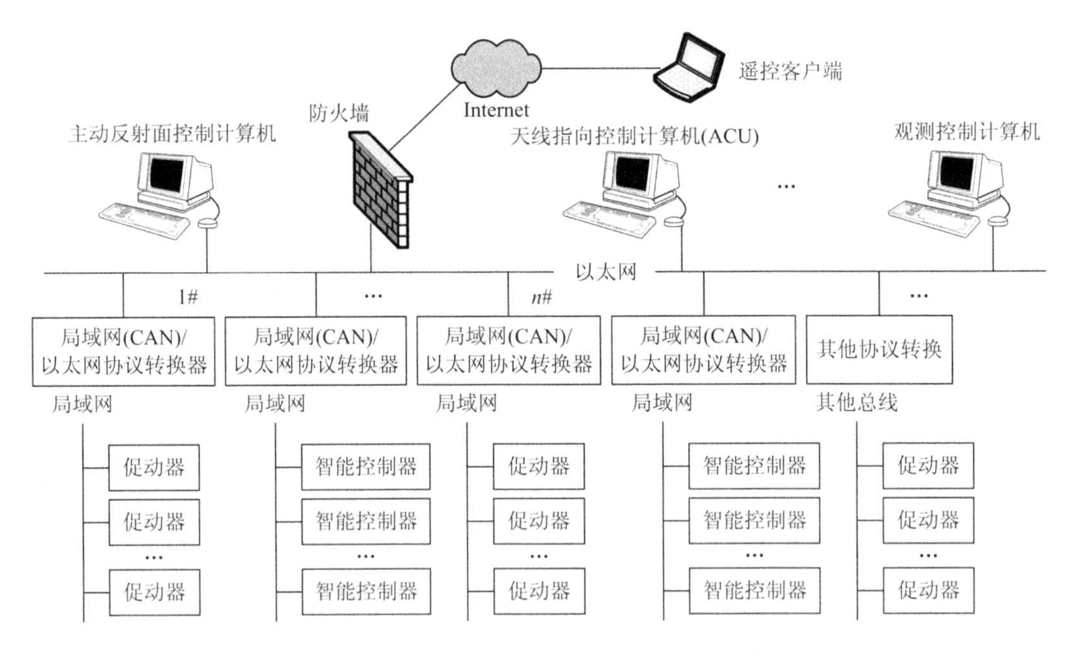

图 1.23 反射面主动调整系统组成框图

面是唯一的选择[48-49]。而且，如果不采用特殊的措施来实时测量和抵消风的影响，就很难达到所需的指向精度需求。基于这些考虑，设计初期，决定设计和安装一套精密的闭环控制的光学测量支持系统来实时控制天线反射面形状和指向。由于技术和成本原因，实施阶段改为以促动器为执行器的反射面主动调整系统。该系统由 2004 个促动器组成，最终面精度为 0.22 mm(rms)，工作频率最高达到 116 GHz。

20 世纪初，墨西哥和美国建造的 50 m 口径大型毫米波望远镜(LMT)、意大利撒丁岛 64 m 口径射电望远镜以及中国科学院上海天文台的 65 m 射电望远镜也安装了反射面主动调整系统，这些望远镜天线都达到了很高的面精度和指向准确率。表 1.2 列出了几个典型的采用主动反射面技术的射电望远镜天线。

表 1.2 国际上几个典型的采用主动反射面技术的射电望远镜天线参数

天线参数	格林班克射电望远镜(GBT)	大型毫米波望远镜(LMT)	撒丁岛射电望远镜(SRT)	上海 TM65m 射电望远镜
天线直径/m	100	50	64	65
工作频率/GHz	0.1～116	80～375	0.3～115	1.3～46
面板数量	2004	180 块	2008 块	1008
面板平均面积/(m^2/块)	3.9	10.9	2.4 ～5.33	2.6～4.9
促动器数	2009 个，均匀分布	720 个，均匀分布	1116 个，均匀分布	1104 个
每平方米促动器数	0.28	0.36	0.35	0.33
天线总重(质)量/t	7600	2980	3149	2640
面精度(rms)	0.22 mm	70 μm	0.12 mm	0.3 mm
指向误差	4″	1″@230GHz	5″	5″

另外，(前)西德1971年建成的埃费尔斯贝格100 m口径射电望远镜最初设计的观测频段范围是80 cm～36 cm的天体射电波，后来经过技术改造，现在已能观测90 cm～3.5 mm频段。埃费尔斯贝格射电望远镜采用了一种主动副反射面技术，在副反射面背架上安装了96个高精度促动器，根据主面随俯仰角的变形，采用一种特殊的可调整的支撑结构，用电子方法控制机械装置调整面板，使天线表面与设计抛物面形状的差别保持在0.5 mm范围内。

1.6.4 基于多场耦合理论的机电一体化设计技术[50-51]

反射面天线是一种典型的机电相结合的电子装备，电与结构性能全优是其追求的最终目标。随着深空网技术的不断发展和探测距离的不断增大，高增益的天线需求越来越大。提高天线增益的基本方法是提高频段或者增大天线口径。在设计天线时，应同时考虑结构因素和电磁因素，兼顾结构指标和电性能指标，才能设计出满足要求的高性能天线。为此，应从场耦合的角度研究面天线的优化设计问题，即采用场耦合模型进行机电综合优化设计。所谓场耦合，是指电子装备中存在的电磁场、结构位移场以及温度场之间的相互影响关系。对于微波反射面天线而言，在自重、风荷作用下，结构会发生变形，从而引起天线反射面形状的改变，最终导致电性能下降。建立场耦合关系的目的是揭示多场之间的内在联系，将电性能表示为结构设计变量的函数。与传统的机电分离的设计方法相比，机电综合设计为原本割裂开来的机械、电磁学科建立了桥梁，为天线结构的优化设计提供了一条更为合理的途径。目前关于天线机电综合优化的研究大多局限于天线背架的尺寸和形状优化，并且分析了馈源支撑结构对电性能的影响。从工程优化的角度来说，一旦优化模型及其设计变量种类确定，优化能否搜索到更好的设计方案就取决于设计空间的可行域，随着优化层次的提高，通常能得到重量更轻、造价更低、结构形式更合理的设计方案。从工程设计的角度看，当馈源设计完成以后，天线背架的拓扑形式和副反射面的位姿是影响天线电性能的重要因素。

1.6.5 天线反射面精度测量补偿技术

不论反射面天线用于射电天文观测还是测控通信，都必须精确地指向并跟踪目标，有效地接收信号。因此，天线要在使用环境中，克服环境、自重等因素的影响，提供精确、稳定的指向和满足工作频段要求的面精度。随着计算机技术的发展和诸如有限元分析方法的完善，结构设计工程师可以精确地建模并分析大型天线结构的变形，如重力变形、温度变形以及风载荷引起的天线结构变形。但由于结构仿真模型不能完全反映天线的真实结构，同时计算能力的限制需要对结构模型做近似处理和简化，这会使得仿真结果与实际变形之间存在差异。在工程实践中，要通过测量得到天线反射面在实际工作环境中的变形，以作为现场调整和补偿反射面精度、评估天线性能的依据。

1. 天线反射面精度测量技术

一般要求天线反射面的测量精度达到天线反射面误差的1/3～1/5，由于天线口径大和面形精度高，因此，对反射面面形检测技术的要求比较苛刻，过去没有主动反射面技术的时候，面形检测主要在初始面板制造与安装调试阶段。传统测量方法主要有机械、光学和电学等方法。20世纪80年代开始，国内外不断研制出许多现代化精密测量仪器，包括全站仪法、摄影测量法(Photogrammetry)和微波全息测量法，这些方法的应用使面精度检测方法发生了巨大变化。以下简要介绍近年来广泛应用的数字近景工业摄影测量法和微波全息测量法。

1) 数字近景工业摄影测量法

数字近景工业摄影测量法在工业测量和工程测量中的应用一般称为近景摄影测量[52]。它基于摄影测量的基本原理，融合计算机视觉的相关理论、数字图像处理技术、模式识别理论和方法，利用数字相机获取被测目标的数字图像，得到被测目标的空间三维坐标，从而完成对目标物体的测量。摄影测量最早在 1962 年就应用于美国国家天文台绿岸射电望远镜天线的测量中，它经历了从模拟、解析到数字方法的演进和变革，硬件由胶片相机发展到数字相机。它通过在不同的位置和方向获取同一物体两幅以上的数字图像，经计算机图像匹配等处理及相关数学计算后得到待测点精确的三维坐标。其测量原理和经纬仪测量系统相同，均是三角交会测量。在 10 m～20 m 尺度上，其测量精度可达到 30 μm。应用单台或多台高精度测量相机，以交会的测量原理进行快速无接触测量，特别适合于动态测量场合。例如美国 Arecibo 望远镜升级时，工作频率由 600 MHz 提高到 10 GHz，专门采用摄影测量法，调整后使表面精度优于 2 mm。

2) 微波全息测量法

微波全息测量法的原理图如图 1.24 所示。在天线口径场分布函数 $F(x', y')$ 与远场辐射方向图函数 $f(u, v)$ 之间存在傅立叶变换关系。一般情况下，我们用已知的口径场分布函数(幅度和相位)经傅立叶变换就可得到天线辐射方向图，同样可以用已知的辐射方向图经反傅立叶变换得到口径场函数，口径场分布的幅度表示场强，相位表示反射面表面轮廓。严格来说，为了进行微波全息测量，需要知道 4π 球面角内天线辐射方向图的幅度和相位，对其进行反傅立叶变换，就可以得到反射面口面上场的幅度与相位分布。均匀平面波经理

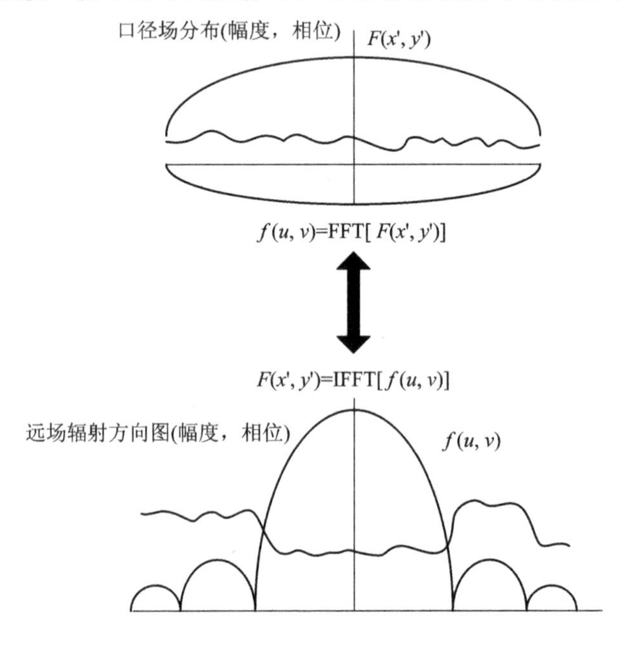

图 1.24　微波全息测量原理图

想抛物反射面反射后在口面上产生恒定的相位分布函数。我们将测量的相位偏差衍射到反射面上，得到其与理想面的偏差。这个偏差为轴向偏差，分为周期性偏差和随机偏差。周期性偏差为系统误差，表示馈源或副反射面的偏差，在调整反射面面板前，首先要消除这个系统误差，这一点很重要。随机偏差表示反射面与理论面的偏差，可用插值的方法得到偏差表，用来指导天线反射面的调整。

微波全息测量法在大型反射面天线面形测量中有很广泛的应用。在深空测控通信天线中，美国航空航天局为了测量其深空站天线的面精度，由喷气推进实验室专门设计了用于天线全息测量的测试系统 MAHS(Microwave Antenna Holography System)[53]，其测量精度可达到 0.25 mm，经过测量调整后的天线工作频率最高可达 95 GHz。文献[54]介绍了 ALMA 在地面近场用微波全息测量法对大型毫米波天线进行测量及数据处理的具体步骤。采用微波全息测量法在 315 m 的有限距离对工作于 115 GHz 的 12 m 直径的毫米波天线进行测量，测量均方根误差为 11 μm。两次测量之间差值的均方根误差只有几微米量级。

微波全息测量必须满足几种要求：第一，必须有仰角和辐射强度合适的源，为测量系统提供合适的 SNR，以满足对测量精度的要求；第二，必须首先具有快速测量功能，即可在较短时间周期内完成一次低分辨率、中等精度测量(一次测量时间为 45 min 左右)，以便校准天线副反射面位置，其次具有高分辨率、高精度测量能力，测量时间应控制在 12 h 以内，以减小环境温度变化的影响。

2. 天线反射面变形补偿技术

反射面天线处于露天环境中，由于重力载荷、风载荷、温度梯度等外荷载的存在，使反射面几何形状不能与理想抛物面形状完全吻合，产生一定的误差，从而影响天线的效率、指向等性能。Ruze 公式给出了天线口面效率与天线表面精度之间的关系。直到 20 世纪 60 年代，天线结构设计都是基于这样的原则，即在重力等作用下结构要提供足够的刚度，以保证天线反射面在所有姿态和环境影响下保持所需的精度，随着天线尺寸的增大和工作频率的升高，要满足更高的精度在经济上变得不切实际。于是，工程师们提出了从设计和补偿两个方面提高天线反射面精度的方法：一种是“保型设计”的设计思想，从设计上减小变形、提高精度；另一种是采用对变形进行补偿的方法，以减小变形的影响。常用补偿方法有机械补偿、电子补偿和其他补偿[55]。机械补偿包括主反射面补偿、副反射面补偿和可变形平板补偿，主要是通过改变主、副反射面的空间位置或几何形状，或在电磁波传播路径上安装一个可变形的平板来消除由主、副反射面变形所引起的电场相位差。电子补偿主要指馈源阵列补偿，即首先在焦平面放置阵列馈源来捕获入射能量，然后计算出阵列元素的激励系数，以达到补偿的效果。通过对比分析发现，主反射面补偿能够提供最好的总体性能，副反射面补偿在结构变形不是很大的情况下能很好地实现。

1) 机械补偿方法

(1) 可变形平板补偿(Deformable Flat Plat, DFP)[56]：在电磁波传播路径上安装一个可变形的平板来消除主反射面变形所带来的误差。通常是先测主反射面误差再加工所需要的平板，通过移动平板背面加装的促动器来调整平板。NASA 在 70 m DSS - 14 上进行了实验，在固定仰角的情况下，通过微波全息测量法测得主反射面变形，然后计算出修正值来调整平板，在 32 GHz 频率时，增益提高了约 2 dB。

(2) 副反射面补偿[57-58]：采用一个可变形的副反射面，使得入射电磁波经过主、副反射面的反射后汇集于副反射面虚焦点，反之发射电磁波经过副、主反射面反射后到达主反射面口径面上时为等相位面。用副反射面补偿必须满足3个条件：斯涅耳反射定律、能量守恒定律和等光程条件。典型的应用是Effelsberg 100 m射电望远镜，其副反射面上安装有96个高精度促动器，补偿后，光程误差小了0.2 mm(rms)。

(3) 最佳吻合与副反射面实时调整结合补偿：通过对重力载荷引入的反射面重力变形进行最佳吻合，得到副反射面的最佳位置并进行实时调整。一般情况下，可以通过矩量法计算(或测量)天线在不同仰角的重力变形，进行最佳吻合，建立副反射面的调整量与天线仰角的变化关系数据表或数学模型，用副反射面控制系统即可进行补偿。

(4) 主反射面补偿：该方法是近年来在大型反射面天线变形补偿中被广泛应用的方法。

2) 电子补偿方法

(1) 馈源阵列补偿(Array-Feed Compensation System，AFCS)[59-61]：在焦平面放置一个馈源阵列来接收入射能量，通过计算阵列单元的激励系数，实现对反射面变形的补偿。一般补偿步骤为：① 测得反射面表面变形和天线参数(焦距和直径)；② 确定馈源阵列的位置和几何尺寸；③ 计算阵列单元的激励系数(振幅和相位)。在此过程中，核心内容是激励系数的计算。典型应用为NASA70 m天线，见图1.25。

图1.25 用于70 m天线重力变形补偿的Ka频段馈源阵列

(2) 阵列副反射面补偿(Sub-reflectarrays)[62]：用单个馈源照射的反射阵列替代副反射面，通过调整反射阵列中各单元的移相量，补偿由主反射面表面变形产生的口面相差，达到改善天线辐射性能的目的。该方法具有以下优点：阵列反射面轮廓低、制造成本低、工艺成熟；仅需要一个馈源，系统简单。图1.26为阵列副反射面补偿原理图，其中天线主反射面是投影直径为20 m的偏置抛物面，偏置高度为15 m，焦距为20 m，工作频率为10 GHz。如图1.27(a)所示，理论方向性增益为65.47 dB，副瓣电平为−24.2 dB。下式给出了主反射器的Z向变形分布：

$$dZ = 9 \cdot \left(\frac{r}{R_{\mathrm{m}}}\right)^3 \cdot \cos(3\phi) \tag{1.24}$$

最大值为 9 mm，变形后的方向性增益为 62.15 dB，副瓣电平为 −10 dB，增益损失达 3.31 dB。用 61 单元、单元间距 21 mm、投影直径 0.17 m 的六边形阵列补偿，用共轭场匹配方法，得到各单元的激励系数的幅度和相位值。补偿后效果如图 1.27(b)所示，天线方向性增益为 64.5 dB，比补偿前提高了 2.35 dB，副瓣电平降低了 −10 dB。

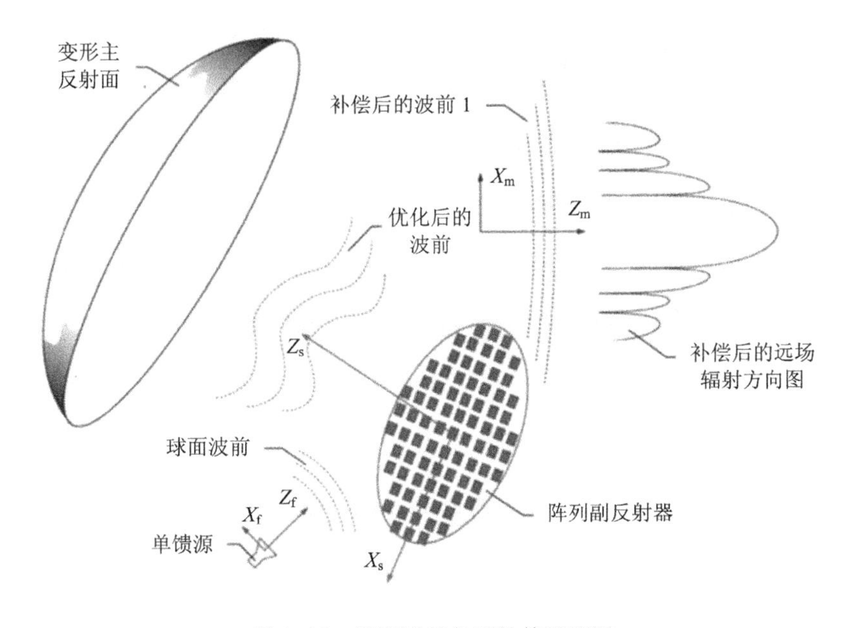

图 1.26 阵列副反射面补偿原理图

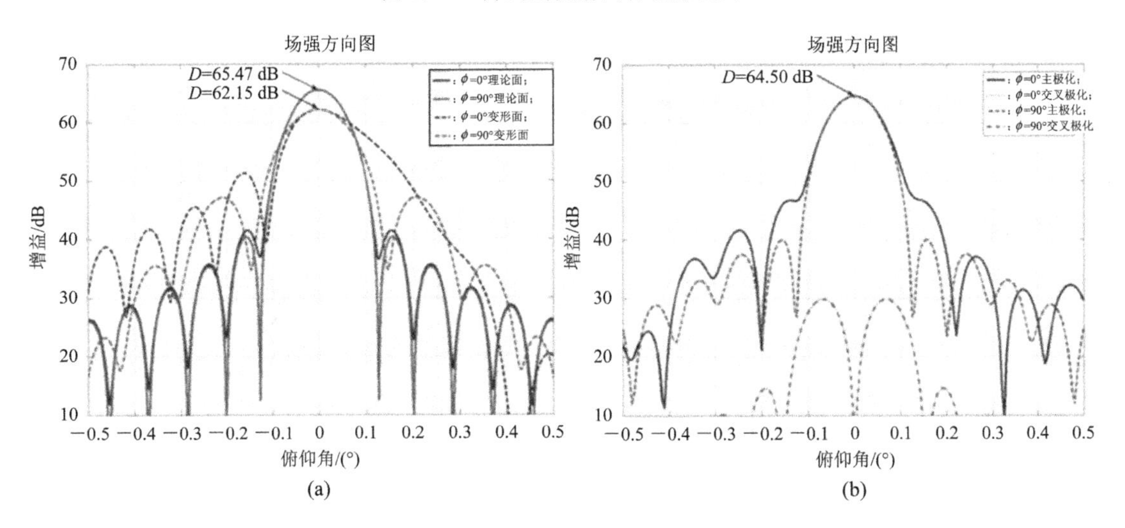

图 1.27 阵列副反射面补偿效果

1.6.6 天线指向误差测量标校

重力、温度和风载荷等因素会导致天线反射面结构变形，使得天线的指向偏离期望的位置。指向误差定义为天线指示(编码器读数)和指令位置(真实目标坐标)之间的差值。最佳拟合反射面和焦点位置的变化、天线轴线的不对准、角度编码器的零点和非线性、天线座结构的重力扭曲和大气的折射等是引起指向误差的主要因素。

1. 指向标校系统的功能和组成

指向标校系统(Pointing Calibration System，PCS)是大型深空测控通信和射电望远镜天线系统不可或缺的组成部分，它主要用于对天线的指向进行校准、补偿(如重力变形、温度变形、轨道不水平等)以及对天线性能进行测量(如天线系统噪声温度 、增益和 G/T 值等)。它与天线控制单元集成为一体，可实现对天线系统指向误差的自动测量，计算系统指向误差模型系数。PCS 考虑了如重力影响、未校准误差、两轴不正交误差、BWG 反射镜校准误差、RF 波束偏斜等系统指向误差源，还考虑了主反射面和副反射面支撑的热变形。指向标校系统的组成和补偿模型如图 1.28、图 1.29 所示。PCS 与天线伺服紧密整合在一起，完成系统指向误差和热变形影响的修正。PCS 使用了辐射计，它可以在 X、Ka 频段工作于全功率辐射计模式(Total Power Radiometer，TPR)和噪声注入式辐射计模式(Noise Adding Radiometer，NAR)。PCS 利用了下行链路的低温 LNA 和下变频器，不再增加电子设备，不降低下行链路 RF 性能，除了进行指向标校外，还可用来测量天线系统噪声温度、增益和 G/T 值。

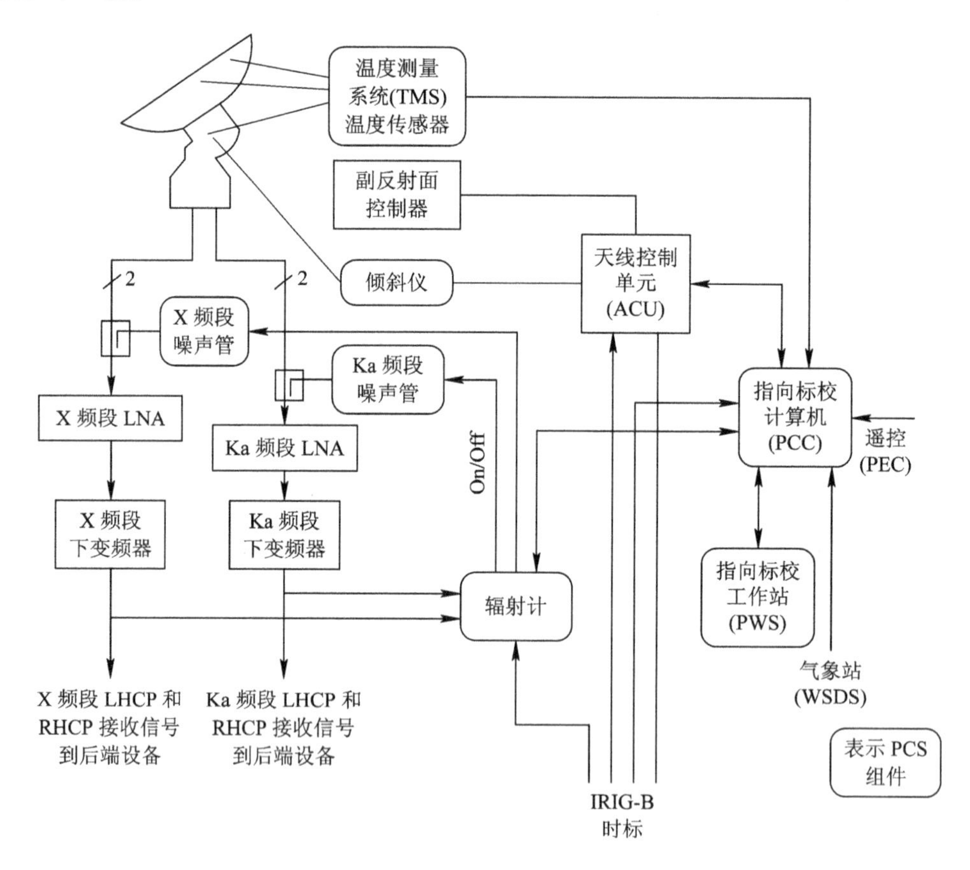

图 1.28 指向标校系统的组成框图

PCS 的主要组成单元如下：

(1) 指向标校计算机(Pointing Calibration Computer，PCC)及其软件，该计算机运行控制校准程序的应用软件，通过以太 LAN 连接到任务中心，远程控制，并连接气象站。通过一个独立的 LNA 连接天线控制单元(Antenna Control Unit，ACU)、辐射计和天线物理

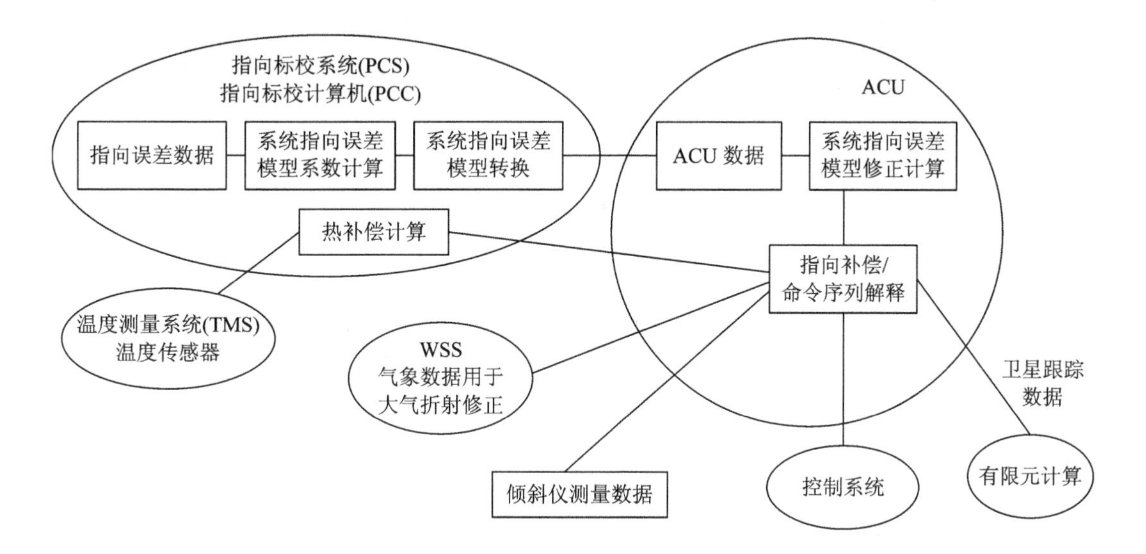

图 1.29　指向标校系统的补偿模型

温度测量系统(Temperature Measurement System，TMS)。

(2) 指向标校工作站(Pointing Calibration Workstation，PCW)及其软件，该计算机提供本地用户界面，用来控制和监视 PCS 的运行，并提供远控接入能力，允许用 LAN 或 WAN 从远程工作站通过相同的用户界面控制和监视 PCS 的运行。

(3) 辐射计及其相应的 RF 噪声二极管，该设备用来测量下行链路系统噪声温度。

(4) 天线物理温度测量系统(Temperature Measurement System，TMS)，安装于主反射面背架和副反射面框架支撑结构上的温度传感器阵列组成，通过温度传感器采集温度数据，由 PCS 计算出机械结构的热变形相应的指向误差。

(5) 倾斜仪，安装于天线俯仰轴两端，用于测量由于风载荷、温度载荷引起的天线座架引起的指向误差以及天线轨道不平引入的指向误差。

PCC、ACU 和辐射计通过一个共同的 IRIG-B 时间源同步，必须满足最小 1 ms 的精度以确保它们的(测量)动作是一致的。

2. 指向误差测量[63]

为了获得天线的指向误差，需要利用分布在可见天空的、位置精确已知的射电源，在各个方位和俯仰角上对天线进行大量的单点指向误差测量。选取射电点源的基本标准是：

(1) 在观测频段有较大射电流量密度，即射电源非常强。

(2) 尽可能选择角径比较小的点源。

(3) 观测数据在天空分布较为均匀。

(4) 为更好地保证观测信噪比，要避免靠近太阳或非常靠近地面，因为地面或太阳的射电辐射从望远镜的旁瓣进入天线，会使得测量信噪比变差。

选定射电源后，利用天线对射电源进行十字扫描观测，即天线对射电源沿两个相互垂直的方向(即方位和俯仰)进行扫描观测，在扫描过程中记录天线的指向及对应时刻天线辐射计测得的功率值。对天线沿方位或俯仰扫描一个射电点源之后，得到功率随方位或俯仰值变化的一条曲线。天线存在指向误差时，功率曲线最大值对应的坐标与射电源当时的坐标有一定的偏差。通过对射电源沿方位方向扫描，可以得到天线在方位和俯仰二维坐标中的方位指向误差；通过对射电源沿俯仰方向扫描，可以得到天线在方位和俯仰二维坐标中的俯仰指向误差。

3. 单点误差拟合

由于天线对射电源的十字扫描数据是离散的，还受到噪声的干扰，所以不能从数据直接得到功率变化曲线峰值的准确位置，进而无法得到天线的指向误差。考虑到天线扫描得到的主波束响应曲线形状类似高斯函数，所以扫描射电源得到的功率变化曲线实际上是射电源的强度分布与天线的主波束响应函数做卷积得到的曲线。用于测量的射电源的角径与被测天线的半功率波束相比很小，因此响应曲线依旧是高斯函数。所以，通常用高斯函数：

$$F(x) = a \cdot \exp\left[-\left(\frac{x-b}{c}\right)^2\right] + d \tag{1.25}$$

拟合扫描观测得到的功率变化曲线，找出功率变化曲线的峰值位置。其中，x 为观测采样点序号，a、b、c、d 为待拟合的高斯参数。实际指向测量时最在乎的是高斯函数中心的偏离量 b，即高斯曲线峰值对应时间序列的 x 值。因为不同俯仰高度时扫描射电源的方位和速度不同，需要将高斯拟合得到的偏离量 b 转换为实际方位差或俯仰差的数值：

$$\Delta_{AZ} \quad \text{或} \quad \Delta_{EL} = Ab + B \tag{1.26}$$

其中，A、B 为线性拟合的参数。对每个射电源的方位和俯仰分别扫描后，通过上面的拟合得到天线指向该处的误差 Δ_{AZ} 和 Δ_{EL}。考虑到扫描射电源时使用的是地平坐标，扫描方向也是方位和俯仰，因此得到的偏差也是方位和俯仰的偏差。在高俯仰扫描射电源时，拟合得到的实际方位误差与俯仰角有关。高俯仰时天线实际指向精度应该是方位误差乘该处俯仰的余弦。因此，指向天空不同方位和俯仰的真正指向误差应该是：

$$\begin{cases} \Delta_{AZ} = (A_{AZ} b_{AZ} + B_{AZ})\cos E \\ \Delta_{EL} = A_{EL} b_{EL} + B_{EL} \end{cases} \tag{1.27}$$

其中，b_{AZ}、A_{AZ}、B_{AZ}——方位扫描数据拟合的 b、A、B 值；

E——b_{AZ} 采样点对应的射电源理论俯仰值；

b_{EL}、A_{EL}、B_{EL}——俯仰扫描数据拟合的 b、A、B 值。

射电源强度不同，扫描得到的功率曲线的信噪比不同。由不同信噪比曲线拟合指向误差时，会得到不同的拟合精度。

4. 指向误差模型的确定

要获取射电望远镜指向的误差模型，首先需要对大天线的指向误差进行准确和全面的测量。大天线建成一段时间之后，各种环境条件，如地面沉降等影响天线指向的因素都相对稳定。这时，对天空中处于各个不同方位、俯仰的很多射电源进行大样本的位置测量比较客观实用。测量出射电源理想位置和实际位置的差，再求得大天线的指向误差，即可构建指向误差模型，还可以分析导致天线指向不准的各种物理因素，用于进一步提高天线的指向精度。其实，如果对天空中几乎所有位置的射电源进行大量的位置测量，得到足够多的天线指向误差数据之后，则可以直接使用插值或模型拟合的方式构建指向误差的数值模型或拟合模型。对于插值方法，有拟里兹广义插值法和广义延拓插值法。模型拟合的方法使用得较为普遍。主要的数学拟合模型包括基本参数模型、球谐函数模型、半参数回归模型和神经网络模型等。其中，基本参数模型使用的较为广泛，因为相比于其他模型，它更易收敛，且拟合结果稳定，物理含义明显，具有明显的优势。

所谓基本参数模型，就是根据大天线最主要的几个可能的误差源建立的数学模型[64]：

$$\begin{cases}\Delta A = C_1 - C_3 \cdot \tan E\cos A - C_4\tan E\sin A + C_5\tan E - C_6\sec E \\ \Delta E = C_2 + C_3 \cdot \sin A - C_4\cos A + C_7\cos E - C_8\cot E\end{cases} \tag{1.28}$$

其中，每个参数都有明确的物理意义：A 为指向测量的方位；E 为指向测量的俯仰；ΔA 为方位指向误差；ΔE 为俯仰指向误差；C_1 至 C_8 为8个参数，分别表示方位编码器零点误差、俯仰编码器零点误差、方位倾斜误差、$(\pi/2-C_4)$方位倾斜方向的方位坐标、$(\pi/2-C_5)$方位轴与俯仰轴夹角、电轴指向偏差、重力变形、大气折射。原则上，可以通过对一批射电源的指向误差测量数据 A、E、ΔA 和 ΔE 值进行最小二乘法运算得到$C_1 \sim C_8$ 这8个参数，将系数代入到天线控制程序的指向模型中，由此完成天线指向误差模型的建立。

但常用基本参数模型包含的误差项较少，有时无法精确拟合较为复杂的情况，所以工程实践中发展了一些改进的模型形式，以增加模型拟合的精度。目前测量的望远镜指向误差结果是望远镜的真实指向误差经过基本参数模型改正过的结果。

1.7 大型反射面天线的典型应用

本节将简要介绍一些大型反射面天线的结构、机械和电磁特性。大型反射面天线的主要任务是精确地指向所需的方向，并高效接收来自该方向的辐射，同时，对来自其他方向的辐射具有一定的滤波作用。即使改变天线的指向位置，也应依然保持这些特性。要求天线尽可能少地依赖环境的变化，如温度和风的影响。

1.7.1 德国100 m射电望远镜天线

埃菲尔斯伯格100 m射电望远镜天线于1967年开始设计，1972年投入运行。该望远镜天线采用格里高利几何配置，天线主反射面焦径比为0.3，工作频段为408 MHz～86 GHz，馈电方式为主焦馈电和次级焦点馈电。天线主要技术指标见表1.3，天线结构如图1.30所示。该天线为第一个采用结构保型设计的超大型射电望远镜天线系统。

表1.3 埃菲尔斯伯格100 m射电望远镜天线的技术指标

主反射面直径	100 m
天线形式	格里高利天线
工作频段	408 MHz～86 GHz
口径面积/m^2	7854
面板数量	2352
形面精度	<0.5 mm
主反射面焦距长度/m	30
副反射面直径/m	6.5
主反射面焦径比	0.3

续表

副反射面焦径比		3.85
角分辨率（波速宽度）	21 cm 波长(1.4 GHz)	9.4′
	3 cm 波长(10 GHz)	1.15′
	3.5 mm 波长(86 GHz)	10″
方位轨道直径/m		64
方位轨道精度		±0.25 mm
方位转动范围		480°
最大转动速度		30°/min
指向精度	盲指向	10″
	重复指向	2″
座架形式		地平式俯仰方位座架
16 个方位电机中的每个电机输出功率/kW		10.2
俯仰齿轮半径/m		28
俯仰转动范围		7°～94°
俯仰最大转动速度		16°/min
4 个俯仰电机中的每个电机输出功率/kW		17.5
总重(质)量/t		3200
研制周期		1967—1972
轨道面海拔高度/m		319
开始运行日期		1972 年 8 月 1 日
制造商		Krupp/MAN

图 1.30　埃菲尔斯伯格 100 m 射电望远镜天线

1. 反射面天线概念设计

1963 年，波恩大学的 Otto Hachenberg 教授及其团队建议建设 80 m 口径的射电望远镜天线。最初的设计由 Fried Krupp 公司和 MAN 公司分别进行概念设计[65-66]。两个公司采用完全不同的设计方案，但都满足甚至超过要求的设计指标。

MAN 公司的设计被称为“四点”设计概念，俯仰支架及反射面结构与俯仰轴承连接，减小了俯仰齿轮，包含平衡反射面重(质)量的配重，反射面只在俯仰支架的 4 个角支撑，同时，4 个角也用于安装副反射面支撑结构，如图 1.31 所示。这种 4 点支撑设计概念后来被广泛用于 30 m～50 m 口径的天线结构设计中，典型的例子有西班牙 39 m MRT 毫米波望远镜天线、墨西哥 50 m LMT 毫米波射电望远镜天线。4 点支撑会造成大尺度的表面形变，总的表面均方根误差为 0.6 mm，在要求的指标范围内；在边缘区域相对于最佳吻合抛物面的偏差约为 3 mm，绝对变形达到了几个厘米量级。

图 1.31　MAN 公司设计的 80 m 天线 4 点支撑模型

Krupp 公司采用了 Von Hoerner 的保型设计概念，如图 1.32 所示。它采用了伞锥和八边体结构，副反射面的 4 个支杆安排在 45°面，背架结构连接在八边体结构的 4 个点上，类似于 MAN 公司的设计。八边体框架旋转了 45°，一条对角线与俯仰轴平行，背架结构不能直接与 4 点连接，只有 2 个点在中心和伞锥的后方，48 个伞肋几乎完美地将反射面的重量转移到了八边体的尾部，这种设计在水平方向造成了强烈的彗形像差，但总的表面均方根误差仍小于 0.6 mm。

图 1.32　Krupp 公司 80 m 天线概念设计(左)和最终设计(右)

最终两家公司的设计方案和经费预算都支持100 m天线的建设。Krupp公司只对原方案按照比例放大到了100 m，而MAN公司也改成了伞形支撑结构。两家公司的设计有以下三点区别：

(1) Krupp公司的俯仰齿轮直径远大于MAN公司的。

(2) MAN公司的副反射面支撑结构与背架结构直接相连，而Krupp公司的设计连接在八边体上，与天线背架结构分离。

(3) MAN公司的天线位于3层楼上，而Krupp公司的位于地平面上。

2. 背架结构

早期的3个典型射电望远镜天线分别为英国的洛菲尔(Lovell)、澳大利亚的帕克斯(Parkes)和德国的埃菲尔斯伯格(Effelsberg)，它们的结构设计差异很大，是大型射电望远镜天线结构设计的典型案例，其共同特点是采用地平式俯仰方位座架结构布局，但具体用于支撑天线反射面的背架结构和天线座架有明显的差异：

(1) 洛菲尔望远镜天线的背架结构支撑在反射面的外边缘，用中性质感支撑主焦馈源和接收机。

(2) 帕克斯望远镜天线的背架结构支撑在中心体上，3根主焦馈源支杆直接安装在背架结构上。

(3) 埃菲尔斯伯格望远镜天线的背架结构支撑在中心与边缘之间，它有一个附加的中间结构——俯仰框架，现有的其他望远镜天线都没有这个结构，用于支撑副反射面的4根支杆与背架结构没有任何连接。

很明显，背架结构的这些不同使天线在整个俯仰角范围内的重力变形有很大的区别。埃菲尔斯伯格望远镜天线的背架结构考虑了一些基本的结构变形效应，以最简单的弹性梁结构模型进行变形计算，如图1.33所示。很明显，两端支撑的梁在中心有最大凹陷，而中心支撑则在两端有最大凹陷，减小凹陷最有效的方法显然是在二者之间支撑。简单计算表明，对于等截面的梁，最佳支撑位置在梁的总长度的63%处，埃菲尔斯伯格望远镜天线就选择的是这样的支撑。因此，首先考虑的是选择两个俯仰轴承之间的距离，它也决定着背架结构的大小，对望远镜整体结构造型和外观有很大影响。

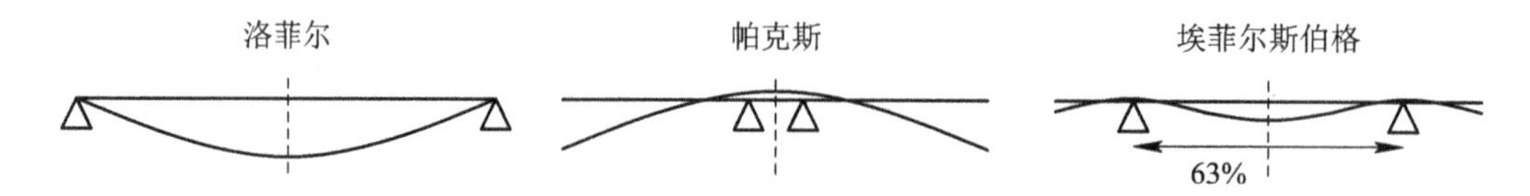

图1.33 梁的弯曲与支撑位置的关系

埃菲尔斯伯格射电望远镜天线结构设计是研究反射面背架结构设计的很好范例。首先，结构设计工程师将俯仰旋转结构分成两个分离的子系统，即背架结构和俯仰框架结构，彼此之间的连接仅在两个接口点I_1和I_2(在天线的旋转轴上)，如图1.34所示。引入俯仰框架结构看起来与通常的桥梁设计思路(设计时总是试图将最大可能的载荷直接转移到支点上)相悖。埃菲尔斯伯格的背架结构的重量首先转移到Z轴上的两点，它们关于主反射面和背架结构旋转对称，并且转移到俯仰轴承和俯仰框架结构的对角线上。进行载荷转移的目的是避免俯仰轴承上较大的力反作用到主反射面上。

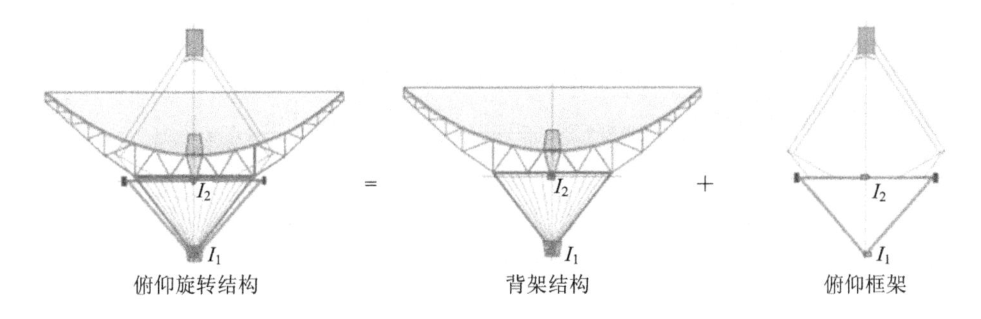

图 1.34 分离的俯仰旋转结构示意图

3. 反射面的变形

根据埃菲尔斯伯格天线结构设计，可以总结出以下两点：

(1) 4 根副反射面支撑结构应独立于反射面背架，否则，反射面必须在 4 根副反射面支撑结构的附着区域进行加固，这将破坏反射面结构的旋转对称性，并影响反射面的精度。

(2) 为了消除反射面背架结构与俯仰框架结构接口的二次弯曲，中心线必须在天线的旋转轴上。

有了这些规定，对于口径 100 m 的反射面而言，在两种基本载荷情况下，达到 300 μm 的表面精度是可能的。我们知道，任何仰角下反射面的重力偏差可以用两种基本重力载荷情况的正旋和余旋的组合来评估。同样的方法也适用于精度。任意仰角的精度可以用下式计算：

$$\sigma^2(E)=\sigma_H^2(\cos E-\cos E_0)^2+\sigma_Z^2(\sin E-\sin E_0)^2 \quad (1.29)$$

式中：E_0——预调角；

E_L——工作仰角；

σ_H、σ_Z 和 σ——天线指平状态、仰天状态和工作仰角的表面精度。

图 1.35 为用有限元计算的埃菲尔斯伯格天线在指平和天顶位置的面精度等值线。

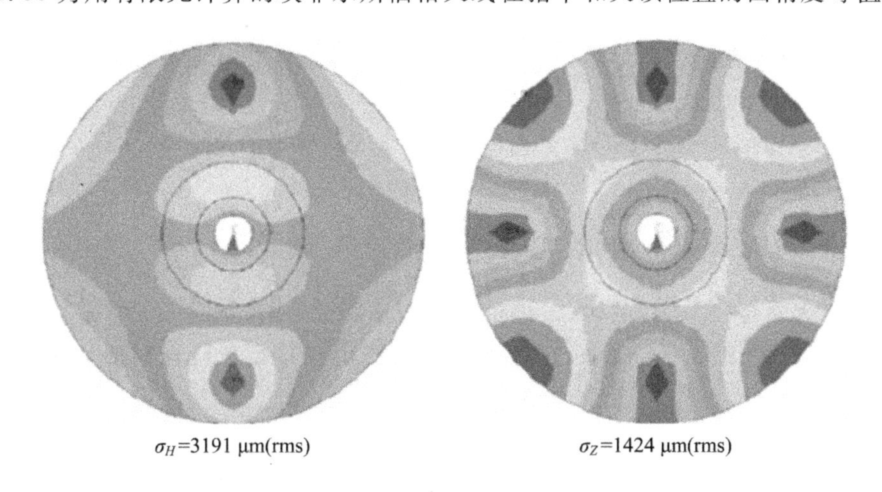

图 1.35 重力变形等值线图

图 1.36 为实际埃菲尔斯伯格天线在指平和天顶位置以及两个中间仰角下，天线主反射面误差与仰角的函数关系，其中实线和点画线分别为在天线指平位置(0°)和天顶位置

(90°)进行预调，粗虚线和细虚线分别表示在 30°和 60°仰角进行预调。由图 1.36 可以看出，在 60°仰角预调后的反射面精度误差减小了一半。

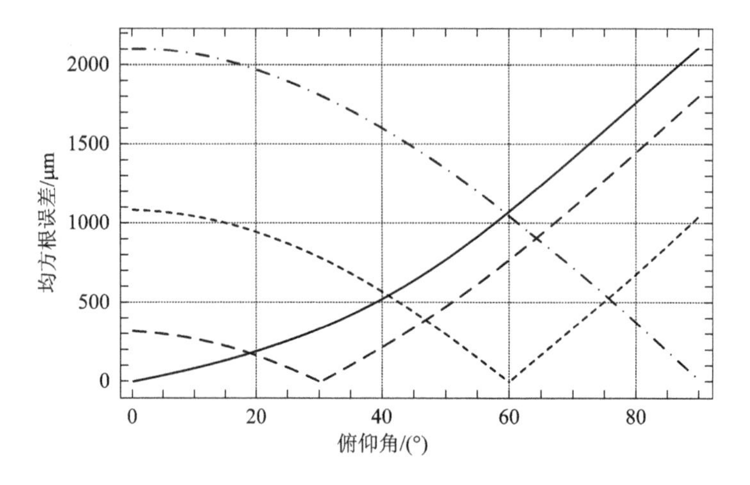

图 1.36　预调角与反射面总精度的关系

4. 存在的问题及改进

在埃菲尔斯伯格望远镜投入运行后，控制系统产生了一系列严重阻碍望远镜运行的问题，主要表现在俯仰结构产生了危及结构安全的震动。解决这个问题花费了很长时间，最终的解决方案非常简单，将 4 个俯仰驱动器中的 2 个断开，震动立即消失。幸运的是，剩余 2 个驱动器的功率足以满足所有环境条件下射电望远镜的稳定运行。大约 10 年后，蜂窝夹层面板表面剥落，内部积水，将其用铝面板更换；方位轨道锈蚀严重，将其全部更换。这些改造完成后，望远镜的性能保持不变。

2006 年，安装了 11 个全新的表面精度为 65 μm、直径为 6.5 m 的主动副反射面，它的 96 块面板独立可调，主反射面大尺度变形的影响可以用主动副反射面实时抵消补偿，这是一个主动光学应用实例[67-68]。微波全息测量结果表明[69]，望远镜在要求的仰角范围内，在 3 mm 波段可稳定灵敏地工作。很显然，与给 2300 块面板安装电动可调的促动器的主动反射面相比，主动副反射面更经济。

经过 40 多年的运行和多次改造，到目前为止，埃菲尔斯伯格 100 m 天线仍是世界上最先进的天线[70]。

1.7.2　日本 45 m 毫米波射电望远镜天线

日本国家天文台(NAOJ)的 45 m 射电望远镜于 1983 年投入运行，它是世界上第一个大型毫米波望远镜天线系统，如图 1.37 所示。天线由三菱重工设计制造，位于东京以西 200 km 的 Nobeyame，海拔高度 1350 m。

望远镜采用格里高利几何配置，波束波导馈电系统；接收机柜位于座架以下的高频房内，与大多数望远镜利用 4 根支杆支撑副反射面不同，该望远镜采用了 3 根支杆支撑副反射面，也采用了对射电望远镜而言不寻常的光学设计，类似于 Nasmyth 配置，它提供了方便、容易通过、便于维护的设备安装空间，但是波束在波束波导中的多次反射导致信号大量损失，使得信号损失和噪声增加。

图 1.37 日本 45 m 毫米波射电望远镜天线

望远镜重 700 t，工作在 1.4 GHz、1.6 GHz、2.7 GHz、5 GHz、10 GHz、15 GHz、22 GHz、30 GHz、40 GHz 和 86 GHz 波段。对于 5 GHz 以下较低的频段，为主焦馈电，10 GHz～86 GHz 波段，采用格里高利天线、直径为 4 m 的副反射面、传统的 4 反射面波束波导馈电。

望远镜采用轮轨式座架，反射面背架采用桁架结构，由中心体支撑，与 Parkes 望远镜相似；主反射面采用保型结构设计，以便使与仰角相关的反射面重力变形最小。直径 30 m 以内的面板由外覆 CFRP 的铝蜂窝组成，面板精度为 60 μm。这是首次大量使用 CFRP 的射电望远镜。随着时间的推移，湿气渗入面板，导致 CFRP 表面剥离，破坏了表面精度；随后所有面板换成了铝合金。采用主动反射面技术，天线表面精度达到 0.2 mm(均方根)。天线反射面与背架采用密封热绝缘结构，内装 40 个风扇，用于混合空气，以便达到温度平衡。鉴于白天热效应对天线的射频性能以及指向稳定性的影响，望远镜通常在夜晚运行。典型孔径效率约为 65%(5 GHz)、59%(22 GHz)和 20%(86 GHz)[71]。1990 年利用无线电全息摄影测量法将主反射面表面精度从 0.2 mm(rms)提高到 65 μm(rms)，使望远镜能观测 150 GHz 的频率[72]。1992 年测量的 147 GHz 频率处的孔径效率是 34±4%，相应的增益为 92 dBi。该望远镜最有名的研究成就之一是 1995 年(与一个美国组织一起)和 2001 年发现巨大黑洞。

为了进一步提高天线指向精度，用 3.8 m 的卡塞格伦副反射面代替格里高利副反射面，并加强了支撑结构，这种改变使位于主焦点的 10 GHz 以下频率不能观测。

指向和跟踪控制类似于 Parkes 望远镜首创的解决方案。在这种情况下，准直器位于俯仰-方位轴的交叉点，由计算机完成天体坐标的转换。

一般情况下，望远镜的性能改进要经过数年时间才能完成。目前表面均方根精度大约为 0.1 mm，明显优于原来的指标要求，在夜晚良好的气象条件下，指向误差为 2 角秒～3 角秒，在 115 GHz 频率、波束宽度 14 角秒时勉强可以接受。多数观测在低于 115 GHz 频率进行，实际多在 7 mm 和 13 mm 进行，性能令人满意。

1.7.3 LMT 50m 大型毫米波射电望远镜天线

大型毫米波望远镜[73](LMT Large Millimeter Telescope)项目是由美国 University of

Massachusetts大学和墨西哥INAOE研究所(Instituto Nacional de Astrofisica, Óptica, y Electrónica)共同出资建造的单口径毫米波射电望远镜，如图1.38所示。该望远镜天线设想于1988年提出，1994年两国政府正式签署协议，其后选址、设计和建造，至2006年建成，仅整个制造过程就耗时8年时间。该射电望远镜位于海拔4600 m的火山顶上，天线口径为50 m，造价高达1.15亿美元，是没有天线罩的露天天线。选择高海拔的火山顶上的原因是该山顶部气候干燥，理想的高度和稀少的水汽为获取来自宇宙深处的毫米波创造了绝佳的条件。但是，由于望远镜所选地址高度很高，整个建造工作受到了很大的限制，施工者必须随身携带氧气瓶。望远镜投入使用后，实验室里也需为天文学家们提供纯氧。

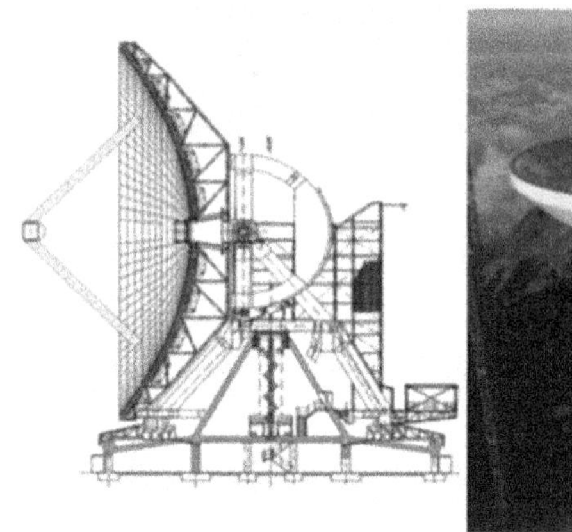

图1.38　LMT天线结构示意图和照片

LMT天线采用方位俯仰轮轨座架，主反射面由180块面板组成，按同心圆布局，每块平均面积为10.9 m^2。其中，最内圈12块，第二圈24块，最外三圈均为48块。反射面主动调整系统的线性促动器安装在每块面板角上，共计720个促动器。因为面精度要求很高，所以相邻面板不能共享促动器，但其优点是可以独立控制每块面板位置。反射面主动调整系统采用开环控制方法，用查表法得到每个促动器的调整量，以指令控制促动器到达所需位置。

LMT在露天环境下的主要性能指标见表1.4。

表1.4　LMT的主要技术指标

特　性		指标要求	设计目标
反射面精度		75 μm	70 μm
指向精度		1.0角秒	0.6角秒
口径效率	3 mm波长	0.65	0.70
	1.2 mm波长	0.40	0.45
灵敏度	3 mm波长	2.2 Jy/K	2.0 Jy/K
	1.2 mm波长	3.5 Jy/K	3.1 Jy/K
半功率波束宽度	3 mm波长	15角秒	
	1.2 mm波长	6角秒	

为了实现这些高指标要求，需要提出和应用创新的技术方案。

1. 应用主动反射面技术

对于毫米波天线来说，保证天线反射面精度是对结构设计工程师的最大挑战之一。结构重力变形、温度变形、风载荷引起的变形以及制造安装误差等因素是天线的主要误差源。为了保证天线具有良好的射频性能，总的表面误差应小于最短工作波长的1/20或更小。对于LMT天线来说，这意味着总误差要小于75 μm。

要求的面板精度决定了面板的制造方法、面板的尺寸和重量，表1.5给出了一些面板的典型值。最经济的面板形式是盒式铝面板，大多数生产商都可制造，最大尺寸可达到2.5 m，精度达到80 μm。面板尺寸的限制取决于运输和表面处理设备的尺寸。

表1.5 几种典型射电望远镜天线的面板参数

面板形式	应用实例	最大尺寸/m	典型高度/mm	典型重量/(kg/m^2)	精度(rms)/μm
盒式铝面板	德国100 m	2.5	200	20	>80
铝或CFRP夹层	MRT/HHT	1.2	50	10	25/6
机加工铝面板	ALMA(NA)	0.8	50	10	<10
电铸镍	ALMA(EU)	1.2	30	10	<10

LMT天线反射面面板采用组合面板形式，用8块小面板组合成一个较大的面板，将组合后的面板安装在天线背架结构上，天线背架结构与面板之间有独立的调整机构，以保证面板的精度，单块面板的面积大于10 m^2。

1）重力变形的修正

一般情况下，天线反射面的最大误差源是结构重力变形。最早的设计是保证天线结构有足够的刚度，使天线有较小的绝对变形以适应工作频段的要求。由于重力变形会随天线尺寸的增加而增大，因此对小口径天线这种方法是有效的，但对于大型反射面天线而言，这种方法是不合时宜的。为了解决这个问题，Von Hoerner提出了"同源"设计的思想。"同源"设计的思想是在结构设计中不追求最小的绝对变形，在任意仰角下变形后的反射面形状都是抛物面，只是抛物面的焦距发生了变化，可以通过改变副反射面的位置，使天线的性能几乎没有改变或改变很小。当然，真正的天线不可能达到完美的同源设计，但适当的设计可以使重力变形误差缩小到1/5，甚至更小。对于LMT天线而言，这种设计方法是不够的。天线结构变形随俯仰角从天顶到水平的变化达到了几个毫米量级，即使与最佳吻合抛物面的误差也有数百微米。这远远大于分配给主反射面的误差，以此，必须采用主动反射面系统补偿重力变形。

2）温度变形的修正

反射面支撑结构的温度变形是LMT反射面的另一个重要的误差源。与重力变形误差一样，温度变形误差随天线口径的增加而增大。传统的方法是减小天线结构上的温度变化，具体方法有给天线结构喷涂高反射率的油漆、将反射面面板与支撑背架结构形成的空间密封使其内部温度平衡、包裹保温材料等。LMT 使用了所有的传统方法减小温度变形。由于 LMT 已安装了用于重力变形补偿的反射面主动调整系统，因此，给其增加了温度变形补偿的功能。为此，给天线结构安装了 100 多个温度传感器用于测量天线结构的温度分布，用此温度计算在此状态下的温度变形及对应促动器的调整量。

3）风载荷变形的修正

在天线运行过程中，最终的误差源是风载荷。虽然风载荷是重要的误差来源，但它主要的影响是天线的指向。在风载荷作用下，天线表面精度还要结构刚度来保证。分析表明，在风载荷作用下，LMT 的表面精度可以保证在要求的指标内，不需要增加额外的校准手段。而采用主动反射面技术后，只要可以测量出风引起的误差，就有可能对稳态风进行校准。

2. 建立局域增强指向误差模型

在设计和运行大口径、高频率天线中最困难的问题是在全空域获得所需要的指向精度。而大型天线的优点是有很窄的波束直径，因此，可以比小口径天线更容易提供高的图像分辨率。这一优点也凸显了 3 个主要问题：首先，增加了受风面积、风载荷，使风对指向的影响更大；其次，大的反射面尺寸导致了较低的结构谐振频率，使得控制系统在这样的负载条件下更难达到期望的位置；第三，小的波束尺寸意味着指向精度比小望远镜天线要求更高。这些问题综合在一起，使得大型射电望远镜天线要获得高指向精度更困难。

传统的大型射电望远镜天线对于可重复的静态指向误差使用误差模型来补偿。指向误差模型一般是基于查表的方法进行误差修正的，但单独采用这种方法对 LMT 天线是不够的，因为其工作频率达到了毫米波段，指向误差要求为 1 角秒，目标为 0.6 角秒，用全局指向误差模型后的残差预计会超出预计的误差。

为了进一步改进 LMT 的指向误差，在全域指向误差模型的基础上建立了局域增强指向误差模型。这种局部校准不仅提供了更精确的局部修正，而且消除了大部分由热引起的误差，这是因为 LMT 的质量很大并且有较好的隔热措施。计算结果表明，其结构热平衡时间常数很长，至少每两小时对指向误差模型进行一次校准，热对指向误差的影响在预计范围以内。

为了延长两次误差模型校准的时间，进一步减小指向误差，设计人员又设计了一个由几百个温度传感器组成的网络。这些传感器是望远镜天线柔性体(Flexible Body Compensation, FBC)补偿系统的一部分，它们检测整个望远镜结构的温度，包括座架结构、反射面背架结构和副反射面支撑结构等，并由测量的温度分布计算望远镜天线的变形。

1.7.4 SRT 64 m 射电望远镜天线

撒丁岛 64 m 全可控射电望远镜(SRT)是意大利国家射电物理研究所(INAF)管理的一项挑战性科学计划。项目自 1990 年提出后，经过性能研究和投资论证，1997 年取得意大利教育与科学研究部(MIUR)的资金支持，1999 年与 VertexRSI 签订天线设计合同，同年获得撒丁岛地区政府的资金支持。2001 年，VertexRSI 完成天线设计，2003 年与 MT 航宇公司签订了天线架设合同，2006 年在意大利制造和测试了主动反射面用的面板和促动器，完成了基础施工，并开始拼装天线。2012 年完成天线整体安装并投入使用。

1. 主要技术要求[74]

撒丁岛 64 m 射电望远镜的主要技术要求如下：

(1) 主反射面 $D=64$ m；副反射面 $D=7.9$ m。

(2) 格里高利几何结构，赋形表面。

(3) 主动反射面可用 1116 个制动器调节(赋形和抛物面互换)。

(4) 300 MHz～115 GHz 的连续频率覆盖。

(5) 6 个焦点位置：主焦、格里高利焦点和 4 个波束波导焦点。

(6) 多达 20 个双极化接收机：单馈源、双频、多波束。

(7) 主反射面表面精度约为 150 μm (rms)。

(8) 天线最大效率约为 60%。

(9) 频率捷变。

(10) 指向精度(rms)为 2 角秒～5 角秒。

2. 结构设计

天线结构由座架、主副反射面支撑结构、传动结构及安保设备等组成。天线座架采用经典的地平式俯仰方位轮轨结构。单块面板通过促动器与背架连接，按环形排列形成主反射面，四个副反射面支撑机构与背架连接，用于支撑副反射面、主焦馈源和其调整机构。天线方位转动由位于方位座架四个角的 8 个电机驱动，俯仰由四个电机通过齿轮传动。两轴的旋转用控制系统控制，用 27 bit 编码器测量位置，仰角旋转范围为 5°～90°，方位旋转范围为±270°。

主反射面由 1008 块铝板排成 14 圈组成。面板面积在 2.4 m^2～5.5 m^2 之间，用环氧树脂把铝板粘接在开有纵向和横向缝隙的 Z 形铝肋条上。主背架结构由 96 个径向桁架和 14 个桁架组成，支撑在一个大型环形中心体上，用一个圆棱锥系统进行主反射面负载直达俯仰轴承的转换。这个圆棱锥的顶点与俯仰齿轮架结构组成的部件的棱锥相一致，与俯仰轴承连接。在主反射面天顶位置，负载通过这个顶点转换。主反射面上几乎均匀的负载状态在表面偏斜时保持对称。副反射面由 49 块独立的铝板组成，其中一块是中心板，48 块主板分成 3 圈。铝板的平均面积为 1 m^2，其成型方法与主反射面面板相同。

3. 光学设计

SRT 采用赋形格里高利反射面设计(见图 1.39)。设计具有以下优点：

(1) 采用赋形格里高利反射面，减小了副反射面的中心照射，使副反射面反射的电磁波只有很少一部分进入位于格里高利焦点的馈源，有利于减小馈源的电压驻波比。

(2) 在主反射面上的场分布更均匀，有利于提高天线效率。

(3) 减小了主反射面边缘照射电平，能够实现低旁瓣和低噪声温度。

(4) 赋形光学设计保持了格里高利天线良好的大视场特性。

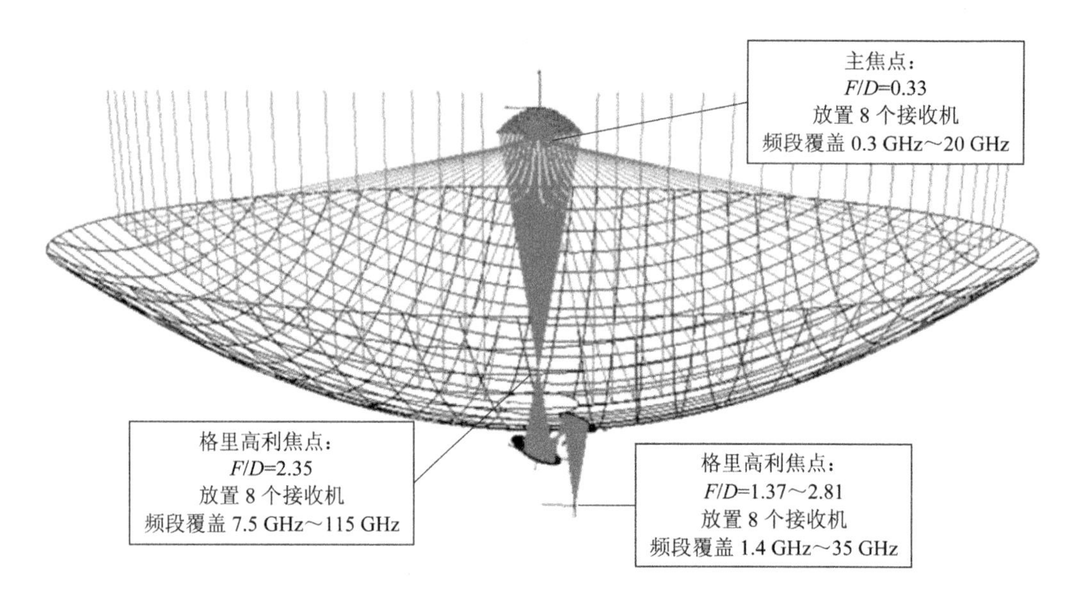

图 1.39　SRT 的几何与射线跟踪

射电望远镜天线的一个关键参数是天线视场，对赋形反射面尤为关键。小视场限制了在焦平面上使用接收机阵列的机会。电磁分析表明，在格里高利焦点适合用 5×5 单元馈源阵，极端偏轴馈源的损耗为 0.5 dB。

主反射面的最佳焦距为 21.057 m，截取副反射面的椭圆的顶点距离为 23.172 m，焦点距离为 17.467 m。主反射面的半张角是 74.5°(焦径比为 0.33)，副反射面的照射角是 12°。天线的放大率为 7.15。

SRT 共有 24 个接收机。因此，对光学设计的要求是尽可能多地获得用来安装接收机的焦点位置。为此设计了 3 个工作区域、6 个焦点位置，分别是主焦点 F1、格里高利焦点 F2 和 4 个波束波导焦点，分别是两个 F3 和两个 F4，如图 1.40 所示。

主焦点 F1 安装了 8 个接收机，工作频段为 0.3 GHz～22 GHz。其中，2 GHz 和 8 GHz 频段采用双频同轴馈源同时工作。当需要主焦接收机工作时，由反射面主动调整系统的促动器将赋形反射面调整为标准反射面，同时由调整装置将位于副反射面侧面的主焦接收机调整到主焦点 F1。

格里高利焦点 F2 也安装了 8 个接收机，工作频段为 7.5 GHz～115 GHz。一旦位于主焦点的接收机收回到副反射面侧面位置，就可以通过调整装置将所需的接收机调整至 F2 进行工作。

波束波导焦点 F3 和 F4 安装了 8 个接收机，工作频段为 1.4 GHz～35 GHz。波束波导由 5 个椭球镜面组成，分别为一个 M3、两个 M4 和两个 M5。M3 位于高频舱的中心位置，它的口面朝上，接收来自 F2 的辐射信号，可绕反射面的对称轴旋转，其旋转轴与天线电轴重合。通过绕轴旋转，将所需的接收机调整至光路，它的直径约为 4 m，格里高利焦点 F2 约 7 m。有两个 M4 镜面 M4-A 和 M4-B，位于 M3 的右上方，口面朝下，其正下方有对应的接收机，当需要其对应的频段工作时，只需将 M3 转动到 M4-A 或 M4-B 位置，选择所需的接收机即可。同样有两个 M5 镜面 M5-A 和 M5-B，工作原理与 M4 相同。

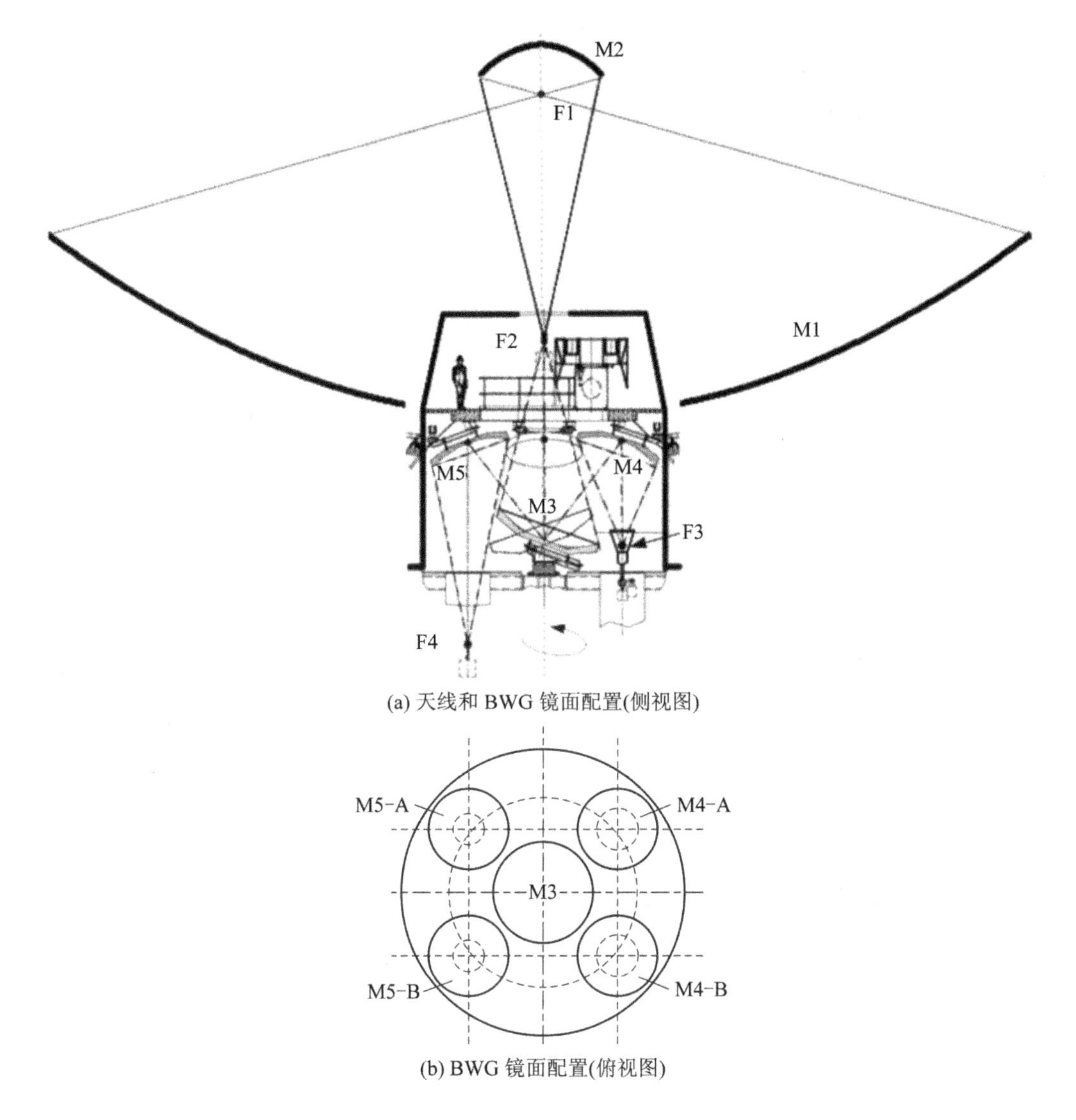

(a) 天线和BWG镜面配置(侧视图)

(b) BWG镜面配置(俯视图)

图1.40 天线和BWG镜面配置

4. 主动反射面[75]

SRT的主动反射面采用与GBT一样的小面板设计。主反射面用1008块铝板组成14圈，面板面积为2.4 m^2～5.3 m^2。共有1116个行程为±15 mm的促动器，能将主反射面从赋形表面转换为纯抛物面。2001年已经在32 m口径的SRT的模型天线(意大利Noto 32m射电望远镜)上安装了主反射面的主动调整系统，为SRT主动反射面的研究积累了经验。

5. 接收机配置[76]

SRT接收机采用先进技术，连续覆盖0.3 GHz～115 GHz，双极化，有单馈源、双频和多波束几种类型，加强了抗干扰设计。射频带宽约为35%，中频带宽达2 GHz，而意大利现有两台射电望远镜的接收机射频带宽约为5%～20%，中频带宽为400 MHz，冷却到20 K时，具有频率捷变能力。

多达20个接收机分布在主焦点、格里高利焦点和波束波导焦点处。在天线交付使用阶段，将用下列4种接收机测试所有焦点位置：

（1）主焦点：P波段(310 MHz～425 MHz)、L波段(1.3 GHz～1.8 GHz)。

（2）格里高利焦点：K波段(18 GHz～26.5 GHz)。

（3）波束波导焦点：C波段(5.7 GHz～7.7 GHz)。

K波段多波束接收机如图1.41所示。

图1.41　K波段多波束接收机

1.7.5　ALMA大型毫米波天线阵

阿塔卡玛大型毫米波/亚毫米波阵列[77]（Atacama Large Millimeter/Submillimeter Array，ALMA）由美国国立射电天文台(NRAO)、欧洲南部观测台(ESO)和日本国立天文台(NAOJ)合作建造和运行。天线阵位于智利北部阿塔卡马沙漠海拔5000 m的干燥地区。ALMA天线阵的目标是建设两个高精度天线阵列[78]：一个是由64台口径12 m天线组成的基线在150 m到15 km范围的可重构多模式阵列，另一个是4台12 m天线和12台7 m天线组成的50 m直径的紧凑型阵列[79]（ACA阵列）。原型天线在美国VLA现场测试照片如图1.42所示。

图1.42　ALMA原型天线在美国VLA现场测试照片

天线的三方合作机构各自组织承建1台满足ALMA指标要求(表1.6)的原型天线，在美国新墨西哥州索科洛附近的NRAO甚大孔径阵列(VLA)场地对这些模型天线进行评估测试，随后在2005年与VertexRSI、AEM和MELCO分别签订了天线产品合同。VertexRSI是美国通用动力公司(General Dynamics Corporation)的分部；AEM是由Thales-Alenia Space 、EuropeanIndustrial Engineering(EIE)和MT Mechatronics组成的一个欧洲联营公司；MELCO是日本三菱电机公司。VertexRSI和AEM分别承建25台(意向32台)12 m天线，MELCO承建ACA阵列的4台12 m天线和12台7 m天线。

表1.6 ALMA大型毫米波天线指标要求

天线直径	12 m天线	7 m天线
天线数目	最佳要求68台	12台
工作频率/GHz	30～950	30～950
天线主焦径比(f/D)	0.4	0.37
几何遮挡	<3%	<5%
天线表面精度(rms)	<25 μm	<20 μm
天线指向误差(rms)	<0.6″	<0.6″
总接收面积/m^2	6600～7700	462
天线主波束	17″×λ(mm)	30″×λ(mm)
最大(最佳)角分辨力	0.015″×λ(mm)	5″×λ(mm)
结构扩展	150 m～15 km	41 m

注：f 是焦距，D 为主反射面直径，λ 表示波长。

1. 系统概况

如前所述，ALMA由两个高精密天线阵列组成：一个是64台口径12 m天线组成的150 m～15 km范围的可重构多模式阵列；另一个是12 m天线和7 m天线组成的50 m直径的密集阵列，其中4台12 m天线组成总功率阵列，12台7 m天线组成干涉仪阵列。ALMA采用天线阵列的形式，利用干涉原理协同工作，所有天线接收的信号通过超级计算机的处理，生成模拟单体望远镜的数据，整个阵列相当于一个望远镜，其观测分辨率不在于单个射电天线的大小，而取决于天线阵列的直径范围。密集阵列适合观测大尺度的空间图像，可重构多模式适合获取高分辨率的图像。这类似于光学变焦的效果，只不过ALMA的“变焦”过程是移动天线位置重新配置阵列，过程要复杂得多。

2. 可重构多模式阵列天线

1) VertexRSI天线

VertexRSI天线样机采用了4种材料：铝、钢、殷钢和碳纤维增强塑料(CFRP)。天线由一个三角形座架、方位轴承、横向和交叉臂、接收机室和殷钢圆锥、背架结构(BUS)以及4杆支架和副反射面组成。背架结构用热膨胀系数小的CFRP铝蜂窝板制成。4杆支架用CFRP制作，采用“+”形。焦点室上的背架支撑圆锥用殷钢制作。钢制焦点室使用氟利昂制冷系统进行热控制，基座和叉臂用钢件制作。结构中的钢件用隔热材料覆盖，天线被涂成白色。天线样机的副反射面用铝材制成，用一个50 cm长的铝管连接到4杆支架上。天线采用齿轮驱动。

VertexRSI 天线的计量系统包括装在天线基座上的两台测斜仪，一台装在方位轴承上方，另一台装在俯仰轴承上。叉臂旁边安装了一个独立的 CFRP 基准结构。基准结构共装有 4 个线性偏移传感器，传感器输出偏差是垂直于俯仰轴方向的天线的偏斜测量值。

在评估 VertexRSI 天线样机时，为了获得天线内的温度分布数据，在天线座、叉臂、背架以及 4 杆支架和副反射面上安装了 89 个温度传感器，这些传感器不是天线计量系统的组成部分。这种方法对明确天线的热状态甚至预测钢件由温度引起的光程变化十分有用。

完成样机天线的测试评估后，VertexRSI 对 ALMA 样机天线进行了改进，用作阿塔卡玛探路者实验(APEX)望远镜。

最终交付的北美产品天线由地处德国杜伊斯堡的 VA 公司和美国得克萨斯州内的 VertexRSI 公司合作设计。VertexRSI 天线在每个轴上装配了带双电机的一种边缘小齿轮驱动系统，用大型殷钢支撑圆锥将 CFRP 背架结构与钢制接收室连接。这种殷钢圆锥可消除热稳定背架与热膨胀钢制接收室的相互影响，使天线在 5000 m 海拔的 ALMA 场地工作时，可以避免室外环境大的温度变化和梯度产生的应力和变形，从而保证天线性能。用铝加工制作的主反射面面板是轻型的，采用特有的化学浸蚀工艺解决了面板的阳光散射问题。尽管与天线样机相比变化不多，但产品天线设计图纸是新的。较大的变化有：① 驱动系统采用新结构；② 边缘小齿轮驱动配备自动润滑系统；③ 简化了接收室的温度控制。

2) AEC 天线

ESO 组织研发的 12 m 模型天线是 Alcatel 和 EIE 研制的，我们称之为 AEC 天线。该天线采用两种材料制造：钢和 CFRP。天线采用双壁钢基座，俯仰结构的可转动件，包括接收机舱全采用 CFRP 材料，用热膨胀系数小的 CFRP 板制成 4 杆支架，钢件用隔热材料覆盖。电铸成型的 NiAl 面板安装在 CFRP 背架结构上。样机的副反射面用铝材制作，用一个 50 cm 长的铝管连接到 4 杆支架上。天线采用直接驱动电机。计量系统由 1010 个温度传感器组成，装配在天线基座和叉臂上。

AEC 天线样机的重要改进是圆锥基座采用新的三角接口与天线相适应。目前在方位上使用 3 个滚珠轴承，带有 8 个读头的磁带编码器以及新的更紧凑的线缆缠绕方式和电机。AEC 天线采用相位运动控制的线性电机，这些都基于分布式系统，减少了线缆的数量。线性电机安装在基座外面，易于维护。

AEC 产品天线放弃了样机天线中的 CFRP 桁架结构而采用新结构，增大截面积的设计简化了单梁。副反射面机构基于工业定制的 6 足支架，与 VertexRSI 天线用的基本相同。把天线作为流体动力学研究对象，研究了主反射面和 4 杆结构的变形对表面精度和指向性能的影响以及热转换系数。

3) AEC 和 VertexRSI 天线的设计比较[82-83]

ALMA 天线按照相同的技术规范设计建造了 3 个版本，而各个设计团队的设计结果有明显的差异。通过对不同设计细节和设计方法的研究比较，发现从设计理念到外形配置细节，都有较大的差异，如驱动器、轴承和反射面面板。我们比较评估的主要目的是发现哪些差异是由设计师的“时尚”和工程经验造成的，它不影响天线的性能和制造成本；哪些对制造成本和性能有一定的影响。

表 1.7 列出了两种天线样机的主要特性。

表 1.7 ALMA 12 m 阵列天线样机的主要特性

单元	特 性	
	VertexRSI 天线	AEC 天线
基座/轭架/舱	绝缘钢	绝缘钢/绝缘钢/CFRP
背架	覆盖 CFRP 的铝蜂窝，24 扇区，背后开放，覆盖可移动的 GFRP 遮阳罩	固体的 CFRP 板，16 扇区，封闭的后背扇区胶合和拴接在一起
接收室/接收机舱	圆柱形；殷钢和热稳定钢	CFRP；舱与背架结构直接拴接
基座	3 点支撑，与基础拴接	6 点基座支撑；法兰与基础连接
驱动	齿轮装置和小齿轮	在两轴直接驱动，采用线性马达
制动装置	综合伺服马达	液压圆盘制动
编码器	绝对编码器(BEI 技术公司)	增量编码器
面板	264 块面板，8 圈，精加工铝材，背部开放，每块面板有 8 个调节器(3 个横向，5 个纵向)	120 块面板，5 圈，含复制的镍表皮层的铝蜂窝芯材，用铑涂覆，每块面板 5 个调节器
顶点/平底四角锥体	CFRP 结构，“＋”形结构	CFRP 结构，“×”形结构
聚焦机构	6 脚(5 自由度)	3 轴(X，Y，Z)机构

注：GFRP—玻璃纤维增强塑料。

(1) 结构设计的比较。

• 天线尺寸，VertexRSI 天线比 AEC 天线结构更紧凑，VertexRSI 天线的接收室相对较小，叉臂更短，但座架较高，俯仰驱动和轴承范围几乎是 AEC 的一半。

• 结构材料，AEC 天线的俯仰结构(杯架结构和接收机舱)完全由 CFRP 材料组成，而 VertexRSI 天线则由 CFRP、殷钢及钢材组合而成。

• 副反射面支撑结构，两种天线都采用 4 杆支撑结构，但具体实施方案有较大区别。AEC 的支撑结构为椭圆截面单梁结构，与俯仰轴成±45°，且支撑位置在主反射面的边缘，避免了球面波遮挡。VertexRSI 的支撑结构为桁架结构，与俯仰轴平行或垂直。设计报告显示，4 杆支撑结构对整体刚度有利。

• 面板，VertexRSI 采用 8 圈 264 块面板，而 AEC 的面板尺寸更大，由 5 圈 120 块组成。面板制造商的成型工艺是这种差异的主要原因。VertexRSI 面板采用机加工铝板工艺，尺寸约为 0.5 m^2。AEC 面板的尺寸为 1 m^2，采用电铸镍工艺，前后覆以铝蜂窝，提供了较好的面板刚度。

(2) 重(质)量比较。两种设计方案天线各部分的重(质)量见表 1.8，主要区别为：

• 面板重(质)量，两种天线面板重(质)量几乎相等，包含面板调整机构的总重(质)量约为 20 kg/m^2。

• 背架结构重(质)量，VertexRSI 天线背架结构比 AEC 重 50%，这种差异是由于不同的 CFRP 应用造成的。AEC 的背架结构为薄壁 CFRP 单体盒型结构，用法兰胶接而成，VertexRSI 天线由平板 CFRP 夹层与铝蜂窝芯层组合，由螺栓连接而成。AEC 类似于盒体的面板结构提供了额外的结构刚度和隔热密封。VertexRSI 天线背架结构外敷铝板，以反射太阳光。AEC 天线的接收机舱由盒式 CFRP 构成，具有优越的隔热性能和高刚度。

· 接收室/接收机舱结构重(质)量，包含殷钢锥，VertexRSI 的接收室重(质)量大约是 AEC 的机舱的 3 倍，这是因为采用不同材料钢和 CFRP 造成的。

· 配重，VertexRSI 天线需要比 AEC 重 4 倍的配重。这是采用殷钢锥、背架结构以及较深的接收室的结果。这些因素的结合，导致俯仰结构有很大的差异，使 VertexRSI 天线的俯仰部分重(质)量比 AEC 的大约重 2 倍。

· 叉臂和方位基础的重(质)量，情况正好相反，AEC 的叉臂和方位基础重(质)量的和比 VertexRSI 的约重 35%。

比较两种天线的总重量，我们注意到 VertexRSI 天线比 AEC 重 10%，但都满足小于 100t 的技术要求。

表 1.8　结构各部分重(质)量(单位：吨(t)，包含一些非结构件重(质)量)

分系统	AEC	VertexRSI
面板	2.1	2.2
背架结构	5.0	7.8
机柜，含电机	7.6	12.4
殷钢锥	—	9.1
配重	3.4	15.9
俯仰总重	22.0	47.4
俯仰支架，含电机	50.1	34.9
基础	17.6	15.4
总重量/吨	89.5	97.7

(3) 重力变形比较。按照技术规范要求，天线整体表面精度小于 25 μm。除了面板的制造误差外，主要是由天线反射面在不同仰角下的重力变形和环境温度引起的误差。

在重力载荷作用下的重力变形特征用天顶和水平位置的重力载荷情况来描述，如图 1.43、图 1.44 所示。两种天线的变形云图在天顶和水平位置的均方根值基本相同，变形云图几乎相同。AEC 反射面在天顶位置有明显的凹陷，这可能是不完全旋转对称和接收机舱的连接法兰的刚度造成的。这种特征在 VertexRSI 天线中不明显，可能是由于 4 杆支撑桁架对结构的加强功能的结果。

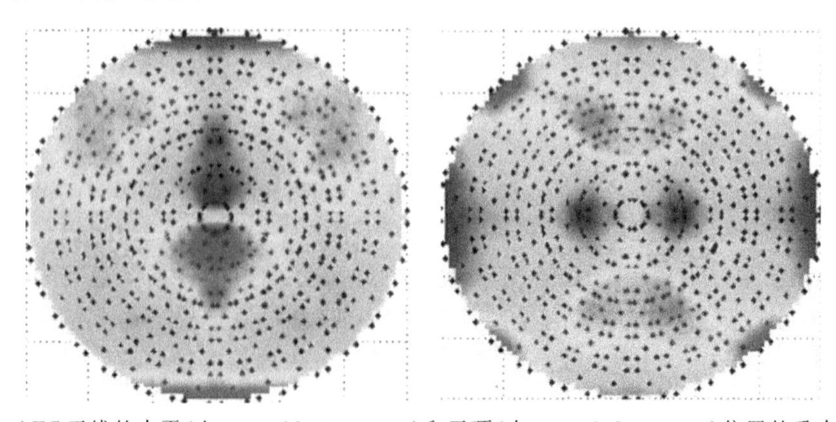

图 1.43　AEC 天线的水平(左 $\sigma_H = 12.0$ μm rms)和天顶(右 $\sigma_Z = 6.8$ μm rms)位置的重力变形云图

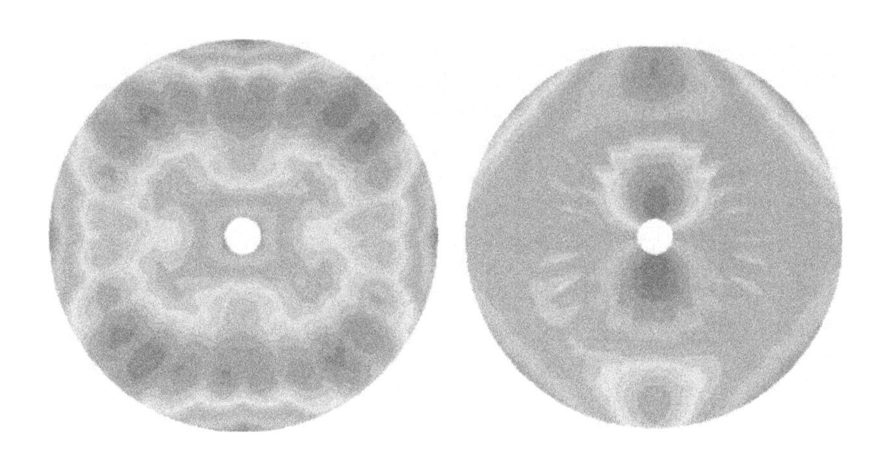

图 1.44　VertexRSI 天线的水平(左 $\sigma_Z = 6.3\ \mu\text{m rms}$)和天顶(右 $\sigma_H = 10.3\ \mu\text{m rms}$)位置的重力变形云图

在水平位置，两种天线都表现为彗形像差的特征，这是因背架结构中心的水平臂对着接收机舱的圆形接口造成的。彗形像差主要影响由重力诱导的反射面整体变形和相关的表面误差预算。VertexRSI 天线的变形较小，可能是由于副反射面 4 杆支撑加强了刚度的原因。

对于这两种天线结构设计，重力变形值都在规范要求以内，没有对结构进行进一步优化的必要。

一旦对重力变形进行了优化，就没有对风载荷引起的变形进行优化的必要，因为风载荷变形比重力变形小得多。当考虑温度载荷变形时，情况就复杂得多。实际上，材料在温度载荷作用下的热胀冷缩会严重干扰表面误差的预算结果，这也是在结构设计中背架和接收室(机舱)材料采用碳纤维的主要因素。室外整体温度的日变化和季节性变化是不可避免的，在极端的 20 K 温度变化情况下，计算的 AEC 和 VertexRSI 天线温度变形的均方根值均为 5.2 μm，如图 1.45 所示。

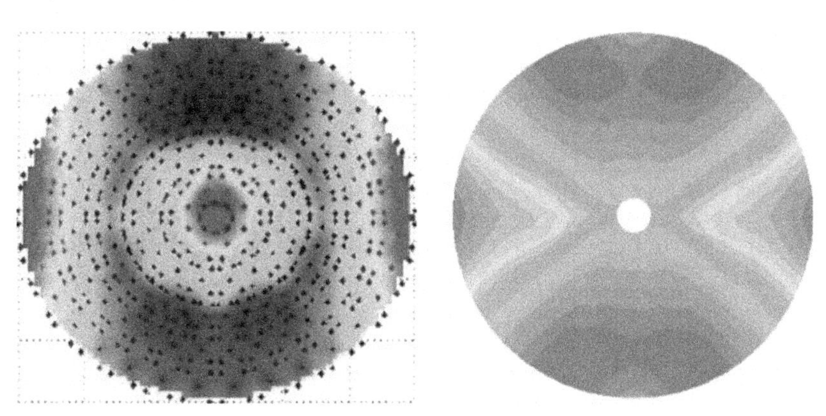

图 1.45　天线温度变形云图(左 AEC，右 VertexRSI)

(4) 轴承及驱动系统比较。AEC 与 VertexRSI 天线的驱动系统设计有很大区别。VertexRSI 天线在高速时，使用标准伺服电机驱动齿轮转动，通过行星齿轮减速箱来降低天线速度，将放大的电机机械转矩通过减速箱传递到天线轴上。为了防止齿隙带来的晃动和反弹，方位驱动系统采用两套齿轮和电机驱动单元，在控制系统跟踪过程中提供一对力偏，一个电机用于驱动天线，而另一个电机用于消除齿隙和反弹。小齿轮的驱动力产生天线轴的扭矩，克服方位轴承的径向滚子中的反作用力，当改变运动方向时，驱动小齿轮以及轴承滚子从一方转到另一方，这就使齿轮和轴承滚子产生运动，从而影响跟踪和快速转动响应以及相关部件整体性能。

如图 1.46 所示，AEC 天线通过对称布置直驱力矩电机，避免了轴承的反弹和跳动。方位电机由 10 部分组成，每部分产生的驱动力都在相同的切线方向，避免了轴承上的反作用力。电机部分有两个磁作用间隙，用来产生驱动力。电机的磁场由安装固定在方位轴承底座上的永磁体产生，驱动磁力电机的力是通过伺服系统中的放大器控制电流产生的，由定子底部和顶部电机绕组产生。AEC 天线磁隙轴之间的距离是 VertexRSI 天线啮合齿轮边缘的 2 倍。由于这种布局，AEC 天线在一个马达段齿隙内的驱动力只有小齿轮啮合过顶天线所需驱动力的 1%～2%。

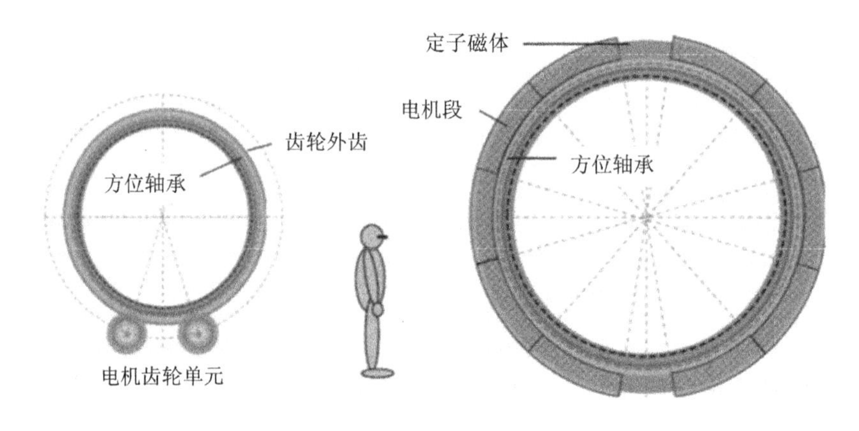

图 1.46　天线方位轴承直径与驱动电机比较(左 VertexRSI，右 AEC)

(5) 动态性能及谐振频率比较。天线跟踪和高速转动能力在很大程度上取决于天线结构的整体谐振频率，由锁紧转子频率来描述。VertexRSI 天线的结构谐振频率为 7.1 Hz，AEC 天线的为 9.3 Hz。二者的差异由结构质量和驱动器的刚度差来解说。锁紧转子和自由转子频率是定位控制算法布局的限制因素，因此，AEC 天线的位置控制和跟踪能力要好于 VertexRSI 天线的。

3. 接收系统[80-81]

ALMA 天线主体采用两种反射面。来自遥远天体的毫米或亚毫米波长电磁波，经由 7 m 或 12 m 直径主反射面聚焦，再由双曲面副反射面引导到选定的频段的接收机(筒)窗口。每个天线配备 10 台接收机，每台接收机接收不同频率范围的电磁波。望远镜在任一瞬时仅起用 1 个频段观测，整个接收系统覆盖 30 GHz～950 GHz 频率范围，频段划分见表 1.9。每台接收都封装在一种圆柱筒内，馈源喇叭在顶部。接收筒装在半径约为 1 m 的圆形杜瓦瓶内，其上表面在天线顶点的正下方。对于每个馈源喇叭，副反射面辐射从杜瓦瓶的顶部的 1 个圆形微波窗通过。在每个接收筒内，馈源的输出用正交模转换器分隔成 2 个线极化分量，在 4 个高频段用准光学栅格系统分隔。杜瓦瓶保证接收系统不同层保持 100 K、15 K 或 4 K 的不同温度。每个频段的接收机尽可能提供最低的噪声温度，最低频段 1 和 2 的输入级是冷却至 15 K 的高电子迁移率放大器，频段 3 和其他更高频段的输入级的最佳选择是物理温度为 4 K 的超导一绝缘一超导隧道结混频器。但是用混频器作为第一级，对于上下边带都存在响应，要在输入处通过滤波没有一定损耗地除去其中之一是不可能的，最好的办法就是使用边带分离混频器，把输入信号分成90°相对相位的2个分量，并施加给2个不同的混频器单元。这些混频器的中频输出被放大然后在1个正交混合器中合并。来自2个边带的信号出现在混合器的2个不同输出端口。这种系统被称作双边带，ALMA的频段3～8采用了2SB接收机。为了减小损耗，开发了紧凑型设计，射频混合器和本机振荡功率分配器采用波导电路在1个独立分离式金属块中的形式，所有2SB混频器单元安装在方块内。随着波长更短，要做到这种紧凑设计更难。对于600 GHz频率以上的2个高频段，采用没有边带分离的双倍边带混频器，即ALMA的频段9和频段10应用了DSB接收机。

表1.9 ALMA天线馈源频段划分

频段	频率/GHz	T * SSB/K	结构	备注
1	31～45	17	HEMT	国际联合团队
2	67～90	30	HEMT	
3	84～116	41	2SB	NRC - HIA公司
4	125～163	51	2SB	NRAO
5	163～211	65	2SB	
6	211～275	83	2SB	NRAO
7	275～373	147	2SB	IRAM
8	385～500	175	2SB	NAOJ
9	602～720	196	DSB	SRON
10	787～950	230	DSB	NAOJ

说明：* 在80%频段范围的要求；2SB=双边带，DSB=双倍边带。

ALMA的接收机采用一体化设计，接收机由透镜(金属或介质透镜)、喇叭、正交模耦合器、极化器、变频器、低噪声放大器等组成，集成于一体。10个频段接收机置于位于主反射面中心的密封低温空间中。频段1接收机覆盖最低频段，如图1.47所示，是由中国台湾地区、美国、日本和智利组成的国际合作团队联合开发的。每个接收机包含低温段(CCA)和室温段(WCA)，低温段有喇叭天线、正交模转换器和1对35 GHz～52 GHz低温低噪声放大器，2个放大的极化信号通过长波导传输到室温段。在室温段，2个主要组件合为一

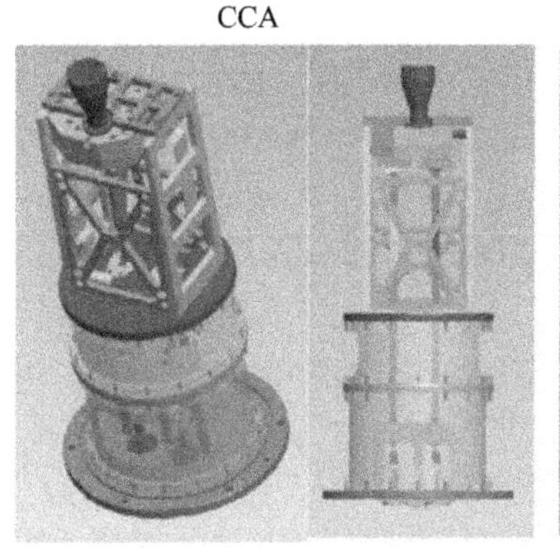

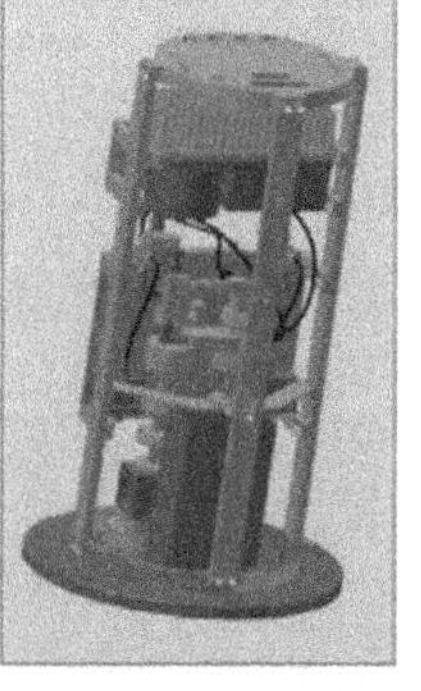

图1.47 频段1接收机(筒)的设计

体，下变频器包括室温低噪声放大器、高通滤波器、混频器和 4 GHz～12 GHz IF 放大器以及基于 31 GHz～40 GHz YIG 调谐振荡器的本机振荡器。接收机光学部分在较高频段用折射结构代替反射结构，介质透镜位于 12 m 或 10 m 天线准直光学波束上，光束被馈送到接收筒顶部的波纹喇叭内。

参考文献

[1] RUZE J. Antenna Tolerance Theory-a Review [J]. Proceedings of the IEEE, 1966, 54: 633 - 640.

[2] 叶尚辉,李在贵. 天线结构设计. 西安:西安电子科技大学出版社,1985.

[3] GAWRONSKI W. Control and Pointing Challenges of Antennas and (Radio) Telescopes. IPN Progress Report, 2004, 42 - 159.

[4] MCEWAN N J, GOLDSMITH P F. Gaussian Beam Techniques for Illuminating Reflector Antenna [J]. IEEE Transactions on Antennas and Propagation, 1989, 37(3): 297 - 304.

[5] IMBRIALE W A, ESQUIVEL M S, MANSHADI F. Novel Solutions to Low-Frequency Problems With Geometrically Designed Beam-Waveguide Systems [J]. IEEE Transactions on Antennas and Propagation, 1998, 46(12): 1790 - 1796.

[6] VERUTTIPONG W, CHEN J C. Gaussian Beam and Physical Optics Iteration Technique for Wideband Beam Waveguide Feed Design [D]. Telecommunications and data Acquisition Progress Report, 1991, 42 - 105. http: //tda. jpl. nasa. gov /progress report/42-105/105K. pdf.

[7] IMBRIALE W A, HOPPE D J, ESQUIVEL M S, et al. A Beam Waveguide Design for High-Power Applications[C]. proceedings of SPIE meeting, Los Angeles, California, 1992, 310 - 318.

[8] IMBRIALEW A. Large Antennas of the Deep Space Network[M]. JPL Publication, 2002,02(6) 257 - 280.

[9] IMBRIALE W A. Distortion Compensation techniques for large reflector antennas [R]. Proceedings of Aerospace Conference, 2001, 2: 799 - 805.

[10] GAWRONSKIW. Control and Pointing Challenges of Large Antennas and Telescopes[J]. IEEE Transactions on Control Systems Technology, 2007, 15(2).

[11] COWLES P R, PARKER E A. Reflector surface error compensation in Cassegrain antennas[J]. IEEE Transactions on Antennas and Propagation,1975, 23(3): 323 - 328.

[12] GAWRONSKIW. Performance Comparison of the LQG and PI Controllers in Wind Gusts. IPN Progress Report, 2007, 42 - 171. http: //ipn. jpl. nasa. gov /progress report/42-171/171D. pdf.

[13] LEWIS H, LUPTON W, SIROTA M, et al. Pointing and Tracking Performance of the W. M Keck Telescope[C]. Proceedings of the SPIE,1994, 2199:117 - 125.

[14] KIMBRELL J, GREENWALD D, SMITH R, et al. Deterministic Errors in Pointing and Tracking Systems: Identification and Correction of Dynamic Errors[C]. Proceedings of the SPIE 1991, 1482: 415 - 424.

[15] SOBEK R D, KIMBRELL J E. Influence of Base Support on Large Gimbals Performance[C]. Proceedings of the SPIE, 1999, 3692: 129 - 138.

[16] 中国科学院紫金山天文台. 中国天文年历. 北京：科学出版社，1999.

[17] YAN H J. A New Expression for Astronomical Refraction[J]. The Astronomical Journal, 1996, 112(3): 1312 - 1316.

[18] LUGTEN J B. A Simple Method to Improve Pointing on the MMA Antennas[J]. National Radio

Astronomy Observatory, 1998.

[19] 费业泰. 误差理论与数据处理[M]. 北京: 机械工业出版社, 2000.

[20] BRITCLIFFE M J, HANSON T R, FRANCO M M. Cryogenic Design of the Deep Space Network Large Array Low-Noise Amplifier System[J]. The Interplanetary Network Progress Report, 2004, 42(157): 1-13.
http: // inp. jpl. nasa. gov /progress report/42-157/157C. pdf

[21] BAGRI D S, STATMAN J I, GATTI M S. Proposed array-based deep space network for NASA [J]. Proceeding s o f the IEEE, 2007, 95(10): 1916-1922.

[22] ROGSTA D H, MILEANT A, PHAM T T. Antenna Arraying Techniques in the Deep Space Network [D]. California: Jet Propulsion Laboratory California Institute of Technology, 2003.

[23] OLSSON R, KILDAL P S, WEINREB S. The Eleven antenna: A compact low-profile decade bandwidth dual polarized feed for reflector antennas [J]. IEEE Transactions on Antennas and Propagation, 2006, 54(2): 368-375.

[24] YASIN A, YANG J, OSTLING T. A novel compact dual band feed for reflector antennas based on choke horn and circular Eleven antenna [J]. IEEE Transactions on Antennas and Propagation, 2009, 57(10): 3300-3302.

[25] WELCH J, et al. The Allen Telescope Array: The First Wide field, Panchromatic, Snapshot Radio Camera for Radio Astronomy and SETI [J]. Proceedings of the IEEE, 2009, 97(8).

[26] KARUPPUSAMYR. Ultra-broadband pulsar observations at the Effelsberg 100m: impact on the EPTA [D] Bonn Germany: Max-Planck-Institute für radio astronomies, 2013.

[27] CORTES M. The QSC Ultra wide band feed[J]. Wettzell/Hoellenstein (Germany): IVS VLBI 2010 Workshop on Future Radio Frequencies and Feeds, 2009, 18-20.

[28] DUHAMEL R H. Dual polarized sinuous antennas[P]. US patent, 4658262, April 1987.

[29] GIBSON P J. The Vivaldi Aerial [C]. Brighton: Proceedings of the 9th European Microwave, 1979.

[30] IVASHINA M V, MOU KEHN M Ng, KILDAL P S, et al. Decoupling Efficiency of a Wideband Vivaldi Focal Plane Array Feeding a Reflector Antenna [J]. IEEE Transactions on Antennas and Propagation, 2009 , 57(2): 373-382.

[31] ORFEIA, CARBONARO L, CATTANI A, et al. A multi-feed receiver in the 18 to 26. 5 GHz band for radio astronomy [J]. IEEE Antennas and Propagation Magazine, 2010, 52(4): 62-72.

[32] Van APPELLEN W A, BAKKER L, OOSTERLOO T A. APERTIF: Phased array feeds for the Westerbork synthesis radio telescope[J]. IEEE International Symposium on Phased Array Systems and Technology (ARRAY), 2010, 640-647.

[33] VEIDT B, HOVEY G J, BURGESS T, et al. Demonstration of a dual-polarized phased-array feed [J]. IEEE Transactions on Antennas and Propagation, 2011, 59(6): 2047-2057.

[34] Van CAPPELLENW, de VAATE J G B, WARNICK K F, et al. Phased array feeds for the Square Kilometer Array [J]. Istanbul: General Assembly and Scientific Symposium, 2011, 1-4.

[35] STANTON P H, HOPPE D J, REILLY H. Development of a 7. 2-8. 4, and 32-Gigahertz (X-/X-/Ka-Band) Three-Frequency Feed for the Deep Space Network[R]. TMO Progress Report, 2001, 42-145.

[36] VonHOERNEr S. Homologous Deformations of Tiltable Telescopes[J]. Proceedings of ASCE. Journal of Structural Division, 1967 (93): 461-485.

[37] BAARS J W M, GREVE A, HEIN H, et al. Design parameters and measured performance of the IRAM 30-m millimeter radio telescope[J]. Proceedings o f the IEEE, 1994, 82: 687-696.

[38] VALSECCHI G, FRANCHINI C, PRIETO R C, et al. Nickel sandwich technology for high precision reflector antennas[J]. Proceedings of Antennas and Propagation Society International Symposium. IEEE, 1999, 3: 2170-2173.

[39] 李东升，任士明，周贤宾，等. 赋形凸面的高精度蜂窝夹层结构反射面板的成形方法[P]. 中国专利，CN102544748A，2012-07-04.

[40] 金超，李金良，王海东，等. 一种铝蒙皮蜂窝夹层结构天线反射面的制造方法[P]. 中国专利，CN101673880A，2010-03-17.

[41] 吴利英，张文涛，赵泓滨，等. 高精度碳纤维铝蜂窝夹层结构反射面制造方法[P]. 中国专利，CN103560328A，2014-02-05.

[42] GREVE A, MANGUM J. Mechanical measurements of the ALMA prototype antennas[J]. IEEE Antennas Propag Mag, 2008, 50: 66-80.

[43] KÄRCHER H J, BAARS J W M. Design of the Large Millimeter Telescope/Gran Telescope Milimetrico (LMT/GTM) on Cerro La Negara, Mexico[J]. Munich: Proceedings of International Symposium on Astronomical Telescopes and Instrumentation, 2000, 4015: 1-13

[44] SRIKANTH S, NORROD R, KING L, et al. An overview of the Green Bank Telescope[J]. Proceedings of Antennas and Propagation Society International Symposium. IEEE, 1999, 16: 1548-1551.

[45] PRESTAGE R, CONSTANTIKES K T, HUNTER T R, et al. The green bank telescope[J]. Proceedings of the IEEE, 2009, 97: 1382-1390.

[46] ORFEIA, MORSIANI M, ZACCHIROLI G, et al. An active surface for large reflector antennas[J]. IEEE antennas and propagation magazine, 2004, 46(4): 11-19.

[47] ORFEI A, MORSIANI M, ZACCHIROLI G, et al. Active surface system for the new Sardinia Radio Telescope[C]. SPIE Astronomical Telescopes Instrumentation. International Society for Optics and Photonics, 2004, 116-125.

[48] LOCKMAN Felix J. The Green Bank Telescope an Overview[R]. Technical Report 192, GBT Memo Series, 1998.

[49] CORTES-MEDELLING, GOLDSMITH P F. Analysis of Active Surface Reflector Antenna for a Large Millimeter Wave Radio Telescope[J]. IEEE Transactions on Antennas and Propagation, 1994, 42(2): 176-183.

[50] SMITH W T, BASTIAN R J. An approximation of the radiation integral for distorted reflector antennas using surface-error decomposition [J]. IEEE Transactions on Antennas and Propagation, 1997, 45(1): 5-10.

[51] WANG C S, DUAN B Y, Qiu Y Y. On distorted surface analysis and multi disciplinary structural optimization of large reflector antennas[J]. Struct. Multidisc. Optim., 2007, 133(6): 519-528.

[52] SUBRAHMANYAN R. Photogrammetric Measurement of the Gravity Deformation in a Cassegrain Antenna[J]. IEEE Transactions on Antennas and Propagation, 2005, 53(8): 2590-2596.

[53] ROCHBLATT D J, WITHINGTON P M, JACKSON H J. DSS-24 Microwave Holography Measurements[J]. The Telecommunications and Data Acquisition Progress Report, 1995, 252-270. http://tda.jpl.nasa.gov/progress_report/42-121/121A.pdf.

[54] BAARS J W M, LUCAS R. Near-Field Radio Holography of Large Reflector Antennas[J]. IEEE Antennas and Propagation Magazine, 2007, 49(5).

[55] COWLES P R, PARKER E A. Reflector surface error compensation in Cassegrain antennas[J]. IEEE Transactions on Antennas and Propagation, 1975, 23: 323-328.

[56] GALINDO-ISRAELV, RENGARAJAN S R, VERUTTIPONG W, et al. Design of a Correcting Plate for Compensating the Main Reflector Distortions of a Dual Shaped System[J]. Ann Arbor, Michigan: IEEE Antennas and Propagation Society International Symposium, 1993, 6: 246-249.

[57] HOFERER R A, RAHMAT-SAMII Y. Subreflector shaping for antenna distortion compensation: An efficient Fourier-Jacobi expansion with GO/PO analysis[J]. IEEE Transactions on Antennas and Propagation, 2002, 50(12): 1676-1687.

[58] SÜß M. Compensation of Main Reflector Surface Errors by New Active Subreflector Surface in a 100m Antenna[J]. Darmstadt, Germany: 4th ESA International Workshop on Tracking, Telemetry and Command Systems for Space Applications TTC 2007, 11-14.

[59] RAHMAT-SAMII Y. Array feeds for reflector surface distortion compensation: Concept and implementation[J]. IEEE Antennas and Propagation Magazine, 1990, 32(4): 19-26.

[60] RICHTER P, FRANCO M, ROCHBLATT D. Data Analysis and Results of the Ka-Band Array Feed Compensation System/Deformable Flat Plate Experiment at DSS14[R]. Jet Propulsion Laboratory, Pasadena, California: Telecommunications and Mission Operations Progress Report, 1999: 42-139. http: //tmo. jpl. nasa. gov/progress_report/42-139/139H. pdf.

[61] IMBRIALE W A, HOPPE D J. Computational Methods and Theoretical Results for the Ka-Band Array Feed Compensation System/Deformable Flat Plate Experiment at DSS 14[R]. Telecommunications and Mission Operations Progress Report, 1999, 10-12: 42-140.
http: //tmo. jpl. nasa. gov/progress_report/42-140/140I. pdf.

[62] XUS H, RAHMAT-SAMII Y. Subreflectarrays for Reflector Surface Distortion Compensation[J]. IEEE Transactions on Antennas and Propagation, 2009, 57(2).

[63] GAWRONSKIW. Control and Pointing Challenges of Antennas and (Radio) Telescopes[R]. IPN Progress Report, 2004, 11: 42-159.

[64] GUIARC N, LANSING F L. Antenna Pointing Model Derivations [R]. TDA Progress Report, 1986, 10-12: 42-88. http: //tda. jpl. nasa. gov/progress_report/42-88/88E. pdf.

[65] HACHENBER G O, GRAHL B H, WIELEBINSKI R. The 100-meter radio telescope at Effelsberg [J]. Proceedings of the IEEE, 1973, 61: 1288-1295.

[66] ALTMANN H. Die Stahlkon struktion des 100-m Radioteleskops in Effelsberg. Der Stahlbau, 1972, 41: 321, 360.

[67] SÜß M. Compensation of Main Reflector Surface Errors by New Active Subreflector Surface in a 100m Antenna. 4th ESA International Workshop on Tracking, Telemetry and Command Systems for Space Applications 11-14 September 2007 Darmstadt, Germany.

[68] BACH U, KRAUS A, FURST E, et al. First report about the commissioning of the new Effelsberg sub-reflector. Max-Planck-Institut fur Radioastronomie Bonn, 2007-12-11.

[69] KESTEVEN M, GRAHAM D, FURST E, et al. The Effelsberg Holography. Campaign-2001, Effelsberg Memo. http: // www. mpifrbonn. mpg. de/div/effelsberg/advanced points. html.

[70] WIELEBINSKI R, JUNKES N, GRAHL B H. The Effelsberg 100-m Radio Telescope: construction and forty years of radio astronomy[J]. Journal of Astronomical History and Heritage, 2011, 14: 3-21.

[71] AKABANCK, KATAGI T, ISHII Y, et al. 45m Radio Telescope[J]. Mitsubishi-Giho (Technical Report of Mitsubishi Electric Corp.), 1982, 56(7): 494-498.

[72] UKITA N, TSUBOI M. A 45m Radio Telescope with a Surface Accuracy of 65μm[J]. Proceedings of the IEEE, 1994, 82(5): 725-733.

[73] BAARS J W M. Technology of large radio telescopes for millimeter and sub-millimeter wavelengths [J]. BUTTON K. (ed.) Infrared and Millimeter Waves, 1983, 9(5): 241-281.

[74] OLMIL, GRUE G. SRT design and technical speciation[J]. Mem. S. A. It. Suppl. , 2006, 10.

[75] ORFEIA, MORSIANI M, ZACCHIROLI G, et al. The Active Surface System on the Noto Radio Telescope[J]. Proceedings of the 6th European VLBI Network Symposium, 2002, 6: 25-28.

[76] Sardinia Radio Telescope. http://www. srt. inaf. it.

[77] VALSECCHIG, et al. High Precision Electroformed Nicket Panel Technology for Sub-millimeter Radio Telescope Antennas[J]. Antennas and Propagation Society International Symposium, IEEE 2003 0-7803-7846-6103.

[78] WOOTTENA, THOMPSON A R. The Atacama Large Millimeter/Sub-millimeter Array[J]. IEEE, 2009, 97(8): 1463-1471.

[79] IGUCHISatoru, WILSON Tom. The Atacama Compact Array: An Overview[J]. ALMA Newsletter, 2010, 4.

[80] YUH-JING Hwang, et al. Development of Band-1 Receiver Cartridge for Atacama Large Millimeter/sub-millimeter Array[J]. ALMA. Proceedings of the SPIE, 9153, 91532H-1.

[81] ZORZI P, et al. Construction and Measurement of a 31. 3 - 45 GHz Optimized Splice-profile Horn with Corrugations[J]. Infrared Milli Terahz Waves , 2012, 33: 17-24.

[82] UKITAN M, et al. Design and performance of the ALMA-J prototype antenna[J]. OSCHMANN J M, Ed. Proc. Soc. Photo-Optical Instrum. Eng. (SPIE) Conf. , 2004, 5489: 1085-1093.

[83] LAING R A. The Performance of the European ALMA Antennas[R]. ESA Workshop on Antennas, 2011.

第 2 章　天线结构工艺设计

本章主要论述了大型反射面天线结构的发展历程、工作原理、设计及制造技术。天线结构设计包括天线结构系统设计、天线座设计、天线反射面设计。本章阐述了天线结构设计的方法及一般原则，分析了外载荷对天线精度的影响机理，阐述了减小外载荷对天线精度影响的各种方法，以及近年来关于天线结构在力学分析方面取得的一些新突破。

2.1　大型反射面天线结构发展的简要历程

天线早期的应用出现在射电天文望远镜上，最早可追溯到 1608 年伽利略第一次观测木星。在最初 300 年的发展过程中，它只局限于作为天文学家观测可见光的仪器。这一光学望远镜的设计取决于反射镜面的精度，其精度必须高于可见光的波长，通常在 0.1 μm 范围内，现在已达到了纳米级。如此高的精度要求限制了光学望远镜口径的进一步增大。

1931 年，美国贝尔实验室的 Jansky 通过旋转偶极子天线阵接收到来自银河系中心的无线电波，由此证明可见光并不是宇宙中唯一可用来观测宇宙的介质。1936 年，Reber 在芝加哥建造了第一台 9.5 m 口径的抛物面反射器射电望远镜(见图 2.1)，开启了研制射电望远镜的先河。

图 2.1　第一台 9.5 m 口径的射电望远镜

采用传统设计方法设计建造的第一台真正意义上的大口径射电望远镜是1956年架设在英格兰Jodrell Bank的直径为76 m的洛弗尔(Lovell)射电望远镜，它采用轮轨式座架、前馈抛物面天线的形式。另一台较早建造的大型望远镜是1960年建成的位于澳大利亚的直径为64 m的帕克斯(Parkes)射电望远镜，如图2.2所示。射电望远镜最初采用刚性设计理念，洛弗尔天线和帕克斯天线是刚性设计的代表。由于俯仰齿轮和配重集中作用在天线中央区域，使天线成船形变形，因此反射面精度不理想。对于大口径天线，单纯地通过优化天线支撑结构，加大支撑结构截面，或采用高弹性模量的材料等方法来增强结构的刚度，常会使结构过于笨重或成本过高，甚至使设计完全失败。美国Green Bank天文台口径为300英尺(注：1英尺＝0.3048米)的地面站就因结构破坏，于1988年倒塌。

图2.2　帕克斯射电望远镜

德国工程师Von Hoerner提出，通过无限增强刚度来提高精度是不可能实现的，必须通过柔性设计，使天线变形均匀，从而实现天线的保型设计(homology)[1]。保型设计理论对随后的天线结构设计产生了深远的影响。1972年建造的德国Effelsberg 100 m射电望远镜(如图2.3所示)是当时世界上口径最大、技术最先进的地面全可动天线，在40多年后的今天仍处于世界领先地位。20世纪70年代建造的美国深空网DSS系列天线，在射电天文领域也占有一席之地。深空网的大口径天线主要包含34 m、70 m(由64 m升级而成)天线，安装在美国、澳大利亚、西班牙。这些天线均是保型设计的典型代表。

在过去的20多年里，天文学得到了极大的发展，大口径天线建设进入黄金时段。随之而来的是望远镜口径变得越来越大，精度越来越高，采用保型设计也难以满足天线更高的面精度要求，随之催生了主动面设计技术。主动面设计技术的原理是在保型设计的基础上，以促动器代替传统的反射面调整螺杆，促动器在控制系统的指令下，可以进行电动实时调整，随时补偿天线在外载荷作用下的结构变形，使主反射面始终保持很高的面型精度。主动面设计技术使天线结构设计突破了重力局限，达到了很高的面精度及指向精度要求，代

图 2.3 德国 Effelsberg 100 m 射电望远镜

表了大口径高精度天线未来的发展方向。其典型代表有美国 100 m GBT 射电望远镜(见图 2.4)、意大利撒丁岛 64 m SRT 射电望远镜、日本 64 m 臼田望远镜、墨西哥 50 m LMT 射电望远镜等。

图 2.4 美国 100 m GBT 射电望远镜

随着国力的不断增强，我国在大口径天线的研制方面逐渐靠近国际前列，目前拥有世界上最大口径的贵州 FAST 500 m 球面望远镜。佳木斯 66 m 天线(见图 2.5)是世界上口径最大的波束波导天线。此外，还有上海 65 m 天马望远镜(见图 2.6)，昆明、佳木斯、商洛、密云 40 m 天线，喀什 35 m 天线阵，以及在建的天津 70 m 射电望远镜(见图 2.7)等。

图 2.5　佳木斯 66 m 天线

图 2.6　上海 65 m 天马望远镜

图 2.7　天津 70 m 射电望远镜

2.2　大型反射面天线结构的主要技术要求

天线结构系统是雷达通信测控设备[2]的重要组成部分，是机电结合的天线伺服系统中的执行机构。通过控制伺服系统，可使天线按照预定规律对准目标、跟踪目标，并且精确测定目标方向和运动轨迹。天线结构系统主要包括天线座和天线反射面。天线反射面由主反射面、中心体、背架、副反射面及副反射面撑调机构(馈源及馈源撑调机构)、馈电装置及信号处理装置等组成。其中，主反射面、副反射面(馈源)、信号处理装置和馈电装置共同组成信号通道。天线座由各轴的支承转动装置、动力驱动装置、轴角检测装置、滑环或电缆卷绕装置、安全保护装置及平衡装置(配重)等组成。其中，支承转动装置和动力驱动装置可使天线在工作范围内绕各轴作旋转运动；轴角检测装置能够精确地把各轴的转动转换成电信号输出，用以反映天线的运动规律；滑环或电缆卷绕装置可使天线座的固定部分与转动部分之间进行电流和中、低频信号传输；安全保护装置包括行程限位开关、缓冲器、制动器、安全离合器、锁定装置和急停装置。安全保护装置可以有效地保证天线安全可靠工作，防止意外事故造成机件破坏或人身事故。上述各装置的联合协调作用使得整个天线座结构有效地成为天线及馈电系统的可靠支撑和精确的定向装置。

大型反射面天线的主反射面精度(通常简称主面精度)和指向精度是最为重要的两个技术指标。主面精度决定了天线接收或发射信号的能力。对于不同频率的信号，天线主面精度必须达到一定的要求才能正常工作，频率越高，主面精度要求越高。指向精度决定了天线对准目标的能力，电磁波频率越高，天线口径越大，波束越窄，对天线的指向精度要求越高。天线座和天线的主要技术指标基本围绕指向精度和主面精度进行设计。天线结构系统的主要指标有以下几个方面。

2.2.1　大盘不水平度

大盘不水平，实际是方位轴线与大地铅垂线不重合，或方位轴与地平坐标系的极轴不重合。大盘不水平会直接导致俯仰轴和方位轴产生测角误差，从而影响指向精度。大盘不水平引起的方位俯仰指向精度分析见本书第 5 章“天线系统的指向标校技术与补偿”。

对不同频段的天线，大盘不水平度要求也不同。一般情况下，大盘不水平度之和应不大于半功率波束宽度的 1/10，才不至于对指向精度产生较大影响。大盘不水平度的影响因素非常多，主要有方位轴承安装误差、方位轴承端面跳动、座架自重变形、座架风载和温度变形、轮轨式天线的轨道不平度、仪器测量误差等。这些误差有些是系统误差，可以通过标校的办法予以消除，有些是随机误差，无法消除(这类误差必须在设计过程中应予以重点考虑)。对于大口径高精度天线，指向精度要求极高，也可以在座架适当部位安装测量仪器，实时测量大盘不水平度，然后通过软件进行修正。

2.2.2　方位俯仰轴正交度

与大盘不水平度相同，对不同频段的天线，方位俯仰轴正交度要求也不同。一般情况下，方位俯仰轴正交度应不大于半功率波束宽度的 1/10，才不至于对指向精度产生较大影响。方位俯仰轴正交度的影响因素主要有俯仰座架安装误差、俯仰轴承径向跳动、俯仰座架风载变形及温度变形、仪器测量误差等。这些误差有些是系统误差，可以通过标校的办法予以消除，有些是随机误差，无法消除(这类误差必须在设计过程中予以重点考虑)。对于大口径高精度天线，经常在俯仰轴位置安装水平仪或者其他测量仪器，实时检测两侧俯仰轴是否不等高，然后通过软件进行修正，以提高指向精度。方位俯仰轴正交度引起的指向精度分析见本书第5章“天线系统的指向标校技术与补偿”。

2.2.3 重力变形

对于大型天线，重力作用所引起的主反射面变形，以及主、副反射面与馈源相对位置的变化，均会使电轴产生偏移，即电轴与编码器轴之间产生偏差。此时可认为编码器轴(即机械轴)不受重力影响，这时编码器输出的数据与电轴之间产生的误差即为重力变形误差。由于重力作用是铅垂向下的，因此重力变形主要产生俯仰角测量误差。虽然由于重力变形的不均匀性，在理论上也会产生方位角测量误差，但该误差数值极小，在工程上可忽略不计。

实验表明，重力变形随天线工作俯仰角以余弦关系变化。当天线口面指向水平方向，即仰角 $E=0°$时，有最大误差，即 $\Delta E_g=E_g$；当天线口面朝天，即 $E=90°$时，由于受重力作用较均匀，天线电轴无偏移，因此误差为零，即 $\Delta E_g=0$；对于 $0°\sim90°$之间任意仰角位置 E 处，重力变形产生的仰角误差符合余弦变化规律，即

$$\Delta E_g = E_g \cos E \tag{2.1}$$

2.2.4 谐振频率

天线伺服系统的机械结构与一般的工业机械、工程机械等不同的是，它的运转是闭环控制的。与开环控制相比，闭环控制能达到很好的控制效果。首先，对于要达到的控制目标(对于天线来说就是指向位置)，具有很高的准确性。其次，具有快速性，其响应时间都在毫秒量级。第三，有很好的稳定性，抗干扰能力强，无论风吹、雨淋、日晒、电力波动，都不会改变它的稳定性。但闭环控制的特点是技术复杂，成本高，有内部应力，所以有些限动站的伺服系统就不用闭环控制。在现代大型高精度测量天线的设计中，许多技术要求是互相矛盾的，如要保证雷达有远的作用距离，天线就要有高的增益，其口径必然大，因此天线座的体积、重量、转动惯量也必然大，这就与快速的动态性能要求相矛盾。解决这一矛盾的途径是设计高性能的伺服系统。天线、天线座结构是伺服系统的基础，没有性能优良的机械结构，即使再好的伺服系统也是发挥不出作用的。提高动态性能有时成为机械结构设计的难点，通常采用机械谐振频率 f_0的高低来衡量天线座的动态性能。

大量统计结果表明，满足如下范围的天线座，其动态性能就是比较好的。

$$Df_0 = 40 \sim 60 \tag{2.2}$$

式中：D——抛物面天线的口径(m)；

f_0——锁定转子的谐振频率(Hz)。

伺服系统的动态性能受 f_0的限制。大量统计结果表明，伺服系统的带宽与 f_0有如下关系：

$$f_s \leqslant \left(\frac{1}{5} \sim \frac{1}{6}\right) f_0 \tag{2.3}$$

式中：f_s——伺服系统的带宽。

应用计算机控制以后，一些非线性因素得到了一定的抑制，伺服带宽得以提高一些，可满足如下关系：

$$f_s \leqslant \left(\frac{1}{3} \sim \frac{1}{4}\right) f_0 \tag{2.4}$$

锁定转子的谐振频率 f_0 是由天线结构参数决定的，其计算式为

$$f_0 = \frac{1}{2\pi}\sqrt{\frac{K}{J}} \tag{2.5}$$

式中：K——机械结构的传动刚度((N·m)/rad)；

J——机械结构的转动惯量(kg·m^2)。

提高谐振频率 f_0 的办法只有两个：一是减小转动惯量，这是结构设计的目标，但受到许多因素的限制，要保证一定的精度和抗风能力，结构件不能太单薄，这样重量和惯量都有一定的量值；二是提高刚度，主要是提高传动链的刚度，即传动齿隙要小。减小惯量和提高刚度是矛盾的，只有矛盾调和得好，问题才能较好地得到解决。提高刚度并不会明显增大转动惯量。

2.2.5 主面精度

实际的反射面总不能与理想反射面完全一致，总有一定的误差，我们称之为面型误差。面型误差主要包括制造误差以及自重、风力、冰雪载荷、温差等引起的变形。

面型误差对天线电性能的影响是：引起天线口面上场的相位误差，使天线的增益降低，旁瓣电平增高。

在图 2.8 中，实线表示实际反射面，虚线表示理论反射面，F 为焦点。假设反射面在 B 处比理论抛物面凹下(或凸出)一些，其径向误差 AB 以 $\Delta\rho$ 表示。在反射面没有误差时，F 点发出的电磁波经 B 点反射后平行辐射出去。当反射点 B 处有误差时，电磁波由 B 发出，至 A 点反射后辐射出去，这样电磁波就要多走(或少走)一段路程，这段路程称为光程差，它的计算式为

$$\delta = AB + AC = \Delta\rho + \Delta\rho\cos\psi = \Delta\rho(1+\cos\psi) \tag{2.6}$$

由此引起的相位差为

$$\Delta\psi = \frac{2\pi}{\lambda}\Delta\rho(1+\cos\psi) \tag{2.7}$$

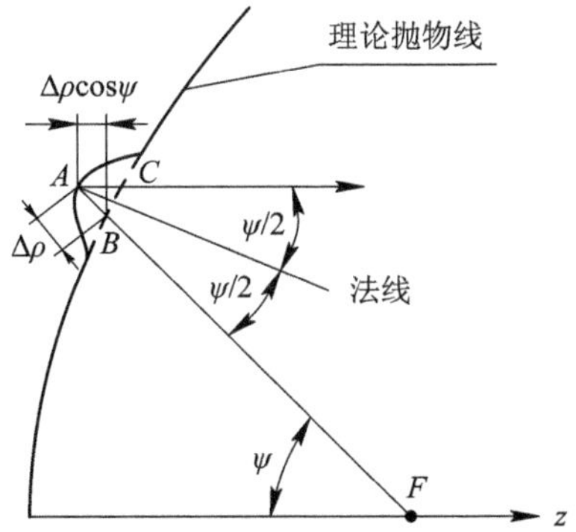

图 2.8 反射面的误差

由于反射面各点误差不同，所以口面上各点的相位不相同，口面不是等相面，这样使辐射方向发生了改变，增益下降，旁瓣电平升高。这里需要指出的是，影响天线电性能的是口面上各点相位相互之间的差异，也就是反射面各点光程差之间的差异。

由馈源辐射出来的电磁波照射到反射面，在反射面上会感生出电流。设想把反射面分成许多小单元，每个小单元可看作1个辐射单元，整个天线的辐射场是许多辐射单元的合成。在理想情况下，口面是等相面，所有单元的辐射场在天线轴线方向上彼此同相叠加，合成场强最大；而当有表面误差时，口面不是等相面，各单元的辐射场在天线轴线方向上不再彼此同相，合成场强减弱，因而天线增益下降。

过去对于天线面型误差规定最大误差不超过某一数值。这种规定方法是不完善的，因为反射面个别点的误差对整个天线的性能不起决定性的影响，尤其是1个点(实际是1个很小的面积)对天线性能的影响可以忽略不计，决定天线性能的是整个反射面的误差情况，包括误差的大小和分布。例如，一个天线的最大误差虽然比另一个大几倍，但由于误差分布不同，前者的性能不一定比后者坏，甚至有可能比后者好。衡量天线性能的应该是误差的均方根值(误差的平方对整个口面的平均值)。理论分析指出，天线的性能与误差的均方根有关，并不取决于个别点的误差的最大值。

天线面型误差导致的效率下降可根据如下的Ruze公式计算：

$$\eta_s = e^{-\left(\frac{4\pi\sigma}{\lambda}\right)^2} \tag{2.8}$$

式中：η_s——反射面的效率；

σ——天线半光程差的均方根值；

λ——工作波长。

当σ为$\lambda/60$，$\lambda/30$，$\lambda/20$，$\lambda/16$，$\lambda/10$时，天线反射面的效率η_s为95%，83.9%，67.4%，54.1%，20.6%。

如果已知允许的增益损失，则可确定允许的均方根误差。一般取均方根误差为$\lambda/50$～$\lambda/30$。例如卫星通信地面站天线，有的规定均方根误差为$\lambda/60$，这相当于增益损失为5%。射电望远镜常工作于几个波段，其表面的均方根误差取最短工作波长的1/20～1/16。

无论是计算还是测量，我们很容易得到天线的轴向误差或者法向误差。衡量天线主面精度的是半光程差。轴向误差、法向误差与半光程差这三者的关系如图2.9所示。根据图2.9中的关系很容易推导出如下结论。

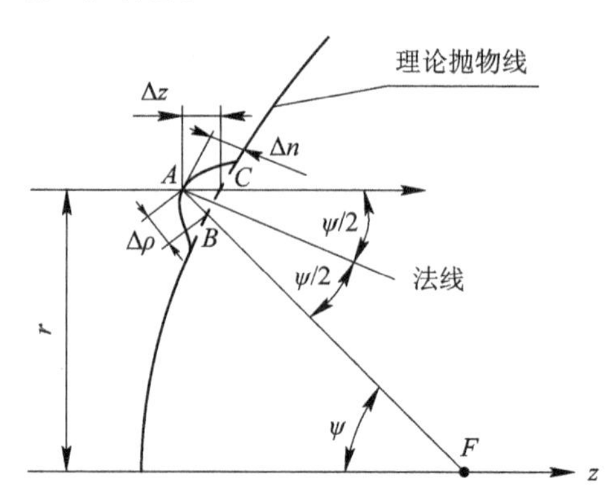

图2.9　轴向误差、法向误差与半光程差的关系

半光程差和法向误差的关系为

$$\frac{\delta}{2}=\frac{\Delta n}{\sqrt{1+\left(\frac{r}{2f}\right)^{2}}} \tag{2.9}$$

式中：δ——光程差；

Δn——法向误差；

f——焦距。

半光程差和轴向误差的关系为

$$\frac{\delta}{2}=\frac{\Delta z}{1+\left(\frac{r}{2f}\right)^{2}} \tag{2.10}$$

式中：Δz——轴向误差。

2.3 天线载荷及其对天线性能的影响

2.3.1 重力载荷

随着技术的进步，天线向着口径越来越大、频率越来越高的方向发展。随着天线口径的增大，天线结构的重量快速增加，重力变形也快速增大。天线工作频率增高，要求天线反射面精度提高，对天线结构的刚度提出了更高的要求，过大的重力变形将使天线的精度无法满足对电性能指标的要求。对大口径反射面天线而言，重力变形成为影响天线精度指标的最主要因素。如何减小重力变形，如何减小重力变形对天线精度的影响，成为天线技术研究中的重要课题。

1. 天线结构重力变形值的求解方法

要评价所设计的天线结构的重力变形能否满足指标要求，首先必须得到天线结构的重力变形值，然后通过数据分析得到天线结构的重力变形精度，才能对此作出评价。通常我们关心的重力变形包括主反射面的重力变形与副反射面的纵偏和横偏变形。

目前得到天线结构的重力变形值的方法有两种：一种是在天线结构的设计阶段，用有限元模型[3]对天线结构的重力变形进行计算；另一种是在天线结构生产完成后，在安装调试阶段用照相法或微波全息测量法测出天线结构的重力变形[4]。

2. 减小天线结构重力变形对天线精度影响的方法

要想减小天线结构的重力变形对天线精度的影响，首先想到的方法就是提高天线结构的刚度。通常采取的措施包括加大材料的规格尺寸，加大中心体的直径和高度，加大辐射梁的高度等。这些措施固然可以减小重力变形，但也要付出增加重量、提高成本的代价。随着天线口径越来越大，增加的刚度被增加的重量所抵消，这些措施的效果越来越差，因此必须寻求其他解决办法。

目前有以下三种行之有效的办法可以减小重力变形对天线精度的影响。

1）对天线结构进行预调

预调[5]的基本思想是：假设我们知道天线主反射面在某仰角时的重力变形值，则在天线主反射面的安装调整过程中，给天线主反射面施加1个反向的该仰角下的重力变形，使天线在该仰角下工作时重力变形刚好被预调变形所抵消，此时天线主反射面因重力变形而引起的型面误差得以消除，主反射面的精度得到极大提高。当天线逐渐偏离预调角度时，天线的重力变形精度会越来越差，但也比不预调时好很多。

假设天线在仰角 θ 下的重力变形为 W_θ，在仰角 α 下的重力变形为 W_α。在仰角 θ 下对天线进行预调，则预调后在某工作仰角 α 下的变形误差值 $\Delta\alpha = W_\alpha - W_\theta$。

对天线的副反射面也可进行预调，其原理与主反射面的预调是相同的，即通过预调抵消部分的重力变形，使得在工作仰角范围内副反射面相对于主反射面的位置误差减小。

2）对天线结构进行吻合

吻合的基本思想是：如果我们知道了天线主反射面的变形值，我们就可以通过计算寻找到1个新的抛物面（最佳吻合抛物面），其相对于变形后的抛物面（天线主反射面）的均方根误差最小。该抛物面具有新的焦点和焦距，将天线副反射面（或馈源，副反射面通常简称为副面）调整到新的焦点上，则主反射面误差就变成了最佳吻合抛物面的误差，主反射面误差大幅减小。吻合后的天线主反射面的均方根误差通常可减小到吻合前的1/3甚至更小。

3）活动主面技术

对于口径超大、精度要求高的天线，重力变形将远大于对天线精度的要求，预调和吻合都不能使天线的重力变形满足要求。解决这一问题的方法是采用活动主面技术：天线结构按传统的分块式反射面加中心体和背架支撑结构的形式进行设计，把连接背架和反射面板的调整螺杆换成直线式促动器；用精密的测量仪器和方法精确测量在不同仰角下天线反射面各调整点偏离理论位置的位移量，将其转换为各促动器的调整量，并记录在控制系统的数据库中；在天线处于工作状态时，每当天线运行到某个仰角时，控制系统就按所记录的数据让促动器产生相应的调整量，以消除重力变形对天线反射面精度的影响。

2.3.2 风载荷

1. 风载荷对天线精度的影响机理

风载荷是一种动载荷，它由稳态成分和波动成分叠加而成。稳态成分是风速的平均值（我国规定用10 min作为平均值）；波动成分用阵风因子来表达，它是最大风速（10 min内）与平均风速的比值。稳态风形成的力矩作用在天线上，会增大驱动系统的载荷，引起驱动系统输出角与输入角之间的误差增大，导致天线的指向精度变差。稳态风还会使天线座架发生变形，影响天线的指向精度。稳态风和阵风形成的压力和力矩会使天线反射面发生变形，进而影响天线增益、指向精度和方向图等电性能指标。风的动载荷作用与结构的特性有关，对于刚性好、质量大的结构，风对结构不会引起大的振动，一般按静载荷来考虑；而对于质量较小、刚度差的结构，风可能引起结构的振动，需考虑风的动载荷作用。

2. 抛物面天线风载荷的计算

物体所受到的风力是由摩擦阻力和压差阻力组成的。当风吹过物体时，风和物体表面还会形成摩擦阻力，同时物体的迎风面和背风面会出现压力差，从而形成压差阻力。

在流体力学中，利用相似理论和因次分析法，可得出风力和风力矩的计算公式：

$$\begin{cases} F = C_F qA \\ M = C_M qAD \end{cases} \tag{2.11}$$

式中：C_F——风力系数；

C_M——风力矩系数；

A——口径面积(m^2)，$A=\pi D^2/4$；

D——与转轴垂直的口径尺寸(m)；

q——动压头，$q=0.5\rho v^2$，ρ 为空气密度(kg /m^3)，v 为风速(m/s)。

抛物面天线风载荷示意图如图 2.10 所示。图中，θ 为风向角。

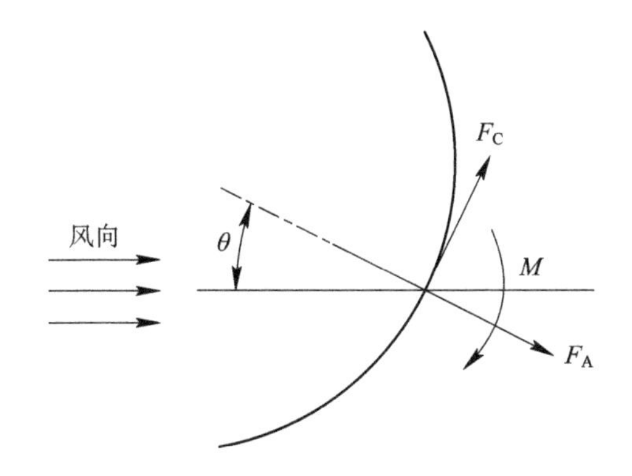

图 2.10　抛物面天线风载荷示意图

抛物面天线风载荷的计算公式：

$$\begin{cases} F_A = C_A qA \\ F_C = C_C qA \\ M = C_M qAD \end{cases} \tag{2.12}$$

式中：C_A——轴向力系数；

C_C——横向力系数；

C_M——风力矩系数；

A——圆抛物面的口径面积(m^2)，$A=\pi D^2/4$；

D——圆抛物面天线的口径(m)；

q——动压头(kg/m^2)，$q=0.5\rho v^2$，v 为风速(m/s)，ρ 为空气密度(kg /m^3)。

标准大气压下，15℃时，空气密度 ρ 为 0.125 kg/m^3，故通常取动压头 $q=v^2/16$。ANDREW 公司标准抛物面风洞实验的风载荷系数曲线如图 2.11 所示。

最大轴向力系数约在 $\theta=0\sim60°$时，$C_A\approx1.6$；

最大横向力系数约在 $\theta=60°\sim70°$时，$C_C\approx0.4$；

最大风力矩系数约在 $\theta=120°$时，$C_M\approx0.14$。

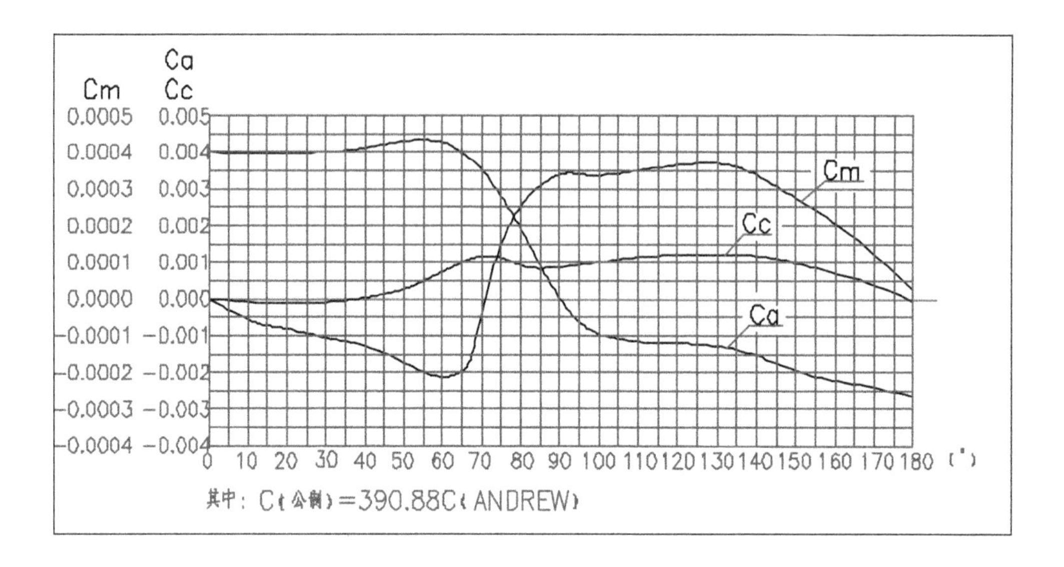

图 2.11　ANDREW 公司标准抛物面风洞实验的风载荷系数曲线

3. 设计风速的确定

设计风速的确定是非常重要的，因为风载荷与风速的平方成正比，风速稍微增大，风载荷就会增大很多。

天线研制任务书中通常规定了保精度工作风速、降精度工作风速、收藏风速和保全风速。设计风速定得过高，将使结构设计过于保守，结构笨重，造成浪费；设计风速定得过低，则有可能使设备满足不了使用要求。

风速是一个随机变量，假定它符合正态分布，均值风速为 v_J，峰值风速为 v_P，则标准差 $\sigma=(v_P-v_J)/3$。

v_P出现的概率很小，以 v_P作为计算风速，偏于保守，若以 v_J为设计风速，又显得不安全。作为折中，取计算风速 $v_C=v_J+\sigma$。

4. 风载荷对天线精度的影响

要评价风载荷对天线精度的影响，首先必须得到天线结构的风载变形值，然后通过数据分析得到天线结构的风载变形精度，才能对此作出评价。通常我们关心的风载变形包括主反射面的变形与副反射面的纵偏和横偏变形。

把风载荷正确施加在天线结构上是很重要的。如果模拟天线反射面，则可以根据风压系数图把反射面受到的风载荷以压力的方式施加在反射面上。将反射面用质量元来代替，此时有两种方法可用。一种方法比较粗糙，但效率高，即按风载荷公式算出反射面承受的总轴向力、侧向力和风力矩，然后把它们以合理的方式分配到天线背架的上弦节点上。另一种方法比较烦琐，但精确，即根据风压系数图和背架上该上弦节点承担的反射面的面积，计算得到背架各上弦节点承受的风力，然后施加集中力。把风压系数图和上弦节点分布图叠加在一起可方便提取各上弦节点对应的风压系数，如图 2.12 所示。

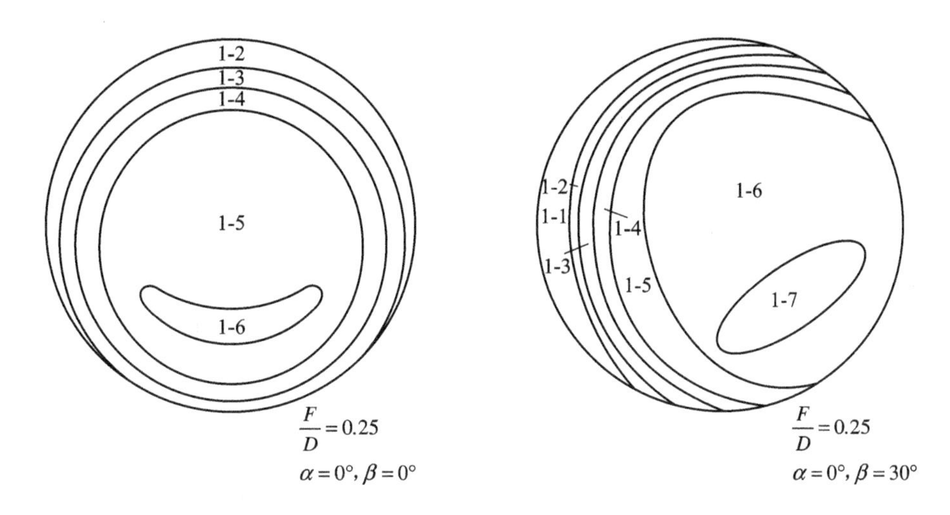

图 2.12　提取上弦节点风压系数

5. 影响风力和风力矩的因素

影响抛物面天线风力和风力矩的因素主要有：

(1) 抛物面的凹度，即抛物面深度与直径之比。抛物面的凹度主要取决于抛物面的焦径比。抛物面凹得越深，正面风力越大，背面风力越小，风力矩越大。

(2) 抛物面天线的姿态。随着天线仰角和方位角的改变，风向角变化，抛物面天线的风力和风力矩明显变化。

(3) 反射面的形式。由于实体面、金属丝编织网面、冲孔面等不同形式反射面的风阻系数明显不同，因此风力和风力矩的差别很大。

(4) 背架结构的形式。背架支撑结构有的是板梁结构，有的是桁架结构，桁架结构的型材截面也有不同，有的是圆管，有的是角钢、T 型钢或矩形管等，它们所受的风力和风力矩也有所不同。

(5) 配重的面积和位置。配重的面积和位置对风力矩的影响较大，若配重的面积和位置合适，则风力矩可以减小到最小。

(6) 转轴的位置。转轴的位置对风力矩的影响较大，选择合适的转轴位置，可明显减小风力矩。

6. 减小风载荷对天线精度影响的方法

想要减小风载荷对天线精度的影响，首先要拟定合理的天线结构形式和布局，确定合理的反射面凹度、转轴的位置、配重的位置、副反射面支撑的形式等。可考虑使用冲孔反射面板、网状反射面板及风阻系数小的型材。另外，应设法减小风速。减小风速的方法主要是合理利用地形。在条件允许的情况下，目前还有一种最为有效的措施——架设天线罩，即把天线置于天线罩中，这样可彻底消除风载荷对天线精度的影响。

2.3.3　温度载荷

1. 温度载荷对天线精度的影响机理

热胀冷缩是大多数材料所具有的性质。假设材料的热膨胀系数为 α，当温度升高 ΔT

时，材料的热应变 $\varepsilon = \alpha \cdot \Delta T$。对长度为 L 的直杆，伸长量 $\Delta L = \alpha L \cdot \Delta T$。温度变化会使材料的尺寸发生改变，这就是温度变形。

温度变形会改变天线结构的形状。反射面变形会降低反射面的精度；反射面相对于馈源或副反射面的位置改变，会降低天线的指向精度。

温差对天线变形的影响有以下三种情况：

(1) 温度均匀变化且无多余约束(约束不限制结构自由变形)。这时结构各处的温度变化是相同的，结构的变形只是使结构发生等比例放大或缩小，其形状是不变的。对抛物面天线而言，变形后其反射面仍为抛物面，只是抛物面的焦距变化了而已，而副反射面仍然在变化后的焦点位置，温度变形对天线精度无影响。

(2) 温度均匀变化但有多余约束(多余约束限制结构自由变形)。这时结构各处的温度变化是相同的，但结构的变形受到多余约束的限制，无法发生等比例放大或缩小，结构的形状会改变。对抛物面天线而言，变形后其反射面不再是准确的抛物面，必然产生形状误差。对大多数结构而言，很难做到无多余约束，边界条件总是对天线结构的温度变形有一定的约束作用。

(3) 温度不均匀变化。这是最普遍的情况。由于太阳照射，因此天线向阳面和背阴面的温度是不同的。同是向阳面，对着太阳的角度不同，温度也会有差别。同样情况下，不同材料的热传导系数不同，温差也不同。比如，金属材料导热快，温差就小；非金属材料导热慢，温差就大。对于不断转动的天线，太阳照射不均匀的影响就小；对于基本不动的天线，太阳照射不均匀的影响就大。风会影响天线的散热，有风或无风也会影响天线结构的温度分布。

温度变形与天线的口径成正比，与结构的刚度几乎无关。对口径大、精度要求高的天线，温度变形问题尤为突出。抛物面天线温差变形的一个近似估算公式为

$$\delta(\mathrm{mm}) = 0.38 \cdot D \cdot \Delta T/100 \tag{2.13}$$

式中：D——单位(m)；

ΔT——温差。

对大口径、高精度、使用环境温差大的天线，在设计阶段就必须对其温度变形精度做出评价，以保证所设计的天线满足使用要求。这需要对天线结构的温度变形进行计算。而计算温度变形的最大困难在于确定天线结构的温度分布(即温度场)。如果知道了天线结构的温度分布，就可通过建立有限元模型来计算天线结构的温度变形。

2. 天线结构温度场的确定

要得到天线结构的温度场，有以下两种方法可以采用。

1) 现场测量

对于已建成的天线，可在现场进行测量。在天线结构的各部位布置温度传感器，就可即时得到天线结构的温度场。该工作费时费力，因为不同季节、不同时间点(早、中、晚)、不同气象条件(阴晴、风速、雨雪等)下的温度场各不相同，需要测量的典型工况很多。但该工作很有意义，积累的资料可为以后同类天线的温度场的确定提供依据和参考。

我国对某 30 m 天线的温度场的测量结果为：天线主力骨架在夏天晴日无风的中午，垂直方向最大温差为 6℃；而晴日有 3～4 级风时，最大温差仅为 3℃。温差主要受阳光照射的

影响，温度场分布基本上是线性的。

2）仿真计算

仿真计算是一种更高效的得到天线结构典型温度场的方法。目前有多种仿真软件可用于计算结构的温度场，比如 ANSYS 软件和 TMG 软件。建立合理的模型，用仿真软件进行分析计算，即可得到天线结构在各种工况下的温度场。该温度场可用于后续对天线结构进行温度变形计算。

我们曾用 TMG 软件分析了某星载天线在轨运行时(春分、夏至、秋分、冬至四个时间段，每日 0 时、6 时、12 时、18 时 4 个时间点)的稳态和瞬态温度场，并把该温度场导入 ANSYS 软件建立的该天线的有限元模型中对天线的温度变形进行了分析和计算。例如，该天线在春分日 12 时刻的温度变形如图 2.13 所示。

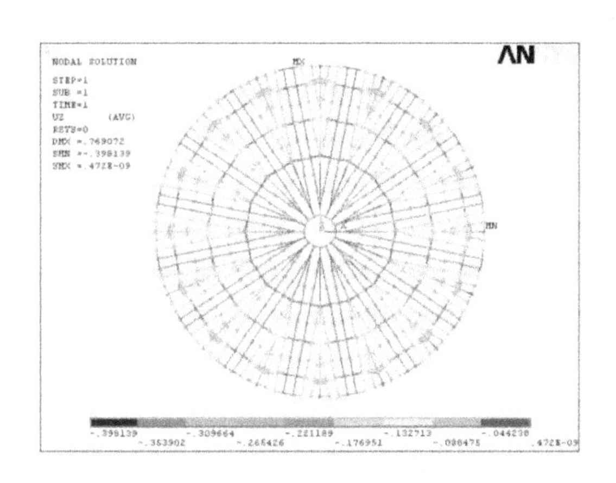

图 2.13　某天线在春分日 12 时的温度变形图

3. 天线结构的温度变形分析

得到天线结构的温度场后，就可对天线结构的温度变形进行分析和计算了。

建立合理的天线结构的有限元模型，在材料参数中指定各材料的热膨胀系数，然后把已知温度场(各节点对应的温度值)施加在对应的节点上，并给定温度变形计算的参考温度(无变形时的温度)，就可按静力分析方法对天线结构进行分析和计算，得到给定温度场对应的天线结构的变形值。据此变形值可进一步得到天线结构的主面精度、副面纵偏、副面横偏等数据，对天线结构的温度变形是否满足要求作出评价。图 2.14 为某天线线性温度分布左侧 0℃、右侧＋5℃的结构 z 向变形图。

在 ANSYS 软件中可用 Table Array 表格的方式或 Function 函数的方式施加随坐标变化的有规律的温度场。

4. 减小天线结构温度变形的方法

影响天线结构的温度变形的最主要因素有两个：一个是材料的热膨胀系数，热膨胀系数越大，材料的温度变形越大，两者是正比例关系；另一个是天线工作环境的温度变化，工作环境的温差越大，温度越不均匀，温度变化越剧烈，则温度变形越大，对天线精度的影响越大。

减小天线温度变形，首要的措施就是采用热膨胀系数小的材料，比如碳纤维复合材料，

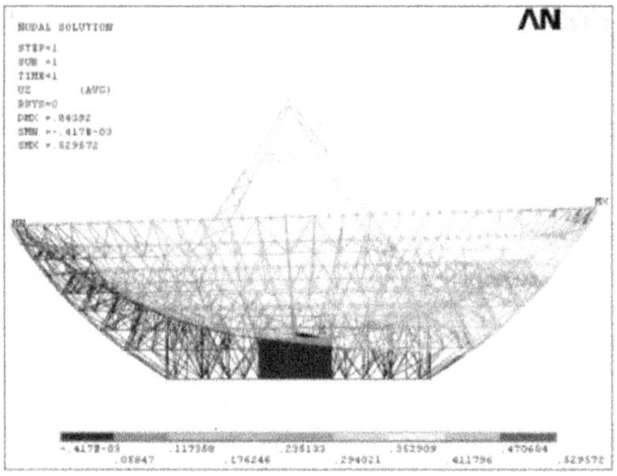

图 2.14　某天线线性温度分布左侧 0℃、右侧＋5℃的结构 z 向变形图

它的热膨胀系数为 ALPX＝2.1×10^{-6}，远小于钢材的 11.3×10^{-6} 和铝合金的 23.4×10^{-6}，可极大减小天线的温度变形。近年来，复合材料在天线结构中的应用越来越普遍，为了减小温度变形，背架结构的杆件、副面支撑结构的杆件、天线的主面和副面都大量应用了碳纤维复合材料来制造。采用碳纤维复合材料蒙皮加铝蜂窝或芳轮蜂窝来制造天线的反射面，可大大减小天线反射面的温度变形。另一个有效减小温度变形的方法是采取温控措施。比如，在天线反射面上贴发热膜；用隔热材料把天线背架包裹起来给背架保温；有的天线的背架的保温材料和反射面之间形成了空腔，在空腔中装风机或暖风机，使空气或热风在空腔中循环。目前还有一种有效地减小温度变形的措施是架设天线罩，即把天线置于天线罩中，使天线免受风吹日晒。天线罩中可使用空调、风机等设备，使得天线的工作环境大大改善。

2.3.4　其他载荷

天线架设地冬季的积雪会对天线结构造成一定的影响，特别是天线口面的积雪，由于面积大，因此其重量对天线面形成了较大的外载荷，造成面精度下降，甚至造成结构破坏。另一方面，天线口面积雪对电磁波的反射也会产生较大影响，这一点需天馈设计师和结构设计师一起考虑。图 2.15 为某天线在 200 mm 积雪作用下的模型分析简图。

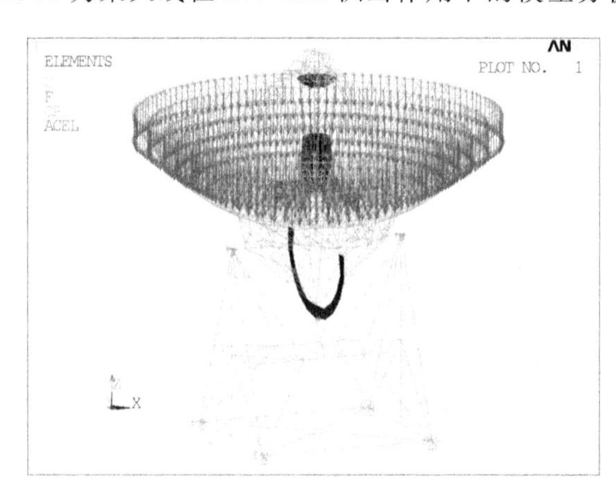

图 2.15　某天线在 200 mm 积雪作用下的模型分析简图

地震属随机振动，其计算十分复杂，国内一般采用简化计算方法将其等效为静载荷进行计算。根据我国资料，在 9 度烈度时，取水平加速度为 0.4g，竖直加速度为 0.2g。在有限元模型上沿水平方向施加 0.4g 的加速度载荷，沿竖直方向施加 1.2g 的加速度载荷(考虑结构自身的重量)，某天线在该载荷工况下的座架应力分布如图 2.16 所示。

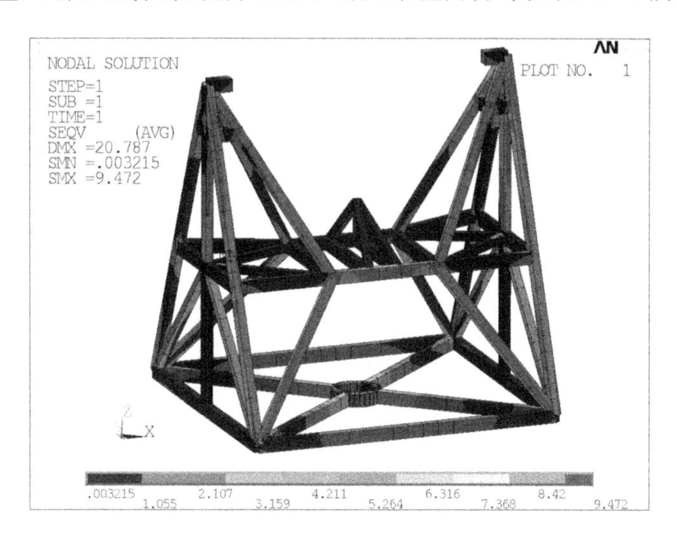

图 2.16　天线的座架应力分布

惯性载荷是指天线在做方位俯仰加速运动时，加速度在天线结构上产生的附加载荷。由于大型天线的方位俯仰运动的加速度较小(这个分量相对于重力、风力等其他载荷较小)，因此一般可以不予考虑。但对于高精度天线或者角加速度较大的天线，惯性载荷必须予以考虑，否则可能造成天线面精度的计算误差。

2.3.5　载荷的分类组合

在做有限元计算时，各种载荷一般不会独立存在，而且有时互相影响。重力载荷是最基本的，地面的天线结构不可能脱离重力而存在；风力有时与温度载荷互相影响，在风载荷较大时，由于风力的作用，天线温度场分布趋于均匀，在风力较小、太阳直射影响较大时，温度场分布不均匀，温度变形较大。因此需要综合考虑各种载荷。常用的载荷组合如下：

(1) 重力(朝天、指平)。

(2) 重力(朝天、指平)＋保精度风速。

(3) 重力(朝天、指平)＋降精度风速。

(4) 重力(朝天)＋保全风速。

(5) 重力(朝天、指平)＋温度载荷。

(6) 重力(朝天、指平)＋地震载荷。

(7) 重力(朝天)＋雪载荷。

(8) 重力(朝天)＋雪载荷＋保全风速。

各种载荷的组合需要根据天线的技术要求和架设地的自然环境条件合理选取，不是固定不变的。

2.4 天线座及传动链设计

天线座是用来支撑天线反射面的重要装置。通过天线座上安装的驱动装置，可完成天线的方位、俯仰转动，从而达到天线指向的全空域覆盖[6]。大型天线的天线座的重量通常能够达到数千吨。对于大型天线座来说，要求结构刚度大，结构变形小，结构系统的谐振频率高。

大型天线座由于结构尺寸大，因此在设计中应考虑结构部件的加工、运输及现场架设要求。

2.4.1 天线座的结构形式及组成

天线座的结构形式很多，按转轴数目可以分为1轴、2轴、3轴、4轴和固定不动的天线座。1轴天线座只有方位轴，主要用于搜索及引导雷达，采用切割抛物面、抛物柱面、振子天线、裂缝天线等，形成扇形波束，垂直方向宽，水平方向窄，所以俯仰轴可以不转动。跟踪天线采用圆抛物面天线，是线状波束，必须有2个轴才能覆盖整个空域。地面天线基本上都是1轴和2轴的。3轴、4轴天线座主要是舰用天线，其中2个轴用作稳定平台，补偿舰艇的纵横摇摆。相控阵雷达是电扫描，用4个固定的天线阵就可覆盖整个空域。目前应用最广的是2轴天线座。

2轴天线座按座架的结构形式可以分为方位俯仰型天线座、$x-y$型天线座、极轴型天线座、地面3轴天线座等。

1. 方位俯仰型天线座

方位俯仰型天线座也称为经纬仪式天线座或地平天线座。方位轴与地面垂直；俯仰轴与地面平行，与方位轴正交或者相交。方位俯仰型天线座有3种基本形式：立轴式、转台式、轮轨式。中小型天线系统可采用立轴式，中大型天线系统常用转台式，大型天线系统特别是射电望远镜系统多用轮轨式。

立轴式天线座的方位轴上下分布，1对轴在上下方向拉开一定的距离，依靠这对轴来承受天线的自重和倾覆力矩，并保证方位旋转轴线的轴系精度。转台式天线座依靠大型转盘轴承充当方位轴，俯仰一般采用标准轴承，座架一般采用钢板焊接的箱型结构。轮轨式天线座采用空间桁架支撑结构，方位转动采用滚轮在轨道上滚动来实现，俯仰轴采用齿轮齿弧传动。轮轨式天线座依靠自重承担天线的倾覆力矩，后续章节将详细介绍其工作原理。

从运动范围来说，方位俯仰型天线座可以覆盖全空域。不过这仅限于同步卫星，当跟踪过境卫星或与站点相对速度较大的目标时，由于方位运动速度的限制，存在跟踪盲区。如图2.17所示，方位俯仰型天线座在跟踪目标时，方位角速度的计算如下：

$$\dot{\beta}=\frac{v_x}{R\cos\alpha} \tag{2.14}$$

式中：v_x——目标飞行速度的水平分量；

R——雷达到目标的斜距；

α——天线的俯仰角。

当目标从雷达天顶附近通过时，仰角α趋近于90°，$\cos\alpha$趋近于0，则方位角速度$\dot{\beta}$趋近

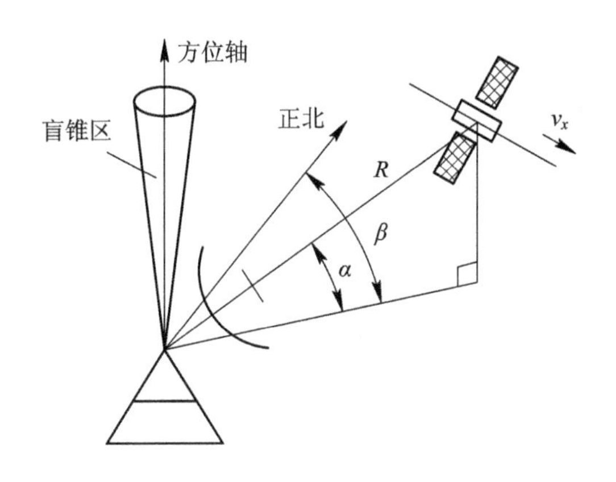

图 2.17　方位角速度计算示意图

于无穷大。但是天线的驱动能力是有限的，在有限的驱动功率下，只能跟踪某一俯仰角以下的目标，因此在天顶附近有 1 个盲锥区。

当目标进入盲锥区时，方位俯仰型天线座对目标的跟踪显得无能为力。

2. $x-y$ 型天线座[7]

$x-y$ 型天线座如图 2.18 所示。图中，2 个轴都是水平配置，互相正交，相当于把方位俯仰型天线座的方位轴转到水平位置。因此，根据前面的分析不难看到，$x-y$ 型天线座也有盲锥区，但是不在天顶，而在 x 轴(下轴)的两端，即地平线上。往往该区域不在要求的工作空域内。$x-y$ 型天线座每个轴只需转动 ±90°就能覆盖整个空域，因此不需要高频转动关节、滑环或电缆卷绕装置。

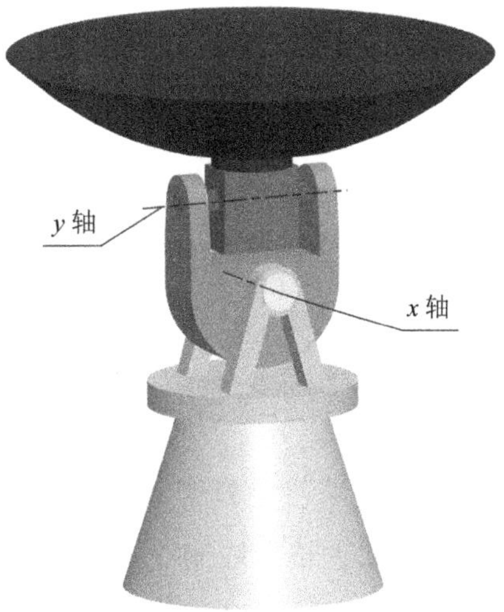

卫星在地平线附近时，由于多路径传播和接收干扰电平较高，因此不可能很好地接收信息。为了免受工业干扰，站址一般选在小山环绕的盆地上，因此只要求地面站能够在仰角几度以上的空域进行跟踪。

当卫星在天顶时，从卫星到天线的连线 R 既垂直于 x 轴，也垂直于 y 轴，因此：

图 2.18　$x-y$ 型天线座

$$x\text{ 轴的角速度 }\Omega_x=\frac{v_x}{R}$$

$$y\text{ 轴的角速度 }\Omega_y=\frac{v_y}{R}$$

式中：v_x、v_y——卫星速度 v 在 x、y 方向的分量。

所以 $x-y$ 型天线座在跟踪过顶目标时，与其他 2 轴天线座相比角速度是最低的。

$x-y$ 型天线座的 x 轴和 y 轴都需要平衡，两轴之间的距离较大，很难做到结构紧凑，所以下轴(x 轴)的转动惯量也很大。因此，阿波罗系统的船载天线仍采用方位俯仰型天线座，因为船只可以改变位置，避免过顶跟踪问题。方位俯仰型天线座只有俯仰轴需要平衡，所以重量轻，结构紧凑，成本低。因此，大型天线多数仍采用方位俯仰型天线座。

3. 极轴型天线座[7]

图 2.19 所示的极轴型天线座与 $x-y$ 型天线座相似，所不同的只是下轴(极轴)平行于地球的自转轴，上轴(赤纬轴)与地球的自转轴垂直。

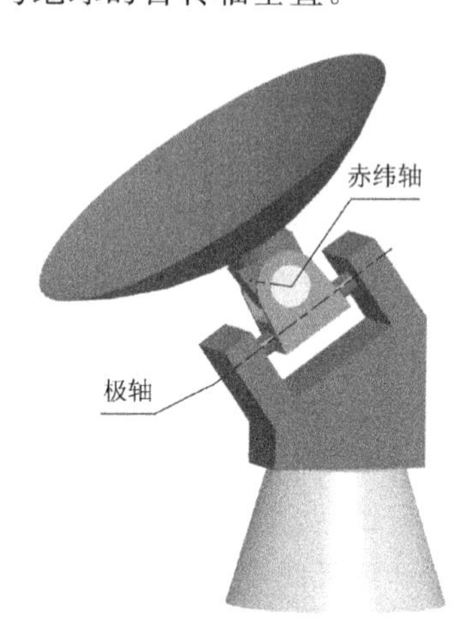

图 2.19　极轴型天线座

极轴型天线座在天文望远镜中用得较多。在观察恒星时，把赤纬轴调到对准恒星，就可以只转动下轴(极轴)进行跟踪。因为星体与地球相距几千光年(1 光年＝9.46×10^{12} 公里)，而地球直径为 6400 公里，可忽略不计，所以极轴的转动只需抵消地球转速(23 小时 56 分 4 秒一转)即可实现跟踪。

极轴型天线座同样也有盲锥区，在下轴(极轴)2 端。所以用这种天线座跟踪赤道轨道卫星时，极轴转速低，但在跟踪南北极方向的卫星时，极轴的转速必须很大。

这种天线座装在南北极和赤道以外的地点时，为使极轴与地球转轴平行，极轴必须与地面保持一定的角度(即当地的纬度)。因此，机械结构比较复杂，两轴都必须配平。

极轴式天线座的盲区在南北两极方向，同时，不同站址的天线结构的极轴角度不同，不利于统一设计、批量生产，而且结构复杂。因此，从设计生产和使用角度来看，无法满足全空域、全时段的卫星跟踪通信要求。

4. 地面 3 轴天线座[3]

为了实现过顶跟踪，地面遥感接收天线经常采用 3 轴天线座，其结构为方位俯仰型天线座的方位轴架设在与大地垂直的第 3 轴上，方位轴与第 3 轴的连接面为 1 个楔形件，楔形件上表面与水平面有 1 个 7°的夹角，因而方位轴线与铅垂线有 7°的夹角，此夹角随斜轴(即第 3 轴)的旋转而在水平方向可变，因此对于任意轨道的卫星，都可以实现过顶跟踪。图 2.20 所示为地面 3 轴天线座。

斜轴加斜转盘的结构形式是一种较为理想的过顶跟踪方法，其优点具体表现如下：

(1) 全空域无盲区，可以跟踪任意来向(包括赤道卫星、极轨卫星)的航天器，全程信号无中断。

(2) 在方位角速度不太大(＜22°/s)的情况下，既可以跟踪高轨卫星，也可以跟踪低轨卫星(低至 200 km)。

(3) 结构紧凑，整体刚度好。大型交叉滚子轴承的应用提高了各部分的连接刚度和强

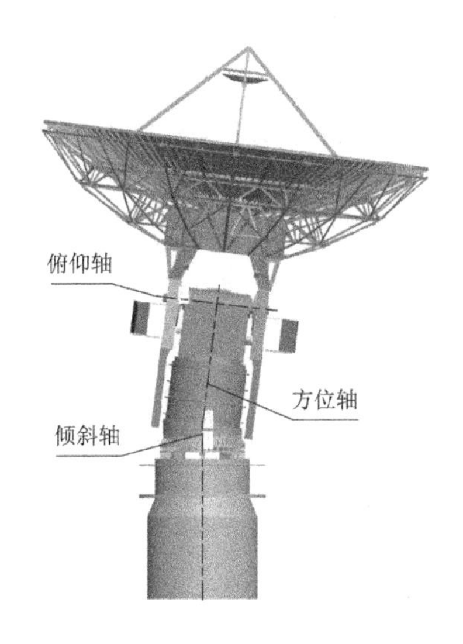

图 2.20　地面 3 轴天线座

度，节省了空间，有利于提高伺服带宽和系统稳定性。

5. 其他形式的天线座

其他形式的天线座包括直线驱动型天线座、6 杆天线座、斜交轴型天线座等，应用场景较少，这里不再详细论述。表 2.1 为各种天线座的比较。

表 2.1　各种天线座的比较

技术特点	座架形式				
	方位俯仰型	$x-y$ 型	极轴型	3 轴型	直线型
能探测的空域	半球	半球	部分半球	半球	半球
盲区	天顶	地平线	下轴方向	无	无
天线运动速度	盲区附近高	盲区附近高	盲区附近高	低	低
可达到的精度	高	高	高	高	低
应用场景	各型天线	各型天线	中小型天线	各型天线	小型天线
配重	1 轴 简单	2 轴 复杂	2 轴 复杂	1 轴 简单	困难
成本	中等	高	高	高	低

大型天线的天线座基本采用方位俯仰型座架，主要是因为结构紧凑，重量轻，结构刚度好。大型天线跟踪的基本是遥远的目标，方位相对速度很低，所以过顶盲区很小。根据系统要求的不同，大型方位俯仰型天线座一般分为转台式天线座和轮轨式天线座。

1）转台式天线座

转台式天线座主要由基础塔基、方位底座、方位回转轴承、方位转台、俯仰支臂、俯仰轴承座、方位及俯仰驱动机构以及电缆卷绕装置等部件组成，如图 2.21 所示。

转台式天线座最主要的特点是方位驱动是通过齿轮传动完成的。方位底座安装在天线基础上，在底座上设置有方位回转轴承。回转轴承承受着整个天线转动部分的重量，并且

图 2.21 转台式天线座

具有抗倾覆功能。现在的回转轴承一般都和方位末级齿轮传动中的方位大齿轮集成一体设计、制造。由于转台式天线座的方位驱动是通过齿轮传动完成的，因此转台式天线座可以获得较大的方位转速。

转台式天线座的另一个特点是架设相对方便。转台式天线座的零部件的外形尺寸一般都设计在满足公路运输的范围内。整个天线结构系统可以在现场架设前在研制场地内进行整架、联试，出厂前可以将整个系统联试完成，最后将零部件拆卸后运输到现场进行架设，现场安装时可以快速恢复，不需要复杂的现场调整，大大减少了现场安装的工作时间。

转台式 AE 座架的零件大都采用大型整体焊接结构件，其结构尺寸在设计阶段控制在大型机床的加工范围之内，零部件在生产阶段由大型机床采用精密加工的方法来保证系统尺寸和装配形位精度的要求，装配后通过定位关系来满足系统的精度要求。转台式 AE 座架的零件虽然在生产阶段加工周期长，精度高，但现场安装效率高。

2）轮轨式天线座

轮轨式天线座主要由天线基础、方位轨道、滚轮组合、天线座架、俯仰轴承座、方位及俯仰驱动机构、电缆卷绕装置组成。其结构如图 2.22 所示。

轮轨式天线座的方位驱动形式是：驱动安装在天线座架上的滚轮，使其沿着方位轨道转动，从而使得天线完成方位转动。由于滚轮沿着方位轨道转动是通过滚轮与轨道的摩擦力实现的，因此对于 1 个重量一定的天线系统，方位的转动速度有 1 个最大值，驱动力最大只能达到摩擦力，否则滚轮与轨道之间就会出现打滑现象。

由于轮轨式天线座架是由空间桁架组成的，所以其零部件都是由长杆件组成的，架设时需要一根根现场连接，因此现场安装时相较转台式结构需要花费更多的时间。

轮轨式 AE 座架中的轨道和滚轮的制造加工精度对现场的安装转动精度影响较大，其座架结构形式通常采用焊接结构的长方梁通过钢结构的节点现场定位焊接而成。大型轮轨式天线座架的钢结构零件在生产阶段其尺寸和形位精度要求不高，现场安装、检测、调整和焊接的周期相对较长。

图 2.22　轮轨式天线座

2.4.2　天线座结构的总体设计

设计天线座结构时，首先应根据天线口径、天线中心体尺寸结构的大致尺寸，确定 2 个俯仰轴承座之间的跨距(应能放置天线反射面)，由此决定 2 个俯仰轴承座之间的安装尺寸。

转台式天线座的核心设计是方位回转轴承的设计。根据天线的俯仰转动范围初步确定俯仰轴与方位回转轴承的距离，然后根据天线的工作及收藏风速确定轴承所受的轴向力、径向力及倾覆力矩，由此选定相应的回转轴承。为保证回转轴承能够通过公路运输，一般回转轴承的外形尺寸应满足公路运输的要求。

轮轨式天线座的 1 个最基本的尺寸是方位轨道的直径。考虑到天线结构的稳定性及整体协调性，一般轨道直径是天线口径的 1/2～2/3。有些天线由于建设场地的限制，也可以适当减小轨道的直径。根据天线俯仰转动范围的指标要求，天线在整个俯仰运动范围内不应与天线座架发生干涉，由此可以确定天线座俯仰轴到方位轨道的距离。另外，根据天线中心体的外形尺寸可以确定俯仰大齿弧的直径，由此可以确定座架 2 层平台的位置。根据轨道直径、俯仰轴承座跨距以及俯仰轴到轨道的距离及 2 层平台的位置就可以初步确定天线座架的基本几何尺寸。

确定了天线的基本结构尺寸后，应考虑整个天线结构系统的整体布局。

对于转台式天线座，首先要考虑传动系统的设置(方位末级传动是采用内啮合齿轮传动还是外啮合齿轮传动)，这样才能对方位转台做出结构设计。内啮合齿轮传动方位末级大齿轮采用内齿，外啮合齿轮传动方位末级大齿轮采用外齿。

内齿轮传动中的减速器、电机都可以设置在方位底座内，整个传动系统都设置在密闭的空间内，与室外隔离，具有较好的环境条件，但由于安装空间限制，安装、维护较为困难。外齿轮传动中的减速器、电机只能设置在外部，需要对电机进行专门密封，特别是传动中末级齿轮外漏、风沙、雨雪会对传动系统有所影响。

在确定了方位传动形式后，需要考虑方位编码器的安装。通常由于方位轴中心需要安装高频馈电系统，因此一般方位编码器采用套轴式结构，将方位轴心留出来。大型天线系统的俯仰传动一般居中放置，这样可以充分利用天线中心体的结构尺寸，将俯仰大齿轮做得很大，从而将俯仰传动的末级减速比尽可能设计得大一些，以提高传动链的扭转谐振频率。

另外一个重要部件是滑环或电缆卷绕装置。如果系统指标要求天线的方位转动是360°连续转动，那么结构中就要考虑安装滑环；如果系统指标要求天线方位转动是有限范围内转动，那么就可以采用电缆卷绕装置。

在确定了以上因素后，基本上就确定了转台式天线座的基本结构，可以设计相应的结构部件——方位底座、方位转台、俯仰支臂及俯仰轴承座等，如图2.23所示。

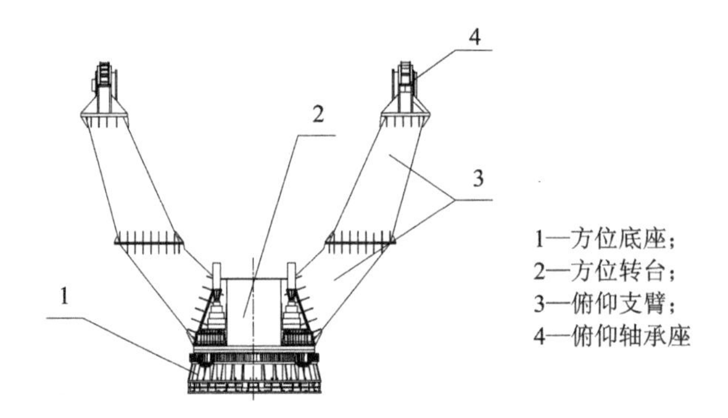

图2.23　转台式天线座的结构布局

轮轨式天线座的整体布局形式一般来说较为固定。4组滚轮组合分布在座架的4个底脚处，驱动天线完成方位转动。在轨道中心设置方位中心枢轴，在中心枢轴上安装方位定心轴承，在中心枢轴处设置电缆卷绕装置，从而保证天线系统方位转动过程中传输电缆不会损坏。在座架顶端的两边各设置1个俯仰轴承座。俯仰驱动机构设置在2层平台上，与俯仰大齿轮啮合，驱动天线俯仰转动。轮轨式天线座的结构布局如图2.24所示。

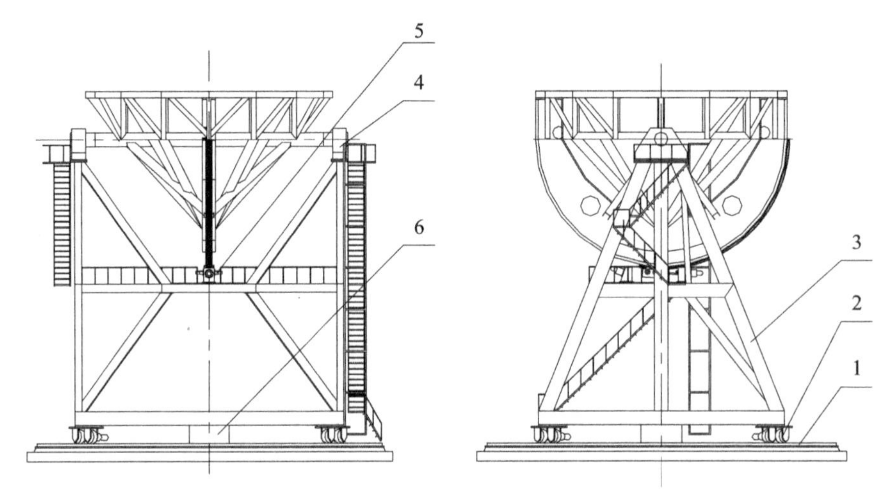

1—方位轨道；2—方位滚轮组合；3—座架；4—俯仰轴承座；5—俯仰驱动机构；6—方位中心枢轴

图2.24　轮轨式天线座的结构布局

2.4.3　俯仰支撑设计

大型天线的俯仰支撑通常有简支梁俯仰支撑结构、双悬臂梁俯仰支撑结构和双转盘轴承俯仰支撑结构等，适用于不同口径、精度等各项指标要求。

1. 简支梁俯仰支撑结构

图 2.25 为典型的简支梁俯仰支撑结构，其作用是依靠 1 对调心滚子轴承来支撑俯仰转动部分的重量并实现俯仰运动。由于大口径天线反射面的中心体一般都比较大，因此 2 个俯仰轴承座的安装跨距很大。轴承座设计中除了要考虑整个天线的承载能力外，还要考虑两个俯仰轴承座俯仰轴线的同心度要求。由于整个天线的转动部分安装在俯仰轴上，因此重力作用会对俯仰轴产生重力变形，导致天线在俯仰转动过程中俯仰轴线不与理论轴线重合，造成额外的负载作用于俯仰轴承上。

为了解决这一问题，在设计中选择俯仰轴承为调心滚子轴承。调心滚子轴承能够承受少量双向轴向载荷，轴向位移限制在轴向游隙内，极限转速低，具有良好的调心性能。

在俯仰轴承座设计中还要考虑天线反射面与俯仰轴承连接、安装的方法。通常大口径天线反射面通过螺栓与俯仰轴承连接，为方便装配，一般将俯仰轴承座座体设计成上、下两个部分，通过螺栓、定位销将两部分连接成一体。由于大口径天线俯仰转动部分的重量较大，一般达数百吨到上千吨，远远大于风载荷产生的升力，因此上、下轴承座通过连接螺栓来可靠连接。

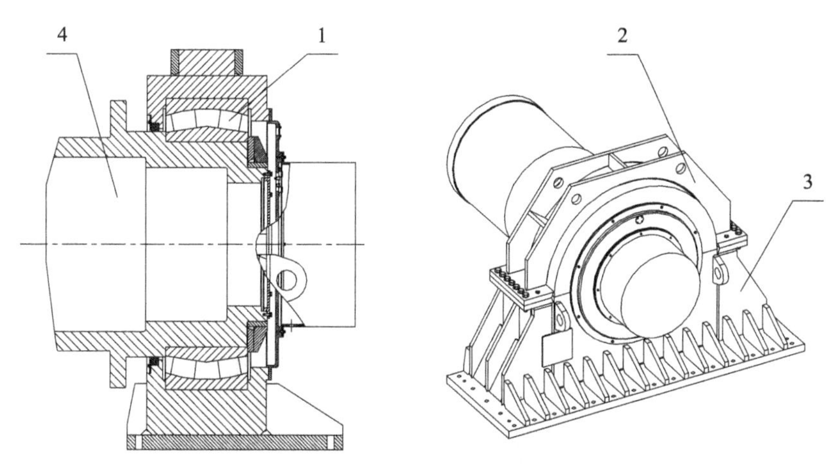

1—调心滚子轴承；2—上轴承座；3—下轴承座；4—俯仰轴承

图 2.25　简支梁俯仰支承结构

2. 双悬臂梁俯仰支撑结构

图 2.26 为双悬臂梁俯仰支撑结构。其特点是：左右俯仰短轴与俯仰箱固联，左右各依靠 1 对圆锥滚子轴承与俯仰叉臂连接，每对轴承可预紧，以提高回转精度和支撑刚度。俯仰叉臂上部连接中心体。俯仰大齿圈镶嵌在叉臂上，俯仰减速装置安装在俯仰箱内。减速箱输出小齿轮分别与左右叉臂上的大齿圈啮合，带动叉臂作俯仰运动。左轴头上安装有多极旋转变压器，右轴头上安装有数据箱和俯仰电气限位装置。所有电缆从方位轴内孔通到俯仰箱内的转接箱后，再从左右俯仰轴孔引出，连接到各设备处。

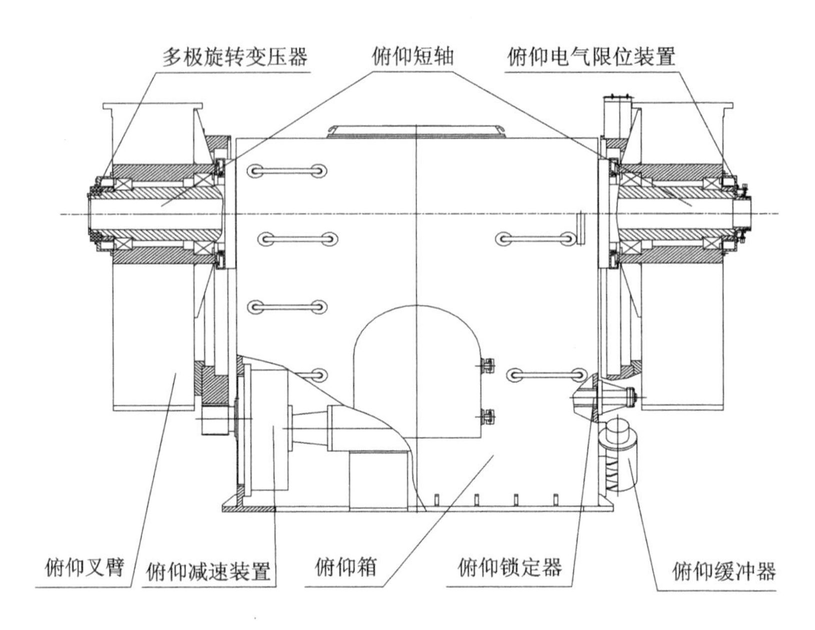

图 2.26　双悬臂梁俯仰支撑结构

这种结构形式对 2 个俯仰短轴的同轴度要求很高，且承载能力有限，所以不适用于特大型天线结构。

3. 双转盘轴承俯仰支撑结构

双转盘轴承俯仰支撑结构(见图 2.27)与双悬臂梁俯仰支撑结构的布局相同，只不过俯仰箱两端的轴承由 2 组 4 个圆锥滚子轴承换成了 2 个交叉滚子轴承，这是因为交叉滚子轴承可同时承受较大的径向力、轴向力和倾覆力矩，相较于双悬臂梁俯仰支撑结构其承载力有较大幅度的提高。交叉滚子轴承为标准系列产品，可带齿圈，密封、润滑等采用一体化设计，设备的可靠性有较大幅度的提高，因此在中型以上口径的天线中，有取代双悬臂梁俯仰支撑结构的趋势。

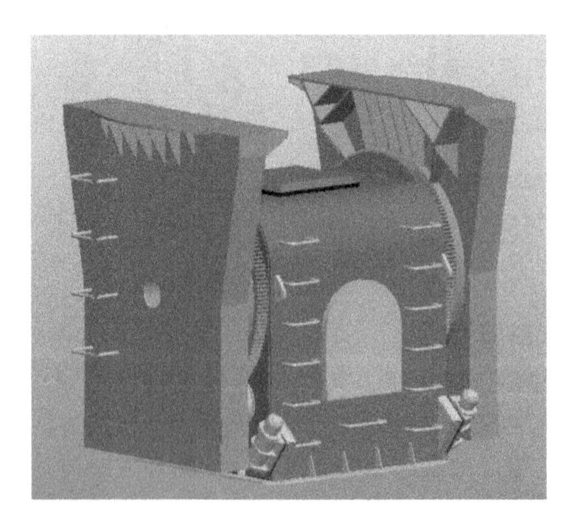

图 2.27　双转盘轴承俯仰支撑结构

2.4.4 方位支撑设计

大型天线的方位支撑结构经常采用钢丝滚道轴承结构、交叉滚子轴承结构以及轮轨滚轮结构等。

1. 钢丝滚道轴承结构

钢丝滚道轴承结构如图2.28所示。它由外座圈(上)、外座圈(下)、内座圈、钢丝、钢球、润滑管路等组成。轴承分为两层：上层单排，用于抗倾覆；下层双排，用于支承和径向定位。两排滚道中径错开，滚道中镶嵌钢丝，滚珠布设在钢丝(钢丝的材料选用高强度合金，直径根据计算确定，钢丝要严格进行热处理，以达到一定的硬度)上。轴承内圈与方位大齿轮做成一体，转盘固定在内圈上，轴承外圈固定在底座上。

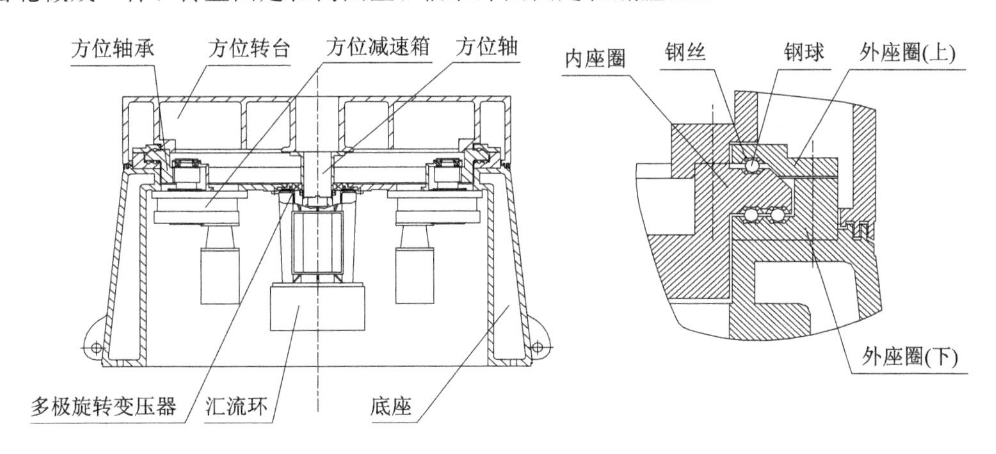

图2.28 钢丝滚道轴承结构

钢丝滚道轴承的摩擦力矩小，旋转精度高。但由于钢丝滚道轴承的滚珠与滚道是点接触，因此承载能力较低。如果要具有较高的抗倾覆能力，滚道必须双层布置，轴向尺寸较大。由于钢丝是镶嵌在滚道中的，因此一般情况下钢丝滚道轴承应该水平布置。

钢丝滚道轴承缺少标准产品，一般由天线生产厂家自行研制，随着大型交叉滚子轴承的发展，其应用逐渐减少，由承载能力更好、尺寸更大的交叉滚子轴承取代。

2. 交叉滚子轴承结构

交叉滚子轴承(见图2.29)将滚子交叉排列在正方形的滚道内，可以将它看作2个接触线互相垂直的滚子轴承组合而成的单列滚子轴承，使单列轴承具有双列轴承的功能。它能同时承受轴向、径向负荷和倾覆力矩。其接触角为45°，通常是1∶1交叉排列，当轴向负荷比径向负荷和倾覆力矩大时，也可以采用2∶1或3∶1的比例交叉排列，即每隔2个或3个同向滚子放1个反向滚子。为了安装滚子和保持架，必须有1个座圈是可以分离的，通常将相对于负载静止的座圈做成可分离的，用高强度螺栓连接。为了减小变形，提高轴承刚度，可用磨削拼合座圈结合面的方法来精确地控制预加载荷。

分离式座圈有时很难实现负荷的均匀分布，也可以采用整体式座圈，滚子和保持架从内圈上钻好的安装孔装入，然后用锥体封住。滚子的长度比直径略微小一点，并将滚子的两端做成弧形，使之能在与滚子轴线垂直的滚道油膜上滑动。滚子的两端不能承受载荷，只能在滚子轴线的垂直方向承受载荷。为了减小滚子两端的负载，避免滚动接触面上出现过高的应力集中，可将滚子做成鼓形，中间略微隆起，其有效接触长度比滚子的实际长度短。

交叉滚子轴承把双列变为单列，结构紧凑，高度尺寸小，降低了转动部分的重心，增强了天线座的结构稳定性；交叉滚子轴承的滚子与滚道是线接触，接触强度高，磨损小，承载能力较强，寿命较长，滚道是斜面，制造方便，工艺性好。所以交叉滚子轴承在承载能力、寿命、结构紧凑性以及工艺性方面都是比较好的。

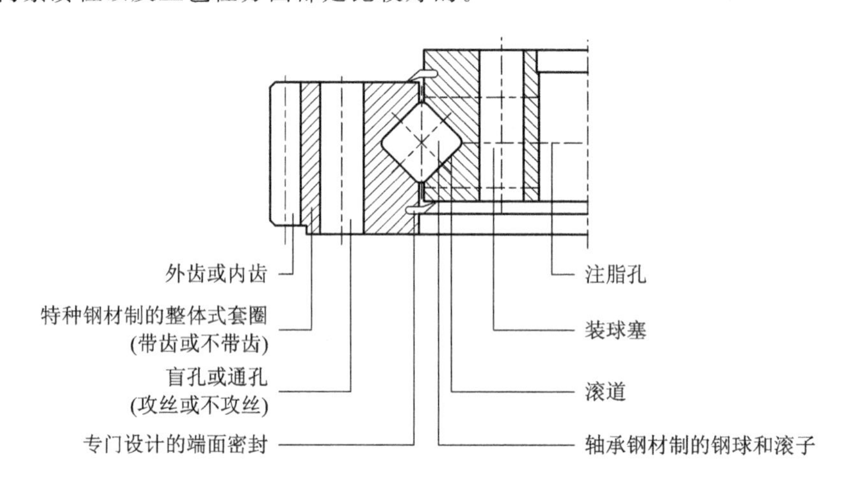

图 2.29　交叉滚子轴承结构

3. 轮轨滚轮结构

随着天线口径的逐渐增大，要求方位轴承的尺寸也随之增大。由于超大型交叉滚子轴承的制造加工以及道路运输条件，特别是运输宽度的限制，现有大型交叉滚子轴承直径难以满足 45 m 以上口径天线的使用要求。因此，国内外 45 m 以上口径天线基本采用轮轨滚轮方位支撑结构，其原理如图 2.30 所示。其特点是在方位座架底部安装几组(一般是四组)滚轮，方位电机通过减速机驱动滚轮在圆形轨道上运动，从而实现天线的方位运动。方位滚轮采用锥形滚轮。锥形滚轮的特点是采用纯滚动方式绕滚轮锥角中心滚动，不会在滚轮沿方位轨道中心运转过程中产生滑动现象。轨道主要提供天线的重力支撑，天线的水平力和倾覆力矩依靠轨道摩擦力和天线自重来承担。

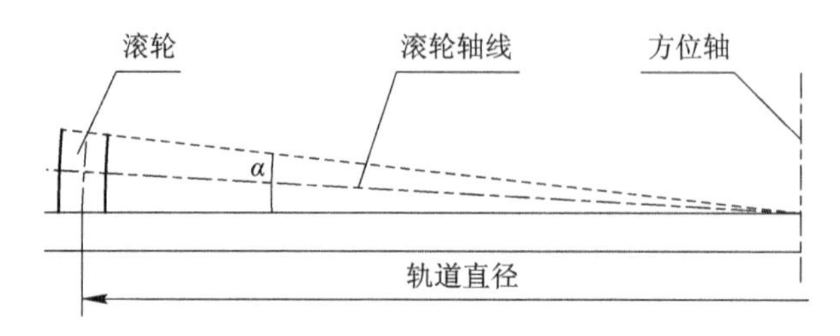

图 2.30　滚轮设计原理

由于轨道直径一般较大，因此不可能是单根轨道整体制造，通常整个轨道由数十段轨道拼接而成，并且满足整个轨道平面度的要求。设计中单根轨道的长度应尽可能长，以减少现场拼接数量，但由于轨道加工设备的限制，通常长度在 4 m 左右。轨道接缝位置应满足天线转动过程中多个滚轮不同时压在轨道接缝处。轨道拼接处通常设计成斜角方式，这样滚轮沿轨道滚动压过接缝时可以平滑过渡，以避免由于接缝处存在高差而引起轴向跳动。分段式轨道拼接结构如图 2.31 所示。

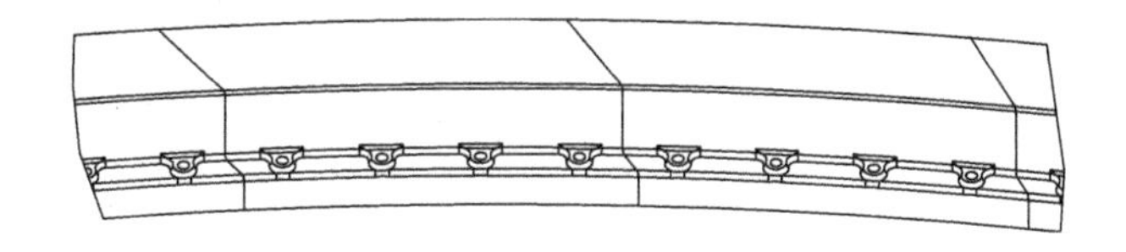

图 2.31　分段式轨道拼接结构

随着现代工艺技术的发展，目前国内外大型天线的轨道越来越多地采用整体轨道技术。整体轨道也是由数十段轨道拼接而成的，在天线安装现场将轨道焊接成一体。为减小现场焊接时由于材料收缩造成的轨道变形，通常整体轨道拼接处采用直接缝结构，焊接时接缝两边的材料厚度是一样的，以保证焊缝的收缩相对均匀。

目前国内外无缝轨道有多种焊接结构形式，如表 2.2 所示。

表 2.2　焊接结构形式

望远镜口径	总重/t	支撑轮数量	焊接结构类型	焊接日期
德国 100 m (Effelsberg)	3200	4 组×8=32	全截面＋铝热焊焊接结构形式	1971 年建成 1996 年更新焊接
墨西哥 50 m (LMT)		4 组×4=16	部分截面＋窄间隙焊接	2002 年焊接 2008 年建成
美国 100 m (GBT)	7700	4 组×4=16	复合结构形式(轨道采用的是部分截面＋窄间隙焊接，上面的耐磨板采用的是分段拼接结构形式)	2002 年建成 2007 年轨道改造
意大利 64 m (SRT)	3000	4 组×4=16	双面 U 型坡口焊接结构形式	2006 年焊接
上海 64 m		4 组×2=8	部分截面＋U 型坡口焊接结构形式	2010 年焊接
新疆 25 m		4 组×1=4	部分截面＋U 型坡口焊接结构形式	2015 年地轨改造焊接
阿根廷 40 m	1200	4 组×2=8	部分截面＋U 型坡口焊接结构形式	计划 2021 年进行

2.4.5　传动系统设计

传动系统是天线结构系统中最重要的结构系统，传动系统设计的好坏直接影响天线伺服控制系统的设计[8]。大型天线系统要求天线具有良好的低速性能，传动链摩擦死区小。通常传动链的谐振频率为伺服带宽的 3～5 倍才能满足伺服控制系统的要求[9]，这就要求传动链具有较高的扭转刚度。负载绕转动轴的总惯量由大的结构决定，在负载总惯量一定的情况下，还要求电机惯量与总负载惯量匹配，这样才能设计出良好的伺服控制系统。

1. 传动链减速比的选择

传动链总的最大减速比由天线转动的最大角速度及电机最大转速所决定。应根据伺服电机的特性，综合考虑电机的低速性、惯量匹配及电机扭矩等因素选择1个合适的减速比。减速比越大，传动链级数越多，传动链刚度越小，折算到电机轴的扭矩及惯量越小，传动链的传动效率越低。

在结构尺寸及加工条件允许的条件下，末级减速比应尽可能设计得大一些。这样可以减小负载轴的折算惯量及折算转角误差，减小前级减速器的输出扭矩。

2. 传动形式设计

大型转台式天线座方位俯仰传动一般都选用齿轮传动。由于大型天线系统的转动速度一般都比较低，因此末级传动选用直齿传动，这对于末级大齿轮的加工会带来很大便利。随着现代工业制造水平的提高，前级减速器一般都可选用满足商业化标准的行星减速器，这样会给产品质量的控制、维护及更换带来极大的便利。

同样对于轮轨式天线座俯仰传动也都选用齿轮传动，而方位末级传动选用滚轮沿轨道滚动的传动方式，前级通常也选用满足商业化标准的行星减速器。

传动链中选用齿轮传动。由于齿轮传动侧隙及齿轮传动中心距误差的存在，必然会带来传动空程回差，其对伺服控制精度及伺服控制稳定性均有影响。为了去除传动链空程回差对伺服系统的影响，现代大型天线系统都采用双传动链消隙的方法来消除传动链空程回差：将传动链的2个输出小齿轮同时与负载大齿轮啮合，在小齿轮上加载偏置力矩，使2个小齿轮分别与大齿轮轮齿的侧面啮合，从而消除齿轮的空程回差。

2.5 天线反射面结构设计

2.5.1 天线反射面设计原则

天线反射面是一种大型高精度组合结构，在设计时应当遵循以下原则：

(1) 天线结构设计必须满足电性能的各项指标要求。结构是为电性能服务的，应当根据电性能要求确定天线的结构形式。

(2) 天线在各种载荷作用下必须具有足够的强度，保证不发生破坏。

(3) 天线在工作时必须具有足够的刚度，即在各种载荷作用下，将结构变形控制在允许的范围内。

(4) 在满足指标的前提下，天线重量尽可能小。对于大口径天线，自重载荷是最主要的载荷，对天线的反射面精度影响最大，应当选择合适的结构布局，运用结构优化设计[9]的方法，在满足精度指标的前提下，尽量减轻结构的重量。

(5) 天线结构的固有频率要高，防止发生结构谐振。

(6) 天线结构设计要适应各种环境条件，便于制造、运输、架设。

天线反射面结构设计应从工程实际情况出发[10]，合理选用材料、结构方案和构造措施，满足结构构件在运输、安装和使用过程中的刚度、强度和稳定性要求。对有特殊设计要求和在特殊情况下的天线结构设计，应遵从总体任务书的要求。

2.5.2 天线反射面部件设计

天线反射面由中心体、天线背架、主反射面、副反射面支撑调整机构组成。天线反射面结构如图2.32所示。

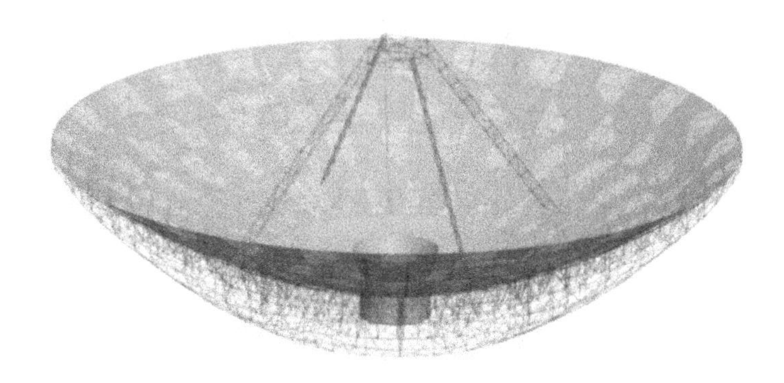

图2.32 天线反射面结构

1. 中心体

中心体是天线结构中最重要的承力构件，位于天线反射面的中央位置，所以又称为中央结构。中心体结构在天线反射面背架结构中起核心作用。

天线反射面的组装以中心体为基础：辐射梁连接到中心体上，与环梁一起形成天线反射面背架；馈源支套连接于中心体上；在进行主面精度的检测时往往以中心体为基准，架设检测设备，指导面板装配，进行反射面精度检测；天线反射面与天线座也是通过中心体连接的。

天线的自重载荷、风载荷等均通过中心体传递到座架。同时，方位俯仰驱动力矩通过中心体传递到天线背架各处，从而实现天线的方位俯仰运动。

中心体结构几何尺寸的确定需遵循一定的原则：中心体高度一般情况下取天线口径的1/12～1/8，中心体外接圆直径通常情况下取天线口径的1/3～1/2。

大型天线中心体的结构形式主要有同心圆棱柱体式、井字型框架棱柱体式和双正方形棱柱体式等多种。每一种结构形式又可以有多种变化。各结构简图如图2.33～图2.35所示。

同心圆棱柱体式中心体通常有正16棱柱和正24棱柱两种结构形式。佳木斯66 m天线、德国100 m天线、意大利撒丁岛64 m天线都采用的是正24棱柱结构，而我国正在建造的天津70 m天线采用的是正16棱柱结构。

井字型框架棱柱体式中心体有正8棱柱和正16棱柱两种结构形式。云南天文台40 m天线采用的是正8棱柱结构，佳木斯40 m天线中心体采用的是正16棱柱结构。

双正方形棱柱体式中心体杆件少，结构简单，通常有正8棱柱和正16棱柱两种结构形式。上海30 m天线采用的是正8棱柱结构，喀什35 m天线采用的是正16棱柱结构。

在进行天线反射面设计时，要根据座架结构形式、馈电系统要求选择合适的中心体结构。一般来说，在中心体外径确定的情况下，同心圆棱柱体式中心体的内外环半径关系无限制，可以随意设计，自由度比较大；井字型框架棱柱体式中心体和双正方形棱柱体式中心体的内外环半径的几何关系明确，不能随意改动。馈电系统对中心体HUB空间的要求

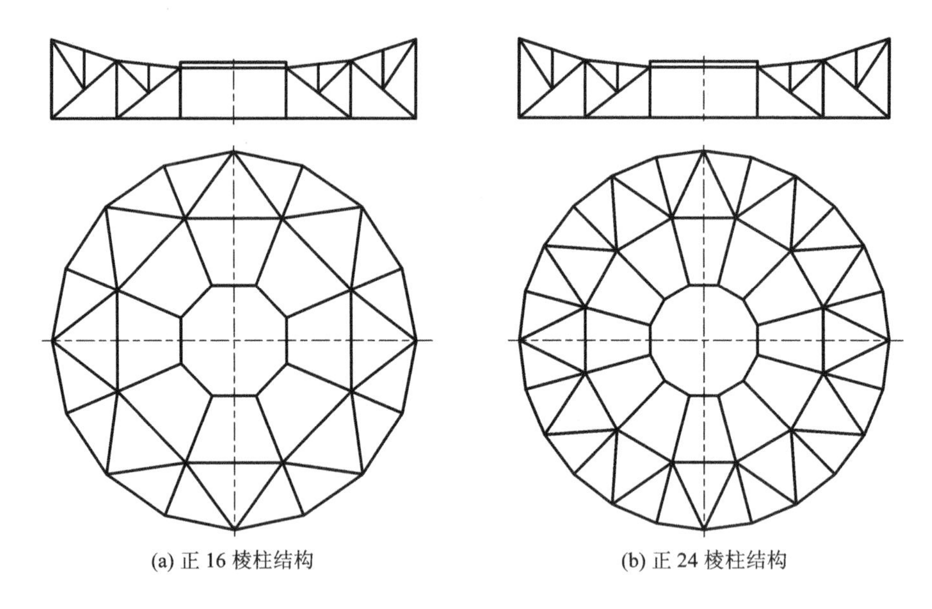

图 2.33　同心圆棱柱体式结构

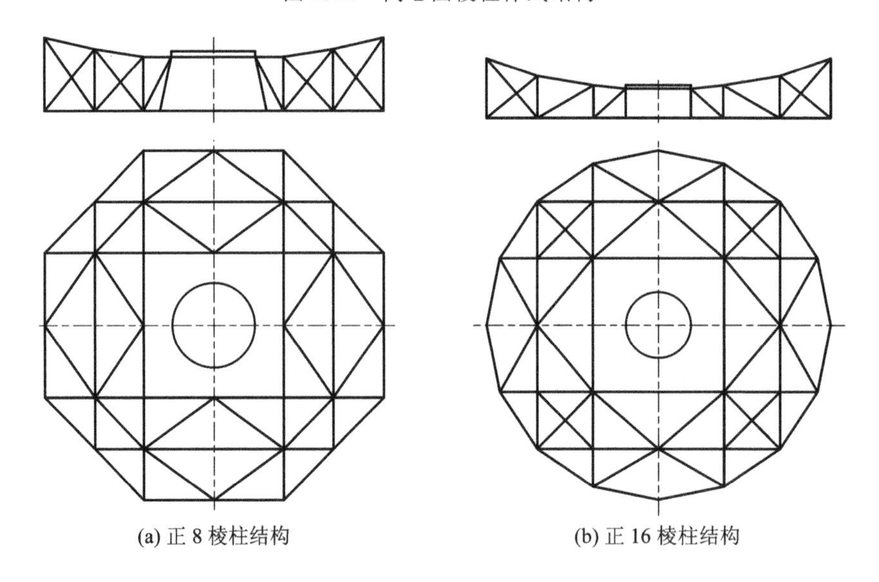

图 2.34　井字型框架棱柱体式结构

较大时，可选择双正方形棱柱体式中心体。

对于组合中心体结构，除满足运输的几何尺寸要求、重量要求外，还必须注意下列几点：

(1) 需要加工的尽量集中到少数几块上。

(2) 分块处的连接必须满足刚度要求。

(3) 高度限制往往要求较严，所以运输单元中有一个尺寸必须小于 3000 mm。

(4) 宽度尺寸以不大于 4000 mm 为宜。

(5) 长度尺寸要求不严，但其往往影响车辆的转弯半径，长度尺寸以不大于 7000 mm 为宜。

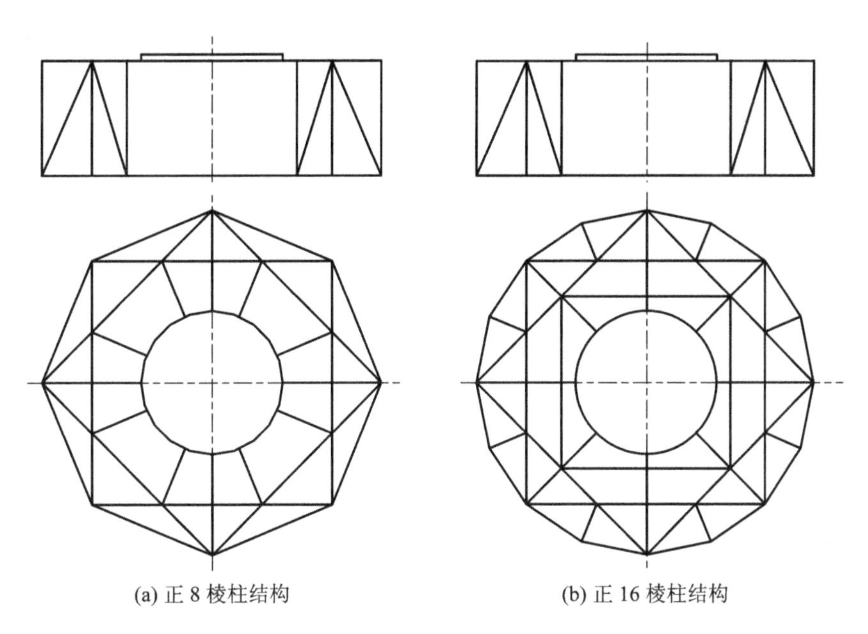

图 2.35　双正方形棱柱体式结构

选择中心体材料时要注意兼顾经济性与结构的实用性。一般情况下天线结构的材料优先选择普通结构钢(如 Q235 - A)；对于工作环境恶劣，特别是寒冷和多风地区的天线结构，可优先选用优质碳素结构钢(如 20 号钢)；对于工作环境恶劣，特别是高寒(−40℃以上)地区的天线结构，材料必须选用低温性能良好的合金碳素结构钢(如 16Mn)。

2. 天线背架

背架系统是由辐射梁、环梁、交叉杆、面板调整机构及辅助撑杆组成的空间桁架结构，对天线主反射面起支撑、调整作用，其基本结构如图 2.36 所示。

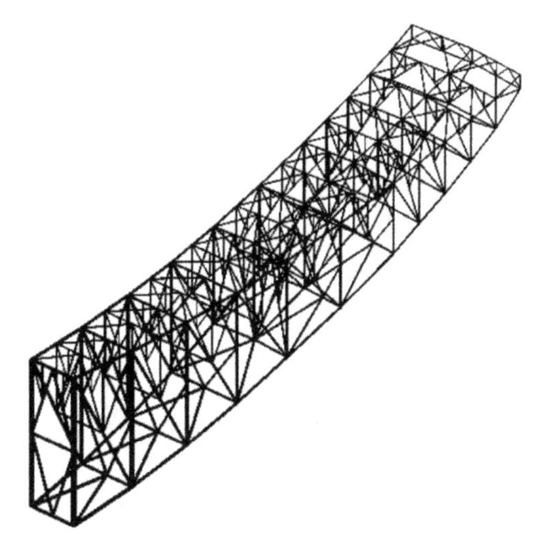

图 2.36　天线背架结构

1) 辐射梁

辐射梁是背架系统重要的组成部分，在天线径向沿圆周均匀分布，其高度取决于中心体的高度，形状顺应旋转母线曲率。大型天线反射面的辐射梁一般采用桁架结构，如图2.37所示。

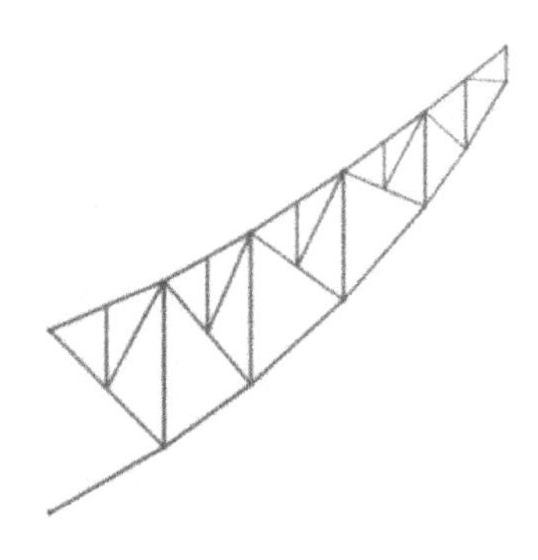

图2.37　桁架结构辐射梁简图

辐射梁是由上弦杆、下弦杆、轴向腹杆、斜腹杆等焊接而成的平面桁架，这些杆件将辐射梁围成多个空间三角形稳定结构，使每根杆件的受力主要以轴向力为主。辐射梁的主要作用是和环向杆件一起支撑起副梁，并与其共同形成背架结构。

2）环梁

环梁是连接于相邻两个辐射梁之间的平面桁架结构，其作用是将背架沿环向连接成一个整体，增加结构刚度。对于跨度较大的环梁，为防止环梁与面板干涉，应当将环梁上弦杆中部向下偏移。

3）交叉杆及辅助撑杆

交叉杆指相邻两个辐射梁之间的斜撑杆，其作用是增强背架的稳定性，提高天线结构的谐振频率。交叉杆使天线反射面背架形成一个几何不变结构，在背架结构中形成多个三角形结构。对于加强天线反射面，背架的刚性是必不可少的。

辅助撑杆包括副梁、支撑梁等结构件，其作用主要是为面板支撑调整机构提供生根点，对天线的整体刚度贡献不大。

3. 主反射面

主反射面是具有一定曲率的高精度构件。大型天线的主反射面主要有铝合金反射面和碳纤维反射面两种材质。反射面采用分块的结构形式，即将面板分为若干份，单独成型后再组装为整体反射面。

1）铝合金反射面

铝合金反射面有实体反射面、网状反射面、打孔反射面三种结构形式。实体反射面在实际工作中应用最为广泛，但风阻力大，重量大。网状反射面一般与实体反射面组合使用。网状面板的表面精度低，刚度差，运输及架设时易变形，优点是风阻力小，重量轻，适用于精度要求不高的天线。打孔反射面也经常与实体反射面组合使用。打孔反射面的精度、刚度及风阻力介于实体反射面与网状反射面之间，缺点是加工工艺复杂。

铝合金单块面板采用蒙皮加筋条的结构形式。筋条可根据设计需求选取拉伸筋条或径向开槽筋条。筋条的布置直接影响面板的精度。筋条越密集，面板铆接成型后精度越高，同时面板重量越大。设计过程中在满足面板精度的前提下应尽量减小面板的重量。

纵向筋条的增加对天线精度的提高高于环向筋条的增加，同时多条纵向筋条可共用一副拉伸模具，因此在实际设计中应多用纵向筋条。单块面板结构简图见图 2.38。

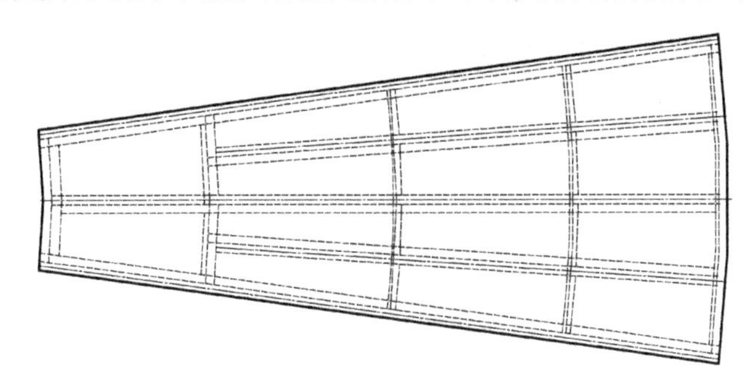

图 2.38　铝合金单块面板结构简图

2）碳纤维反射面

近年来，大口径 Ka 频段天线的应用越来越多，Ka 频段对天线的总精度要求很高，相应单块面板的精度也很高，一般小于 0.08 mm(rms)，铝合金反射面较难达到这个精度，且重量大，热变形大，这时便需要采用碳纤维反射面。

碳纤维复合材料具有热膨胀系数小、强度和弹性模量高等特性。碳纤维复合材料天线面板精度高，可以达到 0.05 mm(rms)以下，重量轻(为铝合金面板重量的 1/3)，对高温和低温都不敏感，温度变化对面板外形的影响很小，强度及尺寸精度的稳定性都很高；缺点是加工周期长，造价较为昂贵。

碳纤维面板一般采用碳纤维、蜂窝夹层结构。在两层碳纤维蒙皮之间铺设铝蜂窝，作为反射面的碳纤维蒙皮铺设在负压模具上，整个面板结构通过黏结的方式连接，然后整体进热压罐成型。

天线单块面板的精度检测常用以下几种检测方法：水准仪检测法、三坐标测量机、激光跟踪仪检测法、摄影测量检测法及测量臂系统检测法。各种检测方法的检测精度、检测范围等特性见表 2.3。

表 2.3　天线单块面板的精度检测方法汇总

检测方法	检测精度(rms)/mm	适用面板大小与特征	使用仪器、工具及技术条件
水准仪检测法	$\sigma \geqslant 0.15$	小曲率面板	水准仪、检测模板、水泡标尺、千斤顶
三坐标测量机	$\sigma \geqslant 0.05$	面板不大于 4000 mm×2000 mm	三坐标测量机、千斤顶、IGES 格式数学模型
激光跟踪仪检测法	$\sigma \geqslant 0.05$	小曲率面板	激光跟踪仪、靶球、数据处理软件、IGES 格式数学模型
摄影测量检测法	$\sigma \geqslant 0.05$	面板尺寸、曲率均不受限制	摄影测量相机及配套测量系统软件、基准尺、测量标、编码标、十字光标、IGES 格式模型
测量臂系统检测法	$\sigma \geqslant 0.05$	适用于绝大多数面板	测量臂设备、IGES 格式模型

4. 副反射面支撑调整机构

大型天线的副反射面位置除了副反射面外，还有副反射面支撑调整机构(见图 2.39)、前馈馈源及后端设备，并要保证人员的安装调试空间，因此质量较大，载荷较大。为了保证足够的支撑刚度，较少的结构变形，大型天线副反射面支撑较少采用单杆支撑，一般采用组合桁架结构。

图 2.39　副反射面支撑调整机构

天线反射面的形状、副反射面的位置在重力的作用下会发生变化，其变化量随着俯仰角度的变化而变化。在一定的俯仰角度下，对变形反射面进行最佳拟合，求出对应最佳拟合面的副反射面位置，将副反射面调整到该位置，就可以提高反射面的精度，从而抵消重力变形，补偿由于重力变形而带来的增益损失。

目前国际上比较流行的是采用 6 杆调整机构对天线的副反射面进行实时调整。6 杆调整机构基于 6 自由度并联运动平台设计，该机构采用 6 根独立伸缩的杆件，通过球铰和虎克铰将动平台和静平台连接起来，可使动平台在空间平面内实现任意方向的平移和旋转，其结构如图 2.40 所示。

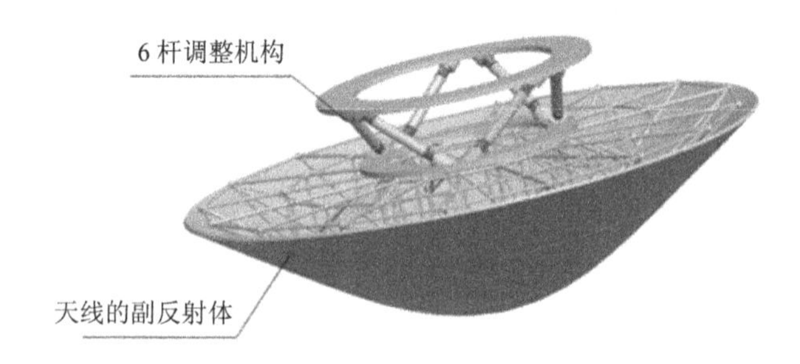

图 2.40　天线的副反射面与 6 杆调整机构连接示意图

6 杆调整机构控制复杂，调整任意 1 个自由度时均需要 6 个电动缸同时参与，造成系统的可靠性降低。而大口径天线一般为旋转对称结构，同时重力载荷是单方向的，通过对保型设计后的天线反射面在不同仰角下的抛物面重新拟合，一般只需电动调整轴向、横向和绕俯仰轴旋转3个自由度，也可以采用3自由度独立调整机构，结构简单，调整方便，可靠性高，缺点是重量及尺寸较大，环境适应性较差。

副反射面支撑调整机构连接示意图如图2.41所示。

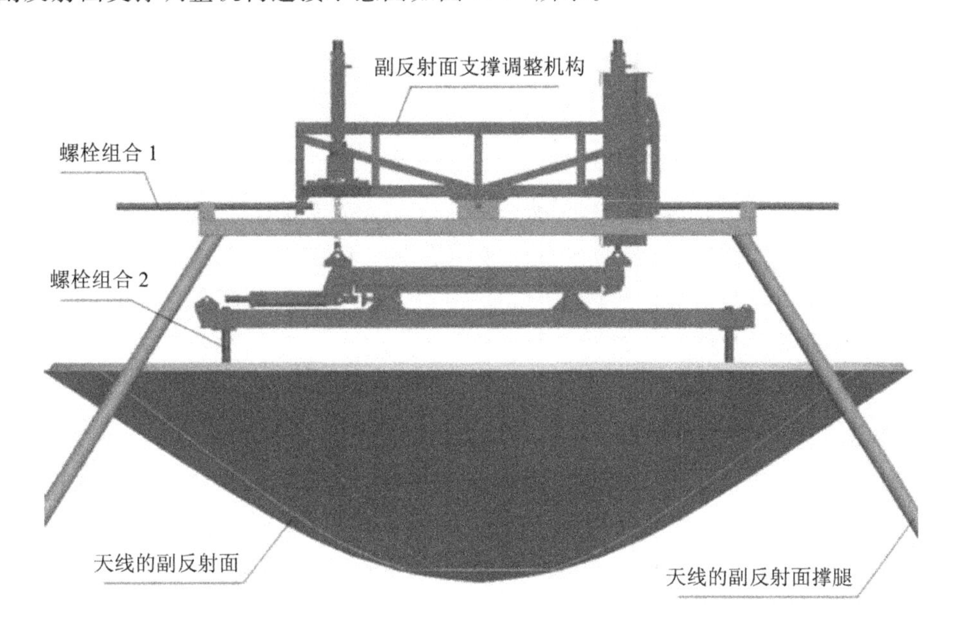

图2.41 副反射面支撑调整机构连接示意图

2.6 天线结构的刚度分析

刚度分析是天线结构设计的最重要内容之一。天线结构设计是基于刚度的一种结构设计，它要求结构在各种载荷作用下的变形达到指标要求。在满足刚度要求的条件下，强度通常是不成问题的，强度裕度通常比较大。而常规结构设计是基于强度的结构设计，往往只需满足在各种载荷作用下不破坏的要求，允许有较大的变形量。

2.6.1 天线结构刚度分析的目的

随着技术水平的提高，一方面天线口径越来越大，天线结构要承受更大的重力、风力等载荷而变形增大，另一方面天线的工作频率越来越高，要求天线结构的变形进一步减小，尤其是主反射面和副反射面的变形和它们之间的相对位置变化。这对天线结构的刚度提出了更高的要求。要提高天线结构的刚度，往往会增加结构的重量，但天线结构设计中对结构的重量也有严格要求，这是一对矛盾。对大型反射面天线而言，设计出既满足刚度指标要求又重量轻的天线结构并非易事[11]。而且对大口径天线来说，加大构件尺寸(使得重量增加)往往对提高结构刚度效果并不明显。

为了设计出重量轻、刚度高的天线结构，确保设计的天线结构满足指标要求，必须在方案阶段就对天线结构进行充分的分析论证，通过大量的对比计算和仿真分析对设计方案进行优选，以指导设计工作。

2.6.2 天线结构刚度分析的内容

大型反射面天线的结构是一个复杂的系统，包含大量构件。对其所做的分析既有系统级的，如整个天线反射面或整个天线座，也有零部件级的，如插臂、方位底座、反射面板、承重轴等，内容可多可少，这要根据设计师的需求来定。

下面对比较典型的分析工作作一介绍。

1. 单块反射面板的刚度分析

在设计天线结构系统时会把反射面的总精度给反射面板分配一部分，这就对单块反射面板的精度提出了要求。单块反射面板的精度包含制造精度和重力变形精度。对单块反射面板的刚度进行分析就是为了把所设计的反射面板的重力变形控制在合理的范围内，使设计的反射面板的重量轻且能满足精度要求。反射面板处于天线载荷链的接近顶端，减轻反射面板的重量能减轻整个天线系统的重力负载，从而减轻整个天线系统的重量。

2. 天线主反射面的刚度分析

天线结构最重要的指标之一就是主反射面的精度。主反射面的精度由反射面板精度、反射面板检测精度、反射面板总装精度、总装检测精度以及结构变形精度组成。对大型反射面天线而言，结构变形精度是其中最主要的组成部分，也是反射面精度满足指标要求的关键。

天线主反射面的支撑结构——背架和中心体在重力、风力和温度等载荷作用下发生变形，使主反射面板偏离其正确位置，精度降低，不能正确反射电磁波，减弱了天线的电性能。

对天线主反射面的刚度进行分析，是天线结构刚度分析中最重要的内容之一。通过建立合理的有限元模型，对天线主反射面在不同仰角、不同风向角下各种载荷工况的变形进行分析计算，以寻求满足变形精度要求且重量轻的合理的天线结构是进行主反射面刚度分析的主要目的。

3. 天线座架的刚度分析

天线反射面安装在天线座架上。天线座架的变形会增大天线反射面的变形，使天线主反射面精度变差；天线座架的变形会使天线反射面发生移位，降低天线的指向精度；天线座架的变形会使天线的方位轴的竖直度、俯仰轴的水平度及两者的正交性变差，从而影响天线的精度；座架的刚度低会降低天线系统的谐振频率，使天线对控制系统的动态响应变差。

4. 基础的刚度分析

基础是天线系统的安装平台。基础刚度不足会降低天线系统的精度，降低天线系统的谐振频率，进而影响天线系统的动态性能。轮轨式天线的方位座架安装在基础的钢轨上，刚度不足会使天线座的水平度变差，进而影响天线的精度。

5. 传动链的刚度分析

相对于天线反射面和天线座，传动链是天线结构中刚度很弱的环节，天线结构的固有频率主要受传动链刚度的影响。随着天线技术的发展，天线的口径越来越大，使得天线结构的固有频率降低；同时对天线精度的要求提高，这就要求必须提高天线伺服系统的带宽。这使得天线结构的固有频率逐步接近伺服系统的带宽，甚至落入伺服系统的带宽之内。在这种情况下，各种伺服噪声就会激发系统发生谐振，反馈又会使得谐振持续，造成伺服系统不稳定，无法工作，甚至使结构损坏。为了保证伺服系统的稳定性，通常要求天线结构的固有频率高于伺服带宽 3～5 倍。为此，在天线结构的设计中总是尽可能提高天线结构的固有频率，以改善天线的动态性能。传动链是提高天线结构固有频率的关键环节，对传动链的刚度进行分析，采取有效措施提高传动链的刚度以满足系统对谐振频率的要求，是传动链设计的重要工作。

2.6.3　天线结构刚度分析的方法

对天线结构进行刚度分析通常有以下三种方法。

1. 材料力学和结构力学方法

材料力学和结构力学方法是指把结构简化为适合用材料力学或结构力学公式进行求解的模型，这是一个简单高效的对结构进行刚度分析的方法。

有的结构可以简化为拉压杆，如平台的撑杆、天线背架中的斜撑杆；有的结构可直接用公式得到其变形；有的结构可简化为静定平面桁架、静定空间桁架，比如辐射梁或桁架式副反射面支撑腿；有的结构可以简化为静定钢架结构或梁结构(简支、固端、悬臂等形式)。这些结构都可简单套用材料力学中的方法和公式得到其变形的计算结果。

对于超静定的桁架结构、钢架结构和组合杆梁结构，可用结构力学的变形协调方法进行变形和内力的求解，但往往极为烦琐，费时费力。若杆件数量多，则求解极困难，几乎无法进行。

2. 结构分析矩阵方法

对复杂杆梁结构，普遍采用的一种分析方法是结构分析矩阵方法。该法的基本思想是将整体结构看成有限个结构构件组成的集合体，用有关参数描述这些离散构件的力学性能，而整个结构的力学性能是有限个结构构件力学特性的总和。根据力平衡条件，变形协调条件，建立方程，可求解各构件的变形、应力、稳定性等力学参数。

结构分析矩阵方法包括两类：矩阵位移法(刚度法)、矩阵力法(柔度法)。矩阵位移法是以结构位移为基本未知数，建立经典位移方程(刚度矩阵方程)，从而解出整个结构各节点的位移，再求得其他力学参数。矩阵位移法中最常用的方法是直接刚度法，即首先建立单个构件的刚度矩阵，然后组合得出整个结构的刚度矩阵，根据所受载荷建立力平衡方程，解出各节点的位移。矩阵力法是以超静定结构的多余未知约束力为基本未知数，建立传统的力法方程(柔度矩阵方程)，解出多余未知约束力后，再由静定系统解出整个结构的内力，最后解出各节点的位移。

3. 有限单元法

有限单元法的基本思想是：把连续体离散为一组有限个且按一定方式相互连接在一起的单元的组合体。这些单元彼此之间只在数目有限的指定点(称为结点)处相互连接。假设单元区域内部各点的位移可以通过单元结点的位移用给定的满足精度要求的函数(形函数)插值得到，这样就可以通过弹性力学中的几何方程(位移和应变的关系式)得到用结点位移表达的单元应变，根据弹性力学中的物理方程(应力和应变的关系式)得到用结点位移表达的单元应力，根据力的平衡方程得到用结点位移表达的单元结点力(两者之间的转换矩阵为单元刚度矩阵)。把所有单元结点处的各自的力平衡方程组合到一起就可得到整个连续体上用结点位移和结点力表达的整体力平衡方程(位移和结点力之间的转换矩阵为总刚度矩阵)。求解这个力平衡方程(线性代数方程组)可得到各结点处的位移，进而通过几何方程、物理方程得到各单元内部及结点处的应变、应力、结点力、支反力等力学参数。

有限单元法进行结构分析的基本过程为：首先对结构进行离散化，将连续体离散为有限个单元；然后计算单元的刚度矩阵，再把单元刚度矩阵组装成总刚度矩阵；接着通过总刚度矩阵建立结点力和结点位移之间的力平衡方程；求解力平衡方程得到各结点位移，进而得到结构的其他力学参数。

2.6.4 天线结构刚度分析的类型

1. 静力分析

静力分析是最基本、最常用的对天线结构进行刚度分析的方法。对常规的天线结构一般是做线性静力分析，有的天线中有索网、薄膜等柔度较大的构件，自身刚度差，非线性行为明显，对这类天线需进行非线性静力分析。通过静力分析可直接得到载荷作用下的变形，进而对结构的刚度做出评判。

2. 模态分析

单自由度弹簧质量系统的刚度为 K，质量为 M，其谐振频率为

$$f = -\frac{1}{2\pi}\sqrt{\frac{K}{M}} \tag{2.15}$$

谐振频率[12]反映了结构刚度和质量的关系，刚度越高，谐振频率越高，质量越大，谐振频率越低。对相同构型的结构，谐振频率越高，一般来说它的刚度也越大，故有时也用结构的谐振频率来评价结构的刚度[13]。

模态分析可得到结构的各阶振型和谐振频率。通常关心低阶的振型和谐振频率(比如天线反射面的侧向摆动谐振频率，它与天线结构的俯仰刚度有关)以及天线反射面绕轴线的扭转谐振频率(它与天线结构的方位扭转刚度有关)。

3. 结构稳定性分析

失稳是一个非常危险的结构失效形式。细长的杆件在轴向压力的作用下可能发生失稳。其实所有刚度低的薄壁细长结构都有发生失稳的可能。稳定性从另外一个角度反映了结构的刚度大小。为了减轻重量，天线结构中有时也会用到细长杆件或薄壁板壳构件，因此需要对其稳定性进行分析。

ANSYS 软件对结构进行稳定性分析有两种方法：特征值屈曲分析和非线性屈曲分析。特征值屈曲分析简单易行，但其精度稍差，偏于不安全，需要取较大的安全系数；非线性屈曲分析是用逐渐增加载荷的非线性静力分析来求得使结构变得不稳定的载荷的分析方法，比较烦琐，但精度高。

2.6.5 仿真分析技术的最新突破

随着计算机软硬件技术的飞速发展，天线结构力学分析已变得越来越方便、快捷[14]。

正确的计算结果在一定程度上可以作为天线结构设计的理论指导和设计依据。随着认识的深入，计算结果与实际测量结果的契合度越来越高，在计算和优化方法[15-16]上已经取得了一些改进和突破，主要体现在以下几个方面。

1. 大型天线结构仿真优化的整体考虑

以前受计算机软硬件技术水平的限制，为了节约计算资源，减少计算量，保证计算机能够正常运行，往往计算模型只包含天线反射面的几分之一[17]，天线反射面与天线座架的受力关系无法在模型中反应，会造成计算结果的较大失真。随着计算机软硬件的发展，结构仿真优化的模型可以做得越来越大，天线反射面、俯仰座架甚至方位座架都可以包含在计算模型中[18]，这为结构整体优化创造了很好的条件，使设计师可以从全局考虑天线各个部分的受力情况，给结构优化工作带来了极大的便利。

仅包含天线反射面的力学模型无法反映天线反射面结构的真实受力状态，特别是俯仰转动部分，本身就和天线反射面连为一体，它们的受力状态相互影响，传统的俯仰架结构不但不能为天线中心体提供刚度，在很大程度上还成为附加载荷加在中心体底面上，使天线反射面变形成船形变化，使天线面变成椭圆，对电性能指标的影响是很大的，因此天线反射面的力学分析模型必须包含俯仰座架结构。

将俯仰转动部分计入天线结构的力学模型后，计算模型更加真实地反映了天线反射面的受力状态。一般情况下，大型天线 2 个俯仰轴承均为调心滚子轴承，可以传递 x、y、z 3 个方向的力，而不能传递 3 个方向的扭矩，在力学模型中必须按照真实受力状态施加约束。

将座架所有部分计入天线结构的力学模型后，计算模型应该是最为真实的，在作重力分析、温度场分析、风载荷分析的时候，所有需要了解的计算结果(包括天线反射面的形变、座架的形变及应力、基础载荷)全部可以给出。特别是一些非对称载荷的计算，可以更加真实地反映实际情况。需要注意的是，各个转动部分需要按照实际传力结构等效成最接近实际情况的力学模型，各种轴承的受力特点、轴承的组合使用必须在模型中反应。

图 2.42 所示为包含全部结构部分的天线力学模型。

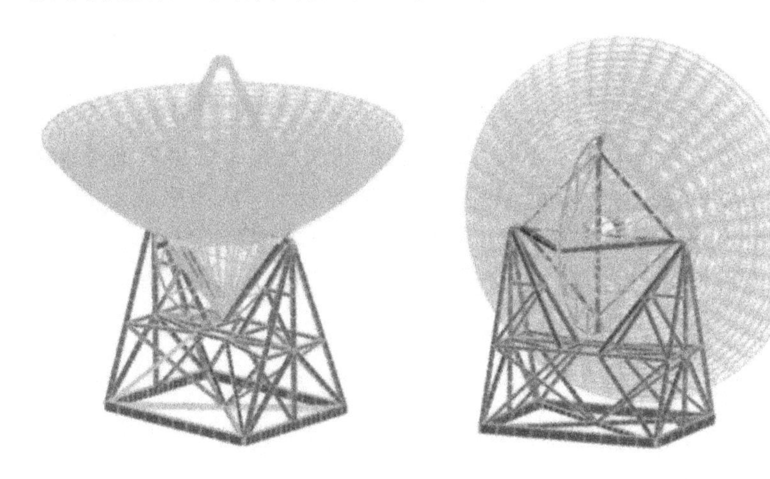

图 2.42 包含全部结构部分的天线力学模型

2. 大型天线结构的保型设计

大型天线在自重以及外载荷作用下，主反射面将发生结构变形，通常需要采取保型设计这样的设计方法来保证主反射面的设计精度。大型天线结构设计中，由于副反射面口径相对较小，其精度相对容易保证，主反射面口径通常为副反射面口径的10倍以上，因此天线保型设计的难点和重点在于主反射面结构的保型设计。为保证主反射面的精度，主要采取以下措施：

1）使用伞形支撑结构

早期大型天线的设计中，由于俯仰大齿弧和配重集中作用在天线的中央区域，因此天线成船形变形，且变形不够均匀，因此反射面精度不甚理想。德国Effelsberg 100 m射电望远镜采用伞形支撑结构，将俯仰齿轮及配重产生的力分散到天线的各个部分，避免由于集中载荷引起天线不均匀变形。大型天线背架结构可采用伞形支撑结构，摒弃传统的天线结构设计理念——反射面支撑越强越好，而是采用等刚度设计理念，即用伞形支撑结构将俯仰大齿弧和配重以及俯仰座架对反射面的作用力均匀分散到反射面上，将传统设计中反射面和背架连接强的地方削弱，连接弱的地方加强，从而实现反射面背架等刚度设计。图2.43为伞形支撑原理图。由图2.43可知，采用伞形支撑结构后，由伞形支撑结构来代替俯仰轴承和俯仰大齿弧对反射面的直接支撑，反射面和座架之间的连接靠伞形支撑结构顶端以及俯仰框架的中心点来实现，这两点支撑均在反射面轴线上，同时伞形支撑对反射面的支撑在同一圆面上，因此能实现对反射面的辐射状支撑作用。

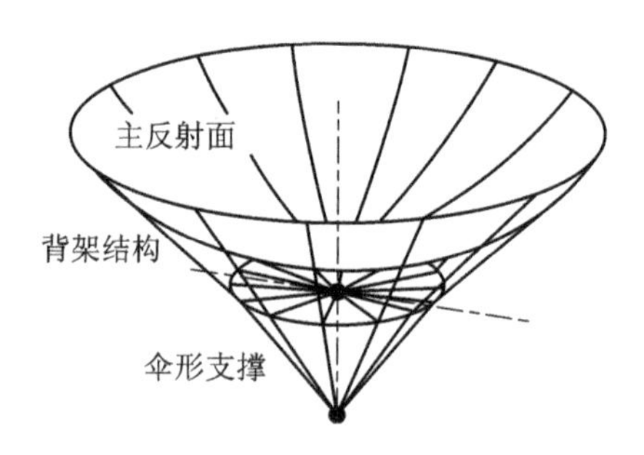

图2.43 伞形支撑原理图

2）副面撑调机构独立支撑

大天线设计中，由于副面撑调机构距离俯仰轴较远，因此会在副面撑腿根部产生较大的弯矩，尤其是天线在低仰角上工作时，弯矩将更加明显。如果将副面撑调机构直接连接在反射面背架上，则必然会导致反射面背架局部变形较大，从而影响主面精度。为了降低副面撑调机构对反射面精度的影响，可以将副面撑调机构独立支撑在俯仰座架上，而不是支撑在天线反射面上，这样就有效地避免了副面撑调机构对反射面精度的影响。图2.44所示为副面撑调机构。

3）主面最佳吻合

天线最佳吻合技术的设计思想是：当天线结构发生变形时，主面的形状和位置将随之发生变化，如果能寻找到一个最佳吻合抛物面，使得变形后的曲面与最佳吻合抛物面之间的残差最小，同时将副面调整到最佳吻合抛物面的焦点位置，则可大幅提高天线的主反射面精度。

大型天线一般为圆抛物面天线，设该天线主面某反射点的变形位移为 $\boldsymbol{\mu}_i [\mu_{xi} \quad \mu_{yi}$

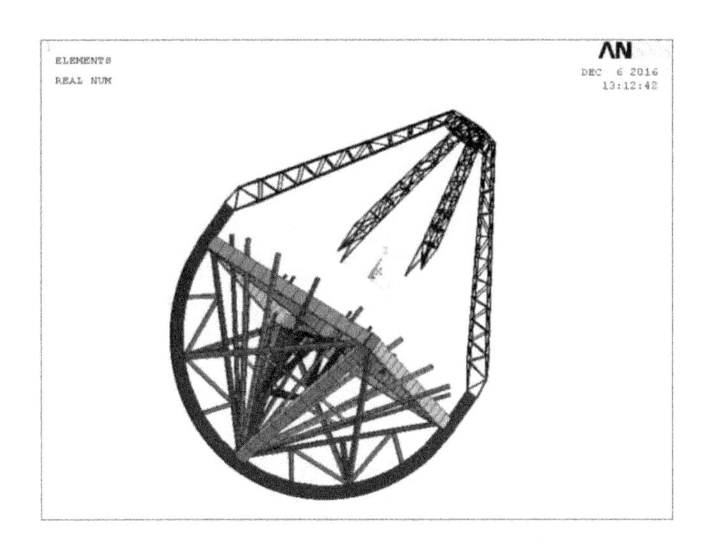

图 2.44 副面撑调机构

μ_{zi}]，法向单位矢量为[γ_{xi} γ_{yi} γ_{zi}]，则该点与未变形时相比，反射电磁波的半光程差为

$$\boldsymbol{\rho}_i = \boldsymbol{\alpha} \cdot \boldsymbol{\mu}$$

式中：$\boldsymbol{\alpha}=[\gamma_{xi}\gamma_{zi} \quad \gamma_{yi}\gamma_{zi} \quad \gamma_{zi}\gamma_{zi}]$。

整个主面各点的半光程差可用矩阵 **A** 和 **U** 表示为

$$\boldsymbol{\rho} = \boldsymbol{AU}$$

引进反射点对电磁波效应的加权因子 ω 及其矩阵 **W**，则主面面型误差(即主面加权半光程差的均方根偏差(rms)为

$$\sigma = \sqrt{\frac{\boldsymbol{\rho}^{\mathrm{T}}\boldsymbol{W}_{\rho}}{\sum \omega_n}}$$

对于一个抛物面，只要确定了顶点位置、焦距大小和方向，那么这个抛物面就完全确定了。因此求最佳拟合主面也就是求出它的 6 个参数。这 6 个参数分别为 U_0、V_0、W_0、θ_x、θ_y和 k。拟合参数示意图如图 2.45 所示。拟合抛物面的顶点与原抛物面顶点的位移为[U_0、V_0、W_0]，拟合主面相对于原抛物面绕 x 和 y 轴的转角分别为 θ_x、θ_y。令 $k=f/f_0-1$，f 为新抛物面的焦距长，f_0为原抛物面的焦距长。原主面某点[x，y，z](原坐标)变形后与拟合抛物面上对应点之间的位移可用矩阵表示为

$$\begin{bmatrix} \Delta u \\ \Delta v \\ \Delta w \end{bmatrix} = \begin{bmatrix} -1 & 0 & 0 & 0 & 0 & -z \\ 0 & -1 & 0 & 0 & z & 0 \\ 0 & 0 & -1 & -z & -y & x \end{bmatrix} \begin{bmatrix} U_0 \\ V_0 \\ W_0 \\ k \\ \theta_x \\ \theta_y \end{bmatrix} \tag{2.16}$$

根据最小二乘法原理，求出最佳拟合面参数，将副面移至新的焦点。这样原来的抛物面变形成为另一个抛物面，并且有新的焦点位置。通过副面实时调整机构，将副面调整到新焦点位置，即可获得最优的电性能。

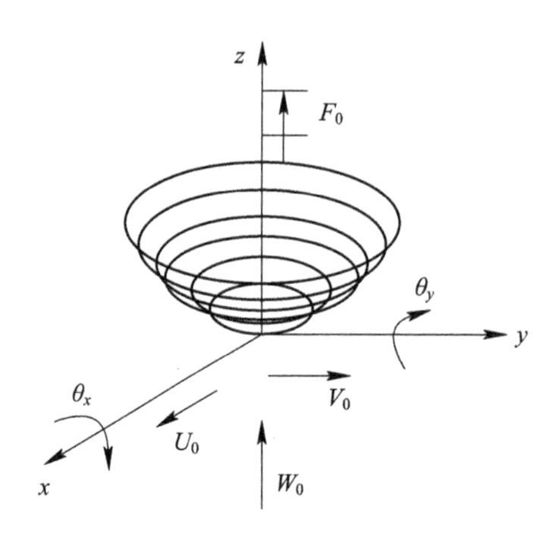

图 2.45 拟合参数示意图

从图 2.46 中可以看出俯仰各个角度的均方根值吻合效果。指平姿态的吻合效果最好，可以达到原均方根值的近 1/12，这是因为指平姿态的相对变形值并不大，只不过天线在俯仰方向上有一个整体的扭转。朝天姿态的吻合效果较差，仅达到原均方根值的 1/2.5，但吻合的效果仍然算是比较明显的。

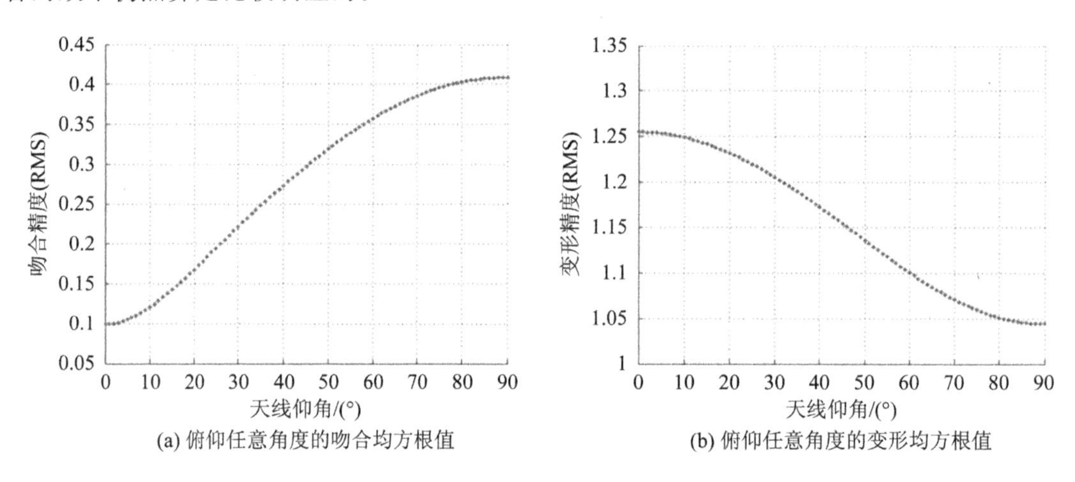

(a) 俯仰任意角度的吻合均方根值

(b) 俯仰任意角度的变形均方根值

图 2.46 俯仰任意角度的吻合及变形均方根值

参 考 文 献

[1] FINDLAY J W, VON HOERNER S A. 65-meter Telescope for Millimeter Wavelengths. Charlottesville: NRAO, 1972.

[2] 王景泉. 通信卫星天线技术的新发展. 中国航天. 1996, 5: 16－19.

[3] KARDESTUNCER H. 有限元法手册. 诸得超, 于智, 等译. 北京: 科学出版社, 1996.

[4] 曾余庚, 陈娟影, 等. 大型天线结构任意仰角自重应变测量与有限元分析. 中国电子学会电子机械工程学会天线结构第二届学术年会论文集, 1985.

[5] 章日荣, 等. 卫星地面站天线新技术研究. 北京: 国防工业出版社, 1982.

[6] 叶尚辉, 吴凤高, 宋经纶. 雷达天线座结构设计参考资料. 西安: 西北电讯工程学院, 1973.

[7] 曾余庚. 天线结构分析中小齿轮约束的计算方法. 中国电子学会电子机械工程学会天线结构第二届

学术年会论文集，1985.
[8] 程耿东．工程结构优化设计基础．北京：水利电力出版社，1983.
[9] 龚振邦，陈守春．伺服机械传动装置：第二分册．北京：国防工业出版社，1980.
[10] 黄纯颖．设计方法学．北京：机械工业出版社，1992.
[11] 段宝岩．天线结构分析、优化与测量．西安：西安电子科技大学出版社，1998.
[12] 曾余庚．天线结构谐振分析．西安：西北电讯工程学院，1976.
[13] 施浒立．天线结构固有频率计算．无线电通信技术，1978(1).
[14] 余建华，李泉永．卫星通讯地面站十米天线背架结构分析．中国电子学会电子机械工程学会天线结构第二届学术年会论文集．电子部 39 所，1985.
[15] 段宝岩，徐国华．天线结构拓扑优化设计．电子学报，1992，20(3).
[16] 段宝岩，徐国华．两工况作用下桁架结构拓扑优化设计．计算结构力学及其应用，1991，8(2).
[17] 董若奇．3903 工程结构方案．电子部 39 所情报资料室，1981.
[18] 董若奇．20 米天线结构的终设计分析．中国电子学会电子机械工程学会天线结构第二届学术年会论文集．电子部 39 所，1985.

第3章　天线射频设计

3.1　反射面天线分析理论的发展

1886年赫兹发现了电磁传播现象并制造出最早的天线系统，自此之后天线开始在人们的生活中扮演着越来越重要的角色。传统意义上的天线分类有很多种，按照天线的几何外形可分为抛物面天线、阵列天线、喇叭天线、圆环天线、角形天线、透镜天线等；按照用途可分为射电望远镜天线、深空测控天线、微波武器天线、卫星通信天线、GPS天线等；按照频率可分为长波天线、短波天线、微波天线、太赫兹天线；最简单的划分方法是按照结构特征分为线天线和面天线。反射面天线作为面天线的一种，具有增益高、副瓣低、主瓣窄等优点，在卫星通信、雷达通信以及微波通信等领域都得到了广泛的应用[1]。本节首先介绍常见的几种反射面天线，在回顾电磁场的基本理论后，讨论针对反射面天线的分析计算方法。

3.1.1　反射面天线的分类

反射面天线的形式多种多样，在实际应用中通常可以划分为单反射面天线和双反射面天线。对于单反射面天线来说，反射面既有平面结构，也有抛物面、双曲面、椭球面等曲面结构，目前大部分采用的是在抛物反射面焦点处放置馈源的旋转抛物面天线，如图3.1(a)所示。双反射面天线是由2个反射面组成的天线系统，如图3.1(b)所示。双反射面的形式灵活多变，常见的形式有卡塞格伦天线、格里高利天线和环焦天线等。

(a) 单反射面天线

(b) 双反射面天线

图3.1　反射面天线的形式

3.1.2 反射面天线的分析计算方法

针对反射面天线的分析计算方法较多，图 3.2 给出了各主要理论之间的相关性。其中，数值分析方法和高频近似分析方法是两类主要的分析方法。常用的数值分析方法有矩量法、有限差分法和有限元法等。这些方法通常只能求解几个波长的物体。常用的高频近似分析方法有几何光学法（Geometrical Optics，GO）、几何绕射理论（Geometrical Theory of Diffraction，GTD）、物理光学法（Physical Optics，PO）和物理绕射理论（Physical Theory of Diffraction，PTD）等。这些方法可以有效地分析电尺寸很大的电磁辐射系统。接下来介绍用于分析大型反射面天线的两种常用的高频近似分析方法。

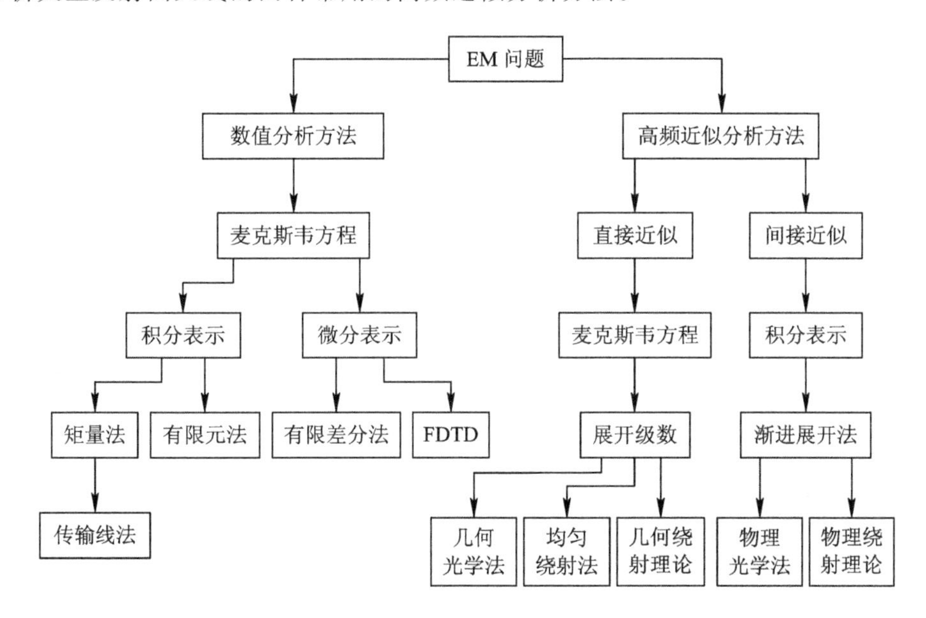

图 3.2　分析电磁工程问题时所经历的一般过程

1. 几何光学法

用于分析反射面天线的几何光学法（GO）起始于 Huygens 在 1690 年和 Fresnel 在 1818 年的著作，但直到 Luneberg 在 1944 年的著作和 Kline 在 1951 年的著作正式证明后，射线光学与波传播之间的关系才变得明了，从此以后光学方法在波长小于散射体或者天线几何尺寸的射频电磁问题中的应用变得日益广泛。几何光学法包括面电流法和口径场积分法两种。面电流法先求出馈源辐射的电磁场在反射面上激励的电流分布，再由电流分布计算抛物面的辐射场。口径场积分法根据几何光学定律，计算出馈源经抛物面反射到达口径的电磁场矢量分布，再由波动光学法计算抛物面口径的辐射场。这两种方法都假设反射面位于馈源的远区，不考虑反射面背面电流分布的影响以及反射面对馈源的影响，也不计馈源的直接辐射等诸多几何光学不能完全描述的电磁场行为。

2. 物理光学法

到目前为止，分析反射面天线最重要的方法是物理光学法（PO）。虽然该法只能近似求得理想导体表面的感应电流，但是当散射体的尺寸和表面曲率半径大于波长的 5 倍时，由物理光学法计算出的辐射场依然能保证很好的精度。使用物理光学法分析反射面天线时，能够在主瓣及其邻近旁瓣区域得到精确的分析结果。

物理光学法综合运用格林函数与边界条件，其中边界条件用于确定入射电场在物体表面的感应电流，格林函数用于计算给定电流分布的场。理想导体平面上由任意入射场产生的感应电流为

$$\boldsymbol{J} = 2\boldsymbol{n} \times \boldsymbol{H}_\mathrm{i} \tag{3.1}$$

式中，$\boldsymbol{J}$ 为该点的感应电流，$\boldsymbol{n}$ 是表面法线，$\boldsymbol{H}_\mathrm{i}$ 为入射磁场。

理想导体平面的表面电流图如图 3.3 所示。

当有物体位于辐射区时，采用物理光学法可以计算满足物体内部场条件(比如 PEC(理想导体面)或者 PMC(理想磁导体面)内部的场为零)的表面感应电流。假定散射体表面上没有被入射场直接照射的阴影区的感应电流为零，即在反射面上建立一个阴影界限。在某些情况下，反射面相对于一个给定的馈源会形成亮区 S 和阴影区 S'，在阴影区对真实电流的近似可能不大准确。如果曲率半径足够大(如 5 个波长以上)，则 PO 对感应电流的近似是很准确的，此时阴影区法线方向的选取如图 3.4 所示。

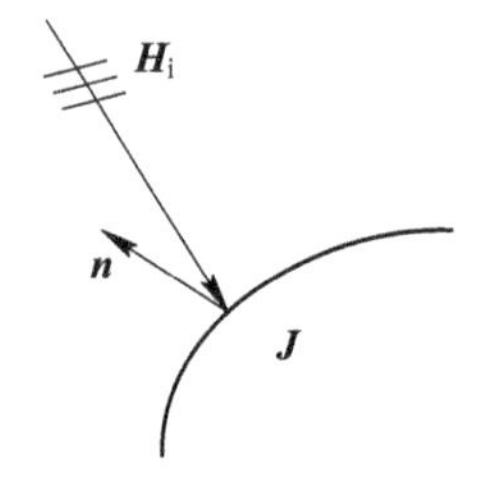

图 3.3　表面电流图

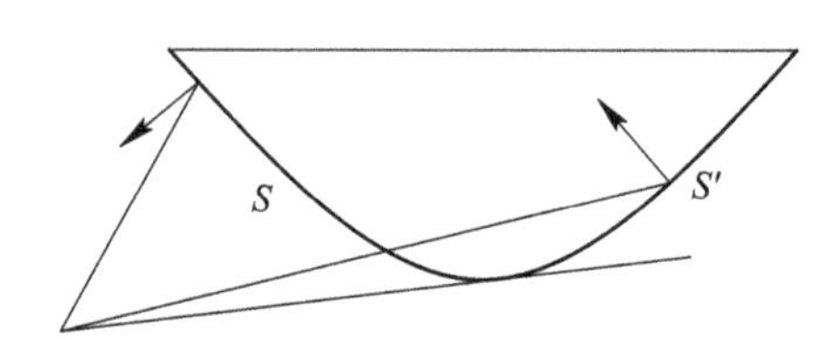

图 3.4　反射面阴影区、亮区示意图

物理绕射法(PTD)是 PO 的引申，其实质是对 PO 的修正。由于在计算表面电流的时候，PO 假设了一个无限大的平面，因此，在散射边缘部分，PO 不能很好地模拟实际的电流分布情况；而 PTD 能够对采用物理光学法计算得到的旁瓣结果进行修正。目前 PO 和 PTD 相结合的方法已经广泛应用于各种反射面天线辐射场分析软件中。

3.2　反射面天线的性能参数

反射面天线的性能参数包含辐射方向图、效率与增益、极化等，这些参数有时候是相互关联的。本节所应用的术语引自 IEEE 标准中对于天线术语的定义(IEEE Std 145－1983)。

3.2.1　反射面天线的辐射方向图

1. 方向图函数和方向图

天线的辐射方向图是指用数学函数或图形表示的天线辐射特性与空间坐标之间的函数关系，简称天线方向图。大多数情况下，天线方向图是在远场区确定的，所以又叫作远场方向图。对于反射面天线初级照射馈源，需要的是近场辐射方向图。天线远场辐射特性包括最大辐射方向增益、近轴旁瓣和远轴旁瓣、后向辐射、极化特性和相位特性等。对于辐射大功率和高功率的天线，有时候还需要计算特定方向的辐射场强、辐射功率密度。

天线方向图根据需要又分为场强方向图、功率方向图、相位方向图和极化方向图。通

常给出的天线方向图是指功率方向图，即功率通量密度的空间分布。在初级馈源辐射特性或者天线近场测量中，需要知道相位方向图和极化方向图，既要测量场强方向图，也要测量其相位方向图。

将天线置于如图 3.5 所示的球坐标系中，由于天线的定向辐射(或接收)作用，远区辐射电磁场在距离为 r(满足远场距离条件)的球面上各点的辐射(或接收)强度是不相同的，可以表示为角坐标(θ,ϕ)的函数：

$$E_\theta = E_0 \frac{\mathrm{e}^{-\mathrm{j}\beta r}}{r} f(\theta,\ \phi) \tag{3.2}$$

$$H_\phi = \frac{E_\theta}{\eta_0} \tag{3.3}$$

式中：E_θ——电场强度的 θ 分量(V/m)；

H_ϕ——磁场强度的 ϕ 分量(A/m)；

E_0——与激励有关但与坐标无关的系数；

r——以天线上某参考点为原点到远区某点的距离；

$f(\theta,\ \phi)$——天线的方向性系数；

η_0——自由空间的波阻抗，$\eta_0=\sqrt{\mu_0/\varepsilon_0}=120\pi$；

β——传输常数，$\beta=2\pi/\lambda$。

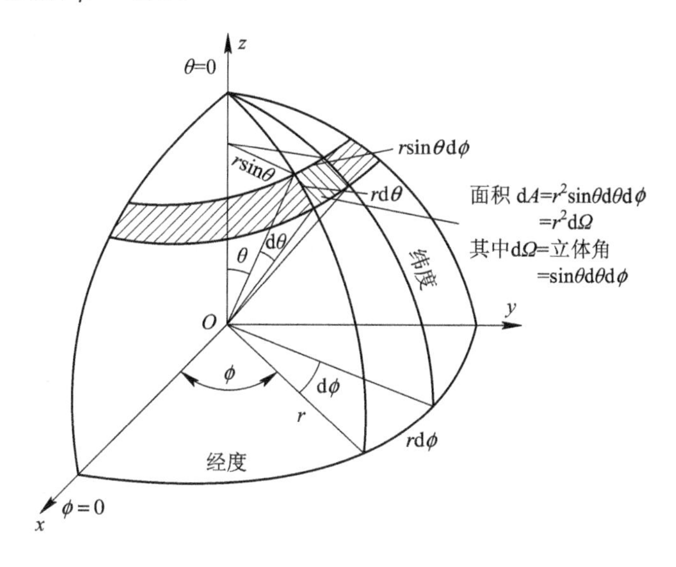

图 3.5　球坐标系中的天线

在天线分析中常采用如下归一化方向图函数表示：

$$F(\theta,\ \phi) = \frac{f(\theta,\ \phi)}{f(\theta_{\mathrm{m}},\ \phi_{\mathrm{m}})} \tag{3.4}$$

式中：$(\theta_{\mathrm{m}},\ \phi_{\mathrm{m}})$——天线最大辐射方向；

$f(\theta_{\mathrm{m}},\ \phi_{\mathrm{m}})$——方向性系数的最大值。

由归一化方向图函数绘制出的方向图称为归一化方向图。由式(3.2)和式(3.3)可以看出，天线远区辐射电场和磁场的方向图函数是相同的，因此，由方向性系数 $f(\theta,\ \phi)$和归一化方向图函数 $F(\theta,\ \phi)$表示的方向图统称为天线的辐射场方向图。

天线方向图的绘制可通过两个途径：由理论分析得到天线远区辐射场，从而得到方向图函数，由此计算并绘制出方向图；通过实验测得天线的方向图数据并绘出方向图。

天线的辐射特性可采用二维或三维方向图来描述。三维方向图又可分为球坐标三维方向图和直角坐标三维方向图，这两种三维方向图可采用场强的幅度和分贝表示；二维方向图又分为极坐标方向图和直角坐标方向图，这两种二维方向图也可采用场强的幅度和分贝表示。

1）三维方向图

天线辐射电场幅度的球坐标三维方向图和直角坐标三维方向图如图 3.6(a)、(b)所示。它们是以天线上某点为参考，以该点至远区某一点距离为半径作球面，按球面上各点的电场强度模值与该点所在的方向角(θ, ϕ)而绘出的。三维方向图直观、形象地描述了天线辐射场在空间各个方向上的波束幅度的分布情况。但是在描述方向图的某些重要特性的细节(如主瓣宽度、副瓣电平等)方面则显得不方便。因此，工程上大多采用二维方向图来描述天线的辐射特性。

天线方向图一般呈花瓣状，我们称之为波瓣或波束。其中，辐射强度最大的波束称为主瓣；其他波束称为副瓣或旁瓣，也称为第一副瓣、第二副瓣等；与主瓣方向相反的波束称为后瓣或尾瓣。

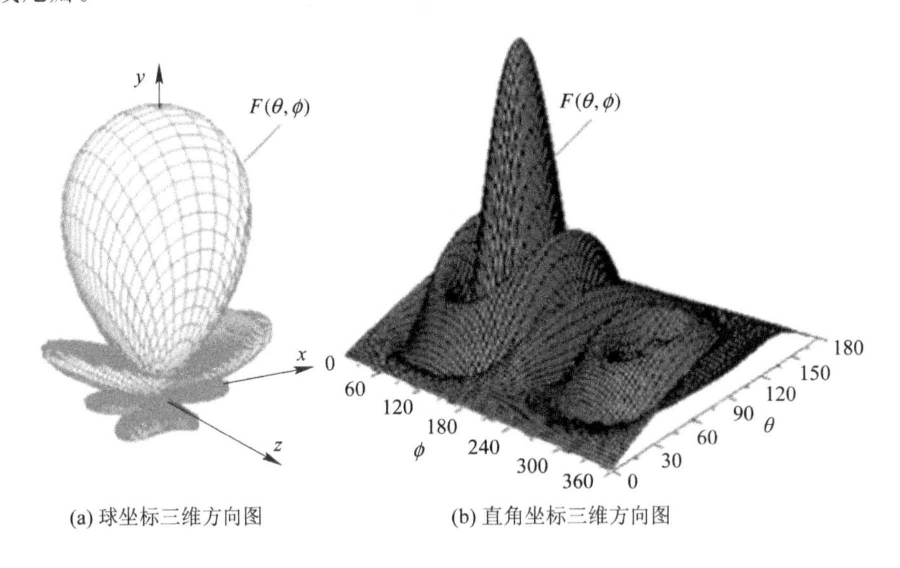

(a) 球坐标三维方向图　　(b) 直角坐标三维方向图

图 3.6　典型天线辐射电场幅度的三维方向图

2）二维方向图

天线的二维方向图是由其三维方向图取某个剖面而得到的。xOy 平面(H 面，$\theta=90°$)内的辐射电场分贝表示的极坐标和直角坐标二维方向图如图 3.7(a)、(b)所示。该图以天线的 H 面归一化方向图函数 $F_H(\phi)=F(\theta, \phi)|_{\theta=90°}$ 计算并绘制，因此，图 3.7 所示的二维方向图为归一化方向图。

极坐标方向图直观，多用于绘制中、低增益天线的方向图；直角坐标方向图易于表示窄波束和低副瓣性能，多用于绘制高增益和低副瓣天线的方向图。分贝表示的直角坐标方向图放大了副瓣，更易于分析天线的辐射特性，所以工程上多采用这种形式的方向图。

功率方向图表示天线的辐射功率在空间的分布情况，往往采用分贝刻度表示，因此功率方向图与场强方向图是一样的。

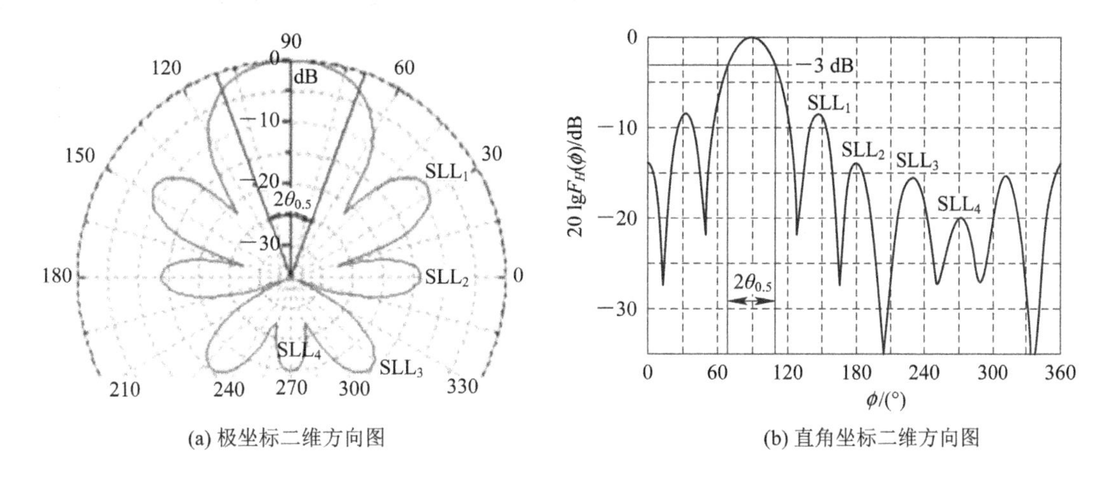

(a) 极坐标二维方向图　　(b) 直角坐标二维方向图

图 3.7　xOy 平面(H 面，$\theta=90°$)内的辐射电场分贝表示的极坐标和直角坐标二维方向图

2. 波束宽度

波束宽度是指场强下降到最大值的 0.707 倍处或分贝值从最大值下降 3 dB 处对应的两个角度之间的范围，记为 $2\theta_{0.5}$，也称主瓣宽度。主瓣宽度有时又称为半功率波束宽度、3 dB 波束宽度或半功率角。天线的 E 面和 H 面方向图的主瓣宽度分别记为 $2\theta_{0.5E}$ 和 $2\theta_{0.5H}$。半功率波束宽度这一参量可以描述天线波束在空间的覆盖范围。在工程上，往往由半功率波束宽度来设计口径天线和阵列天线的结构尺寸。对于低副瓣天线来说，半功率波束宽度愈窄，方向图愈尖锐，天线辐射能量就愈集中，或接收能力愈强，其定向作用或方向性愈好，作用距离愈远，抗干扰能力愈强。但对于高副瓣天线(副瓣电平接近于主瓣电平)，主瓣宽度这一指标就不能说明天线的辐射集中程度，也不能说明天线的方向性强弱。

许多天线方向图的主瓣是关于最大辐射方向对称的，如图 3.8(a)所示，因此，只要确定主瓣宽度的一半 $\theta_{0.5}$，再取其 2 倍，即可求得主瓣宽度。一些天线方向图的主瓣关于最大辐射方向不对称，但其主瓣宽度仍为 $2\theta_{0.5}$。

另外，还有一种波束宽度，即 10 dB 波束宽度，它是方向图中场强下降到最大值的 0.1 倍处或分贝值从最大值下降 10 dB 处对应的 2 个角度间的范围，见图 3.8(b)。

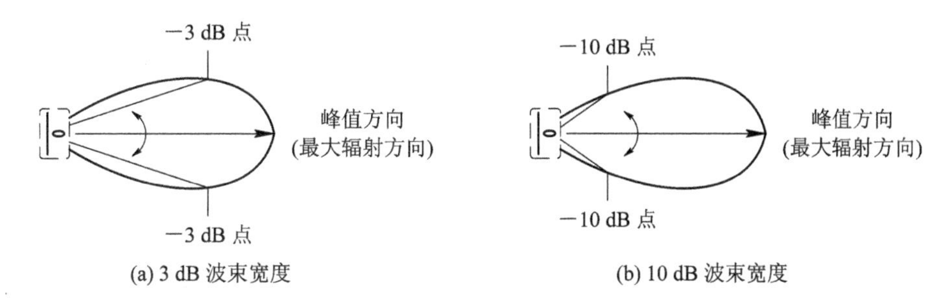

(a) 3 dB 波束宽度　　(b) 10 dB 波束宽度

图 3.8　波束宽度示意图

3. 副瓣电平

副瓣电平指副瓣最大值模值与主瓣最大值模值之比，通常用分贝表示，即

$$\mathrm{SLL}_i = 20\log\left|\frac{E_{i\max}}{E_{\max}}\right| \ (\mathrm{dB}) \tag{3.5}$$

式中：$E_{i\max}$——第 i 个副瓣的场强最大值；

$E_{\max}$——主瓣最大值。

这样对于各个副瓣均可求得其副瓣电平值，如图 3.7 中的 SLL_1、SLL_2、SLL_3 和 SLL_4 所示。在工程实用中，副瓣电平是指所有副瓣中大的那个副瓣的电平，记为 SLL。一般情况下，紧靠主瓣的第一副瓣的电平值高。

在副瓣方向，通常不需要辐射或接收的能量较弱，或者说在副瓣方向上对杂散的来波抑制能力愈强，抗干扰能力就愈强。

3.2.2 反射面天线的效率与增益

1. 天线效率

天线效率是用来计算损耗的。天线的损耗包括其结构内的欧姆损耗与天线和传输线失配产生反射而引起的损耗。天线结构内的损耗又包括导体和介质的损耗。

天线的总效率 η_a 定义为：天线辐射到外部空间的实功率 P_r 与天线馈电端输入的实功率 P_{in}之比，即

$$\eta_a = \frac{P_r}{P_{in}} \tag{3.6}$$

发射机一般经过一段传输线给天线馈电，设传输线无损耗且输入端 T_{in} 处的输入实功率为 P_{in}，若天线与传输线失配，则线上存在反射系数 Γ，在天线输入端 T_L 处的实功率就为 P_L，如图 3.9 所示。显然，$P_L=(1-|\Gamma|^2)P_{in}$。天线吸收的功率 P_L 又分为两部分：一部分由于导体和介质的热损耗而吸收，记为 P_l，另一部分向空间辐射出去，记为 P_r，即 $P_L=P_l+P_r$。因此，有

$$P_{in} = \frac{P_l + P_r}{1-|\Gamma|^2} \tag{3.7}$$

把式(3.7)代入式(3.6)得天线总效率为

$$\eta_a = (1-|\Gamma|^2)\frac{P_r}{P_r + P_l} = \eta_r \eta_{cd} \tag{3.8}$$

式中：η_r——反射失配效率，$\eta_r=1-|\Gamma|^2$；

η_{cd}——天线导体和介质损耗的效率，$\eta_{cd}=\dfrac{P_r}{P_r+P_l}=\dfrac{R_r}{R_r+R_l}$；

Γ——馈电传输线上的反射系数，$\Gamma=(Z_{in}-Z_0)/(Z_{in}+Z_0)$，$Z_{in}$ 为由 T_L 参考端向天线看去的天线输入阻抗，Z_0 为传输线的特性阻抗。

P_l 和 P_r 的计算式如下：

$$P_l = \frac{I_m^2 R_l}{2}$$

$$P_r = \frac{I_m^2 R_r}{4} \tag{3.9}$$

式中：I_m——天线上的波腹电流；

R_l——热损耗电阻；

R_r——辐射电阻。

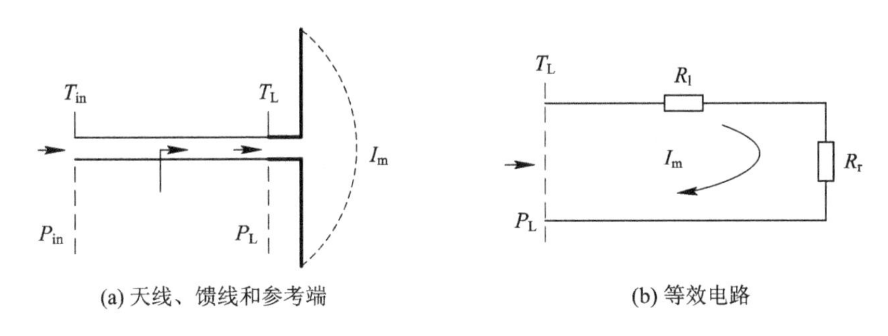

图 3.9　天线、馈线和参考端及天线等效电路

图 3.9(b)所示为等效电路。辐射电阻是指“吸收”天线全部辐射功率的电阻，其上流过的电流为天线上的波腹电流。

如果天线的输入阻抗与馈电传输线的特性阻抗相等，即 $Z_{in}=Z_0$，则反射系数 $\Gamma=0$，反射失配效率 $\eta_r=1$，这说明输入功率 P_{in}将全部由天线吸收，此时若不计天线损耗 $\eta_{cd}=1$，则天线的总效率 $\eta_a=1$，由定义式(3.6)有 $P_r=P_{in}$，这说明经馈电传输线输入的功率将全部由天线辐射出去。这是人们希望的理想情况。

2. 天线增益

天线增益与天线的方向性系数密切相关，其定义为：在相同辐射功率的情况下，某天线在给定方向的辐射强度 $U(\theta_0, \phi_0)$与理想点源天线在同一方向的辐射强度 $U_0(\theta_0, \phi_0)$的比值，即

$$G(\theta_0, \phi_0) = \frac{U(\theta_0, \phi_0)}{U_0(\theta_0, \phi_0)} \quad (\text{输入功率 } P_{in} \text{ 相同}) \tag{3.10}$$

注意：方向性系数与式(3.10)的表达式完全一样，但方向性系数和增益定义的基点和条件是不同的。方向性系数的定义以辐射功率 P_r 为基点，并以相同辐射功率为条件，没有考虑天线的能量转换效率；增益的定义以输入功率 P_{in}为基点，并以相同输入功率为条件。天线增益通常用分贝数表示，有时也称为增益系数或功率增益。

3.2.3　反射面天线的极化

电磁波的极化方向通常是以其电场矢量的空间指向来描述的。电磁波的极化是指：在空间某位置上，沿电磁波的传播方向看去，其电场矢量在空间的取向随时间变化所描绘出的轨迹。如果这个轨迹是一条直线，则称为线极化；如果是一个圆，则称为圆极化；如果是一个椭圆，则称为椭圆极化。图 3.10 所示为电磁波电场矢量取向随时间变化的典型轨迹曲线。

采用极化特性来划分电磁波，有线极化波、圆极化波和椭圆极化波。线极化和圆极化是椭圆极化的两种特殊情况。圆极化波和椭圆极化波的电场矢量的取向是随时间旋转的。沿着电磁波的传播方向看去，其旋向有顺时针方向和逆时针方向之分。电场矢量为顺时针方向旋转的称为右旋极化，为逆时针方向旋转的称为左旋极化。

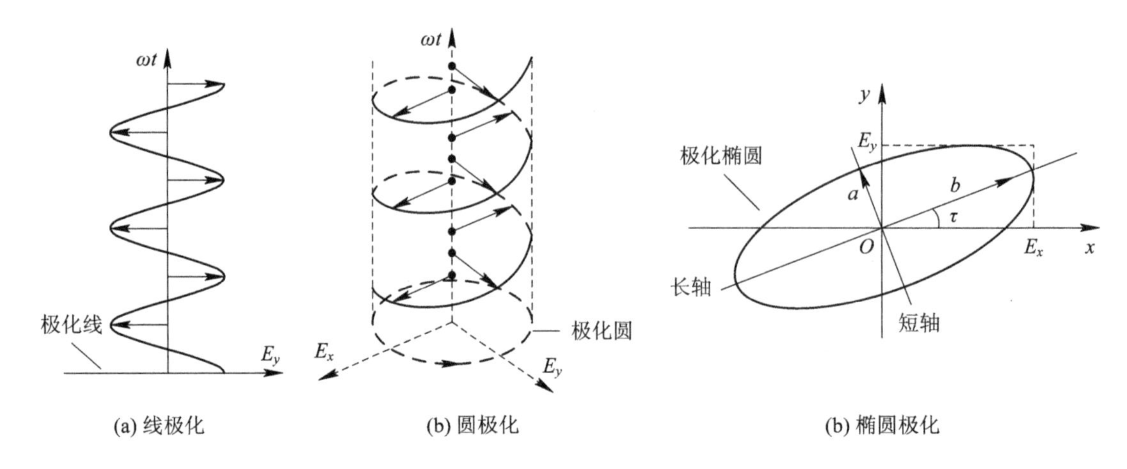

图 3.10　空间某点处平面电磁波电场矢量取向随时间变化的典型轨迹曲线

3.2.4　反射面天线的噪声温度

在自然界，任何物质都有一定的温度，无论是植物、矿物，甚至宇宙中的星体，凡是有温度的物质均能发出噪声。任何天线都会从周围环境接收到噪声功率。通常用噪声温度来度量一个系统所产生的噪声功率大小，即仿照匹配电阻的热噪声功率与其温度的对应关系来定义系统的噪声温度。一个与负载相匹配的电阻，当绝对温度为 T(K)时，在带宽 B(Hz)上产生的热噪声功率为

$$P = kTB \tag{3.11}$$

式中：k——玻尔兹曼常数，$k=1.3805\times10^{-23}$ J/K。

类似地，把天线在带宽 B(Hz)上输出的噪声功率表示为

$$P_{\mathrm{A}} = kT_{\mathrm{A}}B \tag{3.12}$$

由式(3.12)可得，天线的噪声温度为

$$T_{\mathrm{A}} = \frac{P_{\mathrm{A}}}{kB} \tag{3.13}$$

若天线馈源网络的插入损耗为 L_{f}，则天馈系统的噪声温度为

$$T_{\mathrm{a}} = \frac{T_{\mathrm{A}}}{L_{\mathrm{f}}} + \left(1 - \frac{1}{L_{\mathrm{f}}}\right)T_0 \tag{3.14}$$

式中：T_0——馈线的实际温度，即环境温度。

3.3　反射面天线设计方法

为了获得高增益，在通信、雷达和射电等设备中广泛采用反射面天线。反射面的形式很多，如各种曲面反射面和多反射面系统。反射面采用导电性能良好的金属或在其他材料上敷以金属制成。它将入射面上的电磁波几乎全部反射。本节将重点研究常用的单反射面天线和双反射面天线。

3.3.1　单反射面天线

单反射面天线是指用一个反射面来获得所需方向图的天线系统。天线的反射面可以是

各种形状的导体表面。常见的单反射面天线有抛物面天线、偏馈反射面天线、抛物柱面天线等。根据反射面的形状特点，单反射面天线可以被一个或多个馈源照射。例如抛物柱面天线，其反射面形状决定其可用多个馈源组成的线阵照射。单反射面天线形式简单，应用广泛。接下来介绍几种常用的单反射面天线的工作原理和几何特性。

1. 抛物面天线

单反射面天线中最典型、应用较多的是抛物面天线。它由一个旋转抛物面和初级辐射器相心置于抛物面焦点上的馈源组成。

图 3.11 显示了抛物反射面的几何关系，将抛物线绕着其轴线旋转即形成抛物反射面。曲线 MO_1K 代表抛物线，它是抛物面在过轴 O_1F 的任意平面上的截线。F 是它的焦点，直线 $M'O'K'$ 是准线，O_1 是抛物面的顶点。抛物面的特性之一是：通过其上任意一点 M 与焦点的连线 FM，同时作一直线 MM' 平行于 O_1O''，则通过 M 点所作的抛物线的切线与 MF 的夹角等于它与 MM' 的夹角。因此，当抛物面为金属面时，从焦点 F 出发的以任意方向入射的电磁波，经它反射后都将平行于 O_1F 轴，使馈源相位中心与焦点 F 重合，那么从馈源发出的球面电磁波经抛物面反射后便变为平面波，形成平行波束。抛物线的另一特性是：其上任意一点到焦点的距离与它到准线的距离相等。在抛物面口径上，任一直线 $M''O''K''$ 与 $M'O'K'$ 平行，则

$$FM + MM'' = FK + KK'' = FO_1 + O_1O' = f + Z_{10} \tag{3.15}$$

式中：f——抛物面的焦距；

Z_{10}——抛物面的顶点 O_1 到口径中心 O'' 的距离。

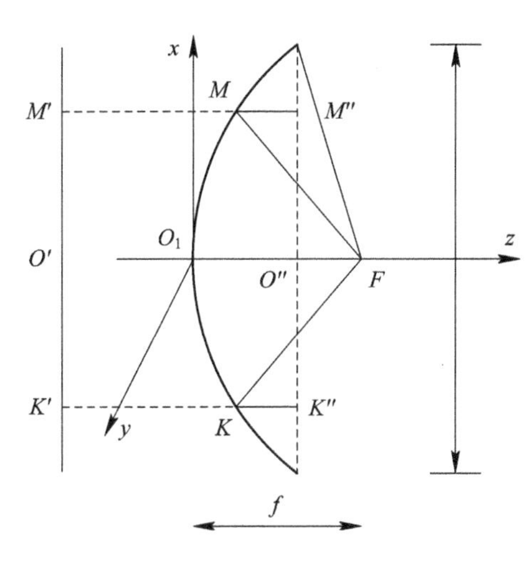

图 3.11　抛物反射面的几何关系

从焦点发出的各条电磁波射线经抛物面反射后到抛物面口径上的路程为一常数。等相位面为垂直于 O_1F 轴的平面，抛物面口径场为同相场，反射波为平行于 O_1F 轴的平面波。

抛物面的形状可用焦径比 f/D_0 或张角 ξ_0 的大小来表征。D_0 与 ξ_0 的关系为

$$\frac{D_0}{4f} = \tan\frac{\xi_0}{2} \tag{3.16}$$

实用旋转抛物面天线的焦径比为 0.25～0.5。

抛物面天线是一种高增益、低副瓣的微波天线，其形式简单，应用广泛。但是馈源置于抛物面的正前方，两者之间的相互影响体现在：馈源对抛物面有遮挡；抛物面所反射能量的一部分可能进入馈源，从而导致馈源馈线失配。因此，在设计时应尽量减少馈源及支撑结构的遮挡。

2. 偏馈反射面天线

为了消除抛物面与馈源之间的相互影响，可采用偏置馈源的方法，即偏馈反射面天线[1]，使馈源位于抛物面反射波作用区域之外，这样便可完全消除馈源遮挡及反射波对馈源匹配的影响。在减少遮挡损失的同时，绕射形成的后瓣和交叉极化都将消失。因此，对馈源尺寸不再苛刻限制，这解决了低频段或复杂馈源系统结构尺寸偏大的问题。

图 3.12 显示了偏馈反射面天线的几何结构。从很大的抛物面上取出一片作为偏馈反射面，每片偏馈反射面将从焦点发出的球面波转换为平行于其轴线的平面波，使馈源指向反射面的中心，以减少溢漏，而馈源相位中心仍放置于反射面的焦点。虽然反射面的边缘形状为椭圆，但口径面的投影为圆。由于馈源必须倾斜，因此惠更斯源存在交叉极化。对称结构可以阻止在包含 x 轴的平面内产生交叉极化(见图 3.12)，但在包含 y 轴的平面内(对称面)，线极化的交叉极化随着 f/D 的减小而增加。由于球面波传播到反射面的上边缘比下边缘更远，因此由对称馈源产生的振幅分布在沿着 x 轴方向是不对称的渐变分布。偏馈反射面天线的几何结构使在对称面(y 轴)内的圆极化方向图的顶点偏离，而不产生交叉极化。

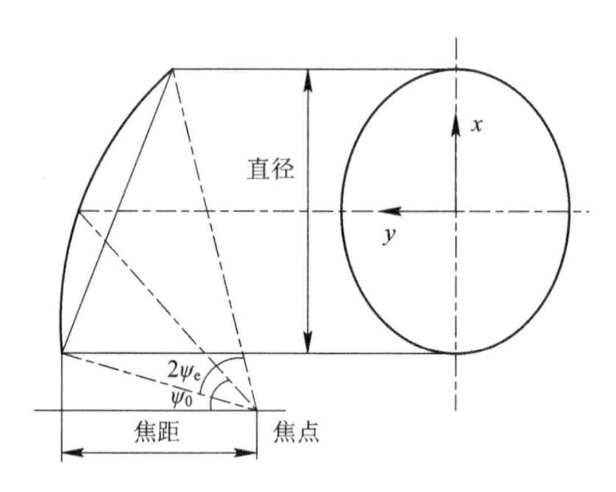

图 3.12 偏馈反射面天线的几何结构

3. 抛物柱面天线

抛物柱面天线是一抛物线沿它所在平面法线平移时形成的轨迹。其焦线为一直线，如图 3.13 所示。抛物柱面的馈源有两种方式：一种为同相线源，故在天线口径上是同相的，该天线实际上是一个矩形同相口面；另一种为在焦线的某一点放置一点源，此时天线的口径场的相位沿焦线不同相，在垂直于焦线的方向(即抛物线方向)同相。天线沿抛物线方向的方向图由抛物线决定，而在焦线方向的方向图和馈源初级方向图差别很小[2]。

抛物柱面口径场没有交叉极化分量，适用于要求交叉极化分量小的设备。由于反射面与馈源间的耦合很强，因此常采用偏置馈源方法减少反射面对馈源匹配的影响[3]。

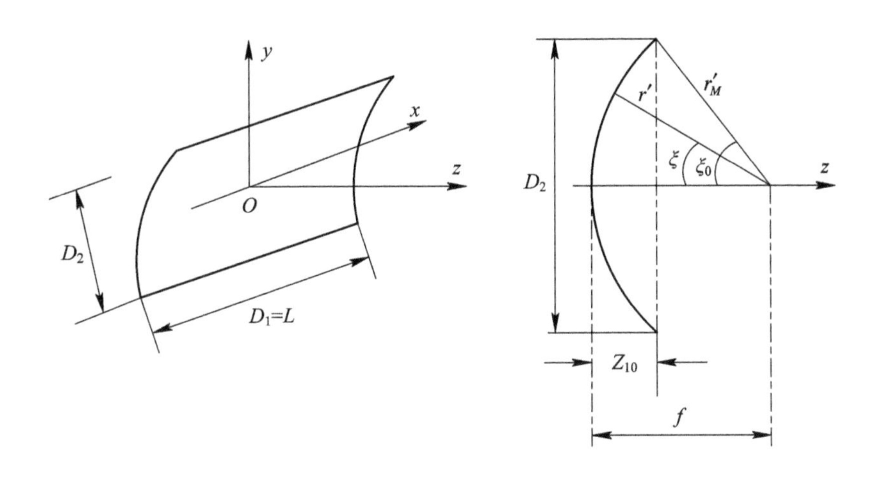

图 3.13　抛物柱面天线

3.3.2　双反射面天线

为了改善用于卫星跟踪与通信的大型反射面天线的性能，多采用双反射面天线系统。

由于反射面的方向图特性(波束指向、主瓣宽度、副瓣电平)取决于天线口径上的场(或电流)分布，而口径场分布是由馈源初级方向图及反射面形状共同决定的，因此虽然采用长焦距的抛物反射面可以得到较均匀的口径场分布，但焦距变长，天线纵向尺寸随之变大，这不仅会导致天线结构不稳定，而且馈线变长会增加损耗，对远距离通信来说会增加噪声，降低效率。另外，若要获得超低副瓣(如－40 dB)，口径场幅度必须满足一定规律的锥削分布。这时由单反射面和一个馈源来调整是困难的。

采用双反射面天线，可方便地控制口径场分布，这样既可以使反射面的焦距较短，结构紧凑，减少馈线损耗，同时又可以保证得到所需的天线方向图，增加了设计的灵活性。

本节主要介绍几种常见的双反射面天线：卡塞格伦天线(主反射面为旋转抛物面，副反射面为旋转双曲面)、格里高利天线(主反射面为旋转抛物面，副反射面为椭球面)、环焦天线(主反射面为旋转抛物面，副反射面母线为椭圆或双曲线)、双偏置反射面天线。

1. 标准卡塞格伦天线

标准卡塞格伦天线(简称卡式天线)由三部分组成：主反射面是一个旋转抛物面；副反射面是一个旋转双曲面，并用 2～4 根支撑杆把它固定在抛物面上；馈源采用各种形式的喇叭。卡塞格伦天线的组成示意图如图 3.14 所示。图中的双曲面有两个焦点，其凹面所对的焦点 O_1 与抛物面的焦点重合，凸面朝向抛物面和喇叭的口径，喇叭的相位中心被置于凸面所对的焦点 O。O_2 和 O_1 分别为天线的实焦点和虚焦点。

主、副反射面形状的轴对称性，加上副反射面通常位于喇叭的远区，要求喇叭的辐射方向图呈轴对称的球面波，使天线具有轴对称特性，整个天线系统的对称轴就是焦轴 AO_1。

卡式天线的工作原理和抛物面天线的相似，抛物面天线利用了抛物面的反射特性，由主焦馈源发射的球面波前经抛物面反射后，转变为抛物面口径上的平面波前，从而使抛物面天线具有锐波束、高增益的性能。

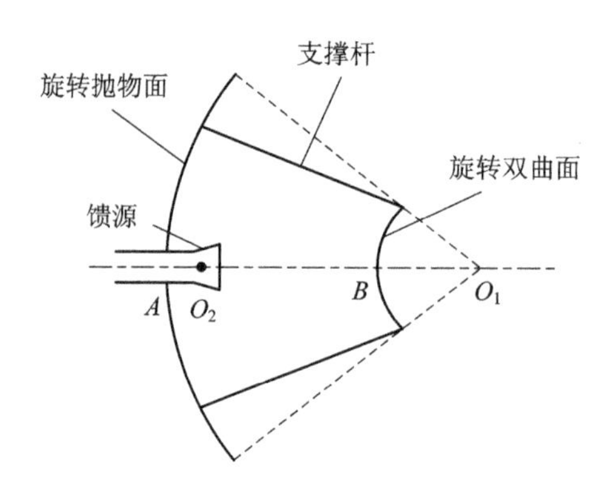

图 3.14　卡塞格伦天线的组成示意图

卡式天线在结构上多了一个双曲面，在图 3.15 中，由馈源发出的球面波前首先遇到双曲面的反射。根据双曲面的定义，其上任意一点 K 到两焦点的距离之差等于常数 m_1，即 $O_2K-KO_1=m_1$。

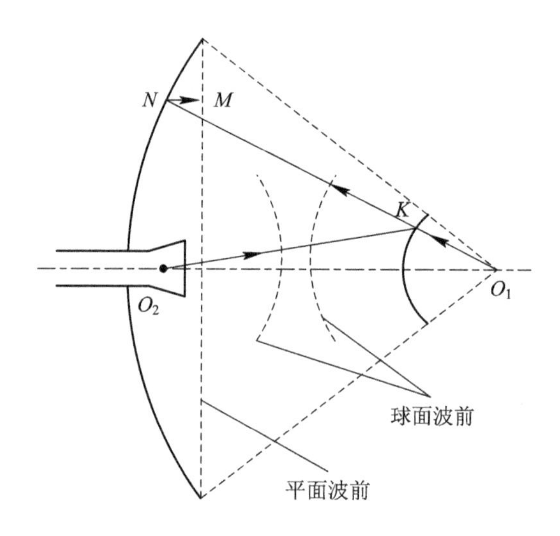

图 3.15　卡式天线的工作原理

由双曲面的几何光学性质可知，由实焦点 O_2 发出的任一射线 O_2K，经在远区的双曲面反射后，其反射线恰好在从虚焦点 O_1 发出的入射线 O_1K 的延长线 KN 上；由抛物面的几何光学性质可知，从 O_1 点发出的入射线 O_1KN 经抛物面反射后，其反射线 NM 必将平行于天线的对称轴，且

$$O_1K+KN+NM=m_2 \tag{3.17}$$

说明：m_1+m_2 为一常数。

这说明从 O_2 点发出的入射线经双曲面和抛物面依次反射后，到达抛物面口径上各点的波程相等，因而相心在 O_2 点的馈源所辐射的球面波前必将在主面口径上变为平面波前，呈现同相场，使卡式天线具有锐波束、高增益的性能。

图 3.16 中列出了卡式天线的 7 个几何参数。其中：D_m 是卡式天线的口径直径；F_m 是卡式天线的焦距；θ_{1m} 是虚馈源对卡式天线的半照射角；D_s 是双曲面的直径；F_s 是双曲面的

顶点与邻近的焦点的距离，俗称焦距；θ_{2m}是馈源对副反射面的半照射角；$2c$ 是实、虚焦点之间的距离。

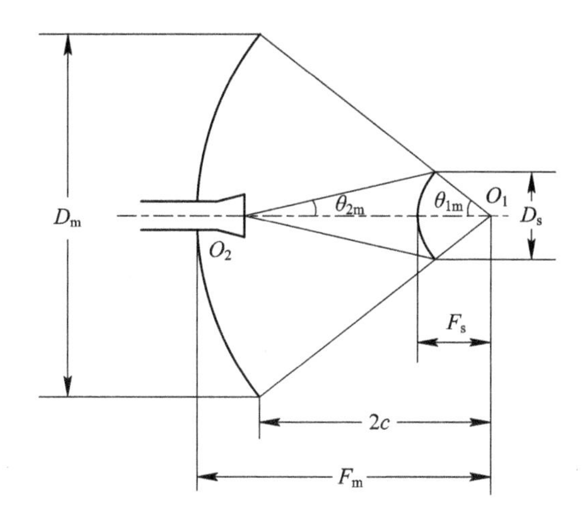

图 3.16　卡塞格伦天线的 7 个几何参数

抛物面的焦距直径比 F_m/D_m 和半张角 θ_{1m}的关系可由以下方程求出：

$$\frac{F_m}{D_m}=\frac{1}{4}\cot\frac{\theta_{1m}}{2} \tag{3.18}$$

双曲面的参数 θ_{1m}和 θ_{2m}的关系式为

$$\cot\theta_{1m}+\cot\theta_{2m}=\frac{4c}{D_s} \tag{3.19}$$

由双曲面的几何关系还可以得出关系方程：

$$1-\frac{\sin\left(\dfrac{\theta_{1m}-\theta_{2m}}{2}\right)}{\sin\left(\dfrac{\theta_{1m}+\theta_{2m}}{2}\right)}=\frac{F_s}{c} \tag{3.20}$$

上述 3 个方程是标准卡式天线的 3 个独立的几何关系式，这一方程组中包含了卡式天线的所有 7 个参数。要完整地确定卡式天线系统，就需要根据提出的电气性能和结构要求，论证并选定其中 4 个参数。

2. 标准格里高利天线

主反射面为旋转抛物面，副反射面为椭球面的双反射面天线为标准格里高利天线，如图 3.17 所示。对于格里高利天线来说，从馈源喇叭发出的球面波射线入射到副反射面时，由椭圆面的表面反射定律可知，这些射线经副反射面反射后又重新变为以 O_1点为实相位中心的球面波。由于这个相位中心和抛物面的焦点重合，因而此后的射线路径就和从焦点辐射电磁波的普通单反射面抛物面天线相同。因此，在主反射面口径上就形成了传播方向与对称轴平行的同相波前。

同卡塞格伦天线一样，在格里高利天线中，从相位中心 O 到达抛物面焦点 O_1且平行于抛物面口径面 Q_1的任一射线的路径的光学长度都是相等的，其长度 $L=2F+2a$。其中，F 是抛物面的焦距；$2a$ 是椭圆面 2 个顶点之间的距离，可以用椭圆的焦距 f 和偏心率 e 表示为 $2a=2f/(1-e)$，椭圆的偏心率 e 总是小于 1。

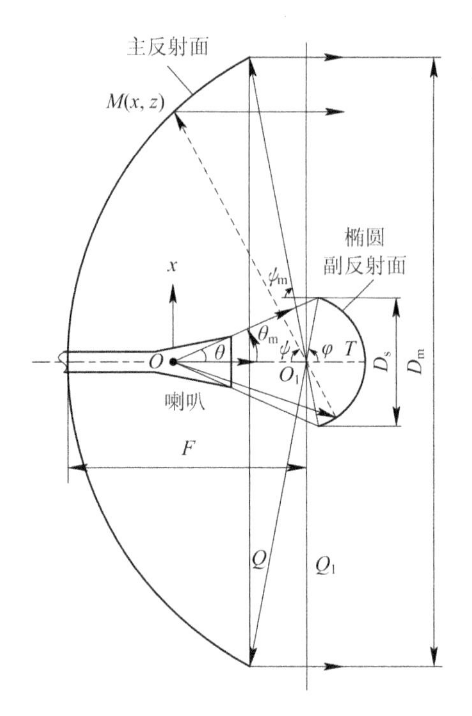

图 3.17 格里高利天线的工作原理图

需要指出的是，当抛物面的焦距相同时，格里高利天线的轴向尺寸比卡塞格伦天线的轴向尺寸大一些。

3. 标准环焦天线

环焦天线在国外通常叫抛物线焦轴偏移轴对称双镜面天线，简称偏焦轴天线，最初是由 J. L. Lee 提出的。由于这种天线的焦点轨迹在空间是一个圆环，因此取名为环焦天线。

环焦天线由主反射面和副反射面组成。主反射面是焦轴偏移的旋转抛物面，副反射面是长轴与抛物面对称轴成 β 角的椭圆的一部分绕抛物面对称轴旋转 360°形成的。椭圆面的一个焦点位于抛物面的焦环上，另一个焦点和馈源的相位中心重合，馈源的轴线与主反射面的轴线重合，与旋转抛物面的焦轴平行。旋转椭圆面的焦点构成一个圆环。环焦天线的主反射面和副反射面是共焦的旋转面的一部分，它们共有的焦环的直径等于副反射面的直径，在对称轴线上，副反射面有一个锥形的尖顶的转折点。

对于环焦天线来说，当从喇叭发出的球面波射线入射到副反射面时，由椭圆面的表面反射定律可知，这些射线经副反射面反射后将汇聚于椭圆的第 2 焦点上，即 F 点。这个焦点可以看成主反射面的点源，因而在主反射面口径上即形成了传播方向与对称轴平行的同相波前。由于天线是对称的，其波源是一个焦环，因而副反射面反射场的波前在空间也形成一个环状。焦环是副反射面的散焦区。为防止一部分射线返回喇叭内，副反射面的尺寸最大只能等于焦环的直径。这时从起始角 $\psi=0$ 到最大张角 $\psi=\psi_0$ 为止的抛物面完全被副反射面的反射场所照射。环焦天线的工作原理图见图 3.18。环焦天线具有下列基本特点：

(1) 有一个副反射面反射场照射不到的区域，它在和天线共轴的直径等于焦环直径的柱体内。

(2) 由于副反射面的倒转反射，馈源方向图中心部分的能量转送到主反射面边缘，边

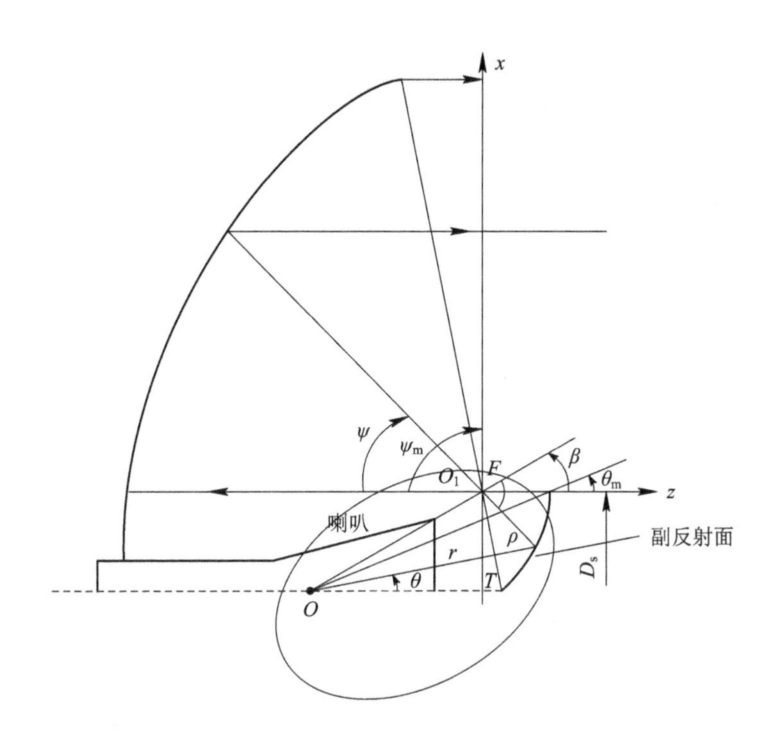

图 3.18　环焦天线的工作原理图

缘部分的能量则恰好相反。

(3) 天线口径面上的幅度分布在主反射面边缘急剧下降，因为这部分射线来自副反射面尖顶的反射。由于尖顶的反射面积趋于零，因而这些射线的能量密度等于零。

4. 双偏置反射面天线

双偏置反射面天线[4]中，副反射面对馈源偏置，主反射面对副反射面偏置。双偏置反射面天线通过合理配置2个反射面的偏置状态或修正主副面的形状可以克服单偏置反射面的固有缺点，同时这种天线也能避免副反射面对主反射面的遮挡和馈源及其支撑结构对副反射面的遮挡。双偏置反射面天线的主要结构形式是卡塞格伦型反射面天线和格里高利型反射面天线。两者的主反射面都是抛物面的一部分，前者的副反射面是双曲面的一部分，后者的副反射面是椭球面的一部分。

格里高利型双偏置反射面天线比卡塞格伦型双偏置反射面天线更容易实现紧凑的结构，而且如果设计得当，可以使初级馈源和副反射面之间有较大间隔，从而易于实现远场条件，减小近场效应以及馈源和副反射面之间的相互干扰。

具有零交叉极化条件的格里高利型双偏置反射面天线系统包括主反射面、副反射面、馈源3个部分。其中，主反射面是抛物面的一部分，副反射面是旋转椭球面的一部分。该天线系统的结构如图3.19所示。图中，D_{mx}为主反射面在xOy面上的投影沿x轴的长度；D_{my}为主反射面在xOy面上的投影沿y轴的长度；V_s为根据主反射面按照几何光学确定的副反射面在xOy面上的投影沿x轴的长度；F为主反射面的焦距；θ_e为馈源的半张角；α为馈源指向与副反射面轴的夹角；β为副反射面轴与主反射面轴的夹角；d_s为主反射面的偏置高度；d_c为主反射面的下边缘与副反射面的上边缘之间的距离；D_{sx}(图中未标出)为实际副反射面在xOy面上的投影沿x轴的长度，一般比V_s略大；D_{sy}(图中未标出)为副反射面

在 xOy 面上的投影沿 y 轴的长度。该天线还有另外两个参数：椭球面的离心率 e 和椭球面的焦距 $2c$。以上参数就可以完整地描述出格里高利型双偏置反射面天线系统。

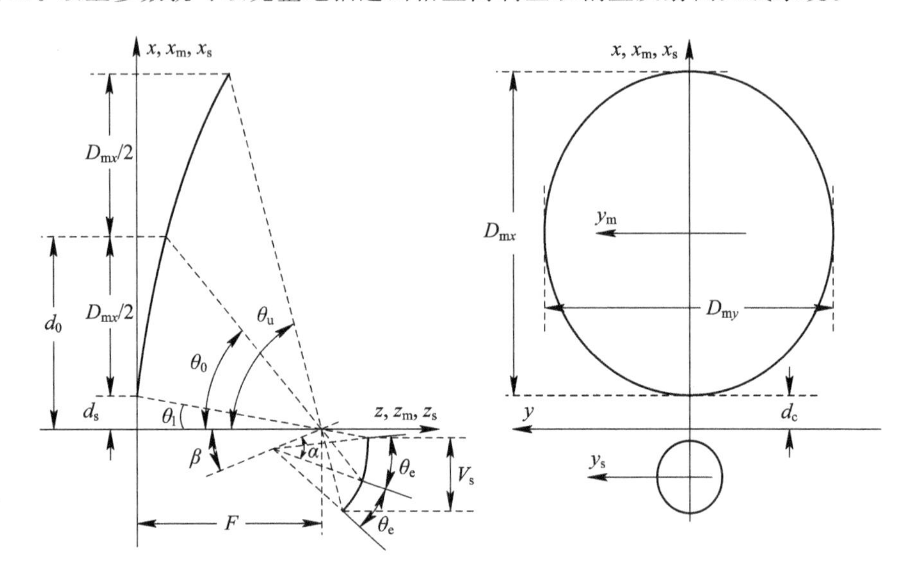

图 3.19　格里高利型双偏置反射面天线的结构

3.3.3　高效率赋形面天线

典型的抛物面天线或卡塞格伦天线的主反射面口径利用效率和馈源照射效率之间存在矛盾，其折中结果是使天线增益受到限制。此外，对于给定天线的次级方向图，要求有与之对应的口径场幅度分布函数，也就是要求有相应的馈源初级方向图。例如，为了使抛物面口径场均匀分布，要求馈源功率方向图函数为 $\sec^4(\xi/2)$。但是这种理想形状的初级方向图是难以实现的，即馈源本身所能改善的程度是有限的。为了获得所要求的反射面次级方向图，可以修改反射面形状，这属于综合问题，由所要求的次级方向图和给定的馈源初级方向图设计反射面形状。

所谓赋形，就是按所要求的天线辐射特性的口面场分布函数和馈源所提供的方向图对标准双镜天线系统的主镜和副镜进行整形。赋形的依据是主镜口面场分布函数和初级馈源的方向图。

赋形具有如下优点：标准对称双镜天线存在口径的均匀照射和边缘的能量漏失之间的矛盾，如果把副反射面的形状加以修改，则可以使馈到副反射面中央的能量向主反射面边缘扩散，可加强对边缘部分的照射。对于方向图由中央向两边减弱的馈源，可选用很低的副反射面边缘照射电平，在副反射面截获大部分馈源能量的同时，保证在口径上获得相当均匀的振幅分布，再修改主反射面的形状，使得口径上的场处处同相，这样副反射面的截获效率和口径效率都会有较大的提高。

赋形的依据如下：在计算赋形天线的主、副面轮廓线坐标之前，仍可按标准天线设计求出主、副面直径和相对位置关系，然后根据所需要的口径场分布，由已知的馈源方向图和天线参数计算赋形的主、副面坐标。

主、副面参数由一组联立的微积分方程来求解。这些方程是基于以下的几何光学原理建立的：

（1）能量守恒条件：投射到副面和主面的每一根射线管的能量在反射前、后保持不变。

（2）反射条件：对于每个反射面，入射线、反射线和法线三者共面，入射角等于反射角（Snell 定律）。

（3）波程条件：为使口径场保持同相，从实焦点到主面口径上任意点的波程应等于常数。

天线的赋形还有一个赋形频率选择的问题。卡塞格伦天线和格里高利天线的赋形频率一般选择在频率的低端（接收），以保证接收端的 G/T 值；对于环焦天线赋形，由于馈源喇叭的波束中心辐射的能量经副镜顶点反射后射向主镜边缘，而边缘部分的能量传送到副镜边缘在主镜的靠近中心部分，按此考虑，应该在高频（发射）进行赋形，但赋形后必须核算低端的 G/T 值。

1. 卡式天线赋形

对于标准卡式天线，当给定馈源初级方向图时，副反射面边缘会有能量漏失，且主反射面口径场幅度分布不均匀，而提高主反射面口径利用效率与减少副反射面边缘能量漏失之间存在矛盾，因此限制了天线总效率的提高。如果将副反射面的形状加以修改，使其在顶点附近的形状较普通双曲面更为突起（即副反射面中央部分更为弯曲），则可以将入射于中央部分的馈源射线能量反射扩散到主反射面边缘区域，使得主反射面口径场幅度分布趋于均匀。因此采用修改副反射面形状的方法，就可以使用副反射面边缘照射电平低的馈源，减少副反射面边缘能量漏失。为了保证主反射面口径场仍然同相，主反射面形状要做相应修改。

如图 3.20 所示，设馈源相位中心位于 F_p 点，它的功率方向图 $G_f(\theta')$ 是圆对称的，2 个反射面是旋转对称的。

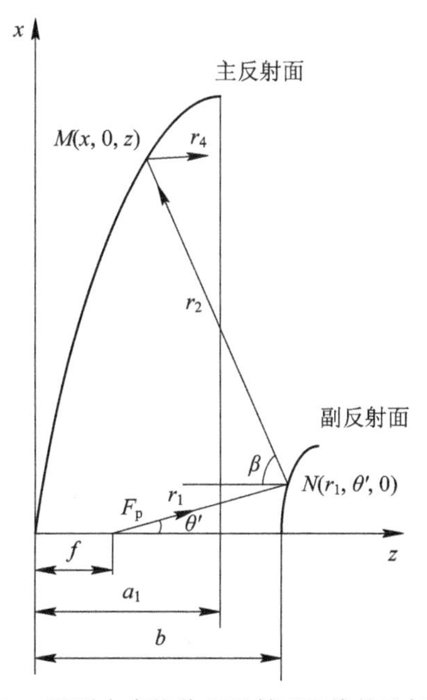

图 3.20 赋形卡塞格伦双反射面天线的几何关系

1）等相位条件

为了获得最大的口径利用效率，主反射面口径场应是同相幅度均匀分布，即经过修改2个反射面形状后，从馈源发出的球面波各射线经副反射面和主反射面两次反射，到主反射面口径上的波程应相等。取口径位于 $z=a_1$ 的平面，设 M 为主反射面上任意一点，应有

$$r_1 + r_3 + r_4 = (b-f) + b + a_1 = 常数$$

根据图3.20所示的几何关系，有

$$r_1 + \frac{x - r_1\sin\theta}{\sin\beta} - z = 2b - f \tag{3.21}$$

2）能量守恒定律

因为两个反射面都是旋转对称的，馈源方向图是圆对称的，所以主反射面口径场分布必然也是圆对称的。设口径场幅度分布函数为 $\xi(x)$，根据能量守恒定律，在 $d\theta'$ 角度内入射于副反射面上的功率为 $G_f(\theta')2\pi\sin\theta'd\theta'$，反射到主反射面口径上 dx 宽度圆环内的功率相应为 $\xi(x)2\pi x dx$。对两者的功率表示式积分并归一化，得到

$$\frac{\int_0^{\theta'} G_f(\theta')\sin\theta' d\theta'}{\int_0^{\theta'_0} G_f(\theta')\sin\theta' d\theta'} = \frac{\int_0^{x}\xi(x)dx}{\int_0^{a}\xi(x)dx} \tag{3.22}$$

式中：θ'——副反射面对馈源的张角；

a——主反射面的直径。

3）反射定律

对于副反射面上的 N 点，可得到：

$$\frac{1}{r_1}\frac{dr_1}{d\theta} = \tan\frac{\beta(\theta') + \theta'}{2} \tag{3.23}$$

式中：$\beta(\theta')$——θ'的函数。

在主反射面上，对应于 M 点，有

$$\frac{dz}{dx} = \tan\frac{\beta}{2} \tag{3.24}$$

式(3.21)～式(3.24)这4个关系式中，r_1、x、z 和 β 都是 θ' 的函数。其中，$r_1(\theta')$ 确定副反射面的形状，$x(\theta')$ 和 $z(\theta')$ 确定主反射面的形状。利用计算机编程解算这些联立方程，即可得所需结果。赋形后的2个反射面仍是旋转对称的。上述推导中假设馈源具有圆对称方向图，采用双模圆锥喇叭或波纹喇叭即可满足这一要求。

赋形后，主反射面的形状与抛物面稍有不同，但是副反射面的形状变化则比较明显，如图3.21所示。

2. 格里高利天线赋形

格里高利天线赋形[5]可以采用与卡塞格伦天线赋形基本相同的数学处理方法。格里高利天线赋形的几何示意图如图3.22所示。用于从馈源相位中心出发的射向副镜下半部分的射线，经副镜反射后射向主镜的上半部分，因此副镜下半部分某点的坐标表示为$(-x_s, z_s)$，而 x_s 为正值。

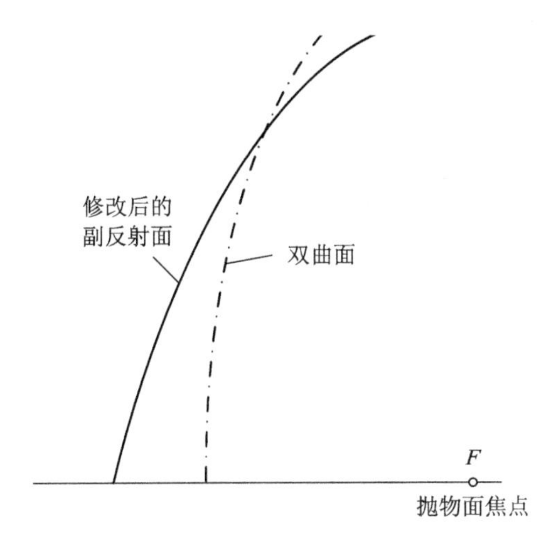

图 3.21　赋形后的副反射面与双曲线的比较

由图 3.22 可知：

$$\tan\theta_{\mathrm{v}} = \frac{x_{\mathrm{s}} + x}{z_{\mathrm{s}} - z} \tag{3.25}$$

$$\theta_{\mathrm{vm}} = \arctan\frac{x_{\mathrm{sm}} + x_{\mathrm{m}}}{z_{\mathrm{sm}} - z_{\mathrm{m}}} \tag{3.26}$$

$$z = z_{\mathrm{s}} - (x_{\mathrm{s}} + x)\cot\theta_{\mathrm{v}} \tag{3.27}$$

$$z_{\mathrm{m}} = z_{\mathrm{sm}} - (x_{\mathrm{sm}} + x_{\mathrm{m}})\cot\theta_{\mathrm{vm}} \tag{3.28}$$

$$r_{\mathrm{m}} = \frac{x_{\mathrm{sm}}}{\sin\theta_{\mathrm{m}}} \tag{3.29}$$

$$z_{\mathrm{sm}} = r_{\mathrm{m}}\cos\theta_{\mathrm{m}} \tag{3.30}$$

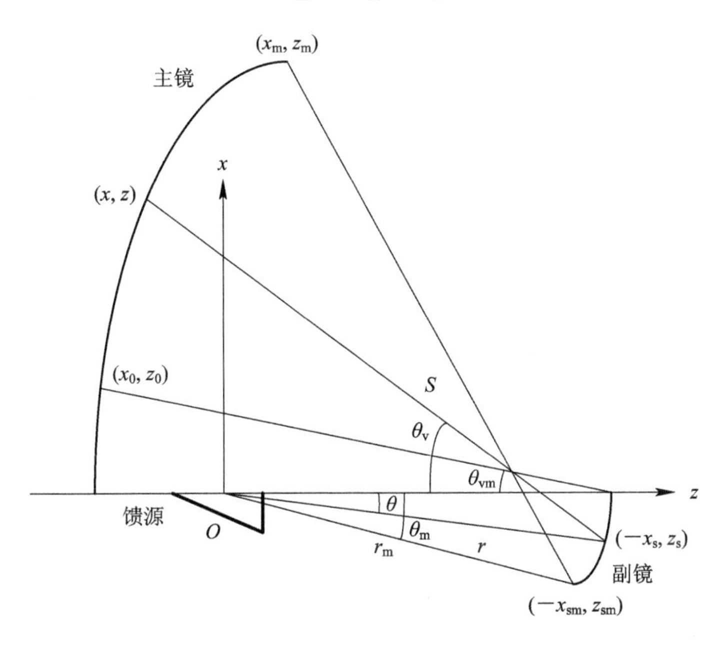

图 3.22　格里高利天线赋形的几何示意图

根据等波程条件、能量守恒定律及反射定律可求得格里高利天线赋形的相关参数，借助计算机编程即可得到所需结果。

3. 环焦天线赋形

环焦天线赋形的坐标系如图 3.23 所示。

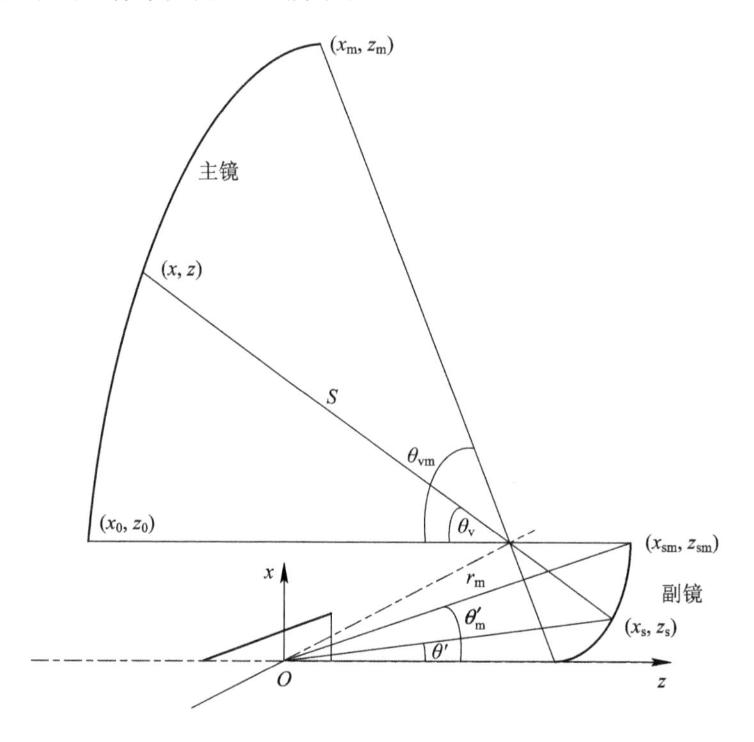

图 3.23　环焦天线赋形的坐标系

由图 3.23 可得

$$\tan\theta_v = \frac{x - x_s}{z_s - z} \tag{3.31}$$

当 $\theta_v = \theta_{vm}$ 时，有

$$\tan\theta_{vm} = \frac{x_m}{r_{min} - z_m} \tag{3.32}$$

故

$$\theta_{vm} = \arctan\left(\frac{x_m}{r_{min} - z_m}\right) \tag{3.33}$$

$$z = z_s - (x - x_s)\cot\theta_v \tag{3.34}$$

由式(3.33)得

$$z_m = r_{min} - x_m\cot\theta_{vm} \tag{3.35}$$

由图 3.23 得

$$r_m = \frac{x_{sm}}{\sin\theta_m'} \tag{3.36}$$

$$z_{sm} = r_m\cos\theta_m' \tag{3.37}$$

根据等波程条件、能量守恒定律及反射定律可求得环焦天线赋形的相关参数，借助计

算机编程即可得到所需结果。

4. 双偏置反射面天线赋形

前面介绍了具有零交叉极化条件的格里高利型双偏置反射面天线，将其作为优化起点，先将馈源设置为接近实际馈源的高斯型理想馈源对天线进行快速优化设计，在此基础上，再将馈源设置为实际馈源的球面波展开式模型进行进一步优化，使结果更加逼近实际情况[6]。

高斯型理想馈源可以较为准确地描述出实际馈源的辐射特性，并且其场表达式不涉及特殊函数，在赋形设计中利用它可以大大减少计算时间，因此通常首先利用高斯型理想馈源具有零交叉极化条件的格里高利型双偏置反射面天线进行优化设计，然后利用实际馈源的球面波展开式模型进一步优化，以得到最佳效果。

副反射面和主反射面采用的 Zernike 多项式的展开系数的阶数 $n=m=6$。由于要求反射面天线的最大辐射方向依然在 $\theta=0°$，$\varphi=0°$处，并且 $\varphi=90°$面方向图关于 x 轴左右对称，因此展开系数只有 C_{mn} 项被优化，主面为 16 项，副面为 16 项。优化变量还包括馈源的指向角度与 z 轴的夹角 θ_{feed} 和馈源的位置(x_{feed}，0，z_{feed})等。馈源分别设置为 x 向和 y 向线极化，对天线进行优化，使其满足所需的旁瓣包络、效率及交叉极化要求。适应度函数为

$$\text{fintness} = \omega_{\text{sll}} \cdot \text{Error}_{\text{sll}} + \omega_{\text{cr}} \cdot \text{Error}_{\text{cr}} + \omega_{\text{eff}} \cdot \text{Error}_{\text{eff}} + \omega_{\text{d}} \cdot \text{Error}_{\text{d}}$$

$$\begin{cases} \text{Error}_{\text{sll}} = \sum\limits_{i=1}^{2}\sum\limits_{j=1}^{2}\sum\limits_{k=1}^{2} \left| \min(\text{SLL}_{\text{desired},\,k} - \text{SLL}_{i,\,j,\,k},\ 0) \right| \\ \text{Error}_{\text{cr}} = \sum\limits_{i=1}^{2}\sum\limits_{j=1}^{2}\sum\limits_{k=1}^{2} \left| \min(\text{CR}_{\text{desired}} - \text{CR}_{i,\,j,\,k},\ 0) \right| \\ \text{Error}_{\text{eff}} = \sum\limits_{i=1}^{2}\sum\limits_{j=1}^{2}\sum\limits_{k=1}^{2} \left| \min(\text{EFF}_{i,\,j,\,k} - \text{EFF}_{\text{desired}},\ 0) \right| \\ \text{Error}_{\text{d}} = \left| \min(\text{DIS} - \text{DIS}_{\text{desired}},\ 0) \right| \end{cases} \tag{3.38}$$

其中：ω_{cr}、ω_{sll}、ω_{eff}和 ω_{d}——交叉极化、旁瓣包络、效率和馈源与副反射面间最小距离的权值因子；

$\text{SLL}_{i,\,j,\,k}$——第 i 个频点、第 j 种馈源极化、第 k 个面内计算的旁瓣包络；

$\text{SLL}_{\text{desired},\,k}$——第 k 个面内期望的旁瓣包络；

$\text{CR}_{i,\,j,\,k}$——第 i 个频点、第 j 种馈源极化、第 k 个面内计算的最大交叉极化电平；

$\text{CR}_{\text{desired}}$——期望的最大交叉极化电平；

$\text{EFF}_{i,\,j,\,k}$——第 i 个频点、第 j 种馈源极化、第 k 个面内计算的天线效率；

$\text{EFF}_{\text{desired}}$——期望的天线效率；

DIS——馈源与副反射面间的最小距离；

$\text{DIS}_{\text{desired}}$——期望的馈源与副反射面间能够保证的最小距离。

由于天线的低旁瓣、高增益、低交叉极化之间本身存在一定的矛盾，因此当整体性能优化到一定程度时，只能靠牺牲一方面的性能来获取其他方面性能的提升。

在高斯型理想馈源照射下，赋形反射面天线具有良好的电性能。但是在实际应用中，实际馈源与高斯型理想馈源的性能有一定的差距，譬如相位方向图不平坦，具有交叉极化等。采用实际馈源的球面波展开式模型可以精确地描述其辐射场；将球面波展开式模型带入双偏置赋形反射面天线的计算中可以得到更为精确的结果；设置适应度函数、结合 DE-

GL 算法对天线进行行二次优化，可获得满足条件的设计参数。

5. 平面波照射的反射面天线赋形

理论分析与仿真计算表明，平面波传输馈电系统在解决高功率击穿问题的同时，由于结构可实现性的限制，到达副反射器的传输距离较长(大于 $0.25D^2/\lambda$)，平面波传输使 BWG 输出波束出现了方向图特征，使到达副反射器的电磁场边缘锥削比馈源照射第 1 级反射镜的输出口径幅度和相位分布更加陡峭，因此造成天线口径场分布不均匀加剧，口径利用效率下降，天线增益损失增大。为了提高天线的效率，首先仿真计算波束波导出口的场，将其作为初级照射场对标准型双抛物面进行赋型优化设计。

平面波赋形设计是在保证电磁波到达主、反射面口径同相位的约束条件下，将副反射面反射到主反射面的场按照接近均匀分布、同时兼顾旁瓣要求的口径场设计，在满足旁瓣辐射特性要求的前提下，尽可能提高天线效率。平面波馈电的反射面赋形与传统球面波照射的天线[7]的根本不同在于入射波不再是角度函数 $f(\theta)$的形式，而是副反射面半径的函数 $f(x_s)$。

参考图 3.24，BWG 入射场用拟合函数 $f^2(x_s)=10^{ax_s-bx_s^2}$ 表示，它也可以用其他拟合函数来表示。

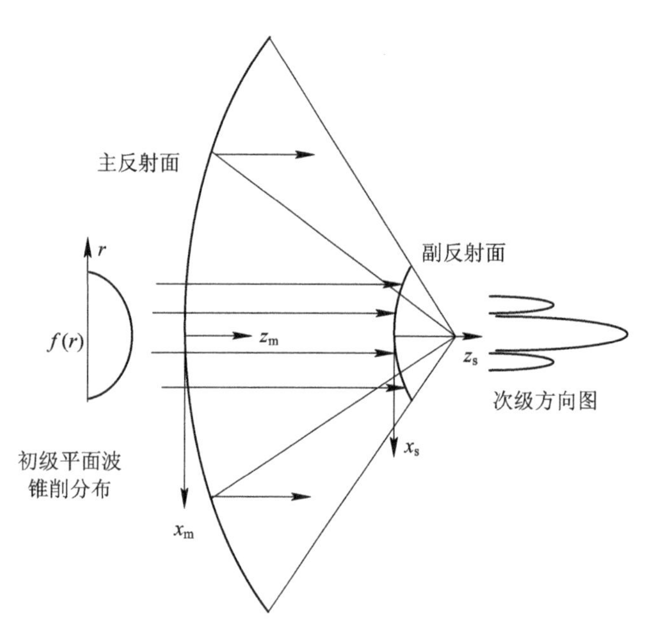

图 3.24 平面波照射的反射面天线赋形示意图

能量守恒定律：设平面照射场为 $f^2(x_s)$，天线口面场功率分布为 $F^2(x)$，平面照射场 dx_s范围内的能量与主反射面 dx 范围内的能量相等，即

$$\frac{\int_0^{x_s} f^2(x_s)x_s\mathrm{d}x_s}{\int_0^{x_{sm}} f^2(x_s)x_s\mathrm{d}x_s}=\frac{\int_0^{x} F^2(x)x\mathrm{d}x}{\int_0^{x_m} F^2(x)x\mathrm{d}x} \tag{3.39}$$

式(3.39)可写为微分表达式如下：

$$\frac{\mathrm{d}x}{\mathrm{d}x_s}=\frac{\int_{x_0}^{x_m}F^2(x)x\mathrm{d}x}{\int_0^{x_{sm}}f^2(x_s)x_s\mathrm{d}x_s}\frac{f^2(x_s)x_s}{F^2(x)x} \tag{3.40}$$

除此之外，赋形还要满足主反射面、副反射面反射定律以及等光程条件。

3.4　反射面天线馈源系统设计

馈源系统是反射面天线的核心器件，直接决定了反射面天线系统的性能好坏。馈源系统由馈源初级辐射器和馈源网络两部分组成。为保证天线的良好性能，一般对馈源系统有以下要求：① 合适的振幅方向图；② 理想的波前，即馈源相位中心稳定；③ 低交叉极化；④ 满足所需频带宽度及极化要求；⑤ 满足功率容量要求；⑥ 尺寸尽可能小，以免对主反射面的辐射场造成大的遮挡。

3.4.1　馈源初级辐射器

馈源初级辐射器是高增益聚焦反射面天线照射器的各种弱方向性天线的总称，其形式较多，有波导口辐射器、扼流槽喇叭、光壁喇叭、波纹喇叭、多模喇叭、同轴喇叭、介质加载喇叭、对称振子、四脊喇叭、对数周期偶极子天线(LPDA)等。接下来介绍几种常用的馈源初级辐射器。

1. 波导口辐射器

波导口辐射器分为矩形波导口辐射器及圆形波导口辐射器。波导口辐射器由于传输波形的限制，口径不大，方向图波瓣较宽，适用于短焦距抛物面天线。圆形波导口辐射器的 E 面和 H 面方向图通常差异不大，空间方向图近似具有圆对称性，对抛物面的照射比较均匀，同时由于其场结构的特点，口径场的交叉极化和抛物面口径场的交叉极化分量相反，因此用它作馈源初级辐射器可减弱口面场的交叉极化分量，将有助于降低副瓣，提高增益。

2. 光壁喇叭

在实际应用中，旋转抛物面天线的馈源初级辐射器大多采用光壁喇叭，包括圆锥喇叭和角锥喇叭。然而普通光壁喇叭的方向图在各个平面内是不相同的，而且 2 个主平面内的相位中心也不重合。为了保证喇叭的方向图在主瓣的 1 个较大的范围内存在 1 个“视在相位中心”，喇叭口径边缘的相位差 ψ_{mH}，$\psi_{mE}\leqslant\pi/8$。角锥喇叭的 -10 dB 波瓣宽度可按下列经验公式计算：

$$\begin{cases}2\theta_{0.1E}=88^\circ\dfrac{\lambda}{D_E}, & \dfrac{D_E}{\lambda}<2.5\\[2ex] 2\theta_{0.1H}=33^\circ+79^\circ\dfrac{\lambda}{D_H}, & \dfrac{D_H}{\lambda}<3\end{cases}$$

$$\begin{cases}\psi_{mH}\dfrac{2\pi}{\lambda}\dfrac{D_H^2}{8R_H}=\dfrac{\pi}{8}, \quad R_H=2\dfrac{D_H}{\lambda}\\[2ex] \psi_{mE}\dfrac{2\pi}{\lambda}\dfrac{D_E^2}{8R_E}=\dfrac{\pi}{8}, \quad R_E=2\dfrac{D_E}{\lambda}\end{cases} \tag{3.41}$$

3. 波纹喇叭

波纹喇叭作为一种高效率馈源初级辐射器，其概念最早由 A. J. Simons 和 R. E. Lawrie 等学者于 1966 年提出。

波纹喇叭内可传输多种模式，是一种混合模喇叭，其方向图具有良好的圆对称性，各辐射面的相位中心其稳定度高，并且交叉极化电平与副瓣电平都很低。波纹喇叭之所以具有上述优良的性能，主要原因是：一方面，通过深约 1/4 波长的槽，使得喇叭内影响辐射性能的纵向电流得到良好的抑制；另一方面，其内部传播的是混合模 HE_{11} 模，在具有相同截止频率和相速的 TM 波与 TE 波分量沿波导内壁的任意处，它们之间都会保持与频率无关的相位关系，可在很宽的频带上产生近似于旋转对称的方向图。

波纹喇叭天线按照口径面不同，一般可分为波纹角锥喇叭和波纹圆锥喇叭。其结构示意图分别如图 3.25 和图 3.26 所示。

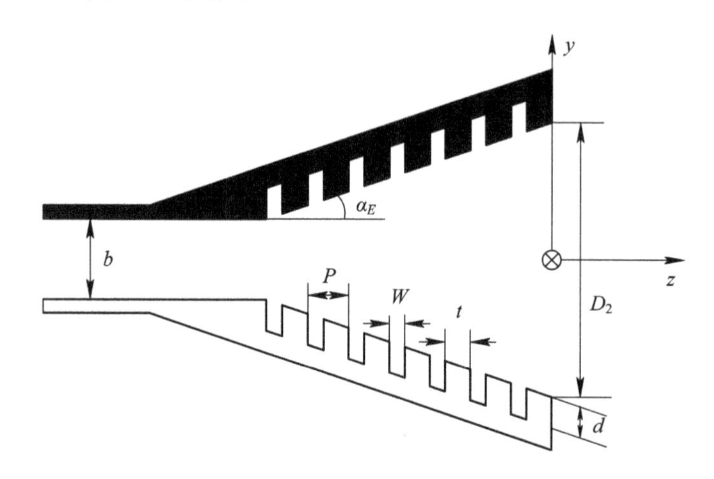

图 3.25 波纹角锥喇叭的 E 面剖视图

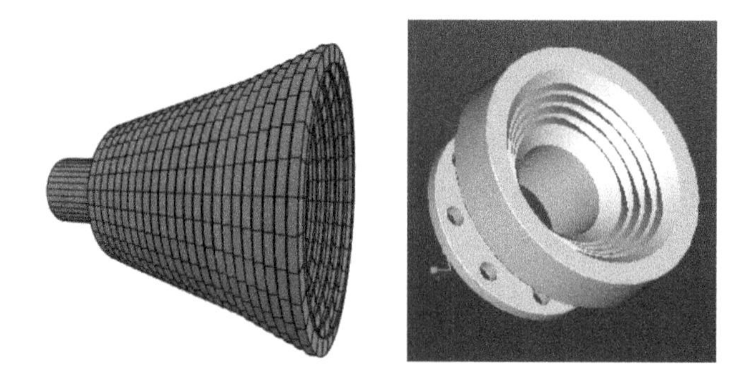

图 3.26 波纹圆锥喇叭的结构图

波纹圆锥喇叭[8]的主要优点有：

(1) 通过波纹槽的加载，使得喇叭口径 E 面边缘的绕射得到很好的抑制，从而其方向图副瓣电平低，前后抑制比高，E 面、H 面方向图的重合性比较好，即辐射方向图具有圆对称性。

(2) 各辐射面的相位中心重合，使得整个喇叭有比较稳定的相位中心。

(3) 具有高波束效率和低交叉极化电平。

（4）工作频带较宽。

因此，波纹图锥喇叭适合用作各类反射面天线的馈源，并已成为当代高性能的卫星通信、卫星电视和其他微波天线中馈源的主要形式。

三十九所某工程采用波纹喇叭作为辐射器。如图 3.27 所示，实测该喇叭在各个频点的方向图的对称性非常好，反射系数小于－40 dB，性能良好。

图 3.27　波纹喇叭示意图

4. 多模喇叭

多模喇叭作为一种高效率的馈源初级辐射器，通过控制各模的数量及相位配置，以获得幅度及相位轴对称和低旁瓣的馈源初级方向图。通过在主模馈源中引入产生高次模 TM_{11} 的装置，合理配置高次模与主模的相对相位，充分利用 TM_{1n} 模只对 E 面方向图有贡献而对 H 面方向图没有贡献这一特性，就有可能使 E 面方向图变得与 H 面方向图差不多一样宽，从而获得旋转轴对称的方向图，实现等化波束的目的。多模喇叭实际上是高次模激励装置同移相段的合理结合，通常通过台阶、变张角、膜片、介质加载等措施激励高次模。多模喇叭的形式很多，从喇叭系统的横截面来分，有圆锥多模喇叭、角锥多模喇叭等。

一个实用的双模圆锥喇叭的纵截面如图 3.28 所示，它由 4 段组成：第 1 段是主模 H_{11} 馈电波导；第 2 段是圆锥过渡段；第 3 段是双模波导段，其中由 H_{11} 模激励具有一定振幅和相位的 E_{11} 模，E_{11} 模和 H_{11} 模的相速不同，可以选择适当的长度，使得两模的场在口径上同相；第 4 段是圆锥喇叭段。

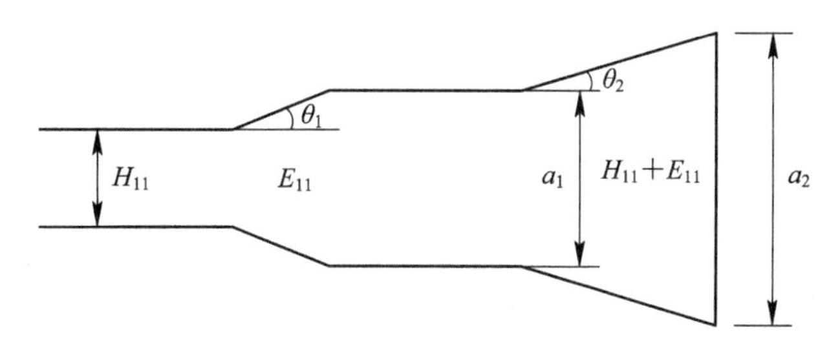

图 3.28　双模圆锥喇叭的纵截面图

三十九所为新疆天文台 110 m 天线设计了 1 种性能优良的超宽带多模台阶喇叭[9]。该喇叭由 225 个圆波导台阶组成，具有 450 个参数，如图 3.29 所示。用模式匹配法结合仿真以及优化算法，使喇叭在 3 倍频的范围内方向图等化，相位中心稳定，交叉极化较低，性能优良。

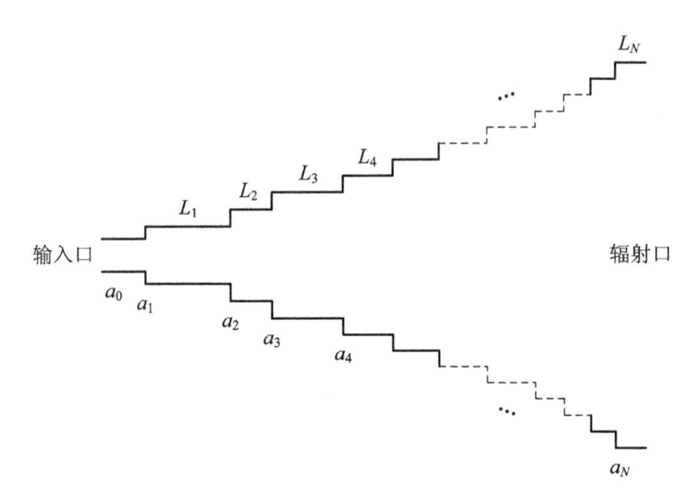

图 3.29　多模喇叭示意图

5. 同轴喇叭

同轴喇叭的基本形式是典型的同轴结构[10]，一般用于双频段或多频段馈源系统。其内部中心区域为高频段喇叭，同轴区域为低频段喇叭，工作在同轴高次模 TE_{11} 模式，其同轴喇叭的基本结构如图 3.30 所示。

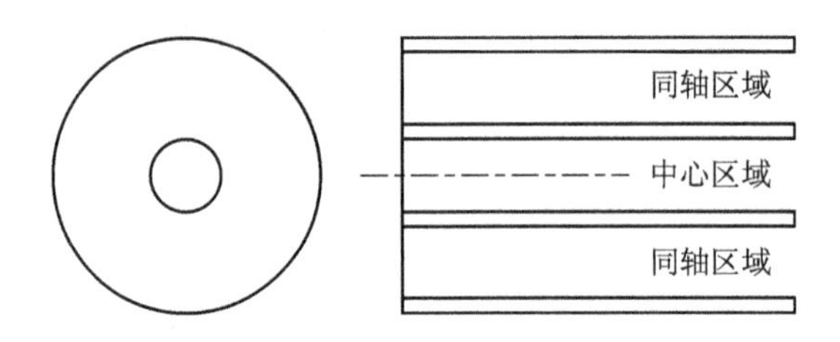

图 3.30　同轴喇叭的基本形式

作为双频段或多频段馈源系统的初级辐射器，同轴喇叭形式简单，各频段信道相互独立，各频段间的影响较小。然而采用基本形式的同轴喇叭在电气性能上具有非常明显的缺陷，如方向图不等化，后瓣电平较高，因此实际应用中的同轴喇叭都是基于基本形式的演变，如引入各种台阶、张角或者槽结构等，以达到改善其性能的目的[11]。关于同轴喇叭的具体应用设计将在多频段馈源中详细介绍。

6. 介质加载喇叭

普通的主模喇叭由于本身存在严重的不足，如其 E 面波瓣宽度较 H 面波瓣宽度窄，E 面旁瓣高，E 面和 H 面的相位特性很不相同，因此其用作反射面天线的初级辐射器时，天线增益等指标会受到限制。在喇叭中加载介质材料，利用介质加载激励 TM_{11} 模，可使其支持 HE_{11} 平衡混合模，改善方向图的对称性。它具有和波纹喇叭类似的口径场分布和远场辐射特性，可用作反射面天线的高效率的馈源初级辐射器。介质材料的引入有助于方向图对称且当其与波导一起使用时有助于减少口径尺寸。图 3.31 给出了混合模介质加载圆锥喇叭的结构示意图。介质加载喇叭和波纹喇叭相比，其分析和设计更简单，加工更容易，重量更轻，成本更低，因此它在卫星通信地球站天线中得到了广泛的应用，特别是在毫米波频段或更高的频段应用中，它的优势更为明显。其缺点是允许的输入功率较小，有一定的介质损耗，这就需要研制新型的低损耗、耐高温介质材料。

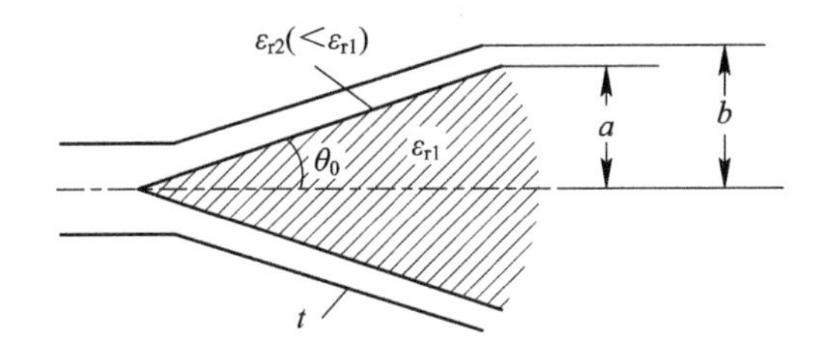

图 3.31　混合模介质加载圆锥喇叭

7. 宽带馈源初级辐射器

常见的宽带馈源初级辐射器有对数周期偶极子天线(LPDA)、Eleven 天线、四脊喇叭、螺旋馈源，它们各有优缺点，其性能对比如表 3.1 所示。

表 3.1　宽带馈源初级辐射器的性能对比

宽带馈源初级辐射器	性 能 对 比
四脊喇叭	高增益，圆极化网络简单，相心较离散，适合 L～Ka 频率范围
LPDA	输入阻抗与频率无关，辐射图形与频率无关，尺寸比较大，相心离散，适合于中低频
Eleven 天线	相心稳定，波束宽度稳定，抑制带外信号能力差，圆极化网络复杂，研制成本高
螺旋天线	固有圆极化，采用平面螺旋/锥螺旋形式，与频率无关，耐功率性差，12 GHz 以上难设计

1) LPDA

对数周期偶极子天线 LPDA 是由 N 个平行振子天线构成的，其原理图如图 3.32(a)所示，结构图如图 3.32(b)所示。

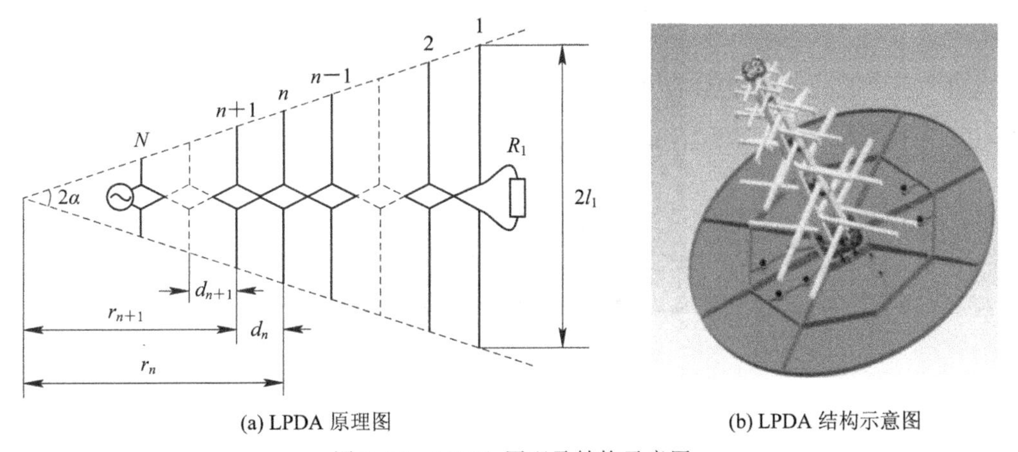

图 3.32　LDPA 原理及结构示意图

2）Eleven 天线

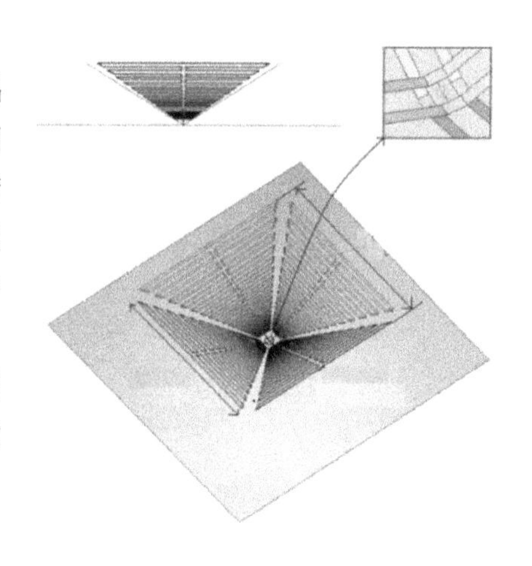

Eleven 天线是 1 种 10 倍频带宽的对数周期偶极子天线，结构上它将折叠电偶极子通过对数周期的方式进行级联，形似数字 11，在超过 10 倍频的带宽上具有 11 dB 的方向性和优于－11 dB 的回波损耗，在整个带宽内波束宽度几乎恒定不变，相位中心也十分稳定。

完整的 Eleven 天线由三部分组成：4 个对数周期偶极子瓣、中心反射板和后侧馈电网络(巴伦和功分器)。其模型示意图如图 3.33 所示。

图 3.33　Eleven 天线模型图

3）四脊喇叭

四脊喇叭具有结构简单、易加工、方向图好、增益高等优点。将四脊波导终端做成逐渐张开的喇叭形状，就是四脊喇叭，它具有宽频带、双极化和体积小等特点，可以用作反射面天线宽带馈源初级辐射器。四脊喇叭的结构如图 3.34 所示，主要由背腔、脊波导、脊片和喇叭壁构成。

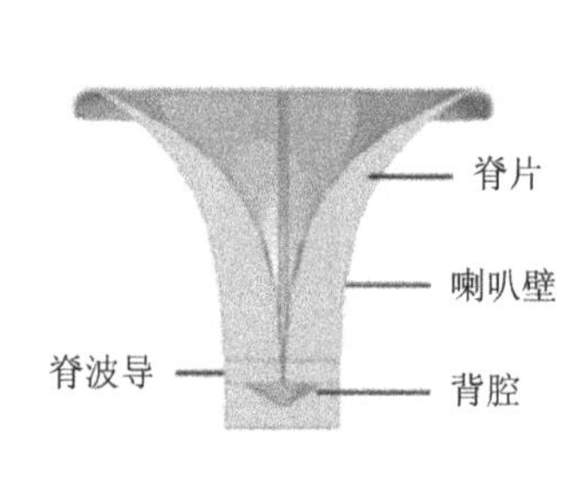

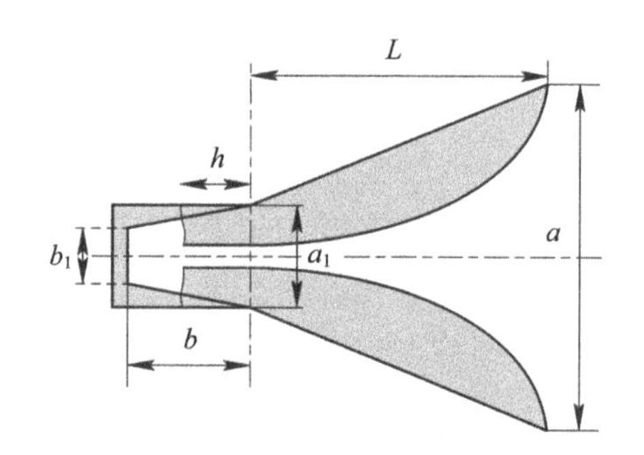

图 3.34　四脊喇叭的结构示意图

三十九所设计的宽带介质加载四脊喇叭的实物图如图 3.35 所示。

图 3.35　宽带介质加载四脊喇叭的实物图

3.4.2　馈源网络

馈源网络是馈源系统非常重要的一个组成部分。根据使用功能不同，它可以实现分频、变极化及分极化等功能。常见的馈源网络器件有正交模耦合器、圆极化器、TE_{21}模耦合器、滤波器、分波器等。

1. 正交模耦合器

正交模耦合器用于实现天线的极化分离，是高容量通信系统中双极化传输的关键器件。公共口为方波导口的正交模耦合器示意图见图3.36。正交模耦合器虽然只有3个物理端口，即1个公共端口和2个分支端口，但是在电气上它是1种四端口器件，这是因为公共端口通常是方波导或圆波导，它可以传输2个独立的正交模式，方波导为TE_{10}和TE_{01}，圆波导为TE_{11}和TE_{11}。其余2个单一信号端口传输各自的基模TE_{10}。2个基模接头之间互相垂直，公共端口的主模TE_{10}通过方矩转换段传输到纵向波导端口，公共端口的主模TE_{01}被耦合至侧壁分支波导端口，从而实现了水平和垂直极化的分离。耦合臂波导口与直通波导口之间的端口隔离度高。

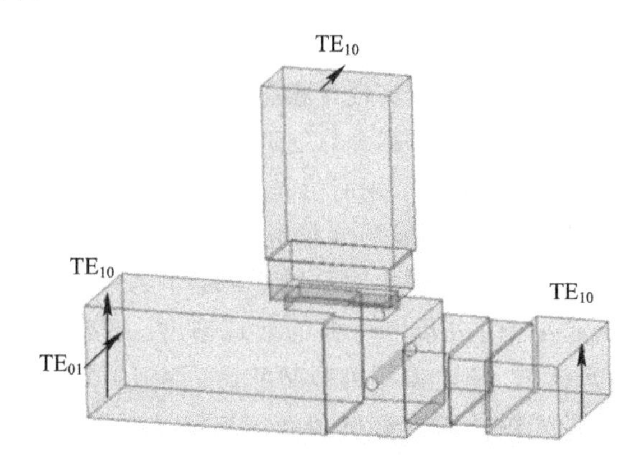

图3.36 正交模耦合器示意图

2. 圆极化器

圆极化器是形成圆极化波的重要器件。它必须与正交模耦合器联合使用，且与其成45°放置，这样才能把喇叭接收到的圆极化信号变换为线极化信号，通过正交模耦合器送到接收机，或把发射机发出的线极化信号变换为圆极化信号，通过喇叭发向目标。常用的圆极化器有螺钉极化器、介质板极化器、波纹波导极化器等。

螺钉极化器如图3.37(a)所示。在圆波导的轴线方向，金属螺钉对称地成对插入波导管。螺钉深度一般符合升高余弦分布。平行和垂直于螺钉的2个正交场分量，经过螺钉的传输后产生90°的相位差。

介质板极化器如图3.37(b)所示。在圆波导的管壁插入低损耗的介质片，使平行和垂直于螺钉的2个正交场分量经过介质板传输后产生90°的相位差。介质片两端的渐变匹配段的主要作用是减小反射损耗。常用的介质材料有聚四氟乙烯和石英玻璃。

波纹波导极化器如图3.37(c)所示。波纹波导极化器由方波导在两壁(或四壁)上加载波纹而构成。波纹波导极化器频带特性宽，性能优良，不需调试，应用广泛。

在结构空间紧凑的应用场合，一般采用隔板极化器实现圆极化功能。隔板极化器示意图见图3.37(d)。馈入矩形波导管某一端口的信号，在方波导中被变换成圆极化(左旋或右旋)；反之，某一旋向的圆极化波由方波导馈入，仅能耦合到矩形波导的某一端口。

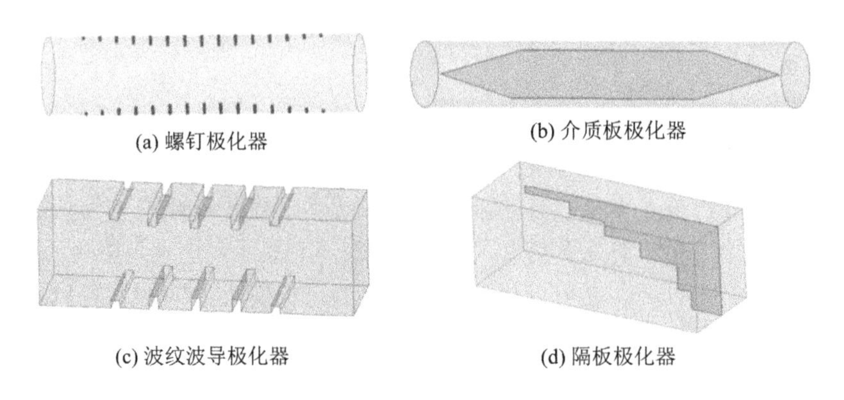

(a) 螺钉极化器　(b) 介质板极化器　(c) 波纹波导极化器　(d) 隔板极化器

图 3.37　不同类型圆极化器示意图

3. TE_{21}模耦合器

TE_{21}模耦合器用于自跟踪馈源系统。其基本原理是利用 TE_{21}模电场方向图在天线轴向为零而在偏轴角度上又有极性的特点来实现自跟踪。

TE_{21}模耦合器只耦合TE_{21}模，而不耦合(或抑制)其他模式，这样TE_{21}模和TE_{11}模互不干扰地工作。为了减小对和模的影响，采用对称耦合结构。考虑到圆极化工作，采用TE_{21}模八臂耦合结构。图 3.38(a)给出了TE_{21}模场分布示意图。

TE_{21}模耦合器采用 8 排在圆波导壁上对称的小耦合孔按一定分布排列，将圆波导中的TE_{21}模能量耦合到矩形副波导中，并以TE_{10}模的形式输出，理想的耦合度为 0 dB，同时对不需要从圆波导耦合的TE_{11}模、TM_{11}模等的抑制度要达到 40 dB 以上。依据这些原则确定圆波导和矩形波导的结构尺寸以及耦合孔的分布，并设计相应的馈电网络，即可实现左、右旋圆极化跟踪。TE_{21}模耦合器如图 3.38(b)所示。

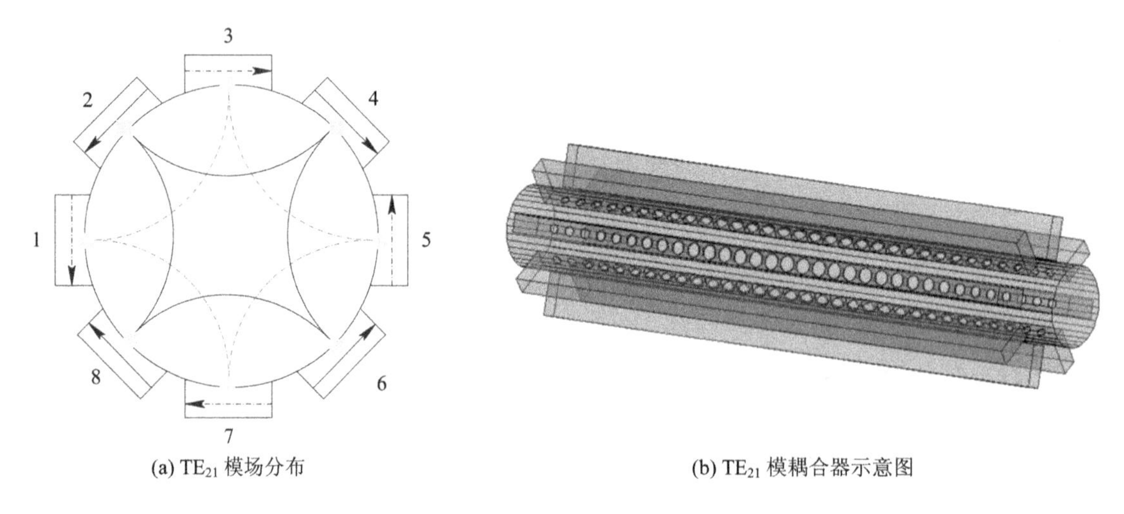

(a) TE_{21} 模场分布　(b) TE_{21} 模耦合器示意图

图 3.38　TE_{21}模耦合器及其场分布图

4. 滤波器

微波滤波器是用来分离不同频率信号的一种器件。它的主要作用是抑制不需要频段的信号，使其不能通过，而只让所需频段的信号通过。工程中常把几个滤波器组合成双工器或多工器，以分离或叠加信号。

工程中常用的滤波器有褶皱波导滤波器、群岛滤波器、交指滤波器、同轴腔体滤波器、并联电感膜片滤波器等。其模型示意图如图 3.39 所示。

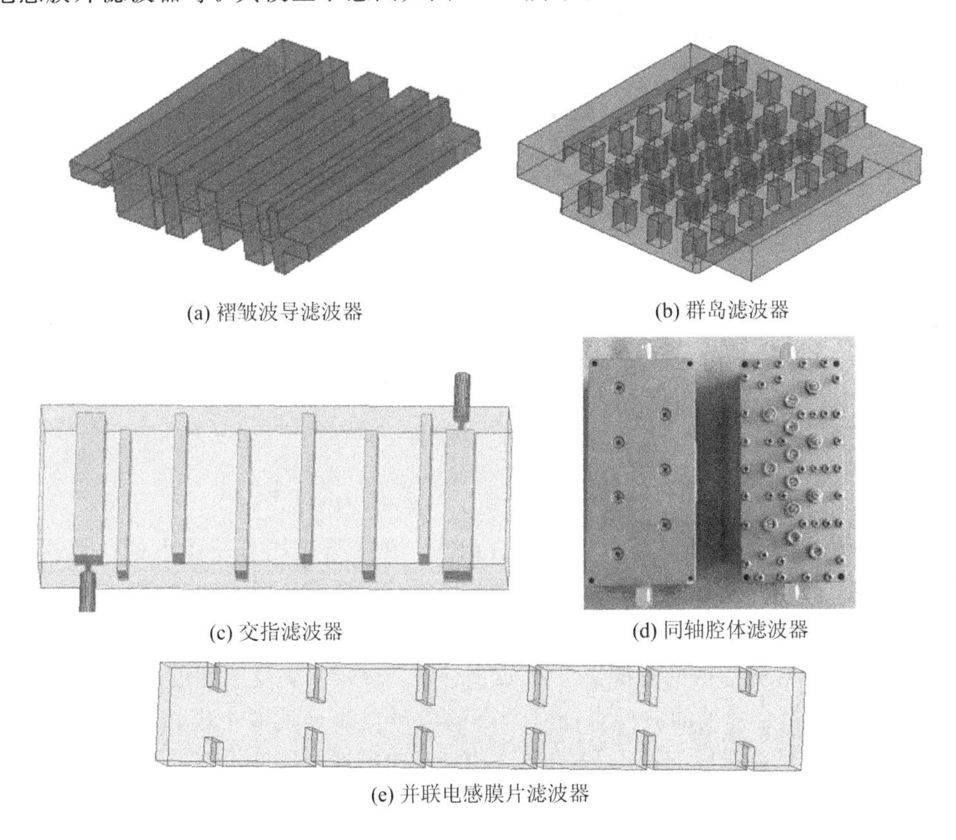

(a) 褶皱波导滤波器　(b) 群岛滤波器

(c) 交指滤波器　(d) 同轴腔体滤波器

(e) 并联电感膜片滤波器

图 3.39　常用滤波器示意图

三十九所在传统波导滤波器的基础上，通过在非相邻谐振腔间引入新型感性交叉耦合结构而设计的新型滤波器其带外抑制特性更佳，损耗更低，尺寸更小。采用模式匹配法进行优化分析，设计周期短，性能极佳。其与传统波导滤波器的模型对比如图 3.40 所示。

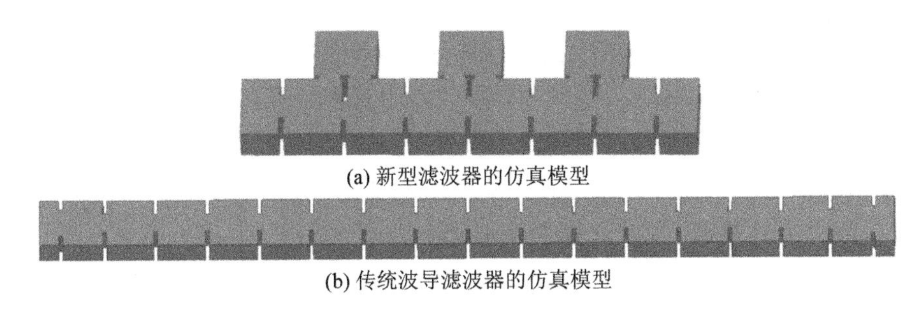

(a) 新型滤波器的仿真模型

(b) 传统波导滤波器的仿真模型

图 3.40　滤波器的模型

5. 分波器

分波器用于实现 2 个频段的信号分离功能，即通常利用分波器将低频段能量从波导侧壁耦合出来，并利用合成网络将耦合出来的能量同相合成，高频段信号则继续向后传输。分波器工作原理示意图如图 3.41 所示。

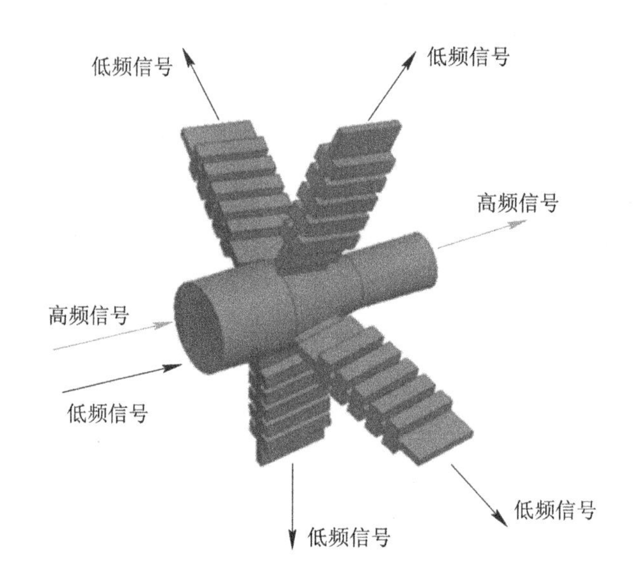

图 3.41　分波器工作原理示意图

分波器将低频段 TE_{11} 模从 4 个侧壁耦合出来，在接近磁场分量最大的位置进行耦合。为了实现 2 个正交模式的提取，在 4 壁对称地设计了 4 个耦合孔，连接分波器 4 壁的滤波器可以有效抑制高频段信号耦合进入低频段和通道网络。

耦合孔位置的选取依据的是圆波导的截止特性，理论上，位于圆波导对低频段截止点往前 $\lambda/4$ 处。由于耦合孔处的波导直径对于高频段可以满足很多个模式的传输条件，因此孔的不连续边界必然会激励起高频段的高次模，并向喇叭口方向传输。因此在设计时，必须考虑高次模带来的影响，对模型进行优化，减小张角变换及耦合孔产生的高次模。

分波器侧壁耦合处采用了群岛滤波器或褶皱波导滤波器来滤除高频段信号，这两种滤波器在标准 C 频段通信天线、C 波段统一测控天线中得到了广泛应用，具有带外抑制度高、技术成熟、加工一致性好、插入损耗小等优点。

3.4.3　多频馈源

多频共用馈源作为多频共用天线的核心器件，其性能参数直接决定了天线的性能，是多频共用天线设计的关键技术之一。其中，多频共用且多个频段同时具备单脉冲跟踪能力的馈源的设计是难点，目前可参考的相关文献较少，设计方法主要有以下几种：① 前后馈分离式馈源；② 五喇叭组合馈源；③ 同轴馈源；④ 多频段共口径馈源。

1. 前后馈分离式馈源(频率选择表面技术)

当天线工作于多频时，可采用前后馈分离的方式将天线的工作频段分离。这就需要配置 1 个具有频率选择特性的副反射面，分别设计前馈及后馈馈源，利用频率选择表面的频率选择特性，使副反射面对一个频段反射而对另一个频段透射，同时满足 2 个频段的工作需求。

频率选择表面(Frequency-Selective Surface，FSS)作为一种分频表面，对电磁波具有一定的频率选择特性，能够让一个频段的电磁波通过，让另一个频段的波反射。

下面以 S/X 频率选择面设计为例，对其工作原理进行说明。为了保证 S、X 两个频段互不干扰地工作，降低 S/X 双频段共用馈源设计的复杂性，采用 S/X 双频段共用频率选择面作为副反射面，即频率选择表面对 S 频段透射，对 X 频段反射。图 3.42 为 S/X 双频段天线的分频原理示意图。

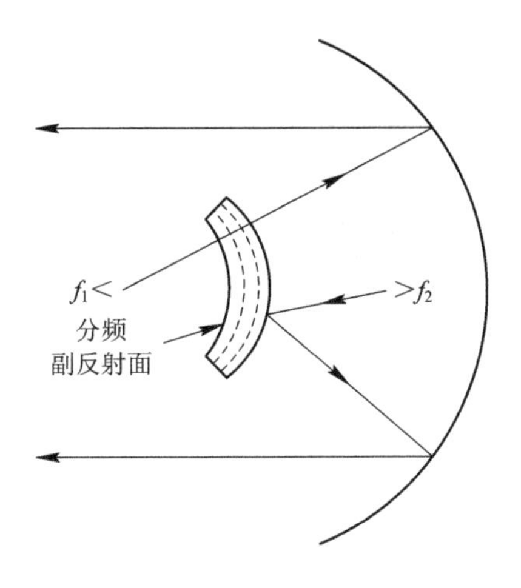

图 3.42　S/X 双频段天线的分频原理示意图

三十九所曾成功为中国科学院研制了 S/X 频率选择副面，在 11.28 m 天线上拓展了天线功能(原天线仅用作单 S 接收)，成功实现了 S/X 双频工作，天线在 2 个频率上的实测性能优良，同时大大降低了天线的建造成本。图 3.43 为三十九所研制的频率选择副面的实物照片。

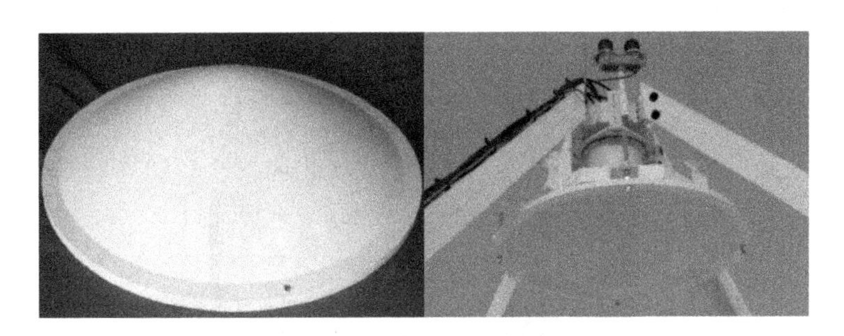

图 3.43　三十九所为中科院研制的 S/X 双频段频率选择副面的实物照片

2. 五喇叭组合馈源

当天线工作于双频/多频时，可采用五喇叭组合馈源方案。通常低频段采用典型的四喇叭单脉冲馈源，低频四喇叭位于外围；高频段采用多模单脉冲自跟踪馈源，高频喇叭位于中间。喇叭排布示意图如图 3.44 所示。

五喇叭组合馈源中，外围喇叭工作于低频段，左、右喇叭形成低频方位差，上、下喇叭形成低频俯仰差。低频和信号通过外围 4 个喇叭同相合成得到。五喇叭组合馈源低频工作原理图如图 3.45 所示。

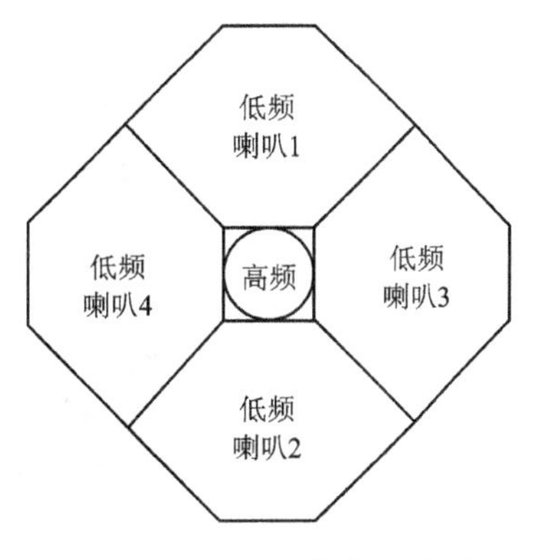

图 3.44　五喇叭排布示意图

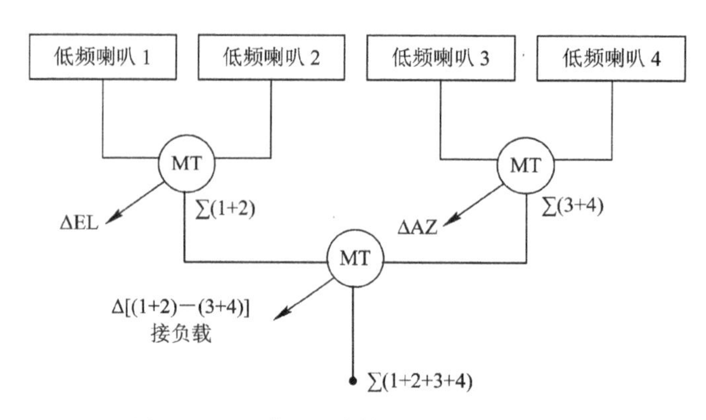

图 3.45　五喇叭组合馈源低频工作原理图

中间喇叭工作于高频段，当中间频段需要自跟踪时，可采用多模方式实现。多模方式可实现自跟踪的波形主要有圆波导 TM_{01} 模、TE_{01} 模以及 TE_{21} 模等，它们与主模 TE_{11} 模组合完成自跟踪功能。

五喇叭组合馈源的优点在于高、低频工作信道相互独立，高、低频轴比均可以做得比较好。然而与传统五喇叭馈源类似，中间高频喇叭与四周低频喇叭之间存在矛盾，故在设计时必须折中考虑。

五喇叭组合馈源作为多频段用途(比如 S/X/Ka 时)，周围低频喇叭为 S 频段，中间高频喇叭需兼顾 22 个频段 X/Ka，中间为 X/Ka 共口分波馈源。关于共口分波馈源的工作原理及设计方法将在后面详细介绍。

图 3.46、图 3.47 给出了三十九所成功研制的五喇叭组合馈源的实物照片。

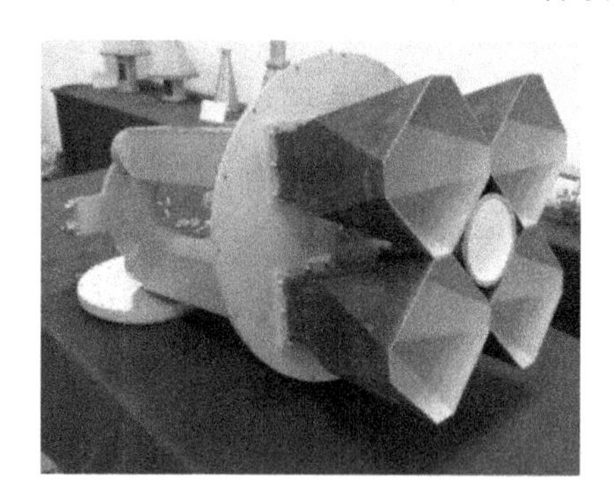

图 3.46　S/Ka 五喇叭组合馈源的实物照片

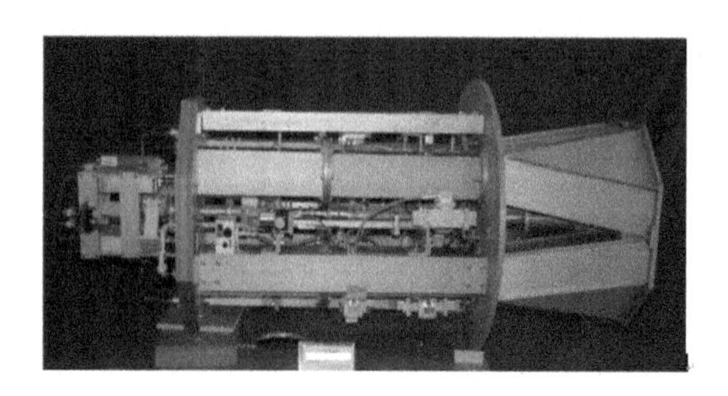

图 3.47　S/X/Ka 五喇叭组合馈源的实物照片

3. 同轴馈源

多频段天线低频的电尺寸(D/λ)较小时，可采用环焦天线和大照射角的同轴馈源相结合的设计。

同轴馈源的基本形式是典型的同轴结构，内部中心区域为高频馈源，同轴区域为低频馈源。由于采用基本形式的同轴馈源在电气性能上具有非常明显的缺陷，因此在实际工程中的同轴馈源都是基本形式的演变，如引入各种台阶、张角、介质锥或者槽结构等，以达到改善馈源性能的目的。

现介绍一种 S/X/Ka 三频段同轴馈源。其中，S 频段接收、发射通道为同轴 TE_{11} 模通道；X 频段接收、跟踪通道为同轴 TE_{11} 模和 TE_{21} 模通道，其位于 S 频段同轴波导的内导体内腔，同时位于 Ka 频段喇叭外；Ka 频段接收、跟踪通道为圆波导 TE_{11} 模和 TE_{21} 模通道，工作在 X 频段同轴波导的内导体内腔。为避免馈源过长，高频段馈源损耗过大，S 频段通道未使用同轴 TE_{21} 模式，而通过 4 阵子形式实现(阵子 1、阵子 2 通过组合网络形成方位差信号，阵子 3、阵子 4 通过组合网络形成俯仰差信号)。三频段喇叭及 S 阵子排布示意图如图 3.48 所示。三频段馈源模型的实物图如图 3.49 所示。

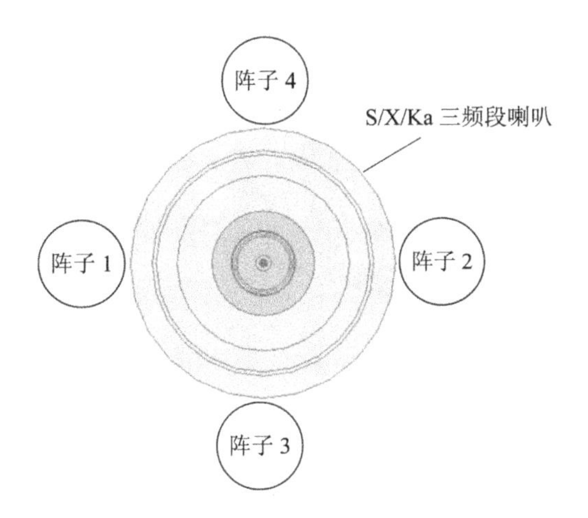

图 3.48　三频段喇叭及 S 阵子排布示意图

图 3.49　三频段馈源模型的实物图

三频段同轴馈源具备的功能包括：① S 频段数据接收、发送、跟踪及带外抑制功能；② X 频段数据接收、跟踪功能；③ Ka 频段数据接收、跟踪功能。在创新的三同轴方案中，三个频段信道相互独立，克服了共口分波方案频段间的相互影响，其极化复用性能更好（天线三个频段的轴比在 0.8 dB 以内）、天线效率高（S 频段口面效率为 59%，X 频段口面效率为 66%，Ka 频段口面效率为 73%），实现了三频段高 G/T 值（在 7.3 m 天线上，S 频段实测 G/T 值为 19.7 dB/K，X 频段实测 G/T 值为 32.1 dB/K，Ka 频段实测 G/T 值为 37 dB/K），同时具有高的指向精度，各项射频指标达到国际领先水平（与法国 ZDS 公司多频段天线的性能相当），馈源结构设计紧凑、巧妙。

4. 多频段共口径馈源

多频段共口径馈源广泛应用于双频段、多频段馈源设计中。多频段共口径馈源大致有以下几种组合形式：波纹喇叭＋波纹槽底横槽分波，波纹喇叭＋波纹槽底纵槽分波，波纹喇叭＋光壁纵槽分波，宽带多模喇叭＋光壁纵槽分波。下面重点介绍后两种。

波纹喇叭＋光壁纵槽分波馈源主要由双频波纹喇叭（单槽深波纹喇叭或双槽深波纹喇叭）及光壁波导差模分波器、光壁波导和模分波器组成。其分波方式为：双频段波纹喇叭作为初级辐射器，在光壁波导上采用纵槽耦合的方式把低频和差信号与高频信号分离。馈源前端示意图见图 3.50。

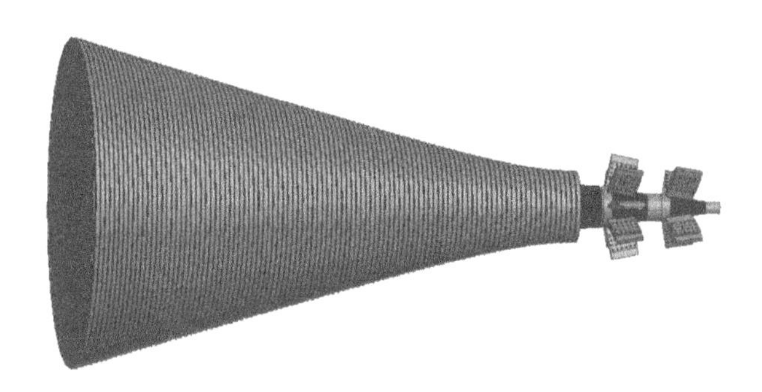

图 3.50　波纹喇叭＋光壁纵槽分波方式的馈源前端示意图

宽带多模喇叭＋光壁纵槽分波馈源主要由宽带多模喇叭、光壁波导和模分波器组成。其分波方式为：宽带多模喇叭作为初级辐射器，在光壁波导上采用纵槽耦合的方式把低频和信号与高频信号分离。馈源前端示意图见图 3.51。该馈源基于模式匹配法设计。

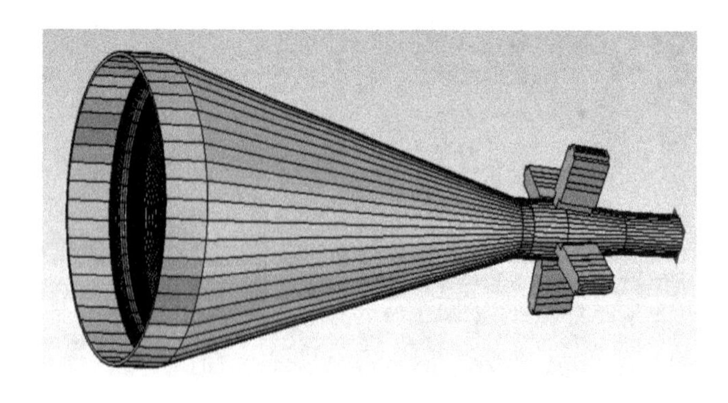

图 3.51　宽带多模喇叭＋光壁纵槽分波方式的馈源前端示意图

宽带多模喇叭具有以下优良特性：① 可实现对高频段高次模的良好抑制，具有高、低频段良好的初级辐射特性；② 加工简单，周期短，对尺寸敏感度较低，在 Ka 及以上频段有绝对优势；③ 高、低频段都具有基本相同的照射电平，辐射性能与单频段喇叭的相当。

基于模式匹配理论，研制光壁分波器，并通过自主编程设计的程序自动优化，可以高效并且高质地完成分波器设计。具体如下：

① 利用侧壁褶皱波导滤波器匹配低频，可实现低频段的良好匹配，同时低频信道可实现对高频超过 56.7%的相对带宽内主模及高次模的良好抑制。

② 当高、低频比较大(大于 4∶1)时，传统依靠理论分析结合仿真手段设计的分波器其高频的高次模难以得到控制，将会影响到馈源高频的工作性能。现在基于模式匹配理论，结合程序设计、优化及仿真验证，可实现对分波器高频段 56.7%的相对带宽内高次模的有效控制，提高馈源高频的工作性能。

③ 基于模式匹配理论，结合程序设计、优化，分波器在匹配侧壁低频段驻波的同时，可实现高频信道(相对带宽为 56.7%)超宽带的匹配。

3.5　波束波导馈电系统

3.5.1　波束波导馈电系统概述

1. 波束波导的基本概念

波束波导(BWG)是由一系列顺序排列的反射镜或透镜组成的波导结构。利用透镜或者反射镜的聚束作用，波束波导会将导引的电磁波集中在横截面较小的区域内以波束形式传播。波束波导的主要功能就是将馈源辐射的电磁波或反射面天线接收的电磁波通过聚束传播的方式进行低损耗、远距离的传输[12]。

2. 波束波导天线的优点和应用

波束波导天线一般由卡塞格伦天线、波束波导系统、馈源系统三个部分构成。该天线不仅具有传统反射面天线增益高、波束窄、频带宽、旁瓣低、驻波小的优点，还具有以下优点：

(1) 一般的波束波导天线都为电大尺寸，要么波束波导口径大，要么频率高，天线馈源的摆放位置不受天线焦点位置的限制，可以安装在天线下方的地下保护室内，便于安装维护，同时也便于做好电磁屏蔽以及环境温度控制。

(2) 对于常规反射面天线，馈源和副反射面的遮挡会造成反射面天线增益下降，旁瓣增高，驻波比变大等问题；而波束波导的馈源安装在地下，当波束波导天线进行波束扫描时，只需要驱动波束波导天线的方位轴和俯仰轴即可，馈源部分保持相对静止。

(3) 波束波导系统比波导系统有着更强的耐功率特性，尤其在较高的频段，其功率容量远远大于波导系统。波束波导具有宽频带特性，馈电损耗极低，并且损耗值不与传输距离成比例，尤其在高频段具有较高的应用性。

(4) 波束波导系统中可以加入多种空间器件，如频率选择器、极化选择器、圆极化器等，空间器件的损耗较低，从而实现了天线多频段多极化工作，同时也可以实现频率复用。

综合以上优点可以得出，波束波导系统更适合应用于口径较大、功率较高以及频率较高的天线。

3.5.2 波束波导馈电系统的参数选择原则

为了保证波束波导馈电系统有较高的传输效率、较低的交叉极化，等效到副反射面上的散射方向图随频率变化小，波束波导馈电系统的参数选择原则如下：

(1) 所有反射镜的投影直径尽量在50个波长以上，以减少绕射，提高传输效率。

(2) 曲面镜之间的距离变化对性能变化不敏感，因此可以减小对镜面之间距离的精度要求。

(3) 对称曲面镜的形状(参数)尽量相同，且镜面相对放置，以减小波束波导馈电系统的交叉极化。

(4) 曲面镜之间的距离满足 $L_0 \leqslant 0.2D^2/\lambda$，多频工作时要综合考虑。

(5) 平面镜在与波束传播方向垂直的平面内的投影要大于30λ，多频段工作时要适当照顾低频性能。

(6) 平面镜的边缘照射电平要低于−23 dB，以减小绕射，提高波束波导的截获效率。

(7) 平面镜的大小和位置要根据俯仰转动机构的限制等因素综合考虑，同时兼顾接收和发射的不同设计电平进行折中，以减小绕射，提高波束波导的截获效率。

3.5.3 波束波导馈电系统的波束倾斜补偿技术

波束波导馈电系统用于将处于地面射频机房内的馈源辐射传导到天线副反射面的焦点处，实现对天线副反射面的有效照射，形成所需要的口径场分布。与传统的卡塞格伦天线相比，波束波导馈电系统具有不需要旋转关节和长的波导馈线，馈线损耗小，低噪声放大器等电子设备的工作环境好，多频段工作时每个工作频段都可得到较好的口面照射效率和副瓣电平等优点。由于差零点与和峰值位置都随天线的方位轴和俯仰轴而变化且不一致，因此会引入天线增益损失，当天线跟踪到差零点时，与和峰值位置会有一个偏差，它的大小随方位和俯仰角而变化，且与天线的工作频率有关，频率越高，差值越小。这个差值会引起天线和方向图指向偏离峰值的方向，造成增益损失。

3.5.4 深空测控天线

自20世纪70年代以来，世界各大国大力开展了深空测控通信网的研究和建设。从技术性和覆盖范围看，只有美国的深空测控通信网(Deep Space Network，DSN)为目前世界最高水平。美国国家航空航天局(NASA)的下属机构喷气推进实验室(JPL)负责开发和管理DSN，执行对深空测控航天器的跟踪、导航、测控、通信任务，作为世界上最大、最灵敏的科学远程通信系统，其控制中心设在JPL总部所在地美国Pasadena，3个经度间隔120°的深空综合设施分别位于澳大利亚堪培拉、西班牙马德里和美国加利福尼亚[13-14]。

我国的探月工程于2004年正式启动，并命名为“嫦娥工程”，我国的深空测控网建设随之展开。虽然中国的深空测控研究起步晚于美国、欧洲各国、俄罗斯等世界主要航天大国，但是我国深空测控网的建设紧跟国际深空网发展的主流趋势。目前，我国已经建成3个深空站，分别是佳木斯66 m口径天线深空测控站(见图3.52(a))，喀什35 m口径天线深空测控站(见图3.52(b))和南美35 m口径天线深空测控站，它们都具备S、X、Ka 3个频段的测控和数据接收能力。由这3个深空测控站联网组成的深空测控网，用于支持我国未来的载人登月、火星探测和其他深空测控任务。

(a) 佳木斯 66 m 深空站

(b) 喀什 35 m 深空站

图 3.52　深空测控天线

3.5.5　毫米波雷达系统中的波束波导天线

在雷达系统中，需要对目标进行高分辨成像测量和细节辨识，需要同时满足大功率及高频段两种需求。在高频段，传统的波导系统提高功率的措施十分有限，并且插入损耗较大，同时发射端由于发射机自身带宽和发射功率受限，极大地限制了大功率及高频段雷达的发展[15]。

因此，开发了一种新的波束波导技术——空间频率拼接及功率合成技术(包含 2 台发射系统)。该技术有效地拓展了频率带宽，提高了功率容量，并且极大地减小了高频段的馈线损耗。

工作频率在 30 GHz 以上的毫米波雷达，发射馈源的瞬时脉冲功率会达到几十千瓦甚至几百千瓦，若雷达系统还采用波导形式，则无法承受如此大的功率。另外，在毫米波频段，其工作频带较宽，接收与发射同时做成一体馈源的技术难度非常高，需要将接收和发射分离设计。因此，采用波束波导系统为一种较好的选择。

美国在夸贾林岛上有 1 台 12 m 的毫米波测量雷达(MMW)，原工作频段为 35 GHz，改造后增加了 94 GHz 的 W 频段。

我国也有 1 台 12 m 毫米波雷达天线，为三十九所研制，工作在 Ka 频段，用于远程高分辨成像。图 3.53 为 12 m 毫米波雷达天线的实物图。

图 3.53　12 m 毫米波雷达天线的实物图

3.5.6 波束波导天线在射电天文领域的应用

在射电天文领域采用波束波导天线，将庞大的馈源系统与天线分离，便于实现低温超导制冷，便于维护设备，并使工作环境良好，但在波束波导系统中多次反射会造成信号的部分损失以及噪声温度的增加。

比较典型的是日本国家天文台(NAOJ)的45 m射电望远镜，于1983年投入运行，它是世界上第1个大型毫米波望远镜天线系统，采用格里高利型天线，工作在L/S/C/X/Ku/Ka/W频段。坐落在撒丁岛的64 m口径的射电望远镜(SRT)是欧洲最大的射电望远镜，是由意大利国家天体物理研究所(INAF)、意大利航天局(ASI)共同合作完成的。

国内上海天文台的25 m射电望远镜也采用了波束波导系统，采用卡塞格伦型天线，工作在L/S/C/X/Ku/Ka频段。

3.6 计算电磁学在天线设计中的应用

实测方法是人们普遍认可的获取天线辐射特性的手段，然而实测结果往往会受到实验设备和实验环境的干扰，需要进行长时间的优化和调试。特别是外场天线的调试，需要耗费大量的人力与财力成本。随着计算机技术的不断发展，计算电磁学方法随之迅速发展起来。计算电磁学方法的普及与应用无疑大大降低了设计与调试过程的成本，同时提升了设计的精度和结果的可靠性。可以说，电子科学与技术的发展乃至其他众多相关科学领域都越来越离不开电磁场仿真与模拟技术。

本节将介绍两种具有代表性的计算电磁学方法：基于数学解析方法的模式匹配法和基于电磁场数值方法的矩量法。

3.6.1 模式匹配法

模式匹配法起初是半解析的快速算法，但随着器件的微型化发展，该方法目前进入了严格的场解析阶段。虽然模式匹配法无法求解任意结构器件的电参数特性，但对于规则结构的微波器件，该方法在计算的高效性、实时性和准确性方面与上述软件所采用的各类纯数值法相比具有显著的优势。与传统的等效电路法相比，模式匹配法最主要的突破点在于它考虑了高次模间的相互作用，所以在设计与分析微波器件时精度很高。

总之，深入研究高精度的模式匹配法可以避免器件设计中的误差，对提高器件的性能指标具有十分重要的意义；可以缩短微波器件的设计、研制、加工周期，实现经济效益最大化；可以降低微波器件的设计难度，为今后器件的小型化发展奠定基础；可以为其他分析方法做铺垫，并向其他方法扩展，推动并加速了整个微波通信领域的发展进程。可以预见，该方法是一种不断发展的、科学可行的、合理有效的方法，未来对该方法的研究必将更加广泛和深入，所以研究微波、毫米波无源器件设计的模式匹配法具有重大意义。

1. 模式匹配法理论

建立匹配关系的关键步骤是：对函数进行级数展开，得到函数的未知系数间的关系。接下来围绕这两点将建立匹配关系扩展推广到电磁场中。其基本思路是：根据不同几何形状的边界条件(波导不连续性)将切向场分量按模式函数进行归一化级数展开；在突变结处通过切向场匹配，得到未知系数间的关系，进而得到耦合矩阵(广义 **S** 矩阵级联)。

1) 波导不连续

图3.54为波导 H 面不连续示意图。图3.55给出了入射波和散射波，其中 F 表示前向波，B 表示后向波。在区域Ⅱ，横向电场和磁场可以分别表示为

$$E_y^{\mathrm{II}} = \sum_{n=1}^{N} G_n^{\mathrm{II}} \sin\left[\frac{n\pi}{a-a_1}(x-a_1)\right](F_n^{\mathrm{II}} e^{-jk_{zn}^{\mathrm{II}} z} + B_n^{\mathrm{II}} e^{jk_{zn}^{\mathrm{II}} z}) \tag{3.42}$$

$$H_x^{\mathrm{II}} = \sum_{n=1}^{N} G_n^{\mathrm{II}} Y_n^{\mathrm{II}} \sin\left[\frac{n\pi}{a-a_1}(x-a_1)\right](F_n^{\mathrm{II}} e^{-jk_{zn}^{\mathrm{II}} z} - B_n^{\mathrm{II}} e^{jk_{zn}^{\mathrm{II}} z}) \tag{3.43}$$

式中：G_n^{II}——区域Ⅱ的功率归一化系数，表达式为

$$G_n^{\mathrm{II}} = 2\sqrt{\frac{\omega\mu_0}{(a-a_1)bk_{zn}^{\mathrm{II}}}} \tag{3.44}$$

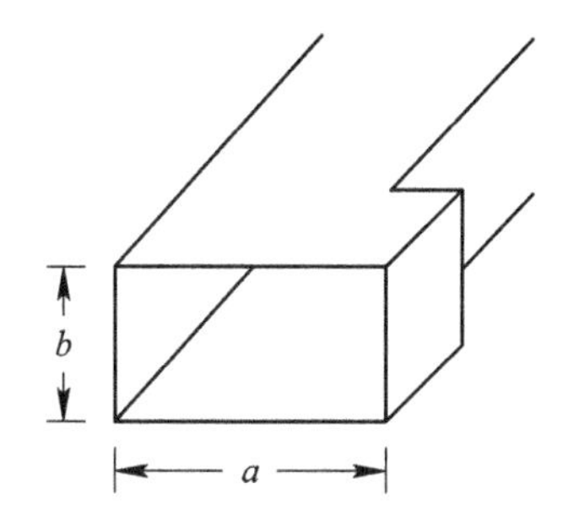

图3.54 波导 H 面不连续示意图

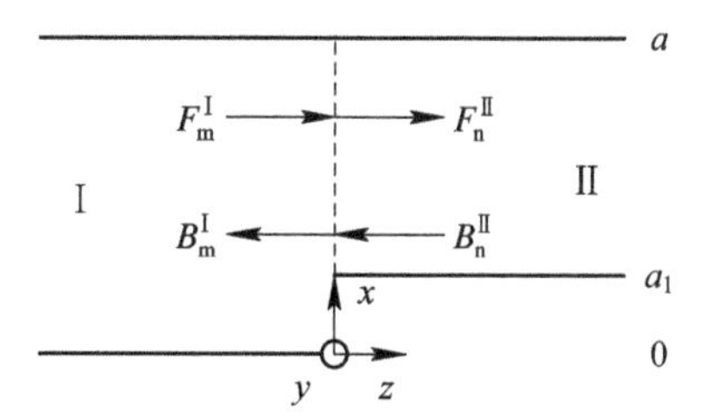

图3.55 入射波和散射波

考虑到在不连续($z=0$)处，金属表面横向电场为0，而横向磁场相等，在自由空间中横向电场相等，可以得到不连续处两边横向电场和横向磁场的关系式为

$$\sum_{m=1}^{M} G_m^{\mathrm{I}} \sin\left[\frac{m\pi}{a}x\right](F_m^{\mathrm{I}} + B_m^{\mathrm{I}}) = \sum_{n=1}^{N} G_n^{\mathrm{II}} \sin\left[\frac{n\pi}{a-a_1}(x-a_1)\right](F_n^{\mathrm{II}} + B_n^{\mathrm{II}}) \tag{3.45}$$

$$\sum_{m=1}^{M} G_m^{\mathrm{I}} Y_m^{\mathrm{I}} \sin\left(\frac{m\pi}{a}x\right)(F_m^{\mathrm{I}} - B_m^{\mathrm{I}}) = \sum_{n=1}^{N} G_n^{\mathrm{II}} Y_n^{\mathrm{II}} \sin\left[\frac{n\pi}{a-a_1}(x-a_1)\right](F_n^{\mathrm{II}} - B_n^{\mathrm{II}}) \tag{3.46}$$

对式(3.45)和式(3.46)两边在公共区间上同时和正弦函数求内积，可得到最终的匹配条件为

$$(F_m^{\mathrm{I}} + B_m^{\mathrm{I}}) = \sum_{n=1}^{N} (L_E)_{mn} (F_n^{\mathrm{II}} + B_n^{\mathrm{II}}) \tag{3.47}$$

$$\sum_{m=1}^{M} (L_H)_{nm} (F_m^{\mathrm{I}} - B_m^{\mathrm{I}}) = (F_n^{\mathrm{II}} - B_n^{\mathrm{II}}) \tag{3.48}$$

式中：

$$(L_E)_{mn} = 2\sqrt{\frac{k_{zm}^{\mathrm{I}}}{a(a-a_1)k_{zn}^{\mathrm{II}}}} \int_{a_1}^{a} \sin\left[\frac{m\pi}{a}x\right]\sin\left[\frac{n\pi}{a-a_1}(x-a_1)\right]\mathrm{d}x = (L_H)_{nm} \tag{3.49}$$

在微波网络理论中，图3.55中不连续处前向波和后向波的关系可由散射矩阵表示为

$$\begin{pmatrix} \boldsymbol{B}^{\mathrm{I}} \\ \boldsymbol{F}^{\mathrm{II}} \end{pmatrix} = \begin{pmatrix} \boldsymbol{S}_{11} & \boldsymbol{S}_{12} \\ \boldsymbol{S}_{21} & \boldsymbol{S}_{22} \end{pmatrix} \begin{pmatrix} \boldsymbol{F}^{\mathrm{I}} \\ \boldsymbol{B}^{\mathrm{II}} \end{pmatrix} \tag{3.50}$$

对照式(3.47)、式(3.48)、式(3.50)，即可得到 $\boldsymbol{S}$ 矩阵的元素的表达式：

$$\boldsymbol{S}_{11} = (\boldsymbol{L}_E\boldsymbol{L}_H + \boldsymbol{I})^{-1}(\boldsymbol{L}_E\boldsymbol{L}_H - \boldsymbol{I}) \tag{3.51a}$$

$$\boldsymbol{S}_{12} = 2(\boldsymbol{L}_E\boldsymbol{L}_H + \boldsymbol{I})\boldsymbol{L}_E \tag{3.51b}$$

$$\boldsymbol{S}_{21} = \boldsymbol{L}_H(\boldsymbol{I} - \boldsymbol{S}_{11}) \tag{3.51c}$$

$$\boldsymbol{S}_{22} = \boldsymbol{I} - \boldsymbol{L}_H\boldsymbol{S}_{12} \tag{3.51d}$$

此处的 $\boldsymbol{S}$ 矩阵称为广义 $\boldsymbol{S}$ 矩阵，它的每一个元素本身也是一个矩阵，表示了不同模式之间的关系，因此，如果我们选取 M 个模式，则广义 $\boldsymbol{S}$ 矩阵的规模为 $2M\times 2M$。

除了 H 面不连续外，波导中还存在 E 面不连续和 E/H 面同时不连续，其广义 $\boldsymbol{S}$ 矩阵的推导过程与 H 面不连续类似，此处不再赘述，具体可参考相关文献。

2）广义 $\boldsymbol{S}$ 矩阵级联

矩阵的级联通常是将 $\boldsymbol{S}$ 矩阵转为 $\boldsymbol{A}$，再通过 $\boldsymbol{A}$ 矩阵相乘得到总 $\boldsymbol{A}$ 矩阵，再转为 $\boldsymbol{S}$ 矩阵[16]。实际上 $\boldsymbol{S}$ 矩阵可以直接级联，如果两个散射矩阵为 $\boldsymbol{S}_{\mathrm{L}}$ 和 $\boldsymbol{S}_{\mathrm{R}}$ 的不连续结构相级联，则其总散射矩阵 $\boldsymbol{S}$ 的子矩阵公式为

$$\boldsymbol{S}_{11} = \boldsymbol{S}_{\mathrm{L}11} + \boldsymbol{S}_{\mathrm{L}12}\boldsymbol{S}_{\mathrm{R}11}\boldsymbol{W}\boldsymbol{S}_{\mathrm{L}12} \tag{3.52a}$$

$$\boldsymbol{S}_{12} = \boldsymbol{S}_{\mathrm{L}12}(\boldsymbol{I} + \boldsymbol{S}_{\mathrm{R}11}\boldsymbol{W}\boldsymbol{S}_{\mathrm{L}22})\boldsymbol{S}_{\mathrm{R}12} \tag{3.52b}$$

$$\boldsymbol{S}_{21} = \boldsymbol{S}_{\mathrm{R}21}\boldsymbol{W}\boldsymbol{S}_{\mathrm{L}21} \tag{3.52c}$$

$$\boldsymbol{S}_{22} = \boldsymbol{S}_{\mathrm{R}22} + \boldsymbol{S}_{\mathrm{R}21}\boldsymbol{W}\boldsymbol{S}_{\mathrm{L}21} \tag{3.52d}$$

式中：

$$\boldsymbol{W} = (\boldsymbol{I} - \boldsymbol{S}_{\mathrm{L}22}\boldsymbol{S}_{\mathrm{R}11})^{-1} \tag{3.53}$$

波导器件除了各种不连续结构外，还有直波导。直波导与相连的不连续面的尺寸相同，对各模式只起传输作用，而反射系数为 0，因此长度为 L 的直波导的 $\boldsymbol{S}$ 矩阵[17]为

$$\boldsymbol{S} = \begin{bmatrix} 0 & \mathrm{diag}\{\mathrm{e}^{-\mathrm{j}k_{zn}L}\} \\ \mathrm{diag}\{\mathrm{e}^{-\mathrm{j}k_{zn}L}\} & 0 \end{bmatrix} \tag{3.54}$$

实际中的任何器件都可以由不连续结构与直波导级联组合而成。

2. 基于模式匹配法的微波无源器件的设计

使用模式匹配法设计微波无源器件的主要步骤如下：

(1) 确定微波无源器件的技术指标。微波无源器件的技术指标包括器件的工作频率、带宽、最大回波损耗、带外抑制度、隔离度等参数。另外，还应确定器件的最大总尺寸、功率容量、机械稳定性和可加工性等约束条件。

(2) 确定器件的尺寸初值。可以通过等效电路法等方法确定 1 组器件的几何尺寸的初始值。初始值的准确度会影响优化程序运行时所需要的时间。

(3) 采用模式匹配法进行分析。基于模式匹配法和广义散射矩阵级联技术，使用计算机语言编写电磁计算程序[18]，计算器件在规定频带内的广义散射矩阵。将每个不连续的基本单元作为 1 个程序模块，利用级联程序将器件中涉及的基本单元模块级联起来，就可以方便地求出器件的广义散射矩阵。

(4) 优化。给定技术指标的微波无源器件的设计是一个最优化问题，可以采用单纯形法、遗传算法等优化方法。注意：初值的优化在第(2)步中用等效电路法等方法进行。

3. 典型实例

三十九所基于模式匹配法设计了一系列微波器件[19]，全部已用于工程实践中，并取得了良好的效果。

1）波导双工器

波导双工器是一种常见的收发分离器件，应用于大部分工程中。图 3.56 为基于模式匹配法设计的波导双工器的 HFSS 模型。图 3.57 和图 3.58 分别是模式匹配法结果和 HFSS 仿真(精度为 0.01)结果，两者基本一致(考虑便于加工，HFSS 中对模型某些位置进行了倒角处理)，但用 HFSS 在工作站上仿真验证至少需要 1 h，因此极难进行优化设计，而模式匹配法在普通台式机上计算仅需 9 s。

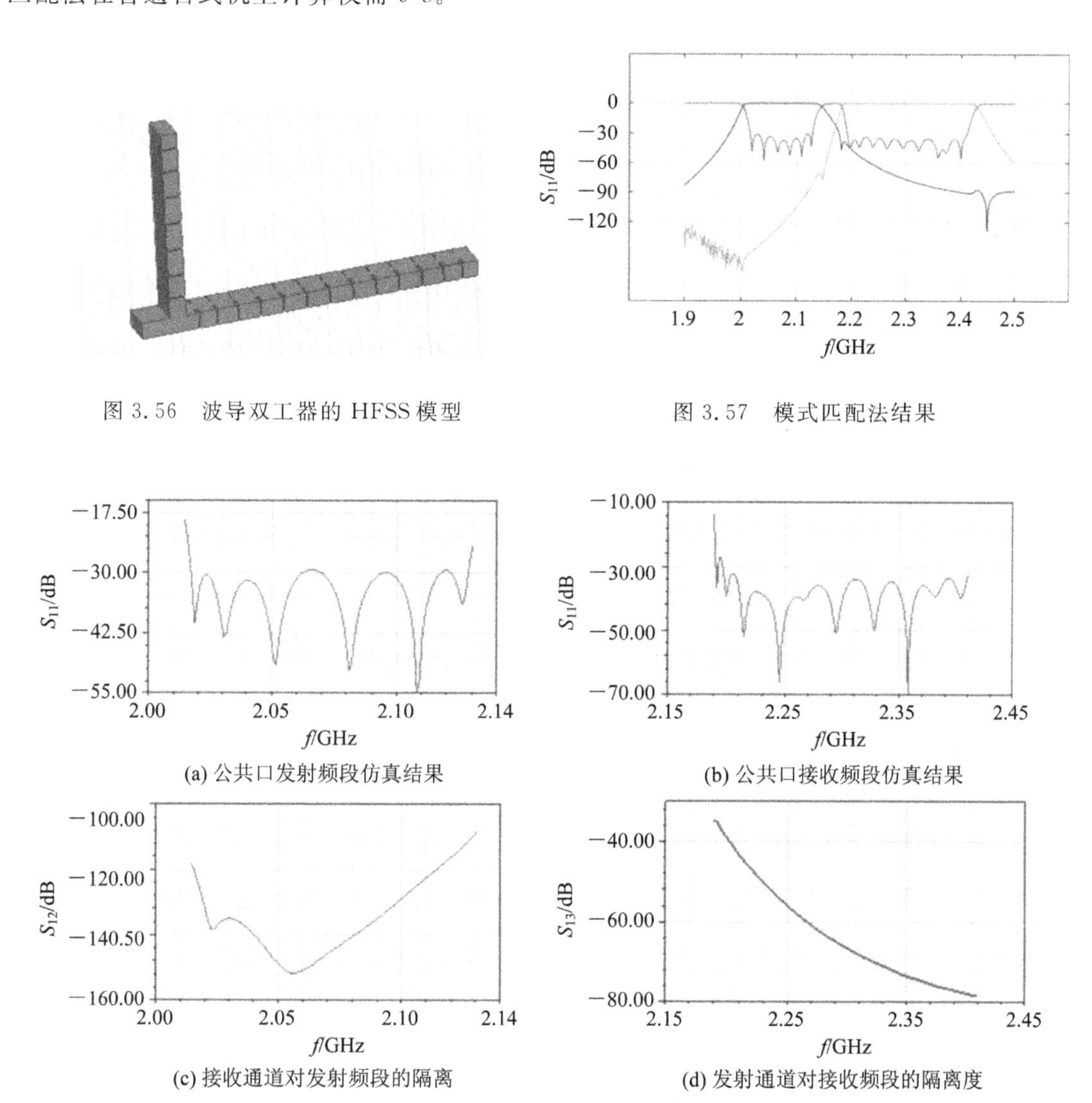

图 3.56　波导双工器的 HFSS 模型

图 3.57　模式匹配法结果

图 3.58　HFSS 仿真结果

例如，1 个发射频段为 7.25～7.75 GHz，接收频段为 7.9～8.4 GHz 的带交叉耦合的波导双工器，如果只靠仿真软件（如 HFSS 或 CST），则仅仿真验证所耗费的时间都是难以接受的，更不用提设计。比较而言，模式匹配法的优势显而易见。图 3.59 所示为模式匹配法结果。

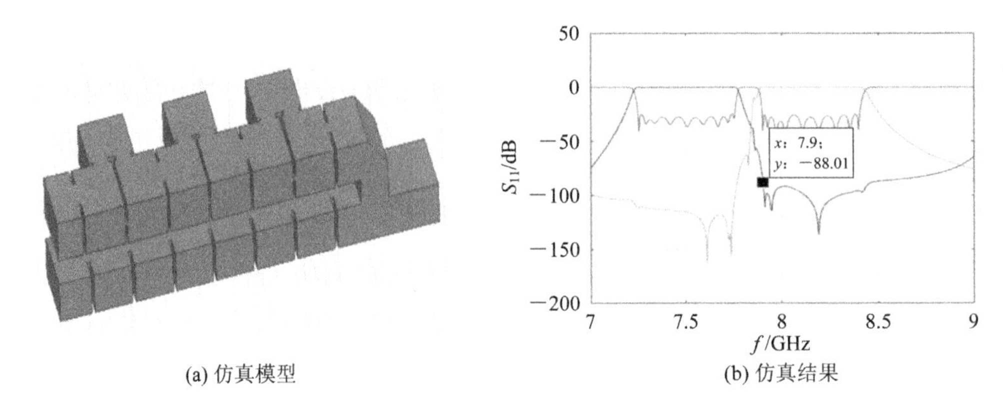

(a) 仿真模型　　(b) 仿真结果

图 3.59　模式匹配法结果

2）波导波纹移相器

波导波纹移相器除了 2 个模式的回波损耗外，还有移相量要求。图 3.60 是波纹移相器的 HFSS 模型。图 3.60 中只用了 5 对齿，就在 15％带宽内实现了良好的回波损耗和移相量特性。图 3.61 和图 3.62 给出了模式匹配法结果和 HFSS 仿真结果。可以看出，回波损耗非常一致，移相量约有 2°差异，HFSS 仿真结果偏高，这与以往的工程经验是吻合的。此外，利用模式匹配法设计移相器可以极大地扩展频带。

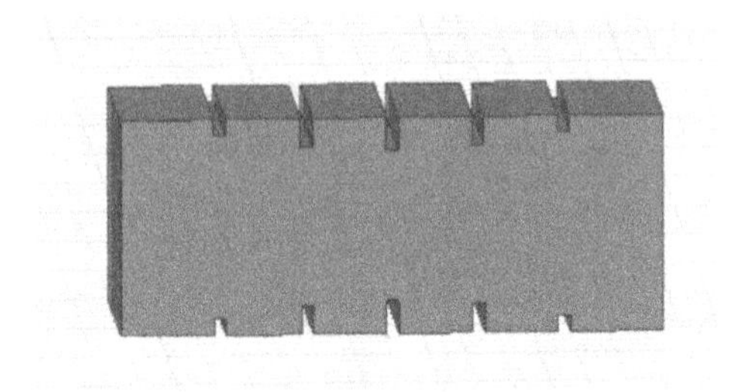

图 3.60　波纹移相器的 HFSS 模型

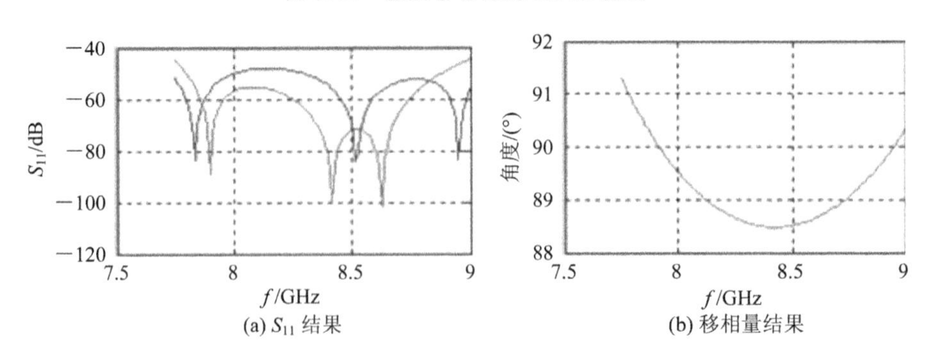

(a) S_{11} 结果　　(b) 移相量结果

图 3.61　模式匹配法结果

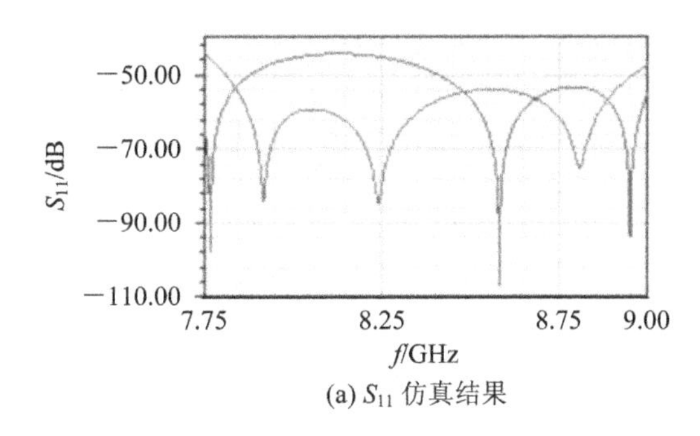

(a) S_{11} 仿真结果

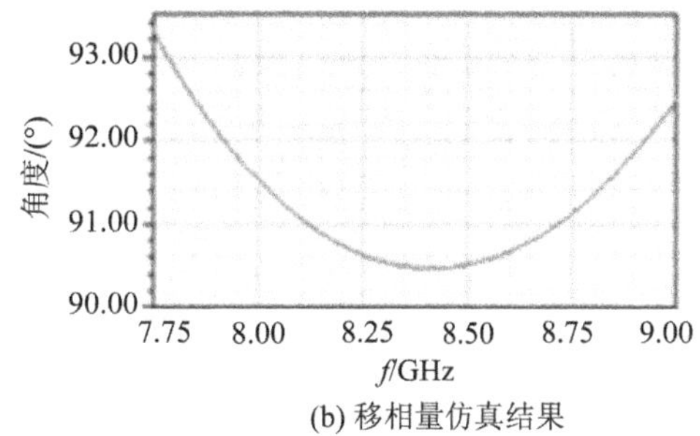

(b) 移相量仿真结果

图 3.62　HFSS 仿真结果

3）超宽带多模喇叭

三十九所基于模式匹配法设计了一种超宽带多模喇叭[8]，实现了在 4～12 GHz 频段内方向图等化。具体已在 3.4 节中介绍，在此不做详细说明。该喇叭属于国内首例，其指标优于国外同类产品，且加工方便，性能优良，对尺寸不敏感，解决了多项宽频带喇叭的设计难题，使宽频带天线的效率提高了将近 50%，各项射频性能达到了国际领先水平(主要应用频段为 2～6 GHz 和 4～12 GHz)。图 3.63 为三十九所设计的喇叭模型和实物图，其仿真结果见 3.6.3 节。

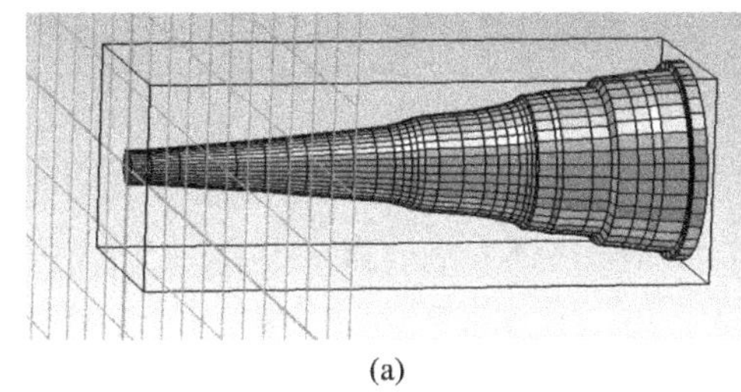
(a)

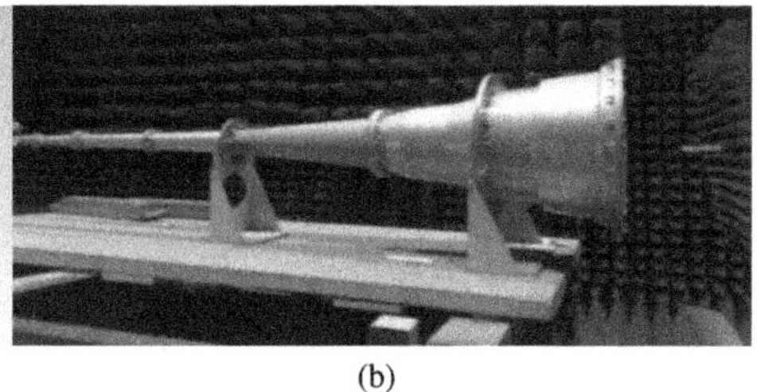
(b)

图 3.63　超宽带多模喇叭的模型和实物图

模式匹配法的优点是可以在不耗费大量计算资源的前提下精确给出波导内部的场分布、波导内壁的电流分布以及端口匹配状态。但是它的缺点是只适用于结构较为规则的波导结构，不适用于求解具有复杂结构的电磁传输问题。

3.6.2　矩量法

电磁场数值方法本质上是将麦克斯韦方程组离散化后进行求解。与传统的解析方法和近似算法不同，数值方法的优势体现在当计算资源允许时，它可以求解具有任意不规则形状的物体在任意频段下的电磁问题。由于数值方法能够保证很高的计算精度，因此也称为全波技术。电磁场数值方法可以根据麦克斯韦方程组的不同形式划分为微分方程法和积分方程法。无论哪种方法，都是先将麦克斯韦方程组离散化，构建出一系列矩阵方程，然后对矩阵方程进行求解来获得电磁问题的解。对于微分方程法来说，需要设置截断边界条件，且必须对整个场区进行剖分，同时还存在数值色散等不稳定因素。而使用矩量法(MoM)求解积分类方程时，由于未知量只分布在待求目标的表面或目标内部，因此计算规模与微分方程法相比大大减少，并且积分方程中的格林函数能够天然地满足远区辐射边界条件，能够在不消耗额外计算资源的情况下求解开域问题。由于不需要设置截断边界条件，也就不存在截断误差和数值色散，因此矩量法的计算结果相对而言更加精确稳定。本节首先以金属目标为例阐述积分方程的建立过程，并介绍矩量法的基本数学原理和计算流程。

1. PEC 目标的表面积分方程

假设介电常数和磁导率分别为 ε_1、μ_1 的媒质空间(ε_1，μ_1)中有 1 束电磁波($\boldsymbol{E}^{\mathrm{i}}$，$\boldsymbol{H}^{\mathrm{i}}$)入射到 PEC 目标的表面 S 上，由目标表面所激励出的感应电流产生的待求散射场表示为 $\boldsymbol{E}^{\mathrm{s}}$ 和 $\boldsymbol{H}^{\mathrm{s}}$，如图 3.64 所示。设位于封闭 PEC 目标外部与内部区域的电场和磁场分别为 $\boldsymbol{E}_1$ 和 $\boldsymbol{H}_1$ 与 $\boldsymbol{E}_2$ 和 $\boldsymbol{H}_2$，PEC 外表面的单位法向量为 $\boldsymbol{n}$。

根据等效原理(Equivalence Principle，EP)，图 3.64 中的待求问题可以由图 3.65 中的情形来进行等效。也就是说，图 3.64 中的散射场 $\boldsymbol{E}^{\mathrm{s}}$ 和 $\boldsymbol{H}^{\mathrm{s}}$ 完全能够等效为图 3.65 中等效面 S 上的电流源 $\boldsymbol{J}_{\mathrm{s}}$ 和磁流源 $\boldsymbol{M}_{\mathrm{s}}$ 在媒质空间(ε_1，μ_1)中产生的场，电流源和磁流源满足 $\boldsymbol{J}_{\mathrm{s}}=\boldsymbol{n}\times\boldsymbol{H}_1$，$\boldsymbol{M}_{\mathrm{s}}=-\boldsymbol{n}\times\boldsymbol{E}_1$。

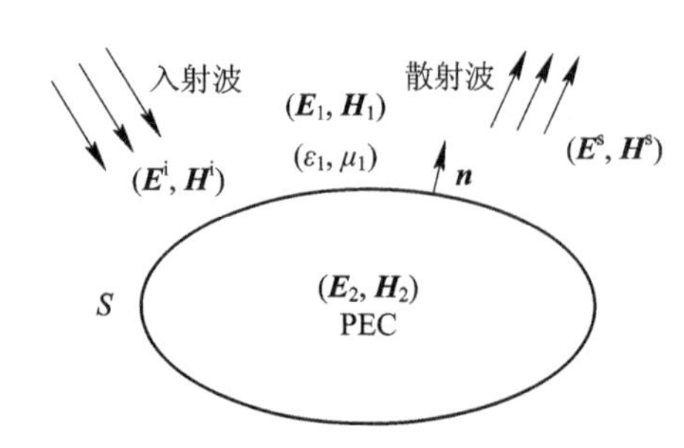

图 3.64　PEC 目标散射问题模型

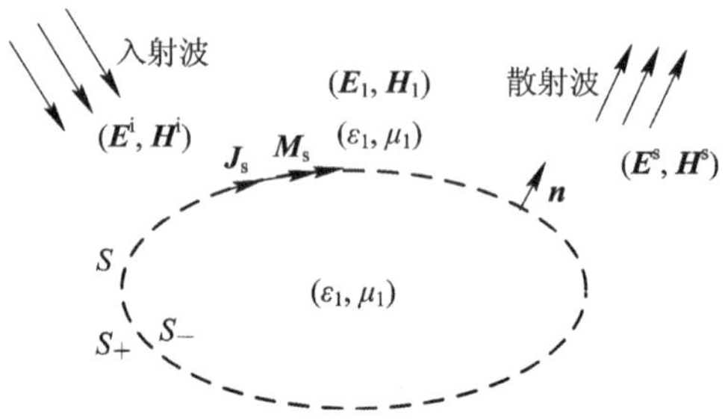

图 3.65　PEC 目标散射问题等效模型

由图 3.65 中 PEC 表面的边界条件可得

$$\begin{cases}\boldsymbol{n}\times(\boldsymbol{E}_1-\boldsymbol{E}_2)=\boldsymbol{0}\\ \boldsymbol{n}\times(\boldsymbol{H}_1-\boldsymbol{H}_2)=\boldsymbol{J}\end{cases}\tag{3.55}$$

根据 PEC 目标内部 $\boldsymbol{E}_2=\boldsymbol{H}_2=\boldsymbol{0}$可知，其表面 S 上 $\boldsymbol{J}_{\mathrm{s}}=\boldsymbol{J}$，$\boldsymbol{M}_{\mathrm{s}}=\boldsymbol{0}$。

因此，散射场 $\boldsymbol{E}^{\mathrm{s}}$ 和 $\boldsymbol{H}^{\mathrm{s}}$ 可以表示为

$$\begin{cases}\boldsymbol{E}^{\mathrm{s}}=\eta_1\boldsymbol{L}(\boldsymbol{J})\\ \boldsymbol{H}^{\mathrm{s}}=\boldsymbol{K}(\boldsymbol{J})\end{cases}\tag{3.56}$$

进而得

$$\boldsymbol{L}(\boldsymbol{X})=-\mathrm{j}k\int_S\left[\boldsymbol{X}(\boldsymbol{r}')+\frac{1}{k^2}(\nabla'\cdot\boldsymbol{X}(\boldsymbol{r}'))\nabla\right]G(R)\mathrm{d}s'\tag{3.57}$$

$$\boldsymbol{K}(\boldsymbol{X})=-\int_S\boldsymbol{X}(\boldsymbol{r}')\times\nabla G(R)\mathrm{d}s'\tag{3.58}$$

式中，$\eta_1=\sqrt{\mu_1/\varepsilon_1}$，$k=\omega\sqrt{\mu_1\varepsilon_1}$，$R=|\boldsymbol{r}-\boldsymbol{r}'|$，$G(R)=\mathrm{e}^{-\mathrm{j}kR}/(4\pi R)$是自由空间中的标量格林函数。

封闭 PEC 目标外部媒质空间中的总场为

$$\begin{cases}\boldsymbol{E}_1=\boldsymbol{E}^{\mathrm{i}}+\boldsymbol{E}^{\mathrm{s}}\\ \boldsymbol{H}_1=\boldsymbol{H}^{\mathrm{i}}+\boldsymbol{H}^{\mathrm{s}}\end{cases}\tag{3.59}$$

综合式(3.55)和式(3.56)可得

$$\begin{cases} \boldsymbol{n}\times(\boldsymbol{E}^{\mathrm{i}}+\eta_1\boldsymbol{L}(\boldsymbol{J}))=\boldsymbol{0} \\ \boldsymbol{n}\times(\boldsymbol{H}^{\mathrm{i}}+\boldsymbol{K}(\boldsymbol{J}))=\boldsymbol{J} \end{cases} \tag{3.60}$$

式(3.60)就是电场积分方程(EFIE)和磁场积分方程(MFIE)。尽管 EFIE 和 MFIE 分别对应的是 $\boldsymbol{L}$ 算子和 $\boldsymbol{K}$ 算子，但这两组积分方程本质上是等价的，都可以用来计算表面等效电流。二者之间的差异表现为：MFIE 中的 $\boldsymbol{J}$ 不光出现在积分的内部，还出现在积分的外部，这就导致了实际计算中二者的实现方法不同。MFIE 离散出的矩阵条件数较好，比 EFIE 通常能够更快收敛，但是对于厚度极小的目标(比如平板)，则只能采用 EFIE 计算。为了综合二者的优点，如果将这两组方程按照一定的比例系数组合，就形成了人们熟知的混合场积分方程(CFIE)。

2. 矩量法的数学原理

对于待求问题，通常都可写为如下数学形式：

$$L(f)=g \tag{3.61}$$

式中：L、f 和 g——问题所表示的线性算子、待求函数和已知函数。

对于要解决的未知函数 f，可以用 L 定义域内的 1 组基函数(f_1，f_2，f_3，…)展开表示，即

$$f=\sum_{n}^{N}\alpha_n f_n \tag{3.62}$$

在式(3.62)中，待求未知系数 α_n 如果为精确解，那么理论上 $N\to\infty$，f 是具有无穷项的 1 个完备集合。实际中需要对无穷项进行截断，将无穷项转化为有限的 N 个基函数的求和形式，此时就会引入一定的误差，则式(3.62)用有限项的基函数展开写作：

$$\sum_{n}^{N}\alpha_n L(f_n)\approx g \tag{3.63}$$

定义 1 个余量，将其记作：

$$\text{Residual}=\sum_{n=1}^{N}\alpha_n L(f_n)-g \tag{3.64}$$

为了将 Residual 降为最低，定义权函数 $\{w_m\}$ $(m=1, 2, 3, \cdots, N)$与 Residual 做内积并令内积的值为零，这实际上等价于：

$$\sum_{n}\alpha_n\langle w_m, L(f_n)\rangle=\langle w_m, g\rangle,\ m=1, 2, 3, \cdots \tag{3.65}$$

将式(3.65)写成矩阵的形式：

$$[l_{mn}][\alpha_n]=[g_m] \tag{3.66}$$

其中：

$$[l_{mn}]=\begin{bmatrix} \langle w_1, L(f_1)\rangle & \langle w_1, L(f_2)\rangle & \cdots \\ \langle w_2, L(f_1)\rangle & \langle w_2, L(f_2)\rangle & \cdots \\ \vdots & \vdots & \end{bmatrix},\ [g_m]=\begin{bmatrix} \langle w_1, g\rangle \\ \langle w_2, g\rangle \\ \vdots \end{bmatrix} \tag{3.67}$$

对$[l_{mn}]$求逆得到$[l_{mn}]^{-1}$，就可以将未知系数$[\alpha_n]$写成：

$$[\alpha_n]=[l_{mn}]^{-1}[g_m] \tag{3.68}$$

此时方程的解 f 即可通过将$[\alpha_n]$代回式(3.62)求得。如果采用的是 Galerkin 方法，那么 f_n

与 w_m 相同。

以式(3.60)中的电场积分方程为例：

$$\boldsymbol{n}\times[\boldsymbol{E}^{\mathrm{i}}+\eta\boldsymbol{L}(\boldsymbol{J})]=\boldsymbol{0} \tag{3.69}$$

将 PEC 目标的表面电流 $\boldsymbol{J}$ 用基函数 $\boldsymbol{f}_n(\boldsymbol{r})$ 展开可以写作：

$$\boldsymbol{J}\approx\sum_{n=1}^{N}I_n\boldsymbol{f}_n(\boldsymbol{r}) \tag{3.70}$$

其中：I_n——待求的未知电流系数；

N——总的未知量个数。

将式(3.70)所示的电流展开后带入 EFIE 可得到离散的 EFIE：

$$\boldsymbol{n}\times\left[\boldsymbol{E}^{\mathrm{i}}+\eta\sum_{n=1}^{N}I_n\boldsymbol{L}(\boldsymbol{f}_n(\boldsymbol{r}'))\right]=\boldsymbol{0} \tag{3.71}$$

采用 Galerkin 方法检验电场积分方程(3.71)可得

$$\left\langle\boldsymbol{f}_m(\boldsymbol{r}),\ \boldsymbol{n}\times\left[\boldsymbol{E}^{\mathrm{i}}+\eta\sum_{n=1}^{N}I_n\boldsymbol{L}(\boldsymbol{f}_n(\boldsymbol{r}'))\right]\right\rangle=\boldsymbol{0},\ m=1,\ 2,\ \cdots,\ N \tag{3.72}$$

因为 $\boldsymbol{f}_m(\boldsymbol{r})$ 始终是沿物体表面切向的，所以式(3.72)也可以写成其等价形式：

$$\left\langle\boldsymbol{f}_m(\boldsymbol{r}),\ \left[\boldsymbol{E}^{\mathrm{i}}+\eta\sum_{n=1}^{N}I_n\boldsymbol{L}(\boldsymbol{f}_n(\boldsymbol{r}'))\right]\right\rangle=\boldsymbol{0},\ m=1,\ 2,\ \cdots,\ N \tag{3.73}$$

这样写的好处是可以避免计算物体表面的外法向量。式(3.73)可重写为

$$\sum_{n=1}^{N}I_n\langle\boldsymbol{f}_m(\boldsymbol{r}),\ -\eta\boldsymbol{L}(\boldsymbol{f}_n(\boldsymbol{r}'))\rangle=\langle\boldsymbol{f}_m(\boldsymbol{r}),\ \boldsymbol{E}^{\mathrm{i}}\rangle,\ m=1,\ 2,\ \cdots,\ N \tag{3.74}$$

进一步，式(3.74)可写为矩阵形式：

$$\boldsymbol{ZI}=\mathbf{V} \tag{3.75}$$

其中：$\boldsymbol{Z}$——$N\times N$ 的矩量法“阻抗”矩阵；

$\boldsymbol{I}$ 和 $\mathbf{V}$——$N\times 1$ 的列向量，二者分别表示矩量法的“电流”向量和“电压”向量。

以上就是矩量法将电磁场积分方程离散为矩阵方程 $\boldsymbol{ZI}=\mathbf{V}$ 的过程。矩阵方程一般有两种求解方法：直接解法和迭代解法。直接解法基于高斯消元法(如 LU 分解方法)或其他方法直接得到矩阵方程的解。迭代解法是从 1 个初始解出发，按照一定的搜索方向和搜索步长，搜索出满足精度要求、最接近真实解的最优解。直接解法在求解具有多个激励源的问题时具有明显优势，而迭代解法比较适合求解未知量较大的矩阵方程。由于矩量法在分析电大尺寸电磁目标时会产生庞大的复数稠密矩阵，因此为了提高矩量法求解问题的规模，除了可以采用并行计算方法和核外技术外，还可以采用快速算法，比较具有代表性的有快速多极子算法等。

3.6.3 模式匹配法与矩量法的混合算法

在多模喇叭的优化设计中，采用模式匹配法可以快速求解内场问题，然而喇叭的辐射口面处与自由空间是不匹配的，此时模式匹配法失效。如果采用矩量法，则虽然能得到精确的计算结果，但是计算效率低得多。因此，在解决喇叭的辐射问题时，非常适合采用模式匹配法与矩量法的混合算法。也就是说，我们可以将喇叭划分为Ⅰ和Ⅱ两个区域，如图 3.66 所示。其中，将Ⅱ区域看作 2 端口器件，可以用模式匹配法求解出广义 $\boldsymbol{S}$ 参数矩阵；Ⅰ区域是 1 段只有 1 个端口的短直波导，采用矩量法可求解出 $\boldsymbol{S}_{11}$ 部分。将Ⅰ区域与Ⅱ区域

的 **S** 参数矩阵级联就可以得到喇叭的反射系数与模比，将Ⅰ区域各个模式方向图按照模比加权就可以得到最终实际的方向图。用模式匹配法求解Ⅱ区域的方法已在 3.6.1 节中做过介绍，本节简要介绍用矩量法求解Ⅰ区域的方法。

图 3.67 所示为Ⅰ区域的直波导，由等效原理，先将Ⅰ区域与Ⅱ区域的分界处用理想导体面 S_a 封闭，再在端口面上强制加磁流，作为端口内外能量耦合的中介。此处假设以主模为激励加在端口上，因为端口面的 PEC 是虚拟的等效面，实际上并不存在，也不可能存在实际的电流，所以必须保证等效端口面内外两侧电磁场切向连续。为保证边界条件不变，在端口内表面放置电磁流 $\boldsymbol{J}^{\mathrm{I}}$ 和 $\boldsymbol{M}^{\mathrm{I}}$，端口外表面放置磁流 $\boldsymbol{J}^{\mathrm{II}}$ 和 $\boldsymbol{M}^{\mathrm{II}}$。此时，原问题被分解为内、外域两个问题。

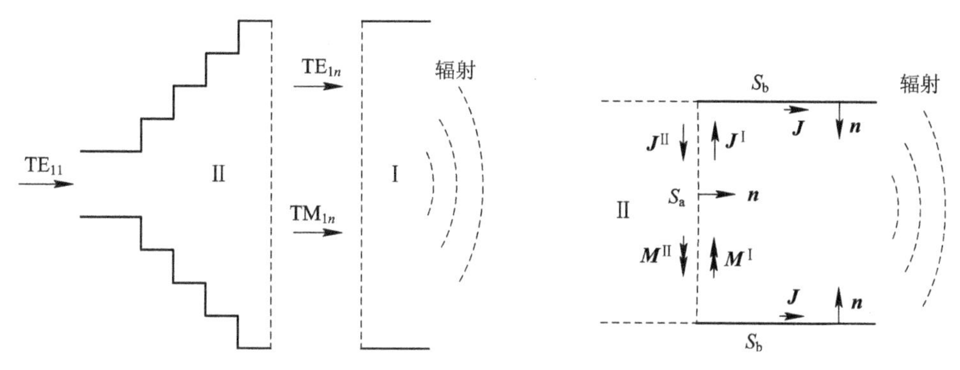

图 3.66　多模喇叭分解示意图　　　图 3.67　Ⅰ区域的等效模型

首先考虑Ⅰ区域。区域Ⅰ的场完全由短直波导内壁上的电流 **J** 及端口内表面上的电流 $\boldsymbol{J}^{\mathrm{I}}$ 和端口内表面上的磁流 $\boldsymbol{M}^{\mathrm{I}}$ 产生，由此可以建立 S_a 端口内表面和 S_b 面上的电场积分方程。再考虑区域Ⅱ。由于区域Ⅱ被模拟为半无限长波导，因此无法采用自由空间格林函数计算该区域的场。此时可采用模式匹配法解析并计算外侧场，因为不同的模式就是波导腔体格林函数的特征向量，所以磁流 $\boldsymbol{M}^{\mathrm{II}}$ 产生的场可由波导各模式组合而成。因为波导的各特征模式已经天然地满足了区域Ⅱ波导壁上的边界条件，所以不用考虑区域Ⅱ波导壁上的电流分布。此时端口外侧的场由入射波及端口外表面上的磁流 $\boldsymbol{M}^{\mathrm{II}}$ 产生的场共同组成，由此可以建立 S_a 端口外表面上的磁场积分方程。采用 3.6.2 节中介绍的矩量法对建立起来的电场积分方程和磁场积分方程进行求解就可以得到所需结果。图 3.68 给出了该算法与商

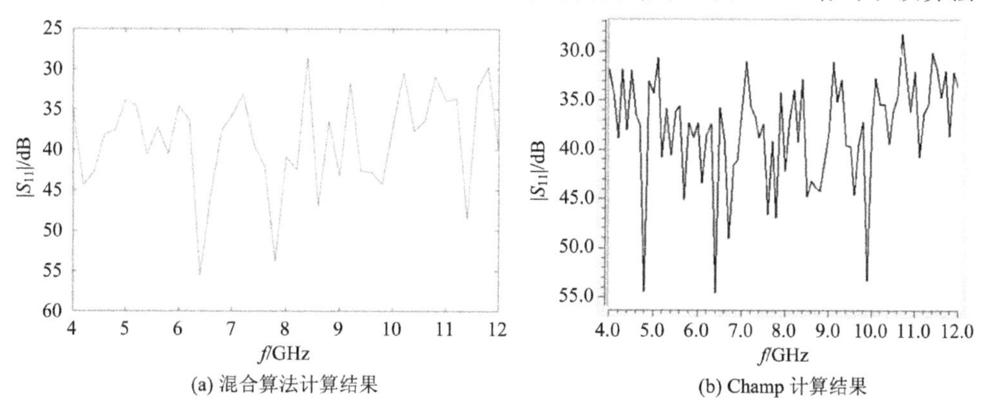

图 3.68　喇叭回波损耗

业软件 Champ 计算得到的 **S** 参数；图 3.69～图 3.71 给出了该算法与商业软件 Champ 计算得到的 4 GHz、8 GHz 和 12 GHz 喇叭方向图。

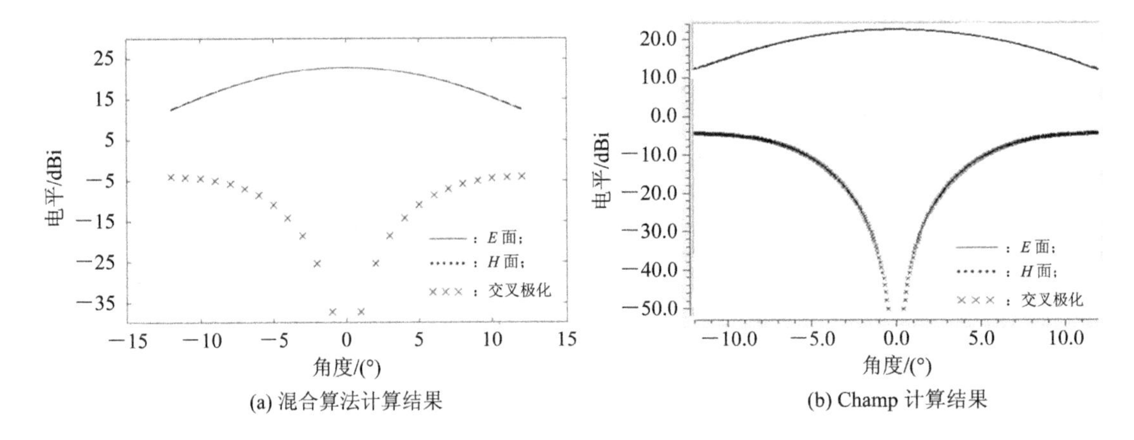

(a) 混合算法计算结果　　(b) Champ 计算结果

图 3.69　4 GHz 喇叭方向图

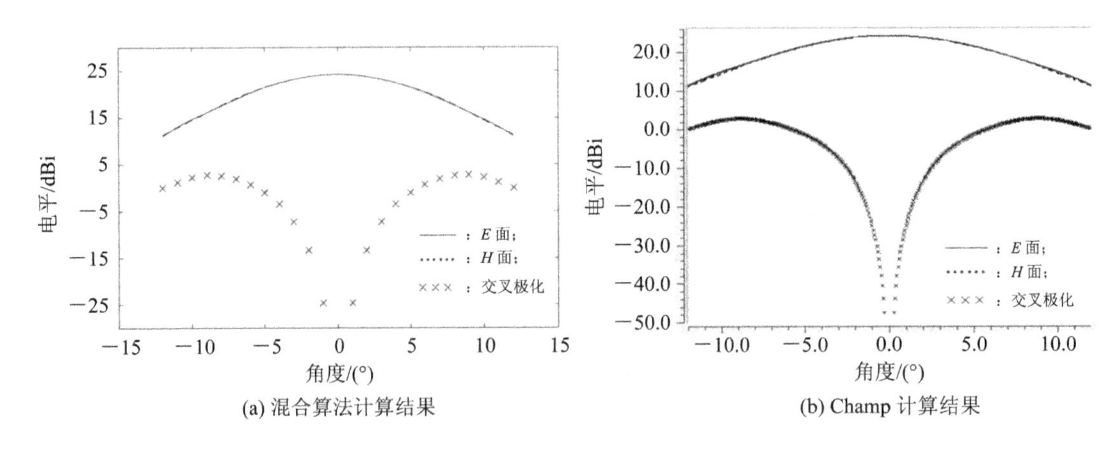

(a) 混合算法计算结果　　(b) Champ 计算结果

图 3.70　8 GHz 喇叭方向图

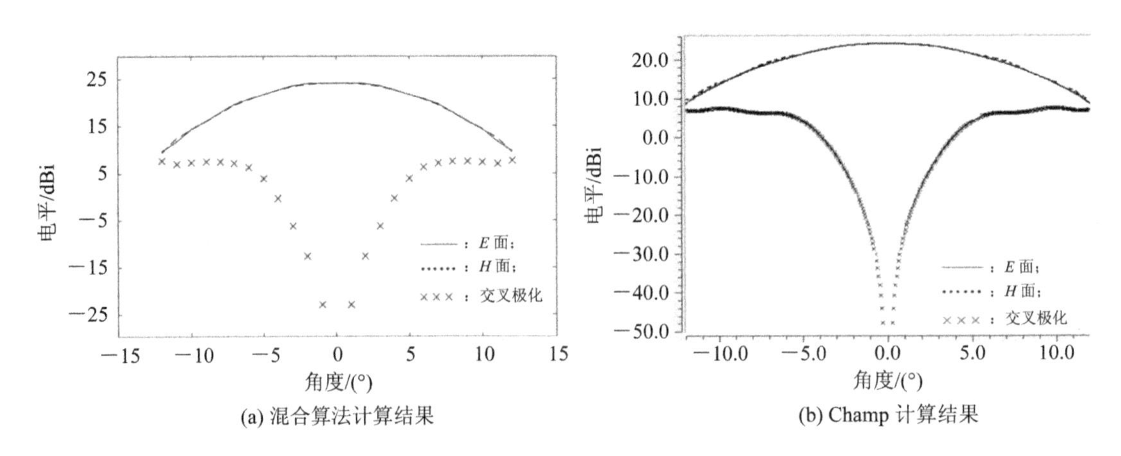

(a) 混合算法计算结果　　(b) Champ 计算结果

图 3.71　12 GHz 喇叭方向图

参考文献

[1] MILLIGAN T A. 现代天线设计. 2 版. 郭玉春，方加云，张光生，等译. 北京：电子工业出版社，2012.

[2] 林昌录. 天线工程手册. 北京：电子工业出版社，2002.

[3] 魏文元，宫德明，陈必森. 天线原理. 北京：国防工业出版社，1985.

[4] 张天龄. 赋形反射面天线及馈源系统研究. 西安：西安电子科技大学，2011.

[5] 杨可忠，杨智友，章日荣. 现代面天线新技术. 北京：人民邮电出版社，1993.

[6] 田唯人，樊良海. 一种适合极高功率传输的新型微波天线. 天线学报，2008，1.

[7] 黄立伟，金志天. 反射面天线. 西安：西北电讯工程学院出版社，1986.

[8] 张宇. 一种超宽带多模喇叭的设计. 电波科学学报，2019，6.

[9] 詹英，张文静，杨林，等. 一种新型双频段共用馈源设计. 无线电通信技术，2015.

[10] 田唯人. 宽频带圆波导 TE21 模耦合器的设计方法. 现代雷达，2000，6.

[11] 许媛. S/X 双频段频率选择反射面的研制. 测控与通信，2011，4.

[12] 吴伟仁，董光亮，李海涛，等. 深空测控通信系统工程与技术. 北京：科学出版社，2013.

[13] 饶启龙. 深空测控通信网技术的发展与展望. 信息与电子工程，2011，9(6)：669-674.

[14] 崔潇潇. 国外深空测控网现状与发展趋势. 国际太空，2009，6(2)：23-26.

[15] GANS M J. Cross-polarization in reflector type beam waveguides and antennas. Bell systems technical，1976，3(55)：289-316.

[16] POZAR D M. 微波工程. 3 版. 张肇仪，周乐柱，吴德明，等译. 北京：电子工业出版社，2007.

[17] 廖承恩. 微波技术基础. 西安：西安电子科技大学出版社，1994.

[18] 龚纯，王正林. 精通 MATLAB 最优化计算. 北京：电子工业出版社，2012.

[19] 张宇. 模式匹配法在微波器件设计中的应用. 测控与通信，2018.

第4章　天线控制系统设计

4.1　天线控制系统的作用和特点

天线控制系统是反射面天线测角回路的重要组成部分，其框图如图4.1所示。它根据上位机给出的命令角，求解天线与目标之间的角误差信号，通过驱动单元驱动天线在方位、俯仰方向转动，实现对目标的精确跟踪或指向，并实时精确测量天线机械轴的角位置。

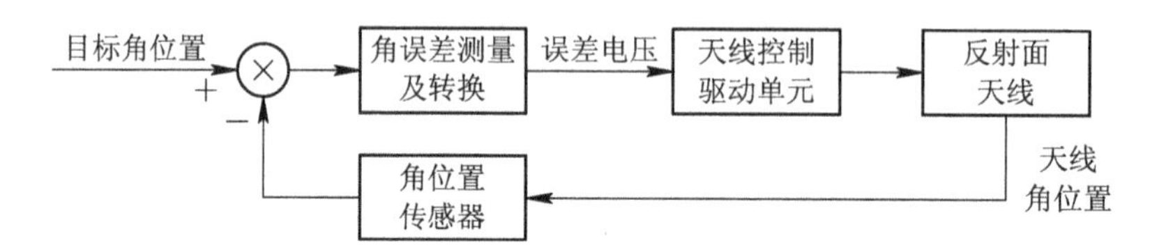

图4.1　天线控制系统框图

与其他伺服系统相比较，天线控制系统具有如下特点：

(1) 天线控制系统属于高精度伺服系统。因为天线控制系统的精度与天线指向、测角精度密切相关，通常天线控制系统外环路设计成Ⅱ型无静差系统，有时为了提高系统的随动精度，甚至需要采用高阶无静差系统。

(2) 天线控制系统是一种高动态响应的控制系统。在过顶跟踪低轨卫星时，天线控制系统需要方位大角度调转，在雷达天线跟踪目标时也需要较快的响应速度才能精确跟踪目标。

(3) 天线控制系统需解决天线结构谐振频率制约问题。随着天线口径的增大，天线负载的转动惯量随之增大。在大惯量伺服系统中，天线结构谐振频率随着天线口径的增大而降低，以致成为制约天线动态性能的主要因素。因此，对于中、大型精密跟踪天线来说，天线控制系统的最大特点是需要解决天线结构谐振频率的制约问题。

(4) 天线控制系统采用双电机或多电机消隙传动。天线控制系统是一种精密跟踪系统，为了消除传动链的间隙引起的空回，工程上通常采用消隙传动结构。

总之，天线控制系统是一种机电紧密结合、环路重重相套、强电弱电交叉、非线性因素影响严重、高精度与高动态要求相结合的系统。

4.2　天线控制系统组成及工作原理

天线控制系统主要由电流环、速度环和位置环三个环路组成。其结构框图如图4.2所示。图中用虚线将天线控制系统分为天线控制器和天线机械结构两大部分，其中天线机械结构是天线控制器的控制对象。

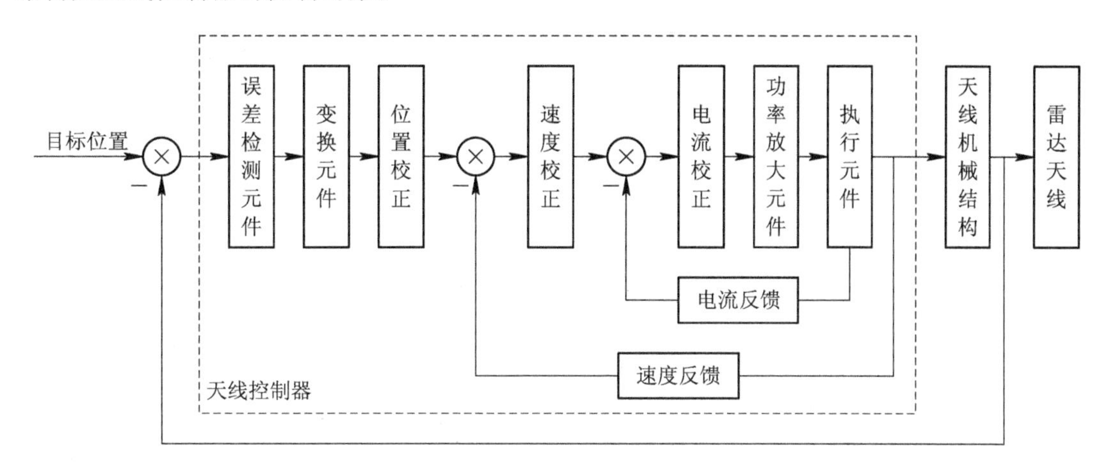

图4.2　天线控制系统结构框图

天线控制系统是靠反馈构成误差的闭环控制系统。误差经过变换、放大校正和功率放大后，控制执行元件带动天线机械传动装置，驱动天线朝减小误差的方向转动，直至天线对准目标，这就是天线控制系统的基本工作原理。

1. 电流环的作用

电流环的作用如下：

(1) 减小前向通道元件参数变化对回路输出的影响，提高系统抗内部干扰的能力；

(2) 减小前向通道内元件非线性因素的影响，扩大回路输出的线性范围；

(3) 减小电枢时间常数；

由于电流环增益较大，在分析回路动态特性时，可忽略电机反电动势对环路的影响。

2. 速度环的作用

速度环的作用如下：

(1) 减小前向通道环节的时间常数，改善回路的动态特性；

(2) 增加天线速度摩擦阻尼，减小系统过渡过程的超调量；

(3) 提高控制系统的低速平稳性能，扩大系统的调速范围；

(4) 提高系统抗负载扰动的能力。

3. 位置环的作用

位置环的作用是根据上位机的命令角，实现精确指向或位置随动。通常，天线角位置工作方式分为手动方式、指向方式和自跟踪方式。其余各种方式都是由这三类方式派生出来的。

4.3 天线控制系统的基本技术要求

天线控制系统的设计要求及评判标准是通过主要技术指标来体现的。这些技术指标主要包括工作范围、稳定性、伺服带宽、过渡过程品质和调速范围。

1. 工作范围

工作范围指标用来确定伺服系统的角度、角速度以及角加速度的范围。通常将工作范围分为最大工作范围和保精度工作范围。表 4.1 给出某 12 m 天线工作范围。

表 4.1 某 12 m 天线工作范围

项　　目	最大范围	保精度范围
方位	0°～±355°	0°～±355°
俯仰	−1°～181°	5°～70°
方位角速度	0.01°/s～20°/s	0.01°/s～5°/s
俯仰角速度	0.01°/s～10°/s	0.01°/s～3°/s
方位加速度	$0°/s^2$～$10°/s^2$	$0°/s^2$～$1°/s^2$
俯仰加速度	$0°/s^2$～$10°/s^2$	$0°/s^2$～$1°/s^2$

2. 稳定性

控制系统指标通常用“稳”“准”“快”来衡量。其中，“稳”是指系统稳定性，通常用幅值裕度和相位裕度来描述；“准”是指准确性，通常用稳态误差来描述；“快”是指快速性，通常用上升时间等过渡过程品质参数来描述。稳定是系统正常工作的前提，稳定性反映了系统在受到外部扰动后偏离原稳定平衡状态，在扰动消失后自动回到原平衡状态的能力。天线控制系统的稳定性包括绝对稳定性和相对稳定性。其中，绝对稳定性是经典控制原理中的各种稳定判据；相对稳定性是衡量系统工作的稳定程度，通常用稳定裕度和振荡指标来衡量。其中，稳定裕度分为幅值裕度和相位裕度，如图 4.3 所示。

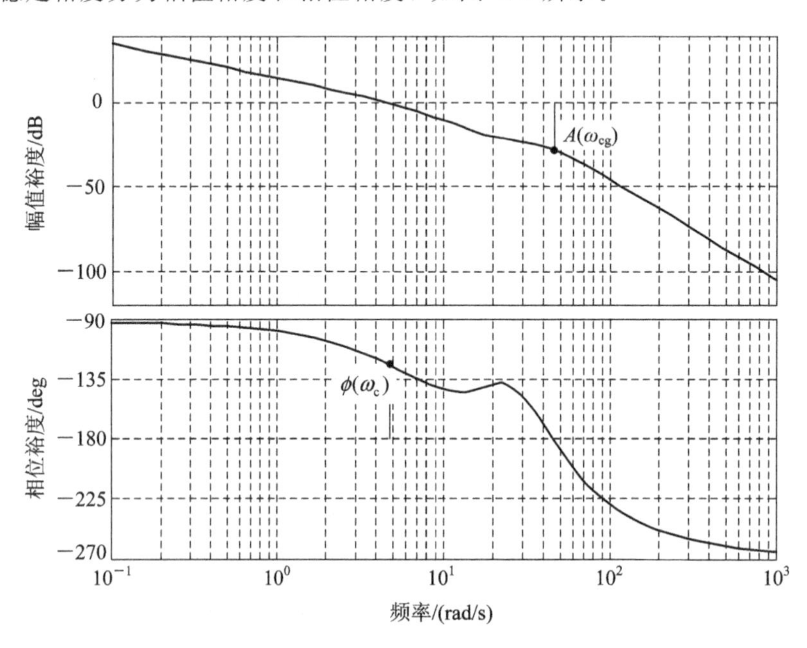

图 4.3 稳定裕度

根据系统绝对稳定性判据，当系统开环传递函数频率特性 $W(\mathrm{j}\omega)$ 满足 $W(\mathrm{j}\omega)=-1$，或对数幅频特性 $L(\omega)$ 和对数相频特性 $\varphi(\omega)$ 满足

$$\begin{cases} L(\omega)=0\ \text{dB} \\ \varphi(\omega)=-180^\circ \end{cases} \tag{4.1}$$

时，系统在一定初始激励条件下将产生不稳定。上式用于确定系统的稳定边界。相位裕度 $\gamma(\omega_c)$ 和幅值裕度 $\Delta L(\omega_z)$ 由下式确定：

$$\begin{cases} \gamma(\omega_c)=180^\circ+\varphi(\omega_c) \\ \Delta L(\omega_z)=\dfrac{1}{L(\omega_z)} \end{cases} \tag{4.2}$$

式中：ω_c——系统开环截止频率(rad/s)；

　　ω_z——系统开环穿越频率(rad/s)。

幅值裕度和相位裕度越大，系统对扰动的抑制能力就越强，稳定性就越好。但稳定性和快速性是相互矛盾的，稳定性好则系统的快速性就很难提高。因此，工程上通常要求 $6\ \text{dB}\leqslant\Delta L\leqslant18\ \text{dB}$，$\gamma\geqslant45^\circ$。

3. 伺服带宽

天线伺服带宽通常是指天线位置环的闭环带宽。当闭环幅频特性下降到频率为零时的分贝值以下 3 dB 时，对应的频率称为带宽频率。闭环幅频特性如图 4.4 所示，当闭环幅频特性曲线为 $A(\omega)$ 时，其闭环带宽 ω_B 为

$$A(\omega_B)=\frac{1}{\sqrt{2}}A(0) \tag{4.3}$$

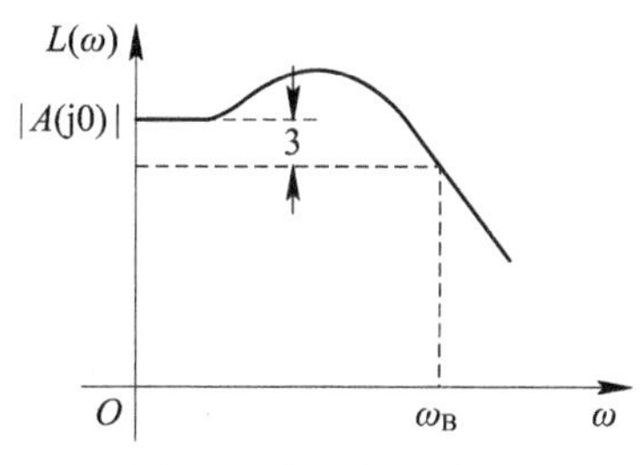

图 4.4　闭环幅频特性

4. 过渡过程品质

天线系统过渡过程，通常指在系统输入端加一单位阶跃信号，系统输出达到稳态的过程，如图 4.5 所示。

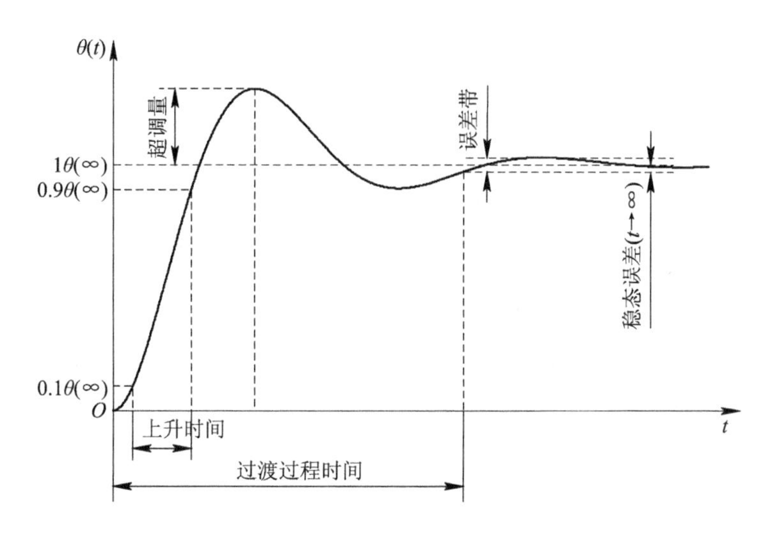

图 4.5　伺服系统过渡过程曲线图

表征系统过渡过程的品质参数有上升时间 t_r、过渡过程时间 t_T、超调量 $\sigma\%$ 以及振荡次数 n_t。

1）上升时间

上升时间 t_r 指输出信号 $\theta_o(t)$ 自它的稳态值 $\theta_o(\infty)$ 的 10%上升到 90%所需的时间。

2）过渡过程时间

过渡过程时间 t_T 是自单位阶跃信号 $\theta_i(t)$ 加入的瞬时起，到使下列不等式成立的最短时间：

$$|\theta_o(t)-\theta_o(\infty)| \leqslant \Delta\theta_o \tag{4.4}$$

式中：$\theta_o(\infty)$——当时间 t 趋于无穷时的输出量，即输出量的稳态值；

$\Delta\theta_o$——给定的容许误差值，取 $\theta_o(\infty)$ 的 5%。

3）超调量

超调量 σ%由下式确定：

$$\sigma\% = \frac{\theta_{om}(t)-\theta_o(\infty)}{\theta_o(\infty)} \times 100\% \tag{4.5}$$

式中：θ_{om}——输出信号的最大值。

一般超调量不应超过 40%，其大小由系统的相位裕度 $\gamma(\omega_c)$ 决定。

4）振荡次数

振荡次数 n_t 是指天线控制系统输出 $\theta_o(t)$ 的过程曲线在过渡过程时间 t_T 内穿越稳定位置次数的一半。如图 4.5 所示的过渡过程穿越稳定位置 3 次，所以 n_t 为 1.5。工程上一般要求 $n_t \leqslant 2$ 次。

5. 调速范围

天线控制系统的调速范围为

$$G = \frac{\omega_{max}}{\omega_{min}} \tag{4.6}$$

式中：ω_{max}——系统在负载轴(天线轴)上测定的最大调转角速度(rad/s)；

ω_{min}——负载轴上测定的最低平稳跟踪角速度(rad/s)。

4.4 天线控制系统的设计

天线控制系统的设计包括静态设计和动态设计两大部分。由于天线机械结构的性能指标是伺服系统动态设计的前提条件，因此本节对天线机械结构提出了要求。

4.4.1 天线控制系统静态设计

天线控制系统静态设计是在系统方案确定阶段完成的，主要包括负载力矩计算、执行元件的选择及减速器传动比的确定、功率放大元件的选择以及测量元件的选择等。

1. 负载力矩计算

计算系统负载力矩是为了选择执行元件。天线控制系统的负载力矩主要包括风力矩、惯性力矩和摩擦力矩。

1）风力矩的计算

风力矩又称为风负载，它是由空气对物体的相对运动而产生的。气体绕经天线反射体时，在边缘发生分离，在反射体背部形成涡区，迎风面和背面各对应点的压差就形成风力和风力矩。对于大口径天线，风力矩是天线控制系统负载力矩的主要分量。概略计算风力矩 M_d 的计算公式为

$$M_d = C_m qDS \quad (\mathrm{N \cdot m}) \tag{4.7}$$

式中：C_m——风力矩系数，一般由经验取值：① 对于圆形抛物面实心天线，方位风力矩系数取 0.14，俯仰风力矩系数取 0.11；② 对于圆形抛物面有孔天线，方位风力矩系数取 0.12，俯仰风力矩系数取 0.09；③ 矩形抛物面天线与圆形抛物面天线取值相同。

D——天线口径(m)。

S——天线面积(m^2)，$S=\frac{1}{4}\pi D^2$。矩形抛物面天线面积 $S=bL$(其中 L 为长度，b 为宽度)。

q——风压强(N/m^2)。

风压强 q 的计算公式为

$$q = \frac{v^2}{16} \tag{4.8}$$

式中，v——风速(m/s)。

2) 惯性力矩的计算

惯性力矩又称为惯性负载或加速力矩，它体现了负载运动特性对系统驱动力矩的要求，其计算公式为

$$M_J = J_L \varepsilon_{max} \quad (\mathrm{N \cdot m}) \tag{4.9}$$

式中：ε_{max}——研制任务书中给出的最大转动角加速度(rad/s^2)；

J_L——天线负载转动惯量($N \cdot m \cdot s^2$)。

3) 摩擦力矩的计算

摩擦力矩又称为摩擦负载。摩擦力矩 M_F 是天线控制系统负载力矩中较小的分量。摩擦力矩有静摩擦力矩和动摩擦力矩之分。

最大静摩擦力矩 M_{FM} 可由实验测得。动摩擦力矩分为库仑摩擦力矩 M_{F1} 和速度摩擦力矩 M_{F2}。前者指天线座的转动部分由静止刚转入滚动时的摩擦力矩；后者指转动部分以一定速度运转时的摩擦力矩。库仑摩擦力矩 M_{F1} 不易测量，一般假定为最大静摩擦力矩 M_{FM} 的一半。速度摩擦力矩 M_{F2} 的计算式为

$$M_{F2} = f_2 \omega_{max} \quad (\mathrm{N \cdot m}) \tag{4.10}$$

式中：f_2——速度摩擦系数($N \cdot m \cdot s/rad$)；

ω_{max}——任务书中给定的最大转动角速度(rad/s)。

由于 M_{F1} 和 M_{FM} 相关，M_F 的计算公式为

$$M_F = M_{F1} + M_{F2} = \frac{1}{2}M_{FM} + M_{F2} \tag{4.11}$$

4) 负载力矩的合成

由于风力矩 $\boldsymbol{M}_d$、惯性力矩和摩擦力矩 M_F 是互不相关的，则负载力矩 M_L 的计算公式为

$$M_L = \sqrt{M_d^2 + M_J^2 + M_F^2} \tag{4.12}$$

式中：M_d——风力矩；

M_J——惯性力矩；

M_F——摩擦力矩。

2. 执行元件的选择及减速器传动比的确定

1）负载最大瞬时功率的计算

拖动天线负载需要的最大瞬时功率 P_{LM} 的计算式为

$$P_{LM} = \frac{M_L n_{max}}{9555} \quad (kW) \tag{4.13}$$

式中：M_L——负载力矩(N·m)；

n_{max}——负载轴上的最大瞬时转速(r/min)。

2）初步选定驱动电机

负载最大瞬时功率折算到电机轴上，电机输出额定功率 P_H 应满足

$$P_H = \frac{(1.5 \sim 2.0) P_{LM}}{\eta_0} \tag{4.14}$$

式中：η_0——减速器的传动效率，通常取值为0.8～0.9。

3）减速器传动比的确定

减速器传动比 i_0 为

$$i_0 \leqslant \frac{\pi n_H}{30 \omega_{max}} \tag{4.15}$$

式中：n_H——电机的额定转速(r/min)；

ω_{max}——任务书给出的最大传动角速度(rad/s)。

4）额定转速和额定转矩的校核

当传动比 i_0 确定后，要对初步选定的电机额定转速 n_H 和额定转矩 M_H 进行校核。

(1) 额定转速 n_H 的校核：

$$n_H \geqslant \frac{30 i_0 \omega_{max}}{\pi} \quad (r/min) \tag{4.16}$$

(2) 额定转速 M_H 的校核：由于传动比 i_0 已经确定，在计算负载惯性力矩时，应考虑电机的转动惯量 J_m 的影响。M_J 应修正为 M_J'，即

$$M_J' = (J_m i_0^2 + J_L)\varepsilon_{max} \tag{4.17}$$

负载力矩 M_L 的计算公式修正为

$$M_L' = \sqrt{M_d^2 + M_J'^2 + M_F^2} \tag{4.18}$$

额定转矩 M_H 按下式校核：

$$M_H = \frac{M_L'}{i_0} \quad (N \cdot m) \tag{4.19}$$

若初选电机的 n_H 和 M_H 不能满足式(4-16)和式(4-19)，则应重新选择驱动电机。

3. 功率放大元件的选择

功率放大元件的作用是将天线控制系统的控制信号进行功率放大，以驱动执行元件带

动负载运动。功率放大元件的种类很多，目前，常用的有以可控硅为基础的功率放大器和以晶体管为基础的脉冲宽度调制功率放大器。

可控硅整流器是一种静止功放，其噪声污染小、功率放大倍数高、延迟时间小，整流元件的生产制造技术和线路设计应用技术已经相当成熟，从低压到高压、从小电流到大电流产品系列齐全，应用线路多种多样，性能稳定可靠，特别是整流元件已实现模块化，体积小，应用方便。

可控硅整流器能够把交流电变成直流电，而且通过控制触发电压出现的时刻(相位)可以控制输出电压的大小。天线驱动系统中所用功放都是由两组可控硅整流器逆变并联而成的。不管是有环流体制还是无环流体制，可控硅功放都能使马达工作在四个象限，从而加快了马达加减速、换向等动态性能。目前，无环流体制更适合应用在动态性能要求高的天线驱动系统中。

4. 测量元件的选择

角位置(或角位置误差)的测量是为了获得角位置误差指令。天线控制系统根据角位置误差指令驱动天线向减小误差的方向运动，实现天线精确指向或跟踪目标。根据天线工作方式的不同，角位置测量元件也不同。

1) 自动跟踪模式下的测量元件

在自动跟踪模式下，天线馈源和跟踪接收机作为天线控制系统自动跟踪状态下角位置误差的测量元件。天线馈源(包括馈线)测量出角位置误差信号，跟踪接收机对误差信号进行解调、放大、滤波及鉴相处理，获得角误差信息并送给天线控制系统。

2) 程序引导或数字引导跟踪模式下的测量元件

在程序引导(简称程引)或数字引导(简称数引)跟踪模式下，角位置测量元件为轴角编码单元。根据测角原理的不同，测角元件分为滑动变阻器、旋转变压器、光电编码器和时栅编码器等多种类型。目前多采用旋转式轴角编码、光电式轴角编码两种类型。

(1) 旋转式轴角编码。旋转变压器实际上是一种特制的两相旋转电动机，它由定子和转子两部分组成，在定子和转子上各有两套在空间上完全正交的绕组。当转子旋转时，定子、转子绕组间的相对位置随之变化，使输出电压与转子转角呈一定的函数关系。

在转子绕组中加一固定频率的激励信号，则在两个定子绕组上分别产生与转子转角相关的信号。设激励信号为

$$u(t)=U_{\mathrm{m}}\sin\omega_0 t \tag{4.20}$$

式中：U_m——信号幅值；

ω_0——参考角频率。

当选用双通道多极旋变时，每个旋变提供四路输出，方位、俯仰两个旋变共提供 8 路信号。以方位为例，定子绕组上产生粗、精 4 路信号：

$$\begin{cases} u_1(t)=U_{\mathrm{m}}K\ \sin\omega_0 t\ \sin\theta \\ u_2(t)=U_{\mathrm{m}}K\ \sin\omega_0 t\ \cos\theta \\ u_3(t)=U_{\mathrm{m}}K\ \sin\omega_0 t\ \sin N\theta \\ u_4(t)=U_{\mathrm{m}}K\ \sin\omega_0 t\ \cos N\theta \end{cases} \tag{4.21}$$

式中：K——变压器的变比；

θ——转子的转角；

N——旋变精粗变比。

将这些信号与振荡参考信号一起送入 RDC(Resolver-to-Digital Converter)芯片，RDC 芯片便可把 θ 转换成数字角输出。RDC 芯片是一种利用数字锁相技术的跟踪转换器，其原理框图如图 4.6 所示。

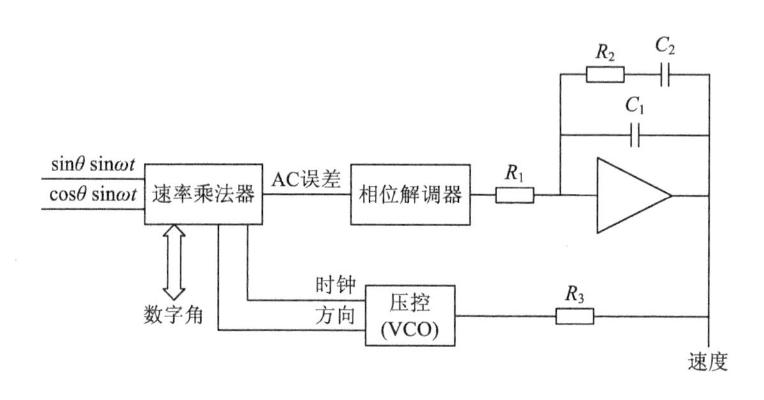

图 4.6　RDC 芯片原理框图

(2) 光电式轴角编码。光电式轴角编码利用光的干涉和衍射原理，在玻璃机体上刻蚀非常精细的、有规则的栅状结构刻线，形成栅尺，将光源、两块栅尺(动尺和定尺)、光电检测器件等组合在一起可构成一个测量传感器，即光栅尺。当动尺与定尺产生相对移动时，光线通过光栅形成莫尔条纹，由光电检测器件测量出莫尔条纹的变化，并将其转换成电信号。动尺移动一个栅距，输出电信号便变化一个周期，光栅尺通过对信号变化周期的测量就能测出动尺与定尺的相对位移。常用的光电式轴角编码成像有反射式和透射式两种。反射式光栅成像扫描和透射式光栅成像扫描原理分别如图 4.7 和图 4.8 所示。

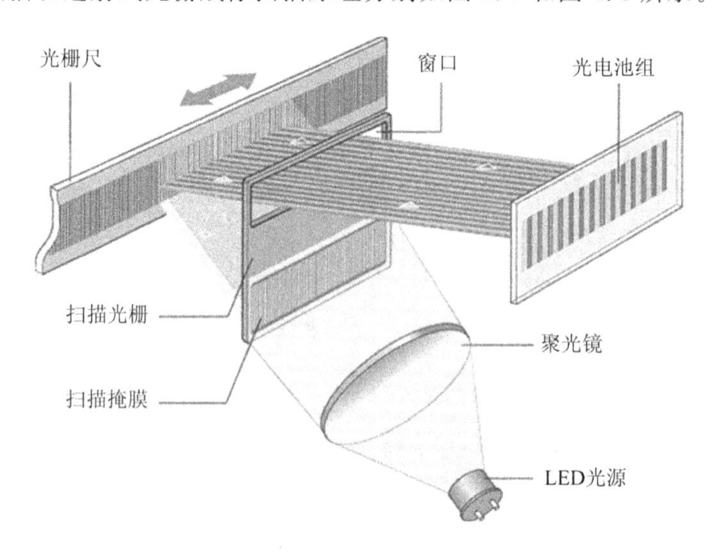

图 4.7　反射式光栅成像扫描原理示意

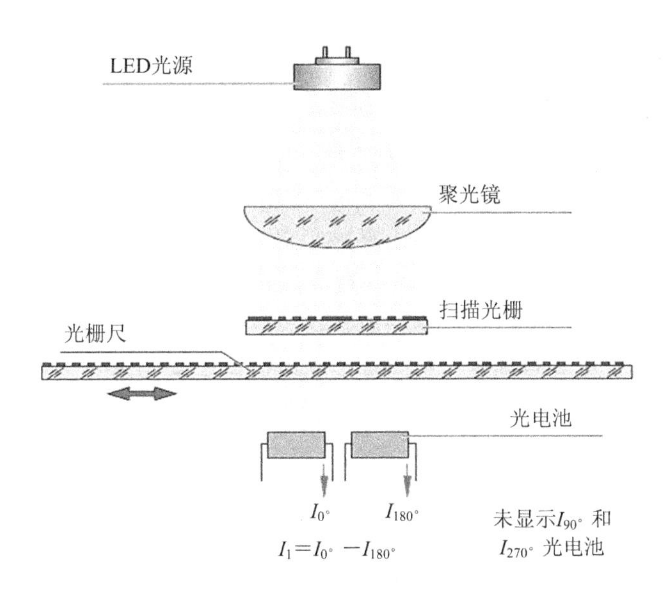

图 4.8　透射式光栅成像扫描原理示意

4.4.2　天线机械结构因素与天线控制系统性能关系

天线机械结构是天线控制器的控制对象，也是天线控制系统的重要组成部分。天线机械结构因素就是天线机械性能的指标，主要有转动惯量、结构谐振频率、摩擦力矩等。天线控制系统的性能主要有稳定裕度、跟踪误差、过渡过程品质、伺服带宽和调速范围等。

1. 转动惯量与伺服系统性能的关系

理论和经验表明：负载转动惯量与系统开环截止频率、机电时间常数、低速平稳跟踪性能等因素有关。

当负载转动惯量增大时，系统开环截止频率减小，系统跟踪精度下降，过渡过程时间加长；当负载转动惯量增大时，机电时间常数增大，系统的相位裕度减小，过渡过程超调量加大。

天线控制系统跟踪低速目标时，将产生不均匀"跳动"，即"步进"或"爬行"现象。理论分析表明，当静摩擦力矩和库仑摩擦力矩一定时，爬行跟踪角加速度与转动加速度成反比。因此，当负载转动惯量加大时，将改善系统低速平稳跟踪性能。

2. 结构谐振频率与伺服系统性能的关系

天线机械结构特性(ω_L，ξ_L)对天线控制系统性能的限制体现在对位置环带宽 ω_B 和速度环截止频率 ω_{cr} 两个方面的限制上，但最终归结到对系统截止频率 ω_c 的限制上。这样就体现了结构谐振频率 ω_L 与系统相位裕度 $\gamma(\omega_c)$、跟踪误差 $\Delta\theta_r$ 和过渡过程品质($\sigma\%$和 t_s)之间的关系。

速度环截止频率 ω_{cr} 和结构谐振频率的关系如下：

$$\omega_{cr} \leqslant \frac{\omega_L}{2} \tag{4.22}$$

位置环带宽与结构谐振频率的关系如下：

$$\omega_B \leqslant \frac{\omega_L}{6} \tag{4.23}$$

3. 摩擦力矩与伺服系统性能的关系

摩擦力矩分为静态摩擦力矩、库仑摩擦力矩和速度摩擦力矩等。摩擦力矩是系统负载力矩的一个分量，它对系统性能的影响如下：

(1) 系统截止频率与静态摩擦力矩的平方根成正比，增大静态摩擦力矩可提高系统截止频率，这样能提高系统的跟踪精度，改善过渡过程品质。

(2) 静态摩擦力矩与系统的稳态误差成正比。

(3) 静态摩擦力矩是影响低速爬行跟踪停断时间的主要因素。

4.4.3 天线控制系统动态设计

1. 天线控制系统动态设计目的

天线控制系统动态设计的目的是通过选择校正环节，使系统的闭环特性满足控制系统的主要性能指标——稳定裕度、伺服带宽、跟踪精度、过渡过程品质和调速范围。

天线控制系统的基本原理是负反馈的闭环控制系统，基本的环路是位置控制、速度环和电流环，控制对象为天线。

2. 控制对象数学模型

执行元件及其负载是天线控制系统的控制对象，其传递函数是天线系统固有的各个环节中最重要、最复杂的传递函数。在大型天线机械结构中，应充分考虑到机械结构谐振特性。电机及负载的机电传递等效框图如图 4.9 所示。

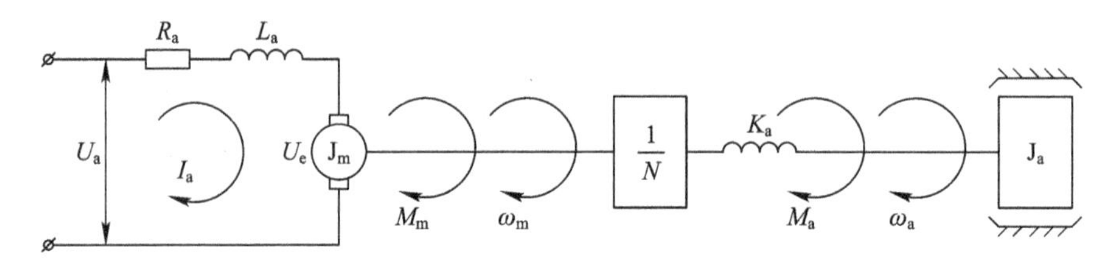

U_a—电机电枢电压(V)；I_a—电机电枢电流(A)；R_a—电机电枢电阻(Ω)；L_a—电机电枢电感(H)；U_e—电机反电势(V)；J_m—电机转动惯量(kg·m·s^2)；M_m—电机电磁力矩(kg·m)；N—齿轮箱变比；K_a—齿轮箱等效刚度(kg·m/rad)；J_a—天线转动惯量(kg·m·s^2)；M_a—齿轮箱末端力矩(kg·m)；ω_m—电机转速；ω_a—天线转速

图 4.9 电机及负载的机电传递等效框图

根据电机及负载的电气特性和力矩特性列写微分方程，经过合并和化简可以得到电机及负载的控制对象特性为

$$KW(S) = \frac{\omega_m(S)}{M_m(S)} = \frac{K_1\left[\left(\frac{1}{\omega_L}\right)^2 S^2 + 2\xi_L \frac{1}{\omega_L}S + 1\right]}{(1+T_0 S)\left[\left(\frac{1}{\omega_f}\right)^2 S^2 + 2\xi_f \frac{1}{\omega_f}S + 1\right]} \tag{4.24}$$

式中：K_1——输出转速 ω_m 到输入力矩 M_m 之间的传递系数；

T_0——速度阻尼产生的机电时间常数；

ω_L——锁定转子机械谐振频率；

ω_f——自由转子机械谐振频率；

ξ_L——锁定转子相对阻尼系数；

ξ_f——自由转子相对阻尼系数。

机电传动系统频率响应特性如图 4.10 所示。

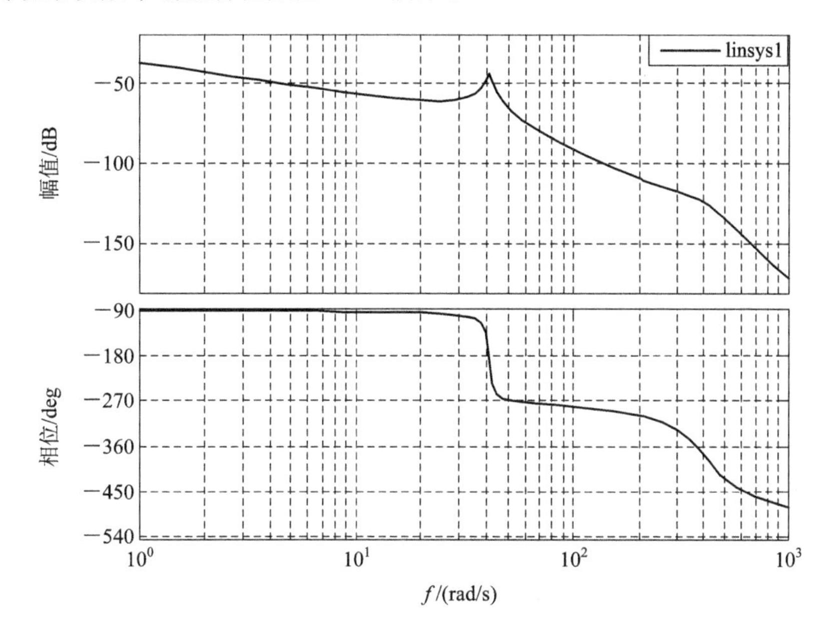

图 4.10　机电传动系统频率响应特性

3. 控制系统设计

1）电流环设计

电流环的主要用途是减小电枢回路的时间常数，同时采用高增益控制器达到减弱电动机反电势影响的目的。由理论分析可知，减弱反电枢影响的近似条件为

$$\omega_{ct} \geqslant 3\sqrt{\frac{1}{T_m T_a}} \tag{4.25}$$

式中：ω_{ct}——电流回路的截止频率；

T_m——机电时间常数；

T_a——电磁时间常数。

电动机的反电势相当于电流环路中的一个扰动量，由于电动机的电磁时间常数一般都远小于机电时间常数，因而电动机电枢电流的变化速度远快于转速的变化速度，反电势扰动实际上不会造成电枢电流的波动。因此，在电流环设计时，电流环结构框图可简化成如图 4.11 所示的结构。

由于希望电流环超调量越小越好，电流环采用 PI 控制器，把电流环校正成Ⅰ型系统。PI 控制器的引入使得电流环开环变成四阶系统，为了使设计简便，通常把 PI 控制器时常数设计成电机时常数。某项目电流环开环幅相特性如图 4.12 所示。

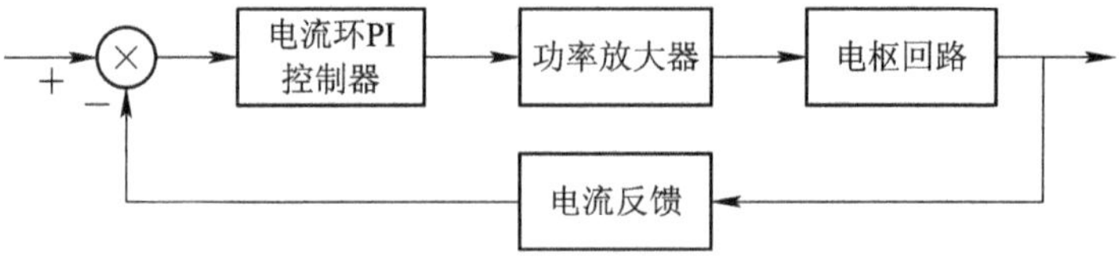

图 4.11　电流环简化结构框图

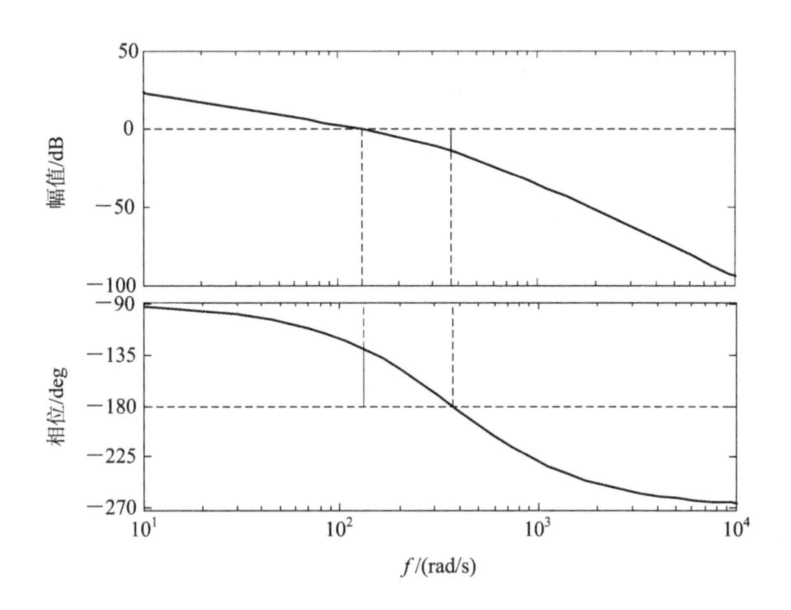

图 4.12　电流环开环幅相特性

2）双电机消隙设计

当采用高速电动机与减速器组成的传动链时，为了消除传动链齿隙的影响，通常采用双电机消隙传动的方式，如图 4.13 所示。

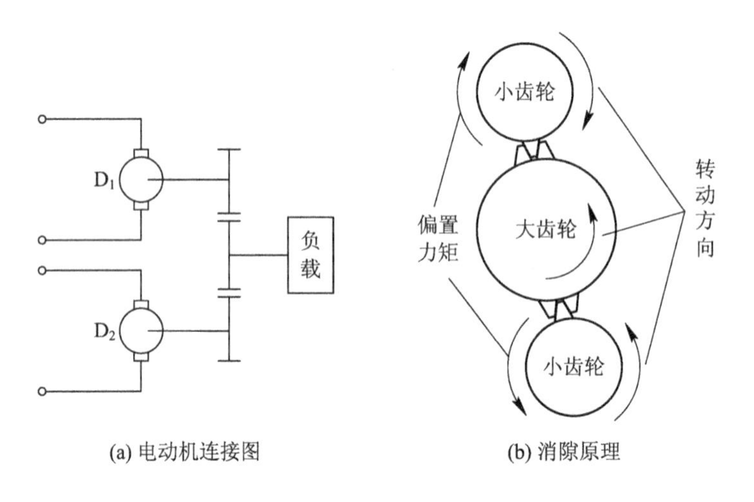

图 4.13　双电机消隙传动的方式

由两套功率放大器分别驱动两台电动机，两台电动机分别连接两个完全相同的减速器，减速器又各自通过一个小齿轮啮合到最后的大齿轮上，以拖动负载。由于传动链齿隙的影响总是发生在电动机转向变化的过程中，因此，为了消除齿隙，将两台电动机输出力矩与合成力矩的关系设计成如图 4.14 所示的曲线。

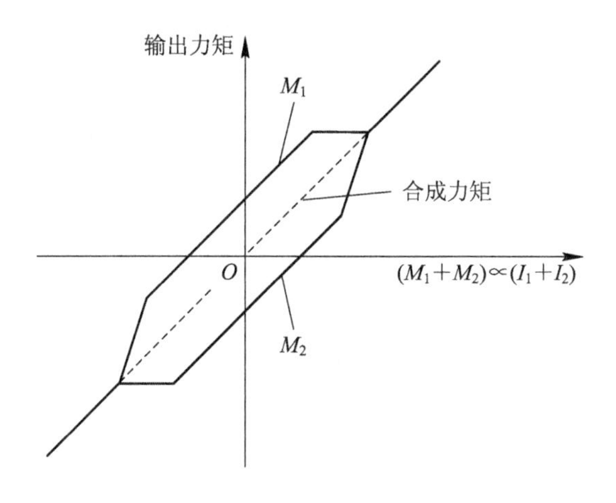

图 4.14　双电机消隙的力矩特性

合成力矩反映了负载对驱动力矩的要求。当合成输出力矩为零时，两电动机输出大小相等、方向相反的力矩，此力矩称为偏置力矩。在这个偏置力矩的作用下，两个小齿轮分别贴向大齿轮的两个相反的啮合面，使大齿轮不能在齿隙内游动。随着负载力矩的增加，两台电动机输出力矩同时同相增加，达到一定值以后，其中被反向偏置的一台电动机由拖动状态变为与另一台电动机同向拖动的状态。

3）速度环设计

当电机拖动天线负载做加速或减速运动时，天线加减速负载力矩作用到电机上。由于天线加减速负载力矩受天线结构谐振频率的影响，因此天线速度环动态特性也受天线结构谐振频率的约束。考虑天线结构负载时，速度环结构框图如图 4.15 所示。

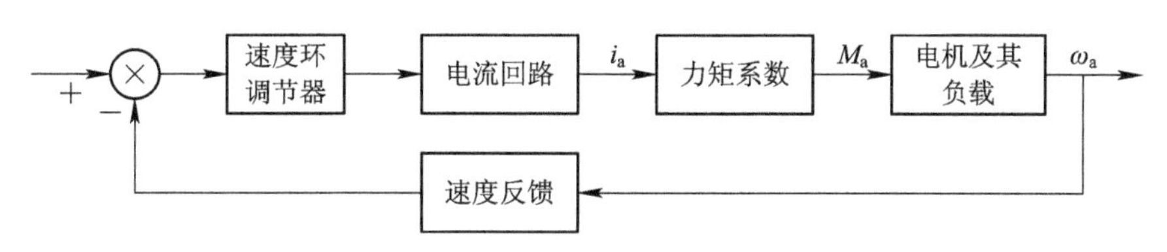

图 4.15　速度环路结构框图

为了提高系统抗扰动的能力，消除稳态负载力矩引起的误差，速度环设计成 Ⅰ 型系统。某工程速度环采用 PID 控制，方位速度环阶跃响应特性如图 4.16 所示。

4）位置环设计

通常天线在工作过程中需要对目标进行引导、捕获和跟踪，这是一个典型的位置随动系统，其所有功能的实现是靠位置环路来完成的。但不同工作方式下，位置结构不同。

（1）自跟踪方式下正割补偿。天线在自跟踪方式下，跟踪误差信号是根据目标偏离天线口面中心位置提取的，而误差信号纠正是靠天线驱动方位和俯仰轴来实现的。这就存在误差信号提取和误差信号纠正不在同一个坐标系上的问题。两坐标系之间的几何关系如图4.17所示。

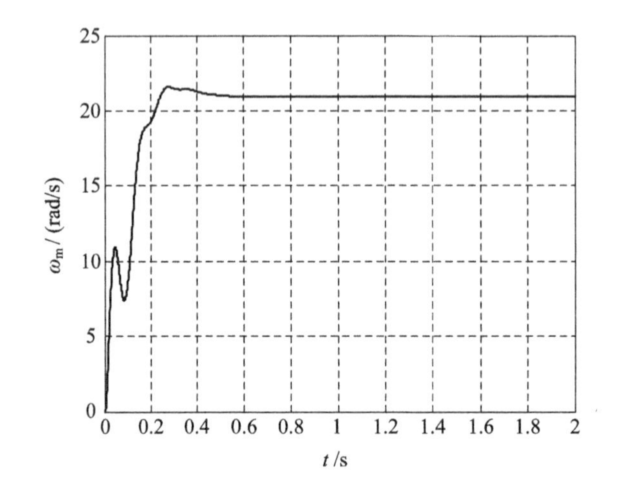

图4.16　方位速度环阶跃响应特性

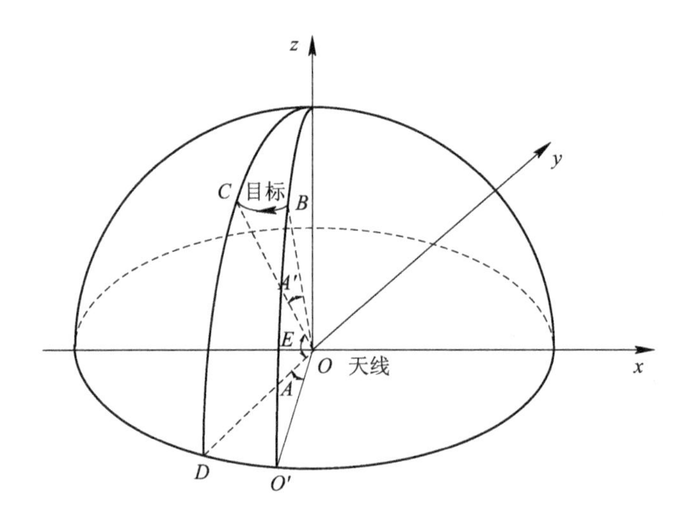

图4.17　跟踪目标时两坐标系之间的几何关系

由图4.17可以看出，当俯仰角为E时，目标从B点移动到C点，天线轴线要从OB线转动到OC线，这时，在OBC平面内转过的角度为A'，要使天线转过A'，天线控制系统方位回路必须带动天线在$OO'D$平面内转过A角度，由于方位角A和横向扫角A'是在两个不同的平面内，因而存在坐标变换问题。根据几何关系，可以证明方位角A等于横向扫角A'与俯仰角E的正割函数$\sec E$之积，即

$$A = A'\sec E \tag{4.26}$$

(2) 位置环设计。位置环的设计主要是期望特性的设计和校正装置的选择。位置环一般采用对数频率法(伯德图)进行设计。在利用对数频率法进行位置环设计时，根据天线对控制系统的指标要求，即根据带宽、稳定裕量、过渡过程品质和跟踪精度等绘制一条能满

足控制系统主要性能指标的期望特性，与控制对象固有的对数幅频特性进行比较，求出校正装置的特性，然后根据该特性选择校正网络及其参数。

为了实现大型天线对深空目标的高精度指向和跟踪，位置环至少应该设计为对位置信号、速度信号无静差，同时考虑到高阶控制器会带来系统不稳定或者稳定裕度不足的问题，天线控制系统一般设计为Ⅱ型系统。位置环期望特性如图 4.18 所示。

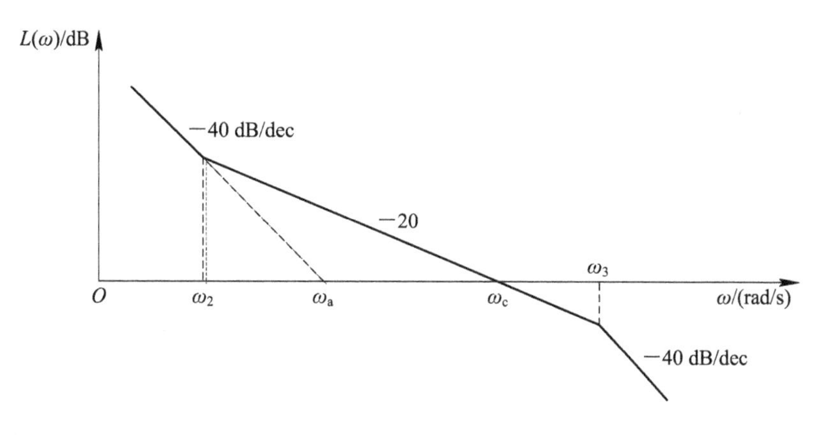

图 4.18 位置环期望特性

Ⅱ型系统的正向通道包含两个积分环节，它的典型开环传递函数的形式为

$$K_a W(S) = \frac{K_a(T_2 S + 1)}{S^2(T_3 S + 1)} \tag{4.27}$$

式中：K_a——系统的开环增益(s^{-2})；

T_2——一阶微分环节时常数(s)；

T_3——惯性环节时常数(s)。

系统的期望特性代表了系统的各项性能指标。低频段的斜率与系统的无差阶数一致；中频段表现了系统的动态关系，截止频率 ω_c 的大小反映了控制系统的带宽，相位裕度 $\gamma(\omega_c)$ 则由中频段的长度和对称度来确定，当 ω_c 一定时，转折频率 ω_2 的大小则反映了加速度常数的大小；高频段反映了系统限制高频干扰及防止机械结构谐振的能力，高频段转折频率 ω_3 及斜率由速度闭环回路确定。

位置环设计可以根据控制系统指标要求通过转折频率 ω_3 来选择截止频率 ω_c 和转折频率 ω_2，最终使控制系统的动态性能达到技术指标要求。

根据控制对象特性的分析，为了达到位置环期望特性所要求达到的目标，需要选择合适的位置调节器进行校正。式(4.27)表示的位置环Ⅱ型系统选用的 PI 调节器形式为

$$KW(S) = \frac{K_p(T_2 S + 1)}{S} \tag{4.28}$$

式中：K_p——PI 调节器传递系数；

T_2——时常数。

通过 PI 调节器的参数选择来确定系统开环截止频率 ω_c 和转折频率 ω_2，使控制系统位置无静差并达到相应的动态性能要求；通过位置调节器可以达到提高天线控制系统的控制精度、抑制随机噪声和减小系统误差的目的。

4.4.4 天线控制系统国产化设计

1. 天线控制设备国产化的必要性和意义

天线控制设备作为雷达、测控通信等反射面天线驱动控制设备，其安全可靠运转是天线实现正常工作、高精度指向或跟踪的基本条件。电子元器件是天线控制设备的基本单元，其可靠性和信息安全是保证雷达或测控装备可靠性和信息安全的基础。由于功能、性能、质量以及研制进度等因素，天线控制系统小部分设备仍选用进口元器件。在使用进口电子元器件时需要考虑信息安全方面存在的隐患。这是因为进口电子元器件在设计、制造、封装、测试等环节可能被人为植入后门，如IP核可能被嵌入后门，这些后门可窃取我国装备的数据甚至摧毁设备，并可能进一步通过网络传播病毒和木马，严重影响我国的信息安全。2008年，美国国家安全局的一台发电机控制系统受到攻击后造成物理损坏。2010年，德国发现首个专门针对工业控制系统芯片的破坏性病毒。2010年9月，伊朗核设施突遭来源不明的网络病毒攻击，纳坦兹离心浓缩厂的上千台离心机报废。可见，在天线控制设备建设中如果不能实现电子元器件的自主可控，就会始终处于受制于人、被动挨打的局面。

2. 天线控制系统国产化设计

天线控制系统包含天线控制单元、天线驱动单元和时码编码单元三大部分。其中天线驱动单元是天线控制系统的核心；时码编码单元作为角位置传感器，是位置环路的信源；天线控制单元作为天伺馈对外接口，是天线控制系统的信息交通枢纽。在天线控制系统国产化设计时这三大部分都需要进行国产化考虑。

天线控制单元继承以往大口径深空测控通信天线的成功经验和成熟成果，其控制计算机选用基于龙芯CPU的工业控制计算机，操作系统选择中标麒麟桌面操作系统，应用软件开发环境选择QT编程语言，满足国产化要求。

天线驱动单元主要包括马达驱动器、电机、可编程控制器、直流电源、控保开关等设备，在工程应用上这些关键部件均为国产，驱动机柜从设计图纸、装配及调试均为自研，因此天线驱动单元能够满足国产化和自主可控设计要求。

时码编码单元主要由测角元件、时码板和编码板等设备组成。对于波束波导型天线，为了实现高精度测量，测角元件可选海德汉(HEIDENHAIN)公司或雷尼绍公司的光电角度编码器产品。由于光电角度编码器主要用于测量而不实现编码，无法人为植入后门，因此不存在信息安全问题。编码和时码工作由自主研制的编码板和时码板来实现，因此可实现核心器件国产化要求。

4.4.5 天线控制系统电磁兼容性设计

1. 概述

电磁兼容(EMC)是军用电子装备的基本性能之一。其含义是指设备、分系统、系统在共同的电磁环境中能一起正常执行各自功能的共存状态，具体到测控系统就要求测控设备配置在相应测控站能正常工作，且不对处于同一测控站的其他设备形成有害干扰。由此可见，EMC要求电子设备少向外发射干扰信号，同时应具有抗外界干扰的能力。天线控制设备作为系统设备的一部分，能否通过EMC的相关要求，不仅关系到自身性能，也会影响系统其他设备的正常工作。

2. 驱动方案选择

在EMC设计时要围绕着减小或消除干扰源、切断耦合途径、提高敏感度这三方面进行考虑。直流伺服驱动器采用三相交流供电、SCR整流电路、150 Hz基频，电流脉动小，对外界干扰小，电磁兼容较好；交流伺服系统采用直流脉宽调制技术，调制频率为几十千赫兹到几百千赫兹，谐波频率分布广，容易对几十兆赫兹到几百兆赫兹的信号形成干扰，因此对于脉冲星观测等射电天文应用的射电望远镜不应选用交流驱动器。

对于中大功率伺服系统，与交流伺服系统相比，直流伺服系统具有更低的电磁干扰。对于大口径天线，伺服驱动功率从几千瓦到几十千瓦不等，属于中大功率伺服系统，为此选用直流伺服体制。对于几百瓦以下的小功率伺服系统，由于脉动能量较小，电磁兼容性更容易控制，选用交流伺服系统可以充分发挥电机、驱动器体积小、免维护、性价比高等优势。

3. 布线设计及电缆屏蔽接头安装

在布线设计时要合理划分设备功能模块，优化结构布局。合理的功能模块划分可以使系统简化，设备内部接口清晰简单；合理的机柜机箱布局能使布线、电缆连接简单，为电磁兼容目标的实现打下良好的基础。

好的屏蔽连接、低的连接阻抗对屏蔽效果尤为重要。应选用镀锌或镀锡铜编织带做屏蔽层，屏蔽层接地面积尽可能大；最好用U形夹或屏蔽连接器安装屏蔽电缆；屏蔽层不要在电缆槽上接地，要直接接在对应部件的屏蔽地上；非屏蔽电缆的长度尽可能短。

4. 接地设计

在机柜内严格区分各种地线，使之各自单独接地，不在内部形成公共接地点。机柜外采用星型接地。

5. 强电磁脉冲防护措施

对于强电磁脉冲环境，除了前面提到的电磁兼容防护措施外，还需在屏蔽机箱机柜选材、机箱缝隙及孔洞的屏蔽方法以及电缆传输通路上进行防护设计，从而切断强电磁脉冲能量传输途径，实现电磁安全防护，确保电子设备安全可靠工作。

4.5　大型反射面天线控制系统关键技术设计

4.5.1　大型反射面天线控制系统简介

天线控制系统是大型深空测控通信天线或射电天线的重要组成部分，它通过控制天线绕方位和俯仰转动实现天线电轴指向或跟踪目标。对于深空测控通信天线或射电天线，为实现深空目标最强信号接收或发送，要求其电轴精确指向或随动于深空目标。这是因为天线口径大、半功率波束宽度窄，任何形式的干扰或者偏离都会由于大型天线方向图的高方向性而使天线增益大幅下降，降低系统的信噪比，甚至失去目标，从而使地面和空间目标之间失去联系。然而随着天线口径的增大，外部环境(阵风、温度)以及自重对天线精度的影响都会增强。因此，大型反射面天线在控制系统设计时需要解决如下关键技术：

(1) 多电机同步控制技术。大型反射面天线多采用多电机驱动，当电机数量大于等于四个时，速度环路多采用独立速度环。为实现协同控制，大型反射面天线需解决多电机同步控制问题。

(2) 基于副反射面实时调整的天线重力变形修正技术。针对天线自重引起的口面变形，工程上除采用预先调整技术外，还需通过副反射面实时调整进行补偿。

(3) 提高可靠性的双机热备份技术。天线控制单元作为大型反射面天线设备的重要组成部分，是大型天线系统的信息枢纽。为提高天线控制单元的可靠性，采用在线备份设计。

(4) 高精度大尺寸编码问题。大型测控天线波束宽度窄，天线指向或随动精度要求高，为实现高精度指向或随动控制，高精度测角元件的选择是至关重要的。

(5) 阵风扰动抑制技术。大型天线口径较大，结构复杂，天线结构系统的谐振频率必然较低，较低的谐振频率将直接抑制伺服带宽的提高，使得天线控制系统抗阵风扰动能力变弱，因此，必须采取措施来减小由于阵风扰动而产生的随机误差。

(6) 极大值跟踪技术。由于深空目标作用距离远，差信号电平值相对于和信号较弱，采用 TE21 模跟踪性能将会恶化。在大型深空测控通信天线中，需要采用和信号的极大值跟踪技术实现对超远距离目标的精密跟踪。

4.5.2 多电机同步控制技术

1. 概述

大型反射面天线系统采用齿轮传动，通过多电机，如双电机、四电机、八电机等来驱动，可方便地实现大功率驱动和电消隙功能。双电机驱动系统多采用和速度环，而四电机或更多电机驱动一般采用独立速度环，独立速度环可以较好地解决轮轨式天线驱动轮打滑问题。

2. 多电机控制器(MMC)

多电机控制器(Multi-Motor Controller，MMC)采用的是基于实时多任务的运动控制器，具有高速可靠的运算处理能力，可提供多种接口和扩展能力，通过 CANOpen 总线或其他实时控制总线可将方位、俯仰四电机马达控制器以网络形式连接，实现对多个电机的完全控制。MMC 是基于 CANOpen 总线的网络结构型多功能控制器，其结构示意如图 4.19 所示。

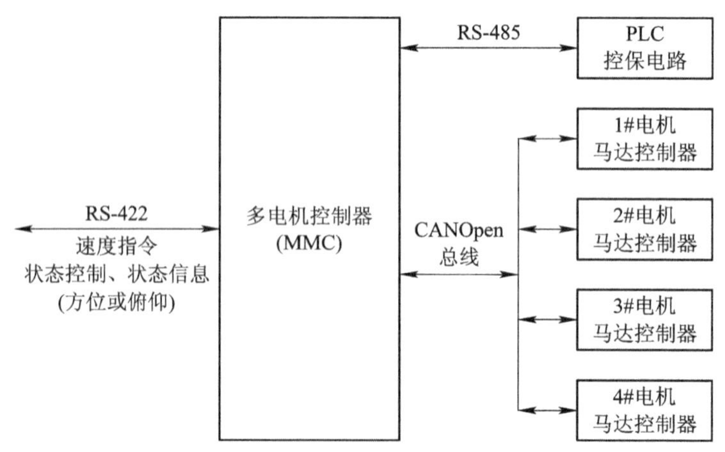

图 4.19 多电机网络控制结构图

3. 指令预处理

指令预处理(CPP)就是把接收的速度指令按照一定的规律加以调理，以满足技术指标和大型结构系统对加速度的要求，改善位置控制特性，提高设备的安全性。CPP 输出指令的斜坡时间可根据需要调整，原理如图 4.20 所示。

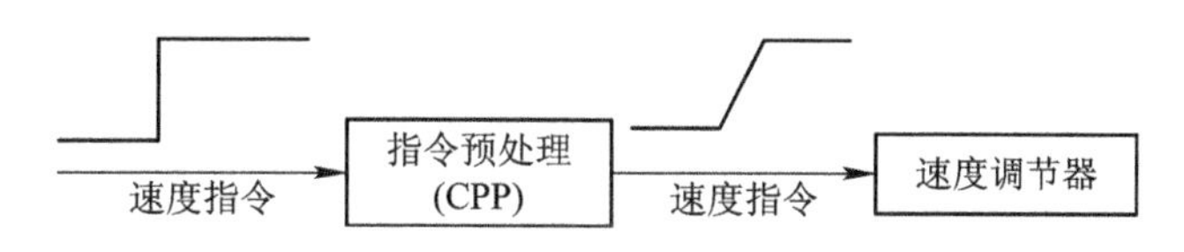

图 4.20　指令预处理原理

4. 速度力矩综合分配

方位、俯仰均采用四电机驱动，利用马达控制器电流指令附加功能，分别将两个电机组成一对，可实现力矩偏置的动态施加，从而完成电消隙功能，以提高传动链刚度，改善系统性能。

5. 低速性能

天线低速性能很大程度上取决于传动链摩擦、刚度等，也与系统的调速范围有关。在电路上主要通过以下途径来提高天线低速性能：

(1) 选用数字马达控制器，减小伺服误差和零漂，提高控制精度；

(2) 选用高分辨率数字式测速机，提高测速信号线性度和对称性；

(3) 控制指令采用数字信号传输，提高小信号传输的抗干扰能力。

6. 安全控保

以可编程控制器(PLC)为核心的安全控保逻辑为人身、设备的安全提供可靠周到的保护。PLC 具有集成度高、可靠性好、逻辑配置灵活等优点。

4.5.3　副反射面实时调整控制技术

1. 引言

大型深空测控通信天线由于自身重力、温度场梯度、风干扰等原因引起天线主面形状、副反射面以及副面支撑发生变化，使天线的焦点发生偏移，从而使天线的增益降低，影响深空测控通信系统性能。图 4.21 为大型天线因自重而变形的情况。表 4.2 为多个频段在天线重力变形情况下引起的天线电气性能的变化。

表 4.2　天线重力变形引起的多个频段天线增益损失与俯仰角关系

仰角	L 频段	S 频段	X 频段
80°	−0.0023	−0.0050	−0.0604
60°	−0.0016	−0.0035	−0.0424
40°	−0.0016	−0.0035	−0.0421
20°	−0.0020	−0.0044	−0.0532
10°	−0.0023	−0.0050	−0.0607

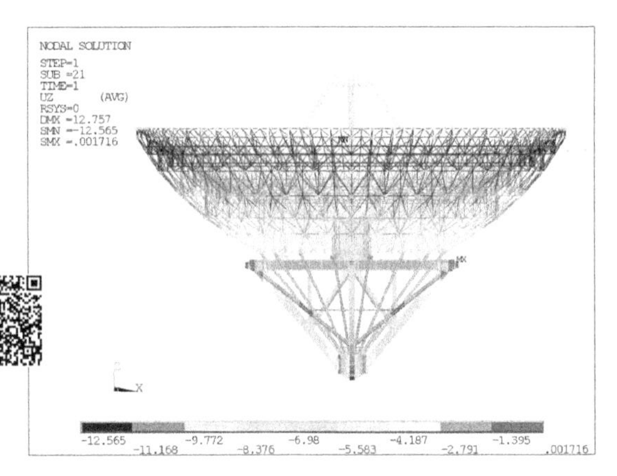

图 4.21　大型天线主、副面变形情况

深空测控通信天线仅仅通过预调是不能完全满足要求的，还需要根据天线变形情况，通过曲线拟合生成一个新的抛物面，将副面中心调整到新抛物面的焦点上，从而保持天线性能在变形情况下达到最优。

副面调整机构采用六自由度并联机械调整方式(见图 4.22)，主要由基座平台(下平台)、可动的运动平台(上平台)和六只电动缸(线性电动执行器)组成。

(a) 天线主副反射面

(b) 副面调整机构

图 4.22　大型天线及其副面调整机构

2. 六自由度并联机构的位置逆解

给定运动平台在工作空间中的位置和姿态，求出各个支腿的长度，称为并联机构的运动学逆解。位置逆解是指充分利用坐标转换，将矢量 $\boldsymbol{op}_i$ 从局部坐标系转换为全局坐标系中的 OP_i。动平台在固定坐标系中有位置和姿态两个参数，位置是动平台(副面)的中心位置(x, y, z)，姿态为动平台(副面)的角姿态，分别为绕 x，y，z 的转角 α、β、γ。

局部坐标系 $p-xyz$ 相对于全局坐标系 $O-XYZ$ 在空间的旋转变换矩阵为

$$\boldsymbol{R}=\begin{bmatrix}\cos\gamma\cos\beta & \cos\gamma\sin\beta\sin\alpha-\sin\gamma\cos\alpha & \cos\gamma\sin\beta\cos\alpha+\sin\gamma\sin\alpha \\ \sin\gamma\cos\beta & \sin\gamma\sin\beta\sin\alpha+\cos\gamma\cos\alpha & \sin\gamma\sin\beta\cos\alpha-\cos\gamma\sin\alpha \\ -\sin\beta & \cos\beta\sin\alpha & \cos\beta\cos\alpha\end{bmatrix} \tag{4.29}$$

第 i 条支腿长度为

$$L_i=\sqrt{\boldsymbol{L}_i^{\mathrm{T}}\boldsymbol{L}_i} \tag{4.30}$$

式中：$\boldsymbol{L}_i=\boldsymbol{p}+\boldsymbol{R}\cdot\boldsymbol{p}_i-\boldsymbol{b}_i$；

$\boldsymbol{p}_i$——上平台在局部坐标系的位置；

$\boldsymbol{p}$——局部坐标系在全局坐标系的位置；

$\boldsymbol{b}_i$——下平台在全局坐标系的位置。

已知胡克铰、球铰的中心坐标，就可以通过副面的位置和姿态求得支腿长度，完成六自由度并联机构的运动学逆解。

3. 六自由度并联机构的位置正解

六自由度并联机构的位置正解就是已知驱动腿长 L，求解出副面位置和姿态。由于并联机构结构复杂，位置正解求解难度较大，一般采用最速下降法原理来实现并联机构位置正解的算法。该算法基于并联机构工作空间和关节空间之间的雅可比变化关系，以并联机构工作空间内的任意一个位姿点作为迭代初始点，在并联机构运动连续性的前提下，可准确、快速地给出并联机构的唯一位置正解。

副面在其工作空间内运动，以此作为边界条件，从任意已知的初始位姿点 $\boldsymbol{P}^0$，经过控制作用后，到达当前位姿点 $\boldsymbol{P}^d$，这时各支腿的位置矢量为 $\boldsymbol{L}^d$。在实际工作过程中 $\boldsymbol{P}^0$ 依据实际标定来确定，$\boldsymbol{L}^d$ 则由直线传感器来采集，根据 $\boldsymbol{P}^0$、$\boldsymbol{L}^d$ 求解出末端执行器的位姿 $\boldsymbol{P}^d$。

经理论推导，副面的位置和姿态变化量为

$$\Delta\boldsymbol{p}_i=\boldsymbol{J}^{-1}\Delta\boldsymbol{L}_i \tag{4.31}$$

式中：

$$\boldsymbol{J}=\begin{bmatrix}\boldsymbol{u}_1 & \boldsymbol{u}_2 & \cdots & \boldsymbol{u}_6 \\ \boldsymbol{q}_1\times\boldsymbol{u}_1 & \boldsymbol{q}_2\times\boldsymbol{u}_2 & \cdots & \boldsymbol{q}_6\times\boldsymbol{u}_6\end{bmatrix}^{\mathrm{T}}$$

其中，$\boldsymbol{q}_i=\boldsymbol{R}\boldsymbol{p}_i$；

$\boldsymbol{u}_i$——单位矢量；

$\Delta\boldsymbol{L}_i$——直线传感器采集所得。

按照式(4.31)所示的副面位置和姿态的变换量对预估的副面位置和姿态叠加并进行迭代计算，一直到满足精度为止，这样就得到了天线副面的实际位置和姿态，完成六自由度并联机构的位置正解计算。

4. 副面控制机构的电气控制

副面控制机构控制系统采用全数字式多轴同步运动控制网络来保证多个轴之间的同步和实时更新。六自由度并联机构控制系统组成如图 4.23 所示。

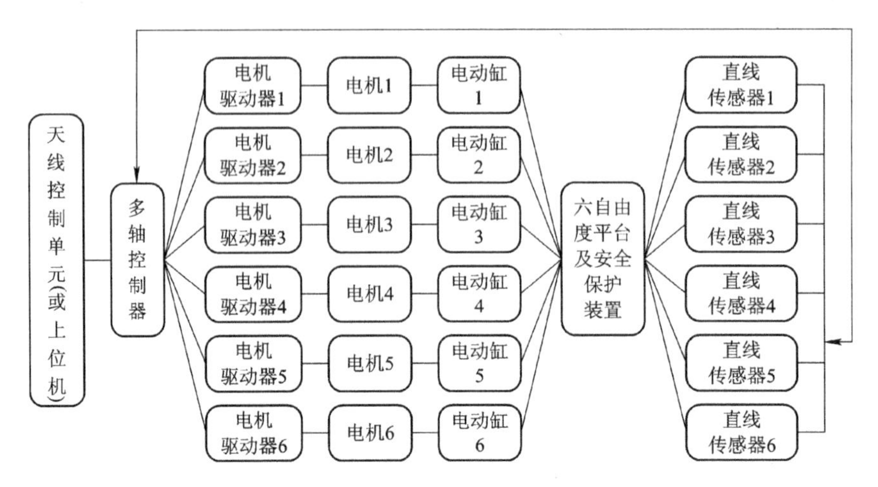

图 4.23 六自由度并联机构控制系统组成

5. 副反射面实时调整实现

在大型深空测控通信天线使用之前，需要对天线在不同仰角下的变形进行精确标定，形成表格函数。在天线工作时，六自由度副面并联机构根据天线仰角所对应的副面位置和姿态值实时控制副面到相应的位置上，达到对天线电气性能补偿的目的。

6. 总结

大型深空测控通信天线由于口径大、频率高，其主、副面变形引起的电气性能下降不容忽视，通过六自由度并联机构可以将副面中心定位到天线仰角所对应的标定后的副面位置和姿态上，有效补偿由于天线变形引起的天线性能损失。

4.5.4 控制单元双机热备份设计

1. 背景

天线控制单元设计的出发点是在保证功能、性能满足要求的前提下，充分考虑设备的自动化程度、设备运行的高可靠性以及软件设计的工程化程度等各个方面。从大型反射面深空测控通信天线系统可以看出，天线控制单元是大型天线系统的信息枢纽，是天线系统的关键设备，在深空测控通信或观测任务中起着举足轻重的作用。针对天线控制单元的这种特点，有必要尽量减小天线控制单元的失效率，提高天线控制单元的可靠性，使天线控制单元在深空测控通信或观测任务中能稳妥可靠、万无一失。

提高天线控制单元可靠性的一个行之有效的方法就是进行在线备份设计，力争在天线控制单元发生故障时能准确判断，同时能有效、快速地使故障单元离线，使备份单元工作。从提高设备可用度的观点出发，天线控制单元备份设计选择双机热备份设计方法。

2. 双机热备份的主要原理

在天线控制单元中，设计有两台工业控制计算机并配有相同的功能板、相同的系统环境和控制软件。两台计算机同时加电工作，同步执行控制软件，互为备份，但只有一台工业控制计算机拥有控制权(称为主机，失去控制权则变为备机)，在线接收周边设备的接口信号并控制周边有关设备，另一台工业控制计算机处于待切换状态(称为备机，得到控制权则变为主机)，在主机失效的情况下可以将控制权交给备机。主机和备机之间以主机为主进行工作状态及其他信息的交换。天线控制工作参数以主机为主进行刷新。

双机热备份设计的主要原理如图 4.24 所示。

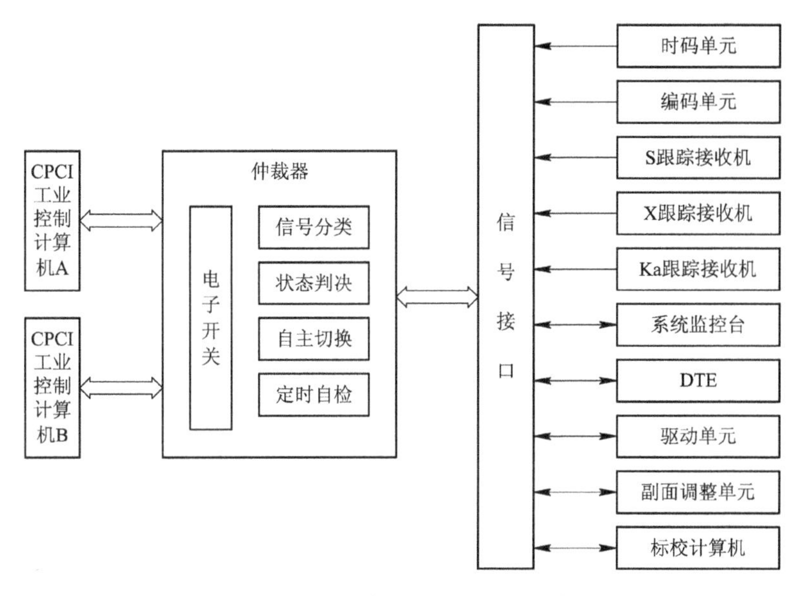

图 4.24　天线控制单元双机热备份设计原理图

3. 双机热备份的构成

天线控制单元中双机热备份机构主要由天线控制单元主机、备机和仲裁器组成。为了实现天线控制单元主机和备机之间的自主切换，需要一个独立的判决机构——仲裁器，对天线控制单元的主机和备机的健康状况进行监视，并在设定的判决条件下在主机和备机之间进行切换。仲裁器作为两台天线控制单元之间的裁决部件，基本要求是适用、可靠，灵活，整体可靠性应远大于工业控制计算机。天线控制单元作为天线控制子系统的核心，其接口关系比较复杂，信号种类比较多，信号数量也比较多，在进行双机热备份切换时，对控制信号要进行切换。切换网络的功能是按照指令同步切换信号进入工业控制计算机 A 或者工业控制计算机 B，如图 4.25 所示。

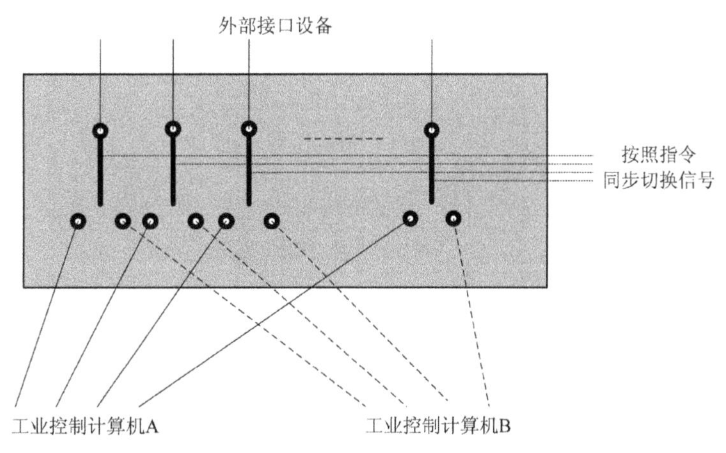

图 4.25　接口信号切换网络示意图

切换网络的主要部件选择模拟电子开关，其主要特点是开关形式为电路型，开关响应时间短，最高开关次数多，功耗小，失效率低。一般在进行信号切换时，切换过程中会产生瞬间的一个归零信号，其频率较高。对数字信号来说，在软件中利用容错设计可以将该帧数据舍弃；对于输出的模拟(如速度指令)信号，设计低通滤波器可以将其滤除。滤波器要求既要滤除归零信号，又不能使速度指令受到影响，为此，滤波器增益设计为 1，带宽大于 1 kHz。

仲裁器进行定时自检，并将自检结果通知主备机。当仲裁器发生故障时，仲裁器将失去判决能力，它通知主备机单元并退出系统；或者主备机不能得到仲裁器正常工作状态信号时，主备机单元将按照系统默认的方式进行工作。

4.5.5 高精度光电编码技术

1. 高精度编码概述

为实现大口径天线角位置高精度测量，大型反射面天线测角元件采用海德汉模块式编码器。它由钢质光栅尺带和扫描头组成，安装时需要有与光栅尺长度配合的内缘槽作为光栅尺带座。其实物照片如图 4.26 所示，安装示意如图 4.27 所示。

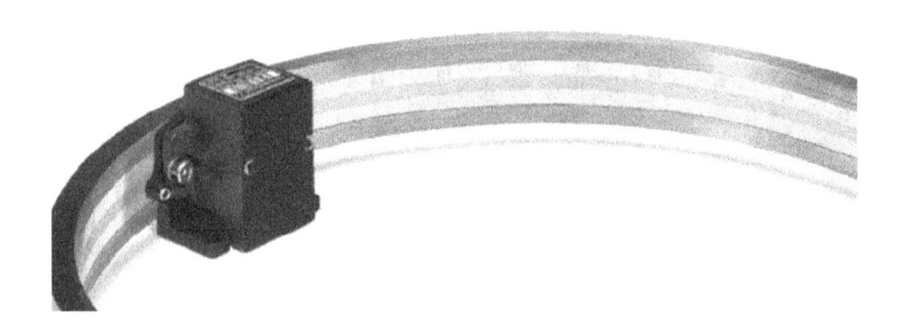

图 4.26 ERA780C 模块式编码器实物照片

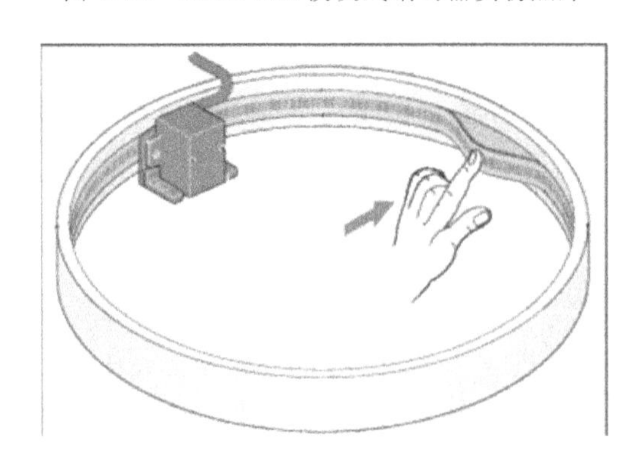

图 4.27 ERA780C 模块式编码器安装示意

2. 精度分析与设计

编码精度包括光栅尺精度以及安装精度等。目前光栅尺精度($\pm 3''$)通常未考虑细分误差(单信号周期内的位置误差)，也未考虑安装引入的误差。由于选用模块式角度编码器，扫描头与光栅尺需分别安装，且光栅尺的直径很大，安装误差需要进行考虑。

1）误差机理分析

增量式光电轴编码器是一种精密的测角装置。由于增量式编码器是利用读数头检测到的莫尔条纹信号实现角度测量的，所以测量的精度主要由信号的正弦性、等幅性和正交性决定。在实际测量系统中，两光栅码盘中心轴之间及其与系统转动轴之间总会产生偏心现象，进行目标测量时，由于轴承之间的间隙，两光栅码盘中心轴相对系统转动轴之间也会产生晃动现象，这就影响了编码器读数头检测到的莫尔条纹信号的质量，即影响了莫尔条纹信号的正弦性、等幅性、正交性，给角度测量带来了一定的误差。

轴的晃动带来偏心量 e 的变化，进而影响莫尔条纹宽度 B，即

$$B=\frac{R\cdot W}{e\pm\Delta e} \tag{4.32}$$

式中：R——刻线半径；

W——光栅常数。

由于 Δe 造成条纹宽度变化而影响信号的相位误差，即正交性、等幅性误差，从而影响莫尔条纹的质量，直接引起细分误差，给编码器的精度带来很大影响。

偏心是指两光栅码盘中心轴之间及其与系统转动轴之间产生的偏心现象。从理论上来讲，码盘码道上的所有线条都应沿半径方向分布并会聚在刻划中心，这个中心的圆周角被码道等分，如果码盘绕另一个圆心转动，即刻划中心和机械回转中心不能精确重合，那么从码盘上读出的数就和实际转角不一致，从而引入误差，从图 4.28 可以看出这个关系。

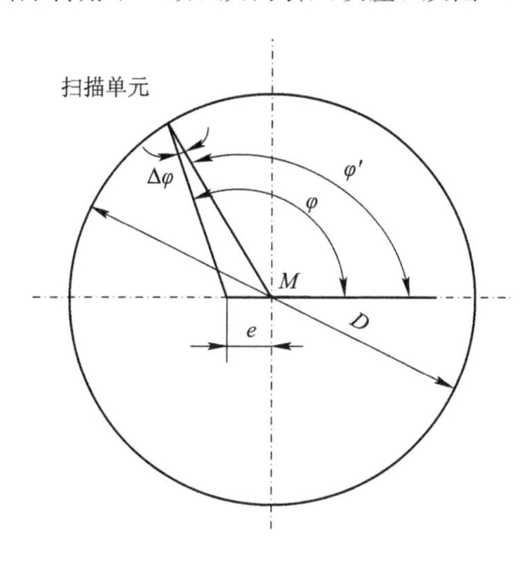

图 4.28　测量误差与偏心量的关系

偏心量 e、圆光栅名义直径 D 和测角误差 $\Delta\varphi$ 之间有以下关系（参见图 4.28）：

$$\Delta\varphi=\pm 412\times\frac{e}{D} \tag{4.33}$$

图 4.28 中：

$\Delta\varphi$—— 测角误差，单位为秒；

e—— 径向光栅相对于轴承的偏心量，单位为 μm；

D——圆光栅名义直径，单位为 mm；

M——圆光栅圆心；

φ——理论角度；

φ'——测量角度。

表 4.3 列出了偏心量为 1 μm 时，不同直径情况下所引入的测角误差。由表可知偏心量对精度的影响还是较大的，所以装调工艺中必须小心地调整偏心量的大小。

表 4.3 测角误差与偏心量的关系

偏心量	直径	测角误差
1 μm	320 mm	±1.3″
	460 mm	±0.9″
	570 mm	±0.7″
	1145 mm	±0.4″

2）对径读数头对消

（1）对径读数相加原理。

为消除码盘偏心、轴系晃动所造成的误差，通常采用对径读数相加的方法。对径读数相加的基本原理是：由于偏心、晃动在某一位置造成的误差，与在其对径 180°方向读数所产生的误差数值大小相等，符号相反，即一个误差为$+\Delta\theta$，另一个误差必为$-\Delta\theta$，只要将二者相加除以二，即

$$\frac{(+\Delta\theta)+(-\Delta\theta)}{2} \tag{4.34}$$

就可得到不带偏心、晃动误差的真实转角读数。

对径读数常用的有对径双头、四头读数，通常精度要求越高，采用的读数头就越多。图 4.29 是对径双读数头位置示意图。

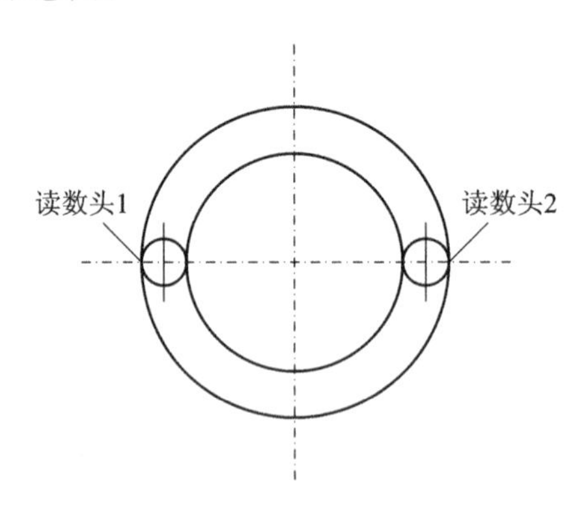

图 4.29 对径双读数头位置示意图

（2）对径读数相加测试。

测角误差是角度编码器的重要技术指标，一般采用直接比较法来测定角度编码器的测角误差。分别记录经纬仪、读数头 1 及读数头 2 读数，各点处做相同处理，方位轴转动一圈后以经纬仪读数为基准检测角度编码器的测角精度。图 4.30 分别给出两个读数头在两次测量数据中的测量误差。对两组数据采用对径相消以及分段修正的处理办法，图 4.31 给出对径相消以及分段修正后的残差特性，图 4.32 给出两读数头对径相消以及采用前两组测

试的分段修正后所得的测量残差。

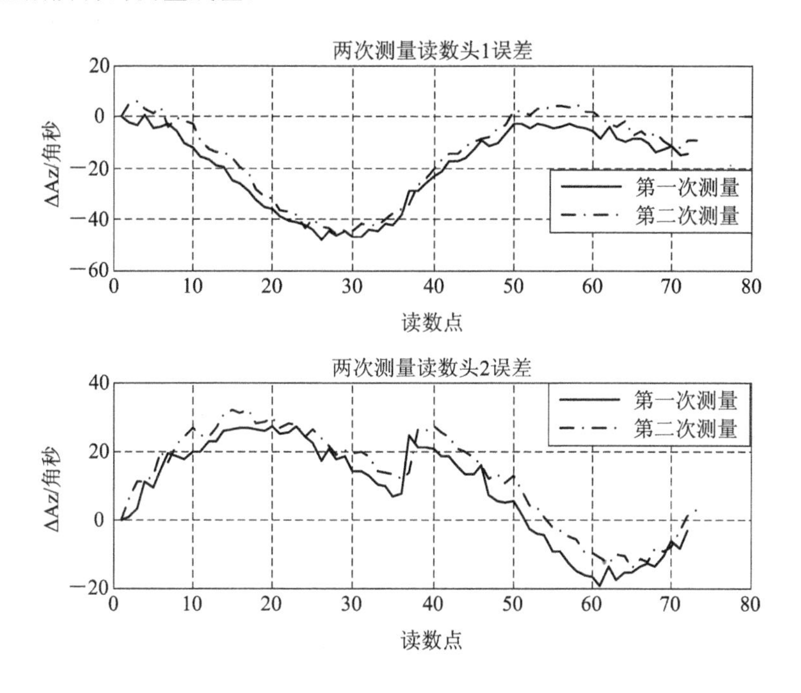

图 4.30　两个读数头在两次测量数据中的测量误差

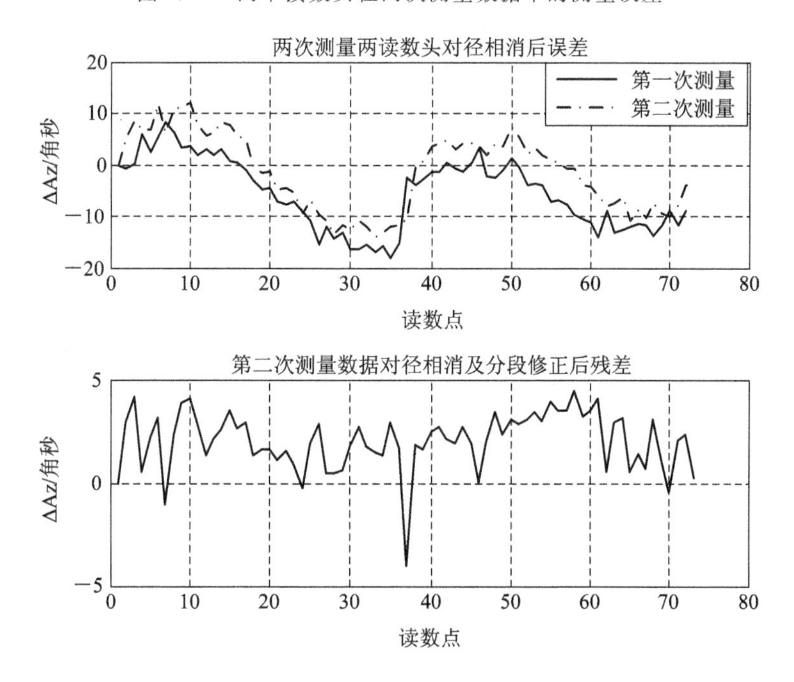

图 4.31　两次测量两个读数头对径相消以及分段修正后的残差

3. 总结

轴角编码单元作为大型天线角度测量和位置闭环的关键部件，对于天线系统的测角精度、指向精度等关键指标起着决定性的作用。大型天线系统的轴角编码单元通常采用双通道旋转变压器、光栅编码器等部件作为角度传感元件，典型的测角精度为 3～8 角秒。旋转

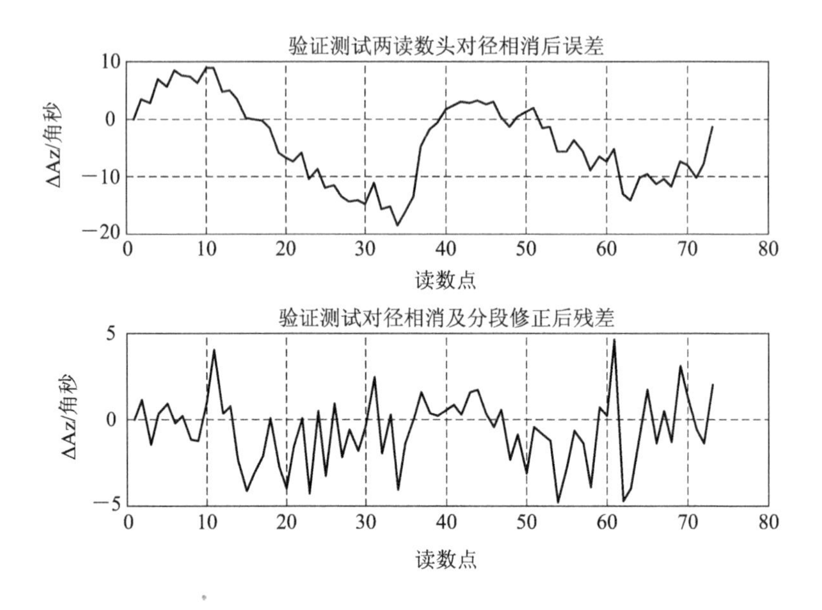

图 4.32　第三组验证数据对径相消及分段修正后的残差

变压器的优点是环境适应性好、免维护，缺点是精度略低，大约为 3～5 角秒，且中间的孔径最大尺寸为 550 mm，穿过的电缆数量有限。光栅编码器的优点是精度高，能够达到优于 3 角秒的精度，缺点是安装复杂，环境条件要求高，需要经常清洁和维护。角度传感器需要根据使用条件去选用。

4.5.6　阵风扰动抑制技术

大型天线口径较大、结构复杂，天线结构谐振频率低，较低的谐振频率将直接约束天线控制系统带宽，使得天线控制系统抗阵风扰动能力变弱，即大型天线系统由于阵风扰动产生的指向精度的测角随机误差变大。因此，应该采取必要的措施来减小因阵风扰动而产生的随机误差。

1. 风扰动对天线指向精度的影响

作用在天线上的风可以分为稳态风和阵风。稳态风在天线上产生一个固定力矩。阵风是在稳态风附近起伏可变的分量，它在天线上产生不同频率的变动力矩。

天线受风力矩计算是一个很复杂的问题，它与风速、风向、天线口径及其结构、天线转速和位置有关，需要利用模型进行风洞试验确定，一般情况下常把风力矩表示成风速的函数，即

$$T_W = C_W K v^2 \tag{4.35}$$

式中：T_W——风力矩(N·m)；

C_W——风力矩系数；

v——风速(m/s)。

平均风力矩产生系统跟踪误差 ε，即

$$\varepsilon = \frac{\overline{T}_W}{K_T} \tag{4.36}$$

式中：$\overline{T}_W$——平均风力矩；

K_T——伺服系统的力矩误差常数(N·m/mdeg)。

当在平均风速附近出现阵风 Δv 时，风力矩的变化 ΔT_W 为

$$\Delta T_W = 2C_W K v \cdot \Delta v \tag{4.37}$$

式中：Δv——阵风风速(m/s)。

阵风功率谱的马尔可夫噪声形式为

$$\phi_W(f) = \frac{W_0^2 f_a^2}{f_a^2 + f^2} \tag{4.38}$$

式中：f——稳态风功率谱；

f_a——阵风功率谱；

W_0——与地理地貌相关参数。

根据阵风的功率谱表达式，由阵风所引起的天线控制系统的随机误差均方根值为

$$\sigma = \left[\int_\theta^\infty \frac{(\Delta T_W)^2}{K_T^2(f)} \mathrm{d}f\right]^{\frac{1}{2}} = 2C_W K v \left[\int_0^{f_{\max}} \frac{\phi_W(f)}{K_T^2(f)} \mathrm{d}f\right]^{\frac{1}{2}} \tag{4.39}$$

式中：$K_T(f)$——电机的力矩传输系数；

$f_{\max}$—— 阵风的最高频率。

NASA 深空测控通信天线 DSS55 的实测数据表明，在 10 km/h 的风速下，阵风扰动引起的随机误差为 2.7 mdeg。

2. 阵风扰动模型的建立

阵风扰动对大型天线的作用可以从三个方面来分析：其一，阵风扰动作用在天线口面上引起天线的指向误差；其二，以扰动力矩的形式作用在伺服驱动内环路的电流环上；其三，以速度扰动形式作用在伺服驱动内环路的速度环上。可以证明，按照以上三种形式进行分析，其结果是一致的。国外大型深空测控通信站的实际测试数据分析也表明了这一点。因此，选用的阵风扰动模型如图 4.33 所示。

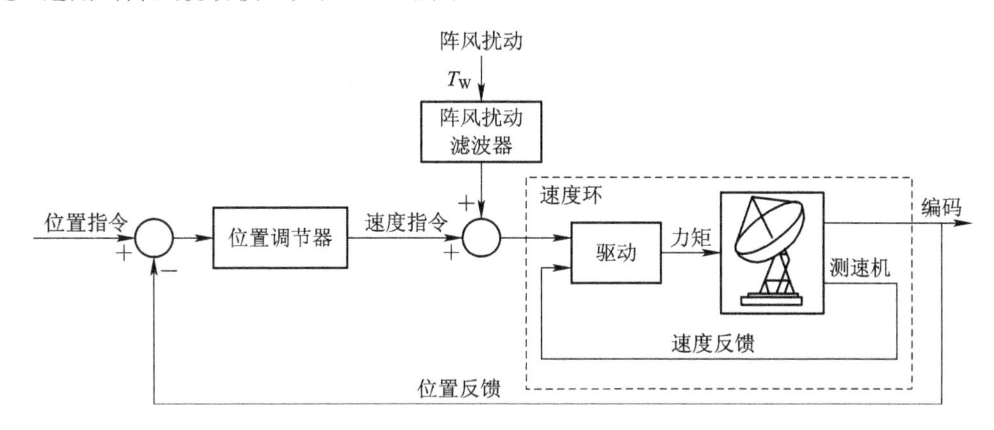

图 4.33 作用于速度环的阵风扰动模型

要克服阵风对天线指向精度的影响，必须建立精确的阵风扰动模型。对于阵风扰动这样的随机事件，它不存在精确的解析表达式，只符合统计学的规律。要准确认识阵风扰动，需对阵风扰动进行系统辨识和模式识别。从深空测控通信天线所在地的地形地貌和气象历史数据出发，利用模式识别理论进行数据处理，获得阵风的功率谱密度函数，并用实测数

据对其进行不断的修正和验证，最后得到能真实反映阵风扰动的系统模型作为抑制阵风扰动控制策略的控制对象。

3. LQG 控制器的设计

在利用系统辨识的数学方法获得深空测控通信天线所在地的阵风模型后，有针对性地选用合适的控制策略可以有效地抑制阵风扰动，减小系统的随机误差。为了进一步提高控制精度、减小因阵风扰动带来的随机误差，在深空测控通信天线控制系统中，采用 LQG(线性二次型高斯)控制器的控制策略。LQG 控制器的最大优点在于伺服带宽较宽，抗风扰能力强，调整时间短，超调量小。

深空测控通信天线 LQG 控制框图见图 4.34。

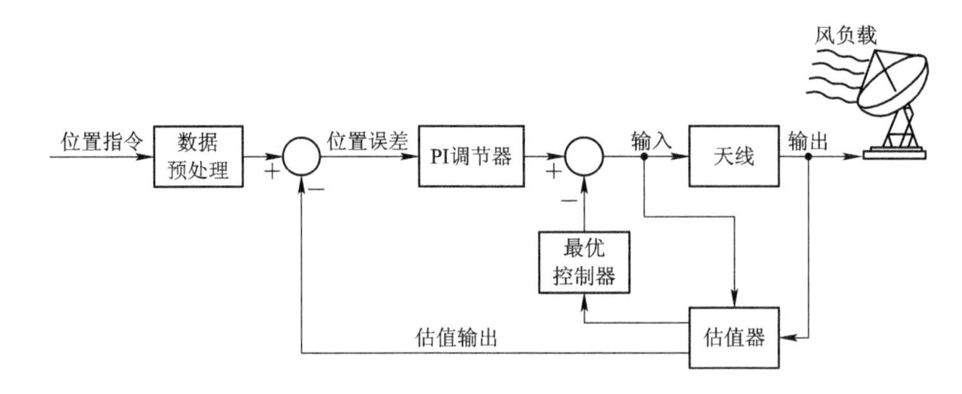

图 4.34　深空测控通信天线 LOG 控制框图

采用 LQG 控制器的天线控制系统，其性能的提高主要是由于状态估值器能实时估计出天线与控制系统的运动状态，最优控制器根据状态估值器提供的信息实时改变控制策略。LQG 控制器是一种基于模型的控制器，因此对控制对象和噪声环境的建模要尽可能真实地反映客观实际。

在天线控制单元中，设状态模型($\boldsymbol{A}$，$\boldsymbol{B}$，$\boldsymbol{C}$，$\boldsymbol{D}$)已知，状态变量测量时存在随机扰动且呈高斯正态分布，进行最优控制设计，这就是 LQG 问题。一般的算法如下：

受控对象的状态方程模型可以写成：

$$\begin{cases}\dot{\boldsymbol{x}}(t)=\boldsymbol{A}\boldsymbol{x}(t)+\boldsymbol{B}\boldsymbol{u}(t)+\boldsymbol{w}(t)\\ \boldsymbol{y}(t)=\boldsymbol{C}\boldsymbol{x}(t)+\boldsymbol{D}\boldsymbol{u}(t)+\boldsymbol{v}(t)\end{cases}\tag{4.40}$$

式中：$\boldsymbol{x}(t)$——系统的状态向量；

$\boldsymbol{u}(t)$——系统的输入信号；

$\boldsymbol{y}(t)$——系统的输出信号；

$\boldsymbol{w}(t)$和$\boldsymbol{v}(t)$——白噪声信号，分别是对状态变量测量和输出测量的随机扰动，它们的协方差矩阵分别为

$$\begin{cases}E[\boldsymbol{w}(t)\boldsymbol{w}^{\mathrm{T}}(t)]=W\geqslant 0\\ E[\boldsymbol{v}(t)\boldsymbol{v}^{\mathrm{T}}(t)]=V>0\end{cases}\tag{4.41}$$

且都为零均值随机过程。式中 $E(\boldsymbol{x})$表示求取 $\boldsymbol{x}$ 向量的均值，而 $E[\boldsymbol{x}\boldsymbol{x}^{\mathrm{T}}]$表示零均值向量 $\boldsymbol{x}$ 的协方差矩阵。此外 $\boldsymbol{w}(t)$和 $\boldsymbol{v}(t)$为互不相关的信号，亦即 $E[\boldsymbol{v}(t)\boldsymbol{w}^{\mathrm{T}}(t)]=0$。

系统的性能指标定义为

$$J = E\left\{\int_0^{\infty}\left[\boldsymbol{z}^{\mathrm{T}}(t)\boldsymbol{Q}\boldsymbol{z}(t)+\boldsymbol{u}^{\mathrm{T}}(t)\boldsymbol{R}\boldsymbol{u}(t)\right]\mathrm{d}t\right\} \tag{4.42}$$

式中 $\boldsymbol{z}(t)=\boldsymbol{M}\boldsymbol{x}(t)$ 为状态变量 $\boldsymbol{x}(t)$ 的线性组合，加权矩阵 $\boldsymbol{Q}$ 和 $\boldsymbol{R}$ 分别为对称半正定矩阵和对称正定矩阵，亦即 $\boldsymbol{Q}=\boldsymbol{Q}^{\mathrm{T}}\geqslant 0$，$\boldsymbol{R}=\boldsymbol{R}^{\mathrm{T}}>0$，这样 LQG 问题可以分解为下面两个子问题来进行求解。首先获得一个使 $E\{[\boldsymbol{x}(t)-\bar{\boldsymbol{x}}(x)]^{\mathrm{T}}[\boldsymbol{x}(t)-\bar{\boldsymbol{x}}(x)]\}$ 极小化的最优估计信号 $\bar{\boldsymbol{x}}(x)$，然后将最优估计信号 $\bar{\boldsymbol{x}}(x)$ 假设为系统状态的变量 $\boldsymbol{x}(x)$，对这一问题求解普通的最优控制问题从而得出系统的控制器。LQG 控制器的结构框图如图 4.35 所示。

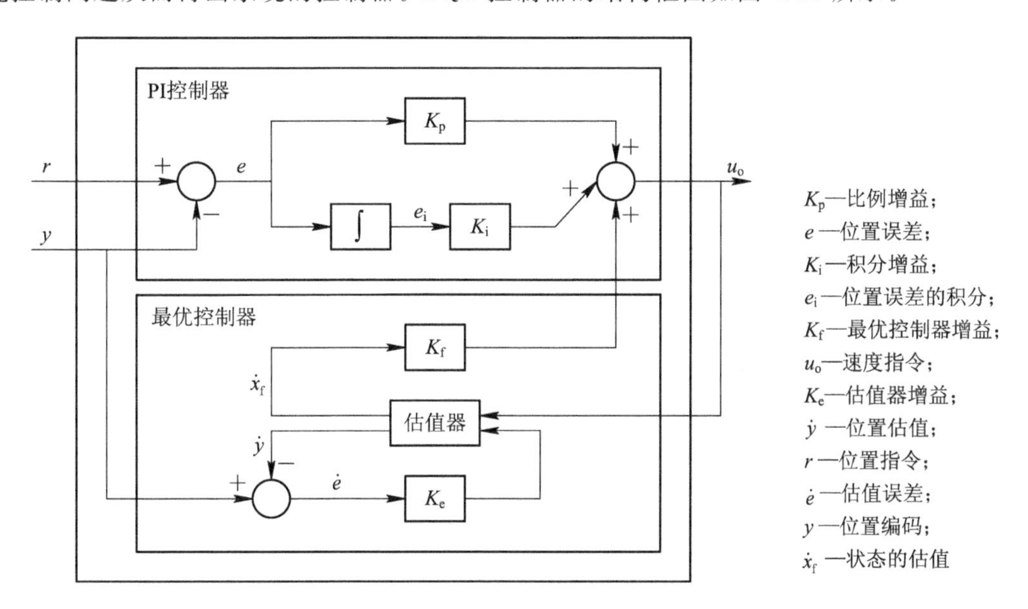

图 4.35　LQG 控制器的结构框图

由图 4.35 可知，深空测控通信天线的 LQG 控制器由估值器、最优控制器、PI 控制器组成，其中估值器按 Kalman 滤波理论设计，最优控制器按线性二次型指标设计。通过求解两个独立的 Riccati 方程就可以设计出带有 Kalman 滤波的 LQG 控制器。

4.5.7　深空目标极大值跟踪技术

1. 引言

对于深空测控通信大口径天线来说，其最主要的目的是实现对深空目标的精密跟踪，但是当目标距离测控站非常遥远时，天线接收的和信号和差信号强度将会大幅度衰减，系统合成产生的跟踪误差信号的信噪比会下降，采用 TE21 模进行的单脉冲自跟踪性能将会恶化。为了实现大型深空测控通信天线对遥远目标的精密跟踪，有必要采用新的跟踪体制对这种情况进行补充。由于天线的和增益远大于差增益，并且天线接收的和电平和天线电轴与空间目标的偏离呈高斯分布，因此采用极大值跟踪技术来实现对超远距离目标的精密跟踪。极大值跟踪是在天线控制位置回路增添的一种圆锥扫描运动，它控制天线几何轴偏离原指向目标方向，并绕原指向目标方向以一定速度扫描，当目标实际位置偏离原指向方向时，接收信号电平会随着天线角位置的变化而改变，极大值跟踪就是根据接收信号电平与角位置信息而估算出空间目标位置的一种扫描运动，其扫描运动几何关系如图 4.36 所示，叠加到引导指令上其跟踪扫描示意图如图 4.37 所示。

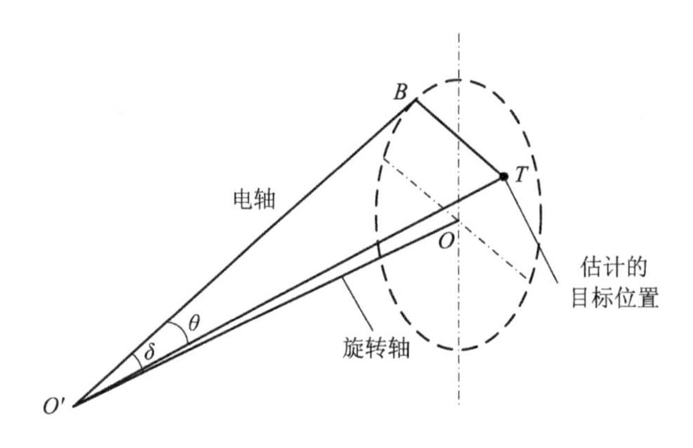

图 4.36 CONSCAN 扫描几何关系

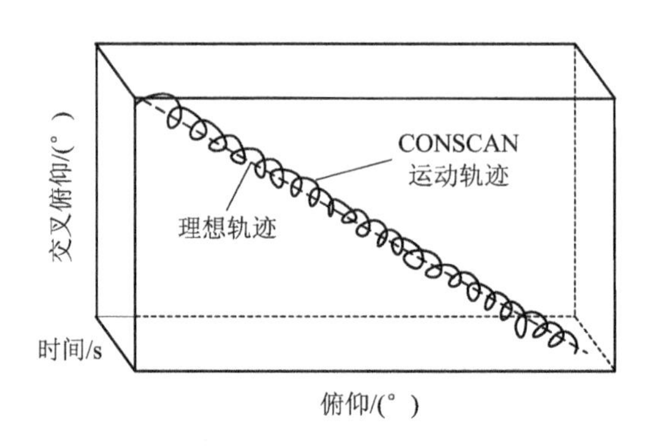

图 4.37 CONSCAN 跟踪示意图

2. 极大值跟踪设计

1) 扫描半径和扫描频率的选取

在扫描过程中，天线扫描半径和扫描频率是影响扫描性能的两个关键参数。其中扫描频率主要取决于目标的运动速度、宽频观测噪声、编码精度、目标估计精度等因素；选择扫描半径时必须使得接收信号电平最大损失不高于 0.1 dBi，以使设备在跟踪过程中的和路信号始终具有较高的强度，经计算可得扫描半径为

$$\delta = \sqrt{\frac{-\ln(10^{-\frac{0.1}{10}})\theta_{\mathrm{B}}^{2}}{4\ln 2}} \tag{4.43}$$

式中：θ_{B}——天线半功率波束宽度。

根据扫描半径、采样率、天线跟踪能力及期望精度，选择扫描周期为 60 s。

2) 角位置误差计算

(1) 天线坐标系定义。

以天线口面中心为坐标原点，以垂直于天线口面、远离天线为正 Z 轴，与天线口面平行且垂直于 Z 轴的两轴分别为 X 轴(称为交叉俯仰轴 XEL)和 Y 轴(称为俯仰轴 EL)，其坐标系定义如图 4.38 所示。

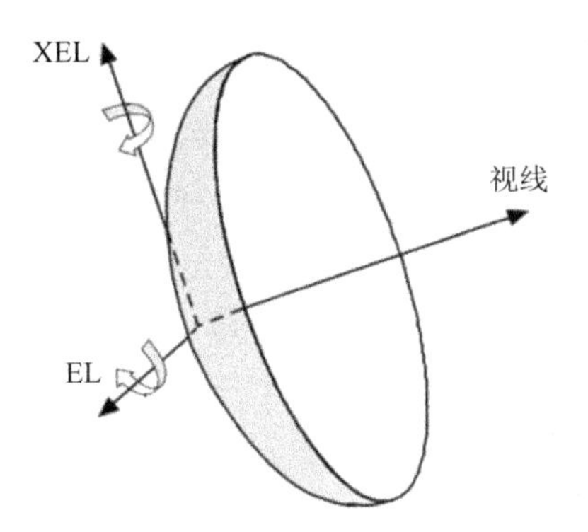

图 4.38　天线坐标系定义

根据采样率建立俯仰角 θ_{ei} 和交叉俯仰角 θ_{xi} 运动方程：

$$\boldsymbol{\theta}_i = \begin{Bmatrix} \theta_{ei} \\ \theta_{xi} \end{Bmatrix} = \begin{Bmatrix} \delta\cos\omega t_i \\ \delta\sin\omega t_i \end{Bmatrix} \tag{4.44}$$

空间目标 s 在天线坐标系中的位置可表示为 (s_x, s_e)，如图 4.39 所示。

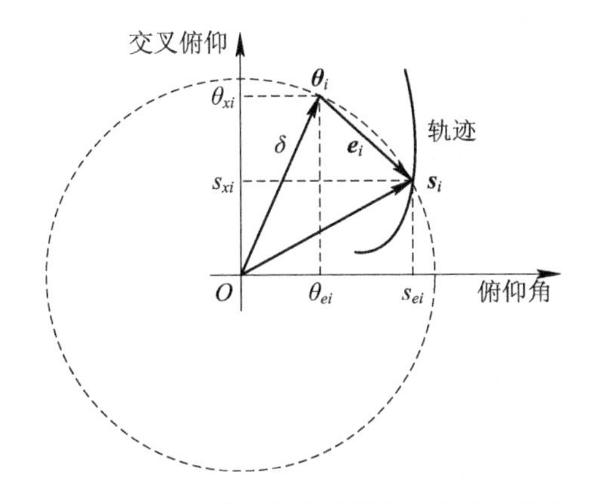

图 4.39　在扫描过程中天线和目标相对位置

(2) 角位置误差。

根据空间目标位置和天线位置可定义天线角位置误差：

$$\boldsymbol{e}_i = \boldsymbol{s}_i - \boldsymbol{\theta}_i \tag{4.45}$$

获得角位置误差：

$$\boldsymbol{\varepsilon}_i^2 = \boldsymbol{s}_i^{\mathrm{T}}\boldsymbol{s}_i - 2\boldsymbol{\theta}_i^{\mathrm{T}}\boldsymbol{s}_i + \delta^2 \tag{4.46}$$

3) 信号电平的数学表达及工程实现

(1) 接收信号电平定义。

接收信号电平 p_i 与角位置误差 ε_i 的函数关系为

$$p_i = p_{mi}\exp\left(-\frac{4\ln(2)\varepsilon^2}{\theta_B^2}\right) + v_i \tag{4.47}$$

在扫描过程中可假设目标位置是固定不变的，即 $s_i \approx s$，并假设最大接收信号电平是常值，即 $p_{mi} = p_m$。

令

$$p_c = p_m\left[1 - \frac{\mu}{h^2}(\boldsymbol{s}^T\boldsymbol{s} + \delta^2)\right]$$

根据平均信号电平定义变量 $\Delta p_i = p_i - p_c$，由式(4.47)可得

$$\Delta p_i = g s_e \cos\omega t_i + g s_x \sin\omega t_i + v_i \tag{4.48}$$

定义

$$g = \frac{2 p_m \mu \delta}{h^2} \tag{4.49}$$

式中：μ——4ln2；

h——θ_B。

(2) 最小二乘法。

式(4.48)可写成

$$\Delta p_i = \boldsymbol{k}_i \boldsymbol{s} + v_i \tag{4.50}$$

式中：$\boldsymbol{s} = [s_e \quad s_x]^T$；

$\boldsymbol{k}_i = g[\cos\omega t_i \quad \sin\omega t_i]$。

当加权矩阵 $\boldsymbol{W}$ 取单位阵时，观测值 $\Delta \boldsymbol{p}$ 与其估计值 $\boldsymbol{K}\hat{\boldsymbol{s}}$ 的残差平方和为

$$J(x) = (\Delta \boldsymbol{p} - \boldsymbol{K}\hat{\boldsymbol{s}})^T(\Delta \boldsymbol{p} - \boldsymbol{K}\hat{\boldsymbol{s}}) \tag{4.51}$$

从而可得空间目标位置的最小二乘解 $\hat{\boldsymbol{s}}$ 估计为

$$\hat{\boldsymbol{s}} = \boldsymbol{K}^+ \Delta p \tag{4.52}$$

这里 $\boldsymbol{K}^+ = (\boldsymbol{K}^T\boldsymbol{K})^{-1}\boldsymbol{K}^T$。

3. 测试验证

1）对S频段某目标的跟踪测试

对S频段某目标进行一次极大值跟踪测试试验，为了获得最大电平值，在扫描前采用粗扫的方式估计出最大电平值。图4.40给出在极大值跟踪过程中天线方位角运动特性，图4.41给出在极大值跟踪过程中天线俯仰角运动特性，图4.42给出在极大值跟踪过程中接收信号电平(AGC)变化特性，图4.43给出扫描角位置误差估值的累加和。

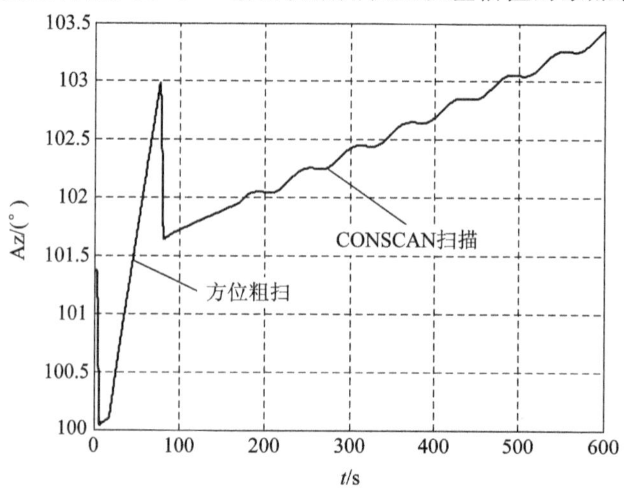

图4.40　极大值跟踪过程中天线方位角运动特性

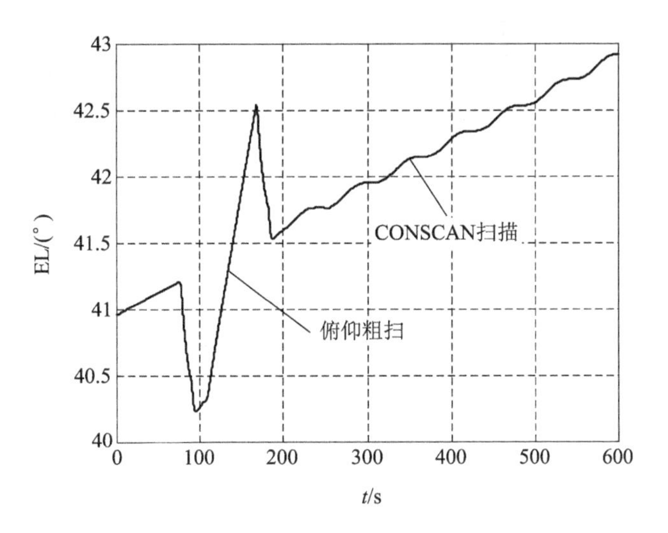

图 4.41 极大值跟踪过程中天线俯仰角运动特性

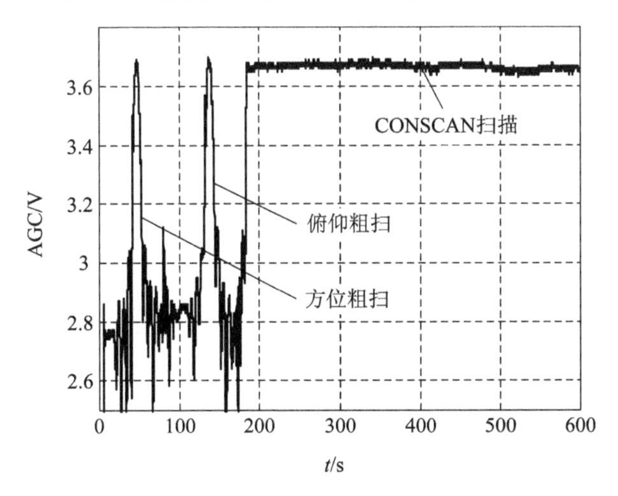

图 4.42 极大值跟踪过程中 AGC 变化特性

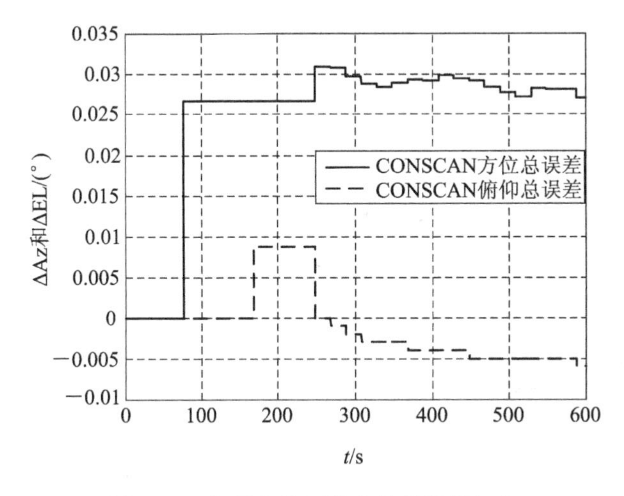

图 4.43 扫描角位置误差估值的累加和

2）对 X 频段某目标的跟踪测试

对 X 频段某目标进行极大值跟踪测试试验，为了验证极大值跟踪性能，在俯仰指令和方位引导指令上分别叠加 15 mdeg 和 20 mdeg 的人为偏离。图 4.44 给出在极大值跟踪过程中接收信号电平(AGC)变化特性，图 4.45 给出扫描角位置误差估值的积累和。

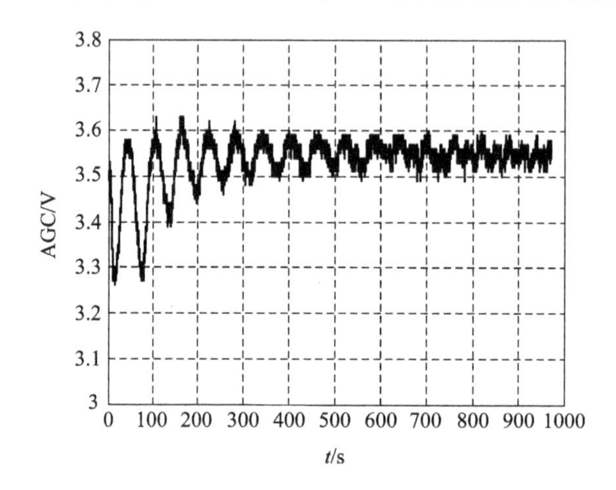

图 4.44 极大值跟踪过程中 AGC 变化特性

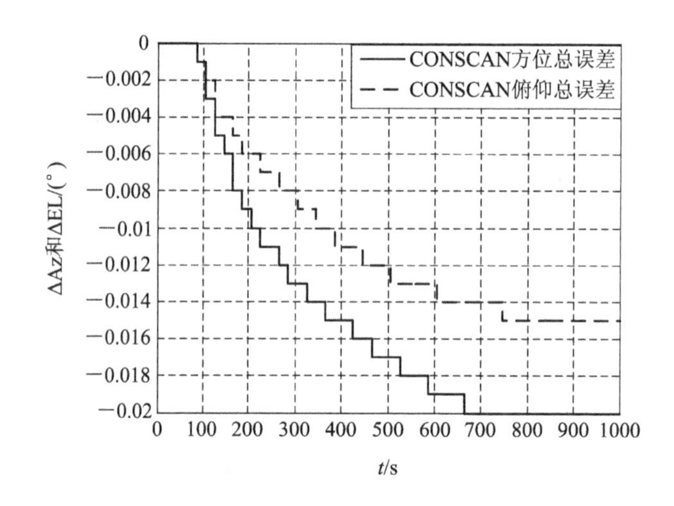

图 4.45 扫描角位置误差估值的累加和

从针对 S 频段和 X 频段空间目标进行的极大值跟踪测试结果可以看出：S 频段空间目标每次扫描估值都在 4 mdeg 内变化，且随着跟踪时间的增长，天线逐渐精确指向目标；X 频段空间目标每次扫描估值都在 1mdeg 内变化，由于 X 空间目标测试是在方位引导指令和俯仰引导指令上分别叠加 20 mdeg 和 15 mdeg 的人为偏离，从图 4.44 和图 4.45 可知，利用极大值跟踪可逐渐消除方位和俯仰跟踪偏差，AGC 电平值也由较大幅度的谐波变化逐渐衰减到小幅变化，天线逐步精确指向空间目标。

4. 总结

作为大型深空测控通信天线基于 TE21 模单脉冲自跟踪体制的补充，采用基于最小二乘法的扫描极大值跟踪方法可实现对目标的精确跟踪。理论和工程实际测试表明：当空间目标相对天线电轴存在偏差时，采用极大值跟踪技术可以较快、较准确地估计出空间目标位置，从而实现对深空目标的精确跟踪。

参考文献

[1] GAWRONSKI W. Three Models of Wind-Gust Disturbances for the Analysis of Antenna Pointing Accuracy [C]. IPN Progress Report 42 - 149, May 15, 2002: 1 - 15.

[2] GAWRONSKI W. Modeling and Control of Antennas and Telescopes [M]. Springer Science + Business Media, 2008.

[3] 夏福梯. 防空导弹制导雷达伺服系统[M]. 北京：宇航出版社，1996.

[4] ZHANG L J. The Deputy Reflector Control Technology of the Large Deep Space Antenna. Springer Science+Business Media, 2017.

[5] 胡佑德，等. 伺服系统原理与设计[M]. 北京：北京理工大学出版社，2006.

[6] 鲁尽义. 航天测控系统一测角分系统[M]. 西安：中国电子科技集团公司第三十九研究所讲义，2006.

[7] 李连升. 现代雷达伺服控制[M]. 北京：国防工业出版社，1987.

[8] 王德纯，等. 精密跟踪测量雷达技术[M]. 北京：电子工业出版社，2006.

[9] 胡寿松. 自动控制原理[M]. 4 版. 北京：科学出版社，2001.

[10] 卢华强. 波束波导天线角误差坐标变换方法[J]. 飞行器测控学报，2013，32(4)：1 - 5.

[11] 张录健，等. 大型深空测控天线极大值跟踪技术[A]. 第 28 届中国飞行器测控学术会议论文集，2016.

[12] 张录健，等. 大型深空测控天线线性二次型高斯控制技术研究[J]. 测控与通信，2015,3.

第5章 天线系统的指向标校技术

5.1 概　　述

天线系统的指向误差是指天线电轴指向与指令方向之间的偏差，反映了天线对目标的测量值与目标真实值之间的偏离程度。天线的指向误差包含天线的设计、安装误差，接收机热噪声以及信号处理引入的误差，角度回路延时带来的误差以及重力和温度效应等带来的误差。因此，在天线设计、制造、安装等各个环节必须采取措施以避免误差的形成，对已存在的各种误差要进行分析，尽力予以消除或减少。当完成现场整架安装后，对天线系统的指向误差需要进行标定与校正，进而提高天线系统指向精度。

5.1.1 指向误差成因

理想情况下，天线的电轴和几何轴是重合的，但因为重力和温度效应等外界环境影响，天线的电轴和几何轴往往不会重合。除此之外，天线几何轴误差主要包含轮轨不平误差、轴系误差、传动误差、伺服误差等。

5.1.2 指向误差对增益的影响

指向误差的存在，使得几何轴和电轴无法重合，由此产生的损耗为

$$L_s = 10\ln\left[2.77\left(\frac{\Delta\theta}{\theta_{1/2}}\right)^2\right] \tag{5.1}$$

由天线指向误差引起的增益损失如图5.1所示。

对于大口径、高频率的天线，其半功率波束窄，天线的指向精度影响天线效率进而影响系统 G/T 值。以110 m口径天线为例，天线最高工作频率为100 GHz，天线的半功率波束宽度约为0.002°(7.2角秒)，其指向精度造成的增益损失计算结果见表5.1。

表5.1　110 m指向精度造成的增益损失计算

指向精度/角秒	增益损失/dB
0.7	0.12
2	1
3.5	3

从表5.1可以看出，指向误差的存在使得天线接收效率出现明显下降。为此，对大口

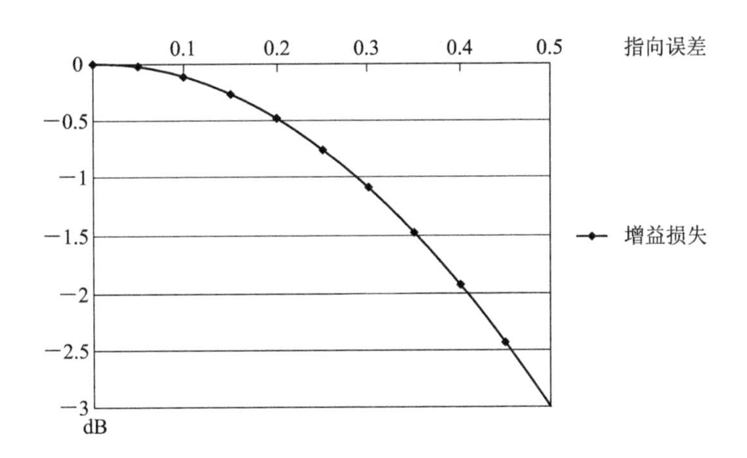

图 5.1　天线指向误差增益损失

径天线的指向误差进行标校及修正是十分必要的。

5.1.3　指向误差标校方法

针对电轴和机械轴不重合带来的指向误差，需要通过测量把两轴之间的关系找出来，从而让天线能够精准指向目标。在天线整架阶段，借助标校塔、光电标、望远镜、合像水平仪以及激光跟踪仪可以实现编码器测量轴与机械轴以及机械轴与光轴的近似重合，剩下的残差可通过星体标校进行修正。对于大口径天线，一般通过射电天文测量方法来判断天线的电轴和几何轴是否一致。当射电源扫过天线方向性极大值时，如果在观测时刻角度指示和电轴的指向一致，则天线输出的电信号为最大，否则此时天线输出的不是极大值，由此便能确定电轴的指向和角度传感器读数间的偏离。

5.2　误差源分析

根据误差性质和特性可把天线指向误差分为随机误差和系统误差两大类。其中固有的、有规律的误差称为系统误差；重复测量时结果是随机变化的，多数为随机误差。

5.2.1　系统误差源

系统误差具有特殊规律和重复性，可以利用误差函数进行修正，主要包括如下几个方面：

- 方位轮轨不平误差；
- 馈源安装误差；
- 电轴/俯仰轴的正交度引起的误差；
- 俯仰轴/方位轴正交度引起的误差；
- 方位轴垂直度的误差；
- 编码器校准误差；

· 重力导致结构变形误差；
· 大气残余折射误差；
· 残余的指向误差模型中的误差。

5.2.2 随机误差源

以下误差造成因素为随机误差源：
· 方位轴抖动(引起方位径向误差)；
· 驱动的齿隙；
· 驱动不对称力矩；
· 编码器精度；
· 伺服偏移和噪声；
· 滞后；
· 阵风扰动；
· 惯性载荷引起的结构变形。

5.2.3 误差分析

1. 馈源安装误差

以天线的几何轴为基准安装馈源，馈源的位置可能不是最佳，由此产生纵向和横向的散焦误差。受测量仰角的限制，采用经典法测量很难找到馈源的最佳位置。如用射电天文方法测量，此时受地面反射和环境的影响可以忽略，并能确定使用时天线电轴的方向，因此能有效实现馈源最佳位置的调整。

2. 方位轴倾斜误差

天线方位轴与铅垂线之间的夹角，称为方位轴倾斜误差，由调平误差(水平调整误差)和轴系晃动误差组成。通过水平调整装置(倾斜仪)可消除大部分的调平误差，调整剩余值取决于倾斜仪的精度；轴系晃动误差源自方位轴承的制造和装配精度，属于随机变量。

对于轮轨式天线，如天马 65 m 望远镜、德国 100 m 射电望远镜以及美国 70 m 深空测控通信天线 DSS-25，其轨道不平度是产生方位调平误差的主要因素，需要采用精密水准测量系统进行校准。例如天马 65m 望远镜以及德国 100 m 射电望远镜采用电子倾斜仪对轨道面不平度进行测量，确保轨道面不平度分别优于 0.47 mm 和 0.1 mm(rms)。某深空测控通信天线转盘轴承轴向跳动为 0.05 mm，由几何关系可得因轴系晃动带来的方位轴与水平面不垂直度为 1.8″。

3. 电轴与俯仰轴不正交误差

由于天线机械轴和电轴之间没有运动环节，完全靠机加工精度保证，因此，该误差主要为系统误差。误差源主要包括支臂轴孔对上顶面等高误差、连接件等高误差、中心体上下安装平面平行度误差等。某深空测控通信天线电轴与俯仰轴不正交偏差为 3.5″，该误差属于系统误差，可通过射电星标校来补偿。

4. 俯仰轴与方位轴不正交偏差

俯仰轴与方位轴不正交偏差主要由加工、装配误差以及轴承径向跳动带来的误差造成。其中加工和装配修正后的剩余误差取决于倾斜仪精度；轴承径向跳动带来的误差属于随机变量。

深空测控通信天线或射电天线通常选用 D 级精度轴承，其径向跳动为 0.05 mm，由几何关系可得因轴承径向跳动带来的俯仰轴与方位轴不垂直度为 1.25″。

5. 编码器误差

编码器误差包括编码器校准误差和编码器测量误差。编码器校准时把天线的光轴和编码器的角度显示联系起来。通常卫星标校误差较大，必须采用射电星校准的方法校准编码器到真实位置的误差。编码器测量误差可以通过生产商标明的数据输出精度选用不同器材配置得到保证。

6. 重力变形误差

重力引起的误差是因重力作用于各结构部分所引起的弯曲而产生的。反射面的几何形状变化导致天线电轴偏转，使电轴的实际仰角与编码器读出的仰角不一致，产生仰角测量误差。该误差是影响射频波束轴的最大误差。例如天马 65 m 望远镜俯仰角由 5°旋转到 90°，指向发生了 0.03799°的变化。

由于俯仰轴的重力矩是仰角的余弦函数，所以自重变形也是随着仰角而变化的，是有规律的，属于系统误差，该误差通过最佳吻合补偿后的残差也为系统误差，可用射电星标校来修正。

7. 齿轮传动误差

天线传动系统由大齿轮、减速箱、行星齿轮减速机和电机等组成。齿轮传动过程中存在以下三种误差：

(1) 公法线长度变化产生的不规则运动误差，此项误差属于低频系统误差，服从反余弦分布。

(2) 传动齿轮造型不规整引起的误差，属于随机误差，其大小与系统开环增益有关，可按正态分布的随机误差处理。

(3) 齿隙误差，即在齿轮间吻合时产生的误差，在静态时引起天线游移晃动，在低速时会引起不连续运动。当采用双电机设计时，可消除齿隙误差。

8. 驱动不对称力矩

双链驱动会因齿轮箱摩擦力的差异导致两边轴驱动力矩偏差，进而导致指向误差。

9. 伺服误差

根据误差产生的原因将伺服误差分为天线运动动态滞后误差和伺服噪声等。

动态滞后误差是由于目标的运动而产生的。由于深空测控通信天线距离目标远，天线方位、俯仰角运动可看作匀速运动。天线位置环采用 PI 控制器，使得天线位置环开环为Ⅱ型系统，可实现匀速目标的无静差跟踪(跟踪误差主要取决于测角误差，在此不考虑)。

伺服噪声的来源很多，包括电路和元件的噪声，干扰电路、元件和外部条件的不稳定以及电路和元件的非线性特征。在伺服控制设计时，采用全数字化伺服设计，保证伺服噪声引起的随机误差足够小。考虑到深空测控通信天线自身所具有的重量重、惯性大、伺服带宽窄等特点，当把伺服噪声看作白噪声时，伺服噪声经天线低频滤波后带来的指向误差大大减弱。

10. 阵风扰动误差

随着天线口径的增大，天线系统的固有频率不断下降。谐振频率的下降直接导致了伺服带宽的降低，也就降低了系统的跟踪指向精度。另一方面，作用在天线面上的风力矩与天线口径的立方成正比，随着天线口径的增大，风对天线的影响也会急剧增大，使指向误差增大。风扰动增大、伺服系统动态性能降低，这几个因素作用在一起，使得减小风对大型天线的扰动变得非常重要。

以某 70 m 天线为例，当以 8 m/s 和 17 m/s 风速作用在天线主反射面时带来的反射体最大变形值(绝对值)如表 5.2 所示。

表 5.2　不同风速下主反射面变形及精度统计计算结果

风速	X 向变形/mm	Y 向变形/mm	Z 向变形/mm	变形精度/(mm，rms)
8 m/s	0.64	0.5	1.3	0.25
17 m/s	2.9	2.3	5.7	1.1

11. 惯性载荷作用下的变形误差

天线俯仰和方位转动部分都有较大的转动惯量，在加速或减速转动时，就会产生较大的惯性力矩，使副反射体支撑、主反射体、俯仰轴、方位轴和座架等构件产生变形。惯性力矩使天线电轴在俯仰和方位方向与俯仰和方位编码器之间产生弹性变形，使电轴的实际转角与编码器输出数据产生误差。

但在实际工程中，天线跟踪目标距离远，天线方位、俯仰角运动可看作匀速运动，因此惯性载荷误差很小，可忽略不计。

12. 温度载荷误差

天线在室外运行时，由于太阳在天线各构件上照射不均匀，并且各构件材料的热膨胀系数不同，因此天线各构件会产生温度变形。天线副反射体的支撑体温度变形不一致，副反射面产生偏移或偏转而引起电轴偏转；主反射面一面受太阳直接照射，一面背阴，背架的膨胀系数不一样，也会产生挠曲，降低面精度并引起天线指向误差；俯仰轴的两个支臂因太阳照射不均匀，产生的温度变形不一致，使两个俯仰轴承在铅垂方向产生同心度偏差，影响俯仰轴和方位轴的正交性；天线座的塔基一侧受阳光直接照射，一侧在阴影之下，也会产生温差变形，影响塔基的水平度等。

以某 70 m 天线为例，天线背架结构的变形直接影响到其主面精度水平，进而影响到整个天线指标。图 5.2 给出天线在 5℃ 温差温度场的影响下，其背架结构的变形云图。由图可知，在该温度场影响下，背架最外圈变形达到 2 mm。

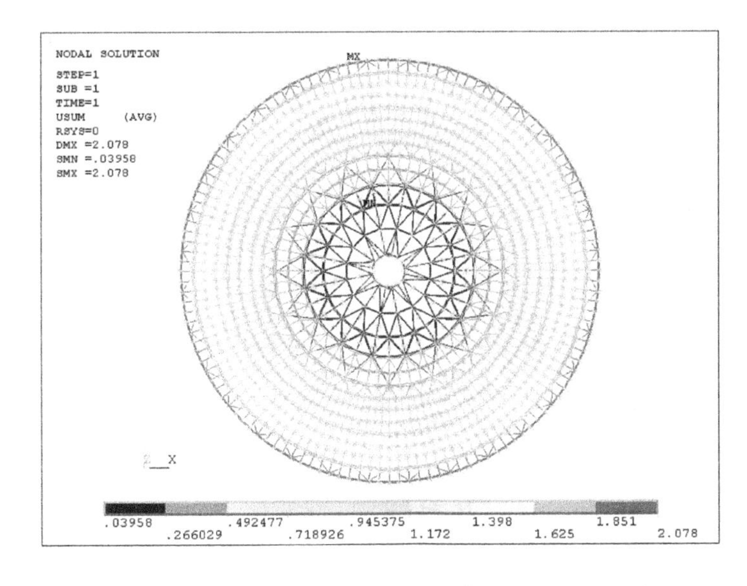

图 5.2　天线背架结构在温度影响作用下的变形云图

彩图

13. 稳态风引起的误差

1）风载荷下方位轴与水平轴不垂直度分析

在天线座中，承担方位旋转运动的主要是底座、方位转盘轴承和过渡圆环。它们在风速下产生的弹性变形会引起轴系精度的变化。

以某深空测控通信天线为例，在风速 16 m/s 条件下，经仿真分析，方位组合在垂直方向(Y 方向)的变形如图 5.3 所示。根据工程直径尺寸以及图 5.3 的仿真结果可得：风载荷下方位轴与水平面不垂直度误差为 6.5″。

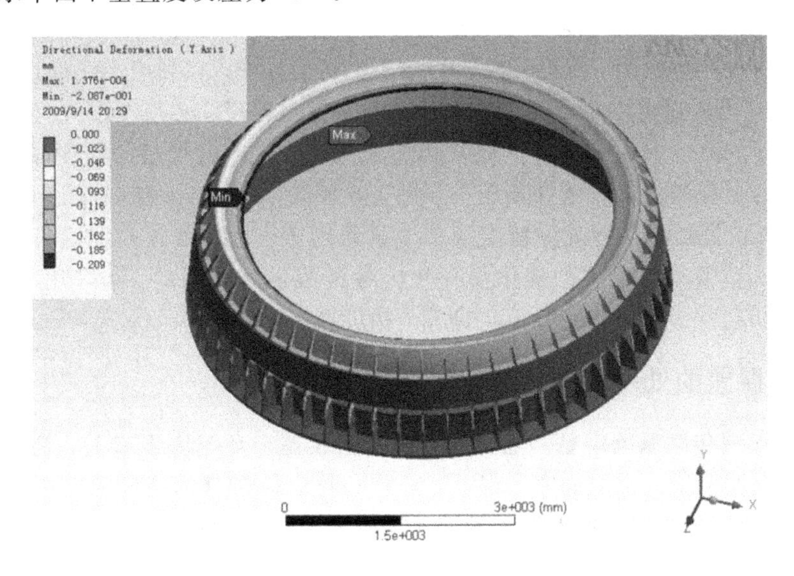

图 5.3　方位组合工作在风载荷下的变形

2）转台-俯仰支臂组合的变形计算

转台-俯仰支臂组合中支臂、俯仰轴等零部件的变形对轴系精度有直接的影响。

以某深空测控通信天线为例，在风速 16 m/s 条件下，当风向是与俯仰轴平行的方向时，风载荷会使支臂组合在俯仰轴平行方向发生变形，使得俯仰轴与方位轴产生不正交误差。根据左右俯仰轴外端面间距以及图 5.4 的仿真结果可得：在风载荷作用下引起的俯仰轴与方位轴的不垂直度误差为 2.8″。

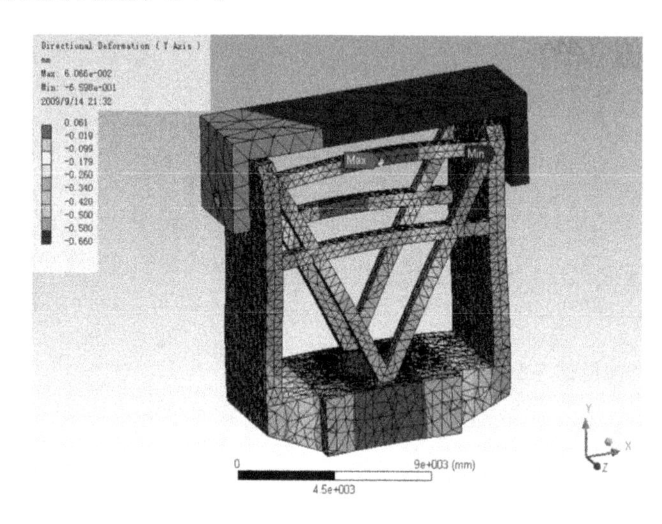

图 5.4　转台-俯仰支臂组合工作在风载荷下的变形

14. 大气折射误差

大气折射在空间和时间上呈现不均匀特性，即大气的温度、湿度和气压等参数随高度和水平方向都有复杂的变化，使作为温、湿、压函数的大气折射率不等于真空中的折射率，对电磁波在大气中的传播必定会产生一定的影响。折射效应会使得电磁波的传播速度小于光速，传播的射线产生弯曲，使得天线的测角产生折射误差，在利用天线进行观测时，观测到的射电源方向与其真实方向不同。因此为了提高指向精度，必须考虑大气折射效应的影响。观测和实际的方向差在天文学上通常称作蒙气差。观测所得星的高度减去蒙气差，才是星的真实高度。观测目标的俯仰角越小，蒙气差愈大，且蒙气差随温度、气压的变化而改变，因此，蒙气差是影响目标观测精度的一个重要因素。目前蒙气差理论公式是根据空气密度随地面距离以及外界条件的变化而变化的各种假设所得到的。当采用 Garfinkel 校正公式计算大气折射误差时，即使低至 3°仰角，精度亦在 2″以内。

5.2.4　各种误差的处理方法

上述各种误差包含系统误差和随机误差，有些误差与环境因素有关，例如天线自重载荷变形、温度梯度带来的反射面变形误差，阵风和稳态风带来的指向误差以及大气折射误差。在理想情况下(天线指向精度不受外部环境影响)，天线系统产生的系统指向误差可直接通过射电星标校来修正。然而大口径天线工作在室外，外部环境对天线指向精度的影响是不可避免的。为了实现天线高精度指向标校，在采用射电星标校之前，需要通过布设一系列传感器和多种补偿算法来实现外部环境对天线指向误差的修正。这样在采用射电星对天线指向标校时，外部环境误差补偿算法参与射电星标校数据采集过程，当外部环境误差补偿算法精度足够高时，可认为在标校过程中天线指向误差不受环境的影响。

5.3　环境误差补偿方法

大口径天线由于结构尺寸大，受风、热等环境条件影响大，而目前的指向标校设备对风载荷、热载荷下的天线指向变化没有相应的模型修正，只能当成随机误差处理，造成指向模型修正后的残差大，指向精度低。为分离出风载荷、热载荷对天线指向的影响，可以通过合理布局天线变形测量传感器，将结构有限元模型仿真数据及实际使用中的长期观测数据相结合的方法对该误差进行修正。

在实际工作情况下大口径天线是一种受重力、温度和风力等条件影响的挠性结构。在控制系统中需要对这些载荷下的变形进行精确控制、修正，以保证系统的控制精度，而对变形进行修正需要已知变形大小。目前通过模型仿真我们可以较为精确地确定重力载荷下的变形，而风载荷、温度载荷下的变形目前模型还不够完善，通过模型只能部分地近似获得。所以如何合理有效地采用各种传感器对天线结构系统在不同载荷影响下的变形进行检测，利用相应的控制模型在伺服控制系统中进行修正，对天线系统的控制精度有着重要的影响，甚至可以说变形量的检测是关系到伺服控制设备能否满足大口径天线系统对控制精度要求的关键因素。

为获得天线周围的稳态风数据以及环境湿度，在天线附近(距离旋转中心不超过 100 m)架设一个小型的自动气象站，对环境风速及温湿度进行实时监测，在天线指向模型中预留气象数据接口，依据需要裁决是否利用气象数据对天线指向进行大气环境精确修正。

下面介绍变形补偿技术。

5.3.1　天线自重载荷变形补偿

对于大型天线，通过提高天线结构刚度和单纯采用预调措施仍然难以达到精度要求，需引入最佳吻合方法。最佳吻合方法是减少自重变形影响、提高主面精度的有效方法。对于大型反射面天线，由于重力作用所引起的主反射面变形，以及主、副反射面与馈源相对位置的变化，均会使电轴产生偏移，即电轴与编码轴之间产生偏差。此时，可认为编码器(即机械轴)不受重力影响，这时编码器输出的数据与电轴之间产生的误差就是重力变形误差。重力变形补偿技术相对成熟，已在以往大口径天线上应用，主要的手段是预调和最佳吻合两种。

对于天线来说，最佳吻合方法就是将标准曲面进行平移和旋转，使得实际曲面相对于标准曲面的均方根误差最小，然后将副反射面的角度和位置调整到新的标准曲面的焦点位置。最佳吻合需要在不同仰角下进行，所以副反射面需要在不同仰角下进行实时调整。

由于俯仰轴的重力矩是仰角的余弦函数，所以自重变形也是随着仰角而变化的，可通过修正模型进行补偿。

由于重力变形的左右对称特性，在 X 轴方向的位移和绕 Y 轴的旋转都很小，可以忽略不计，因此，可以只考虑 Y、Z 方向的平移和绕 X 轴的旋转，用下式来表示重力变形引入的副反射面姿态变化量：

$$
\begin{cases}
\Delta \boldsymbol{Y} = \boldsymbol{A}_y + \boldsymbol{B}_y \cdot \cos E + \boldsymbol{C}_y \cdot \sin E \\
\Delta \boldsymbol{Z} = \boldsymbol{A}_z + \boldsymbol{B}_z \cdot \cos E + \boldsymbol{C}_z \cdot \sin E \\
\Delta \boldsymbol{\alpha}_x = \boldsymbol{A}_{\alpha x} + \boldsymbol{B}_{\alpha x} \cdot \cos E + \boldsymbol{C}_{\alpha x} \cdot \sin E
\end{cases} \tag{5.2}
$$

式中，E 为天线俯仰角，系数（$\boldsymbol{A}$，$\boldsymbol{B}$，$\boldsymbol{C}$）可以用实际测量的副反射面姿态随天线仰角的对应变化关系，用最小二乘法求得。

5.3.2 反射面温度梯度变形补偿

为了减小温度梯度对天线指向精度的影响，工程中主要采取如下措施：

（1）在天线反射体表面喷涂一种高散射红外线的涂料，从而降低在阳光照射下的表面温度。

（2）在天线反射体的关键部位安装温度传感器，实时采集温度，据此对天线精度进行补偿。

（3）在俯仰轴左右端面上分别安装倾斜仪，实现对稳态风载荷和温度梯度所带来的方位、俯仰轴倾斜的补偿。

针对温度梯度带来的反射面变形，详细补偿方案如下：

（1）在天线背架上的关键位置布置温度传感器，通过对采集的数据进行处理，得到整个天线的温度场分布。

（2）基于有限元模型对天线热变形进行分析，得到天线表面各节点的位移。

（3）对主反射面进行最佳吻合计算，得到主反射面的电轴方向的偏移，然后进行指向精度修正。

以某深空测控通信天线为例，需要安装传感器的地方包括天线反射面、背架和中心体以及副反射面撑腿，如图 5.5 和图 5.6 所示。

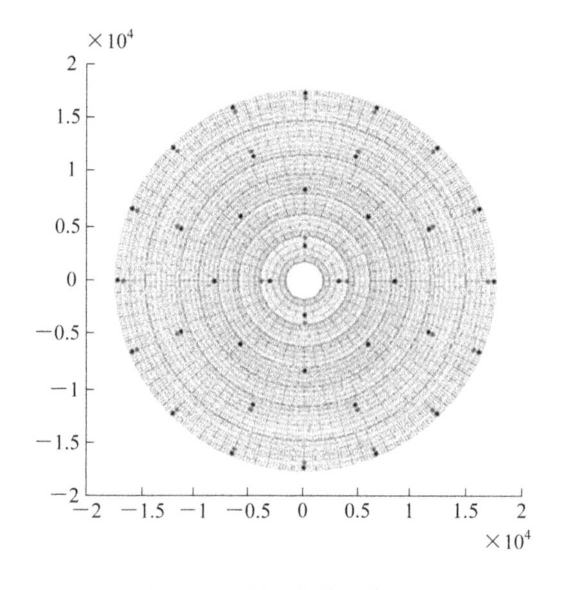

图 5.5　反射面传感器布局图

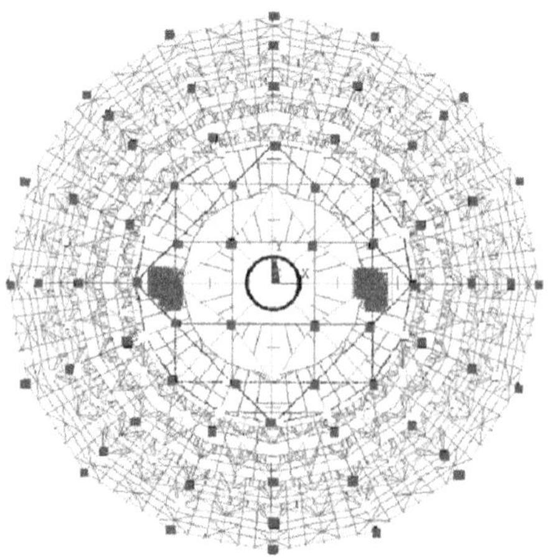

图 5.6　背架和中心体传感器布局图

通过对传感器数据的采集分析，可以得到天线的热变形云图，如图 5.7 所示。

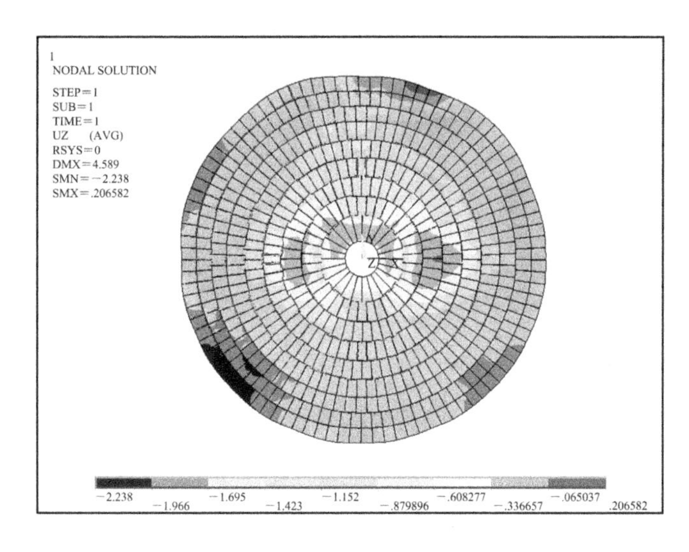

图 5.7 热变形云图

彩图

在得到相应的变形数据以后，通过反演拟合，可得到因热变形引起的指向误差，并对该误差进行角度修正。

5.3.3 阵风扰动补偿

大型天线的主要特点是伴随着天线口径的增大，天线系统的固有频率不断下降。谐振频率的下降直接导致了伺服带宽的降低，也就降低了系统的跟踪指向精度。另一方面，作用在天线面上的风力矩与天线口径的立方成正比，随天线口径的增加，风对天线的影响会急剧增大，使指向误差增大。风扰动增大、伺服系统动态性能降低，这几个因素作用在一起，使得减小风对大型天线的扰动变得非常重要。阵风扰动及补偿技术的主要目标就是针对大型天线总结风扰动的规律并减小其影响。

三十九所在大型天线抗风扰动方面也做了许多研究工作，除了对大型天线进行 LQG 控制之外，还引入了自抗扰控制器、极点配置抗阵风扰动控制器，都取得了非常好的效果，并应用于我国 35 m 和 66 m 深空测控通信天线上，效果明显。

5.3.4 大气折射补偿

以深空测控通信任务为例，探测器远离测控站(如月球探测器距离地球 38 万千米，火星探测器距离地球 4 亿千米)，测控站与探测器之间的上、下行信号将穿过对流层、电离层和更外层的空间，这将使航天器发射的信号到达地球时的衰减很大。电波在传播过程中，除受到空间扩散产生的自由空间衰减外，还会受到大气层吸收、反射、散射以及折射的影响。大气折射会引起测控设备指向偏差，导致不能准确指向信号的最大方向，引起的增益损失导致深空测控通信系统对微弱信号接收性能下降，所以非常有必要进行大气折射修正。

在微波波段简化的 Garfinkel 校正方法已能满足实际工作的精度，其修正公式为

$$R=\frac{r\cos E}{\sin E+0.001\,75\tan(87.5^\circ-E)} \tag{5.3}$$

式中：E——天线大地系俯仰角度；

r——大气折射系数，其值为

$$r=\frac{28.47P_{\mathrm{T}}}{T_{\mathrm{K}}}-\frac{2.21P_{\mathrm{W}}}{T_{\mathrm{K}}}+\frac{137\ 339P_{\mathrm{W}}}{T_{\mathrm{K}}^{2}} \tag{5.4}$$

式中：P_{T}——大气压强，单位为 mb；

P_{W}——水汽压，单位为 mb；

T_{K}——地面温度，单位为 K。

水汽压 P_{W} 可由地面相对湿度 RH 和饱和水气压 e_{sat}决定：

$$\begin{cases} P_{\mathrm{W}}=\mathrm{RH}\times\dfrac{e_{\mathrm{sat}}}{100} \\ \log e_{\mathrm{sat}}=23.761-\dfrac{2948}{T_{\mathrm{K}}}-5\log T_{\mathrm{K}} \end{cases} \tag{5.5}$$

利用上述公式计算大气折射误差，即使低至 3°仰角，精度亦在 2″以内。

5.3.5 基于倾斜仪的天线座架倾斜补偿

针对天线结构带来的大盘不水平、方位与俯仰不正交，温度梯度带来的塔基变形、天线座架变形，以及稳态风带来的天线座架变形等影响天线俯仰角和交叉俯仰角精度的问题，在俯仰轴左右端面上分别安装倾斜仪，以便对指向精度做进一步的补偿处理。倾斜仪选用徕卡 Nivel220 精密电子倾斜仪，它基于光电原理设计，可同时测量倾角大小以及倾角方向。

倾斜补偿系统由徕卡 Nivel220 电子倾斜仪、控制计算机(标校计算机)、数据采集及滤波软件等组成。徕卡 Nivel220 精密双轴电子倾斜仪的安装位置及坐标轴定义如图 5.8 所示。倾斜仪 x_1，x_2 轴垂直于俯仰轴，当天线方位角为 0°时，指北为 x_1，x_2 轴正向，向西为 y_1，y_2 轴正向。

图 5.8 倾斜仪安装位置及坐标轴定义

当把倾斜仪安装在俯仰轴承座端面上时，倾斜仪 x 轴垂直于俯仰轴。然后调平倾斜仪，使其初始静态读数尽量靠近零点，以保证在测量范围内具有最好的精度。为了验证倾斜仪标定精度，应在无风的晚上使天线口面垂直向上，控制天线以较小的速度匀速旋转±270°，同时记录倾斜仪的读数以及轴角编码信息，对倾斜仪的误差特性进行分析，即可获得倾斜仪标定精度。

安装在俯仰轴承座上的倾斜仪在天线运动过程中对俯仰角和交叉俯仰角进行测量，由于测量数据存在噪声，所以数据处理的首要问题是滤波。采用卡尔曼滤波可以得到满意的结果。卡尔曼滤波在测量方差已知的情况下能够从一系列存在测量噪声的数据中估计动态系统的状态，并能够对现场采集的数据进行实时的更新和处理，滤波效果较好。

5.4　天线指向标校

5.4.1　系统指向标校思想

在理想情况下(天线指向精度不受外部环境影响)，天线系统误差可直接通过射电星标校来实现。然而大口径天线工作在室外，外部环境对天线指向精度的影响是不可避免的。为了尽量减少外部环境对天线指向精度的影响，在进行射电星指向标校前，通过布设一系列传感器和多种补偿算法可实现外部环境对天线指向误差的修正。这样在采用射电星对天线指向标校时，外部环境误差补偿算法参与射电星标校数据采集过程，当外部环境误差补偿算法精度足够高时，可认为在标校过程中天线指向误差不受环境的影响。当完成标校，天线处于工作状态时，角误差补偿量与外部环境误差补偿量一起叠加到角位置引导数据中，实现对目标的精确跟踪。射电星标校工作流程如图 5.9 所示。其中所采取的一系列外

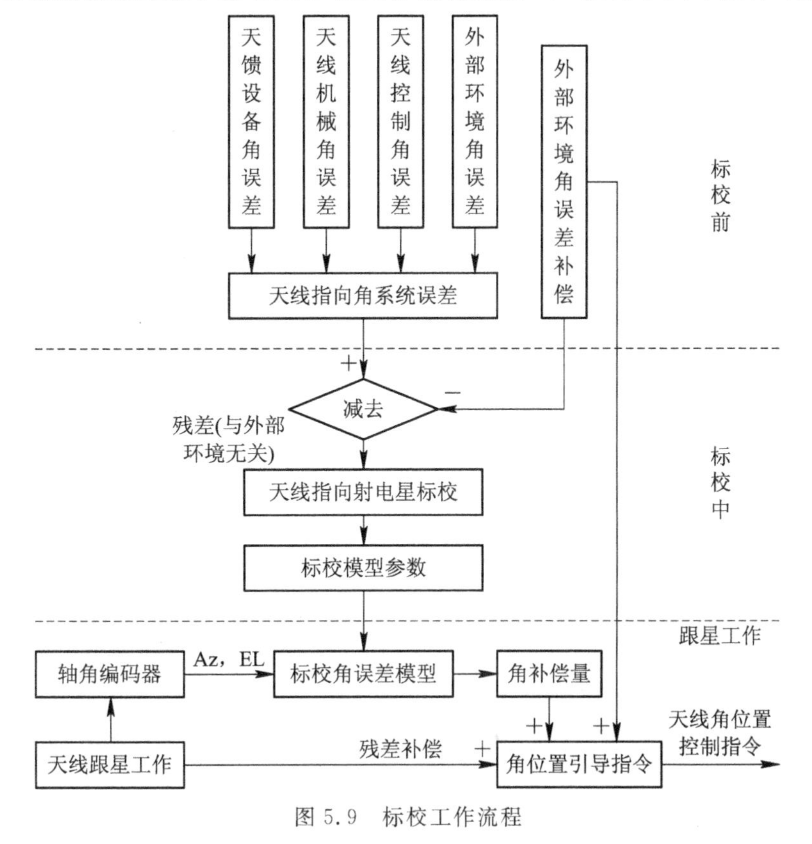

图 5.9　标校工作流程

部环境角误差补偿措施主要包括基于最佳吻合法的天线重力变形补偿技术、温度梯度反射面变形补偿技术、阵风扰动补偿技术、倾斜仪补偿技术以及大气折射补偿技术。

5.4.2 射电星标校工作流程

射电星标校基本流程如图 5.10 所示，主要由射电源选取、获取接收信号最大强度下的角位置信息、指向误差模型参数标定和天线在工作状态时指向误差实时补偿等 4 部分组成。

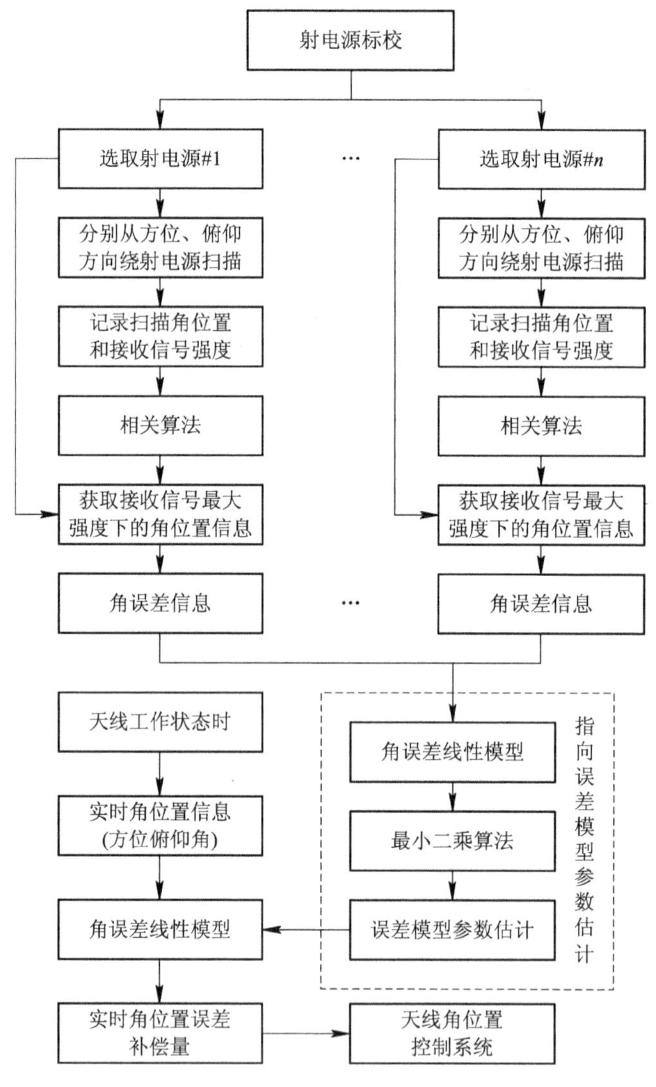

图 5.10　射电星标校基本流程

详细工作流程如下：

(1) 射电源选取。必须选取流量密度大、有一定带宽且位置精确的射电源。

(2) 从方位、俯仰方向分别扫描射电源，获得射电源最大指向时的天线角位置编码信息。即控制天线分别从方位方向和俯仰方向匀速扫描经过射电源，当射电源看作点源时，随着天线指向逐渐向射电源靠近，天线接收的射电源信号呈幂指数形式增大；根据天线方向图的对称特性，随着天线指向逐渐远离射电源，天线接收的射电源信号呈幂指数形式衰减；根据天线在扫描运动的角运动信息以及接收的射电源信号强度，估计出射电源最大指向时的天线角编码值。依此方法分别对不同仰角、不同方位角下的射电源进行扫描，可获得射电源最大指向对应的天线角编码值。

(3) 指向误差模型参数标定。根据射电源精确位置和射电源最大指向角位置信息，获得角误差信息。根据角误差标校模型，采用最小二乘法等获得角误差模型参数的最小二乘估计。至此，完成天线指向标定工作。

(4) 天线工作状态时，指向误差实时补偿。当天线跟踪深空测控通信目标时，根据天线当前角位置信息，从角误差模型中解算出当前角位置状态所需角位置补偿量，该补偿量作为一个增补量叠加到天线角位置控制系统上，从而实现对深空目标指向的校准。

基于以上工作流程，可知指向标校系统需要包含四部分：射电源、标校设备、标校设备标定以及指向角误差模型。

5.4.3　射电源的选取与建模

1. 射电源选取原则

由于强标准射电源具有稳定、位置精确、有一定带宽等特点，通过对强标准射电源的观测不仅可以获得天线增益、半功率宽度等参数，而且可以对大口径天线指向进行校正。理想射电源应具备以下条件：

(1) 已知射电源在天球上的位置，并且它们具有均匀的分布和较大的覆盖区；

(2) 所选射电源附近没有强的射电背景(如银河背景辐射)；

(3) 对被测天线的主波束而言，所选的射电源应当可以被看作点源，否则应知其亮温度分布；

(4) 所选射电源的射电流量及其随时间的变化在相当宽的频段内已知；

(5) 所选射电源的偏振特性已知；

(6) 所选射电源对被测天线来说有足够高的信噪比(一般要求大于 50 dB)。

不是所有的射电源都满足上述要求，因此，必须根据实际情况选择合适的射电源。NASA《DSMS Telecommunications Link Design Handbook》给出的 S、X 频段可用的射电源有 847 个，其在天球上的分布如图 5.11 所示。

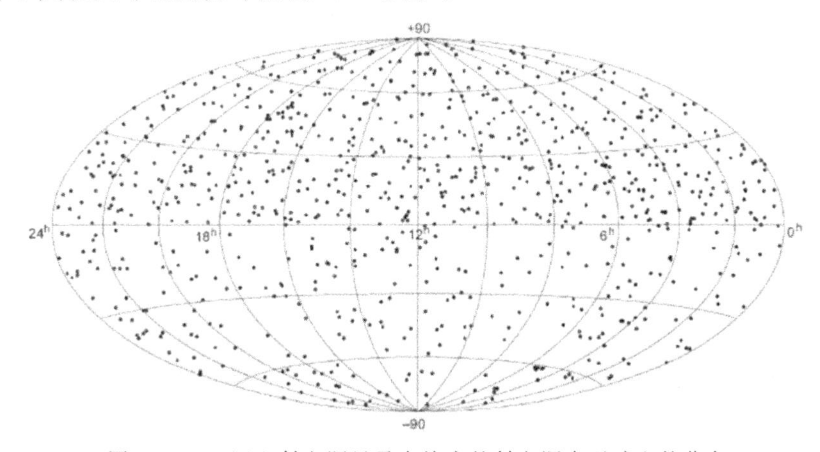

图 5.11　NASA 射电源目录中给出的射电源在天球上的分布

根据射电源流量密度的不同，标准射电源可以分为第一类标准射电源和第二类标准射电源。对于大口径高精度指向标校而言，应首选第一类标准射电源进行指向误差的校准试验。常用的射电星有仙后座A(Cassiopeia A)、金牛座A(Taurus A)、天鹅座A(Cygnus A)、猎户座(Orion)、室女座(Virgo)和欧米伽(Omega)，它们的通量密度和角径如表5.3所示。

表 5.3　常用射电星的通量密度和角径(SSOG - 210E/ Rec. ITU - R S.733 - 2)

射电星名称	通量密度/(W/m^2·Hz)	角径/角秒
Cassiopeia A(3C461)	$S_{Cass\_A}=10^{-26}\cdot 10^{[5.745-0.770\lg(1000f)]}$	$4'\times 4'$
Taurus A(3C144)	$S_{Tau\_A}=10^{-26}\cdot 10^{[3.794-0.278\lg(1000f)]}$	$3.2'\times 4'$
Cygnus A(3C405)	$S_{Cyg\_A}=10^{-26}\cdot 10^{[7.256-1.279\lg(1000f)]}$	$1.6'\times 1'$
Orion(3C145)	$S_{Orion}=10^{-26}\cdot 10^{[3.317-0.204\lg(1000f)]}$	$3.5'\times 3.5'$
Virgo(3C274)	$S_{Virgo}=10^{-26}\cdot 10^{[6.541-1.289\lg(1000f)]}$	$1'\times 1.8'$
Omega	$S_{Omega}=10^{-26}\cdot 10^{[4.056-0.378\lg(1000f)]}$	

注：表中值为1980年1月的值。其中，f指工作频率(GHz)。

2. 射电源位置计算

射电源在天体上的位置用天球坐标表示，一般可用三种坐标系来描述，即赤道坐标系、时角坐标系和地平坐标系。其中，最常用的是赤道坐标系，赤经(α)、赤纬(δ)用来描述射电源在天体上的位置。

在射电测量中，为了计算射电星的视位置(即测量点天线对准射电源时的方位俯仰角)，除了要知道射电源在天体坐标系中的位置外，还要知道测量时刻的地方恒星时。要知道测量时刻的地方恒星时，首先要知道世界时0时刻的恒星时。世界时0时刻的恒星时S_0可由《中国天文年历》查得。地平时m、经度λ处的地方恒星时可用下式计算：

$$\begin{cases} S = S_0 + m + (m-\lambda)\cdot v \\ v = \dfrac{1}{365.2422} \end{cases} \tag{5.6}$$

通常给出的射电源位置是1950年1月1日(历元1950.0)的赤道坐标，在N年它的观测坐标为

$$\begin{cases} \alpha_N = \alpha_{1950} + P_\alpha(N-1950.0) \\ \delta_N = \delta_{1950} + P_\delta(N-1950.0) \end{cases} \tag{5.7}$$

测量地平式天线(方位俯仰)时，必须把赤道坐标转换成地平坐标，用球面三角关系可以推导出坐标变换关系。在观测位置，射电源的方位角、俯仰角用下式计算：

$$\begin{cases} A = \arcsin[-\cos\delta_N \sec E \sin t] \\ E = \arcsin[\sin\varphi\sin\delta_N + \cos\varphi\cos\delta_N\cos t] \\ t = S - \alpha_N \end{cases} \tag{5.8}$$

式中：φ——观测位置的地理纬度；

δ——观测时刻射电源的赤纬；

t——时角，它等于观测时刻的地方恒星时减去射电源的赤经。

喀什的经纬度分别为

$$\lambda = 76°$$

$$\varphi = 39.5°$$

由仙后座 A 在赤道坐标系中的位置 $\alpha_{1950}=23\text{h}21\text{m}11\text{s}$，$\delta_{1950}=+58°33'$，以及岁差 $P_{\alpha}=1.127°\times10^{-2}$，$P_{\delta}=0.549°\times10^{-2}$，从《中国天文年历》的“世界时和恒星时”中查得 2015 年 10 月 1 日世界 0 时刻的格里尼治恒星时 $S_0=0\text{h}37\text{m}38.716\text{s}$，地平时 4 时至 17.5 时，在喀什站射电源的方位俯仰角如图 5.12 所示。

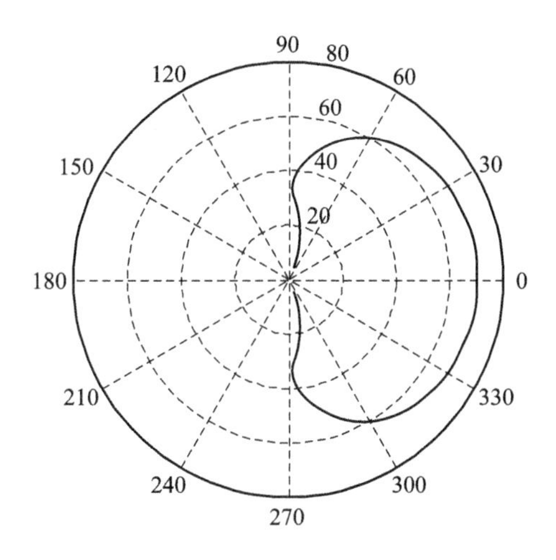

图 5.12　2015 年 10 月 1 日仙后座 A 在喀什站观测方位俯仰角特性

3. 射电源位置预报

射电源位置预报是射电星标校的基础。标校系统采用调用动态链接库的形式，若已知射电星的赤经、赤纬以及站址坐标，即可计算任意时间射电星的对星位置角度。软件提供当前时间起 24 h 内的射电星的空间轨迹图（直角坐标下，横坐标为方位角度，纵坐标为俯仰角度）和数值列表（显示模式可优化）。射电星空间轨迹图和数值列表软件截图如图 5.13 所示。

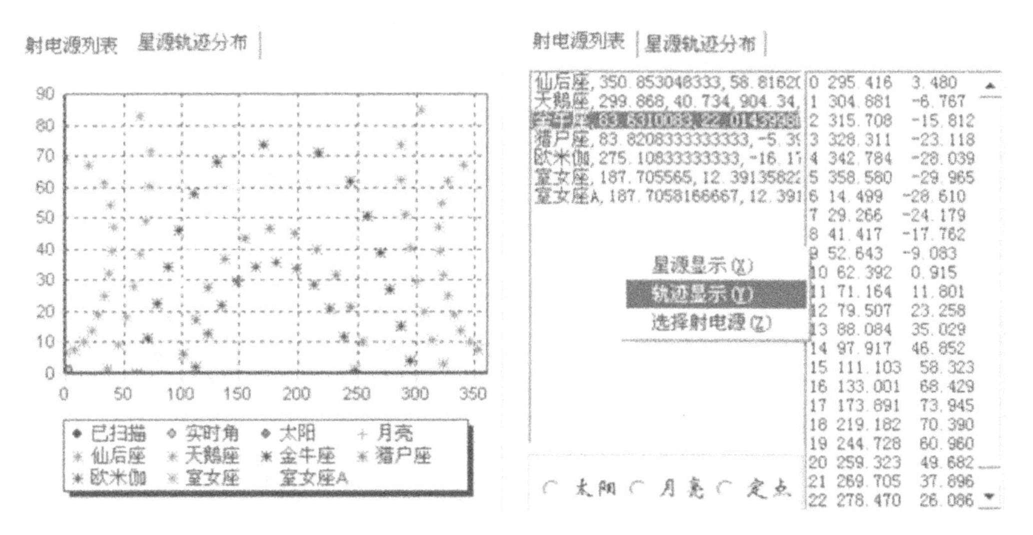

图 5.13　射电星空间轨迹图和数值列表软件截图

5.4.4 指向误差建模

1. 大盘不水平误差

大盘不水平是指方位轴与大地铅垂线不重合，其坐标系关系如图 5.14 所示。当大盘不水平倾角为 θ_M 时，相当于水平面(或称赤道面)沿 PP'旋转了 θ_M。

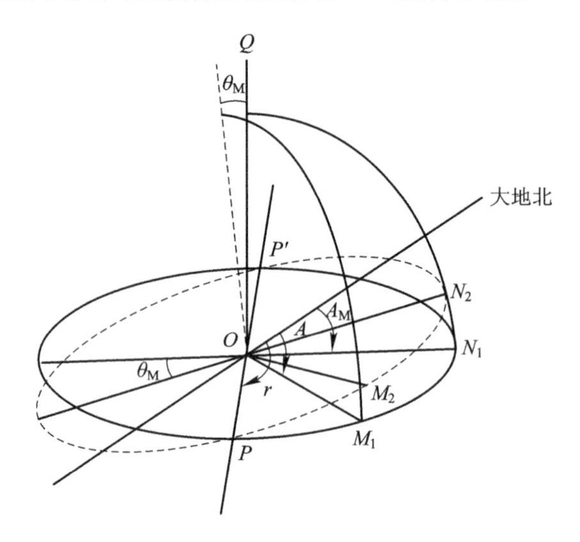

图 5.14 大盘不水平产生的方位、俯仰误差

令大盘不水平偏移最大方向的方位角为 A_M，A_M 从大地北起算，则方位误差角、俯仰误差角分别为

$$\begin{cases}\Delta A_1 = \theta_M \tan E \cos(A - A_M) \\ \Delta E_1 = -\theta_M \sin(A - A_M)\end{cases} \tag{5.9}$$

2. 俯仰轴和方位轴不正交产生的误差

如图 5.15 所示，当两轴之间不存在不正交误差时，方位轴沿铅垂方向与 Z 轴重合，俯

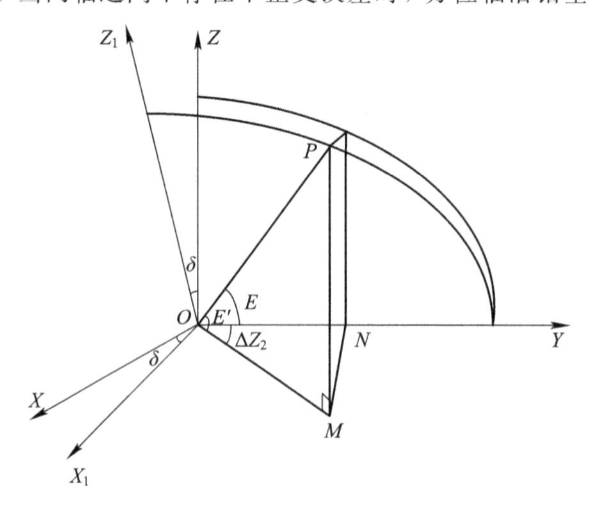

图 5.15 俯仰和方位轴不正交误差

仰轴与 OX 轴重合。当俯仰轴与方位轴之间存在不正交误差 δ 时，可以看作坐标系 $OXYZ$ 俯仰轴 OX 绕 OY 旋转 δ 角。

经坐标转换及几何关系分析可得：

当俯仰轴与方位轴之间存在正交误差 δ 时，会引入方位角误差：

$$\Delta A_2 = \delta \tan E \tag{5.10}$$

引入俯仰角误差：

$$\Delta E_2 = (1 - \cos\delta)\tan E \approx \frac{\delta^2}{2}\tan E \tag{5.11}$$

因为俯仰角误差为不正交误差的二阶函数，通常可忽略不计。

3. 电轴与俯仰轴不正交产生的误差

俯仰轴代表编码器轴，测量时电轴对准目标，编码器轴给出测角数据，若两者不重合，就会引入测量误差。在如图 5.16 所示的地平坐标系中，方位轴与 Z 轴重合，俯仰轴与 X 轴重合，在俯仰角为 0°时，电轴与 Y 轴重合。若电轴 OQ 偏开 ε 角，当俯仰轴运动时，电轴不再在 YOZ 平面运动，而是沿 MOP 运动。

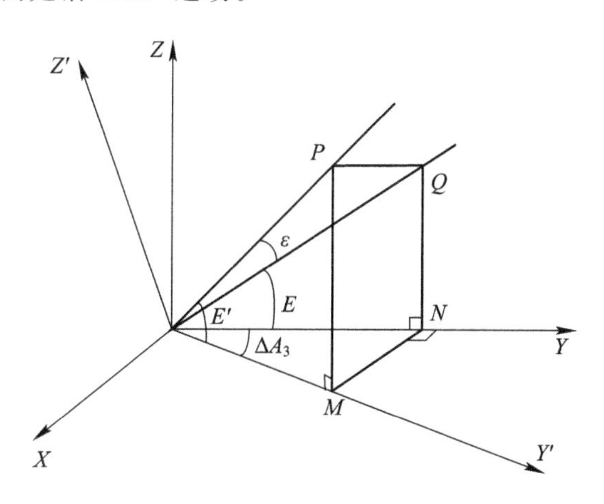

图 5.16　电轴与俯仰轴不正交误差

根据图 5.17 所示的几何关系，可得电轴与俯仰轴不正交产生的方位角误差为

$$\Delta A_3 = \varepsilon \sec E \tag{5.12}$$

电轴与俯仰轴不正交产生的俯仰角误差为

$$\Delta E_3 = \frac{\varepsilon^2}{2}\tan E \tag{5.13}$$

因为俯仰角误差是关于偏开角 ε 的二次函数，属于小量，可忽略不计。

5.4.5　高精度指向误差估计

1. 静态指向误差建模

静态指向误差的建模方法有两种：第一种基于分离变数法，从球函数表达式中获得球谐函数修正模型；第二种基于误差机理(前面介绍的轴系误差、重力变形误差以及大气折射误差)，建立各误差与天线指向误差的数学模型，该模型称为基本参数修正模型。由于球谐函数修正模型参数太多、参数之间的相关性较大、模型稳定性较差、参数没有物理意义，工程上通常使用基本参数修正模型。

常用的 8 参数修正模型源于 1968 年麻省理工学院林肯实验室在 IEEE《天线和传播技术》杂志所发表的误差修正模型。8 参数修正模型主要从天线结构方面建立轴系误差、轴系不正交度数学模型、天线重力变形数学模型、大气折射数学模型，并假定这些数学模型的变形比较小(这是符合实际情况的)，这样，便能用线性关系来表示总误差和各单项误差之间的关系。根据式(5.9)～式(5.13)，同时考虑重力变形以及大气折射模型，可得天线常用的指向误差修正模型为

$$\begin{cases}\delta_A = b_1 + b_3\tan E + b_5\sec E + b_6\cos A\tan E + b_7\sin A\tan E + \varepsilon_A \\ \delta_E = b_2 + b_4\cos E - b_6\sin A + b_7\sin A + b_8\cot E + \varepsilon_E\end{cases} \tag{5.14}$$

式中：b_1——方位角编码器零点偏置；

b_2——俯仰角编码器零点偏置；

b_3——俯仰轴与方位轴不正交误差；

b_4——电轴重力变形误差一次项；

b_5——电轴与俯仰轴不正交误差；

b_6——方位轴东西向偏斜误差；

b_7——方位轴南北向偏斜误差；

b_8——大气折射残差；

ε_A——方位方向的随机误差项；

ε_E——俯仰方向的随机误差项。

上述修正模型被称为大口径天线指向误差的基本参数修正模型。由于影响天线指向精度的因素比较复杂，结构各异的天线也在不同的实验环境下工作，其指向误差修正模型在基本参数修正模型的基础上多少都会有所变化。

式(5.14)的误差模型只考虑了几个主要误差项的零阶分量，而对于超大口径天线，因为天线波束宽度比较窄，对观测指向精度的要求非常高，所以误差项中除了零阶分量之外，高阶分量也不能忽略。因此，需要对方位轴和俯仰轴不正交度(C_5)以及天线的重力变形误差(C_7)一阶正交分量进行修正。在引入这些误差后，误差修正模型可用下式表述：

$$\begin{cases}\Delta A = C_1 - C_3\cos C_4\tan E\cos A - C_3\sin C_4\tan E\sin A + \\ \qquad l\tan E - m\cos E + n\sin E - (m - C_6)\sec E \\ \Delta E = (C_2 - z/2) + C_3\cos C_4\sin A - C_3\sin C_4\cos A + x\cos E + \\ \qquad (y/2)\sin(2E) + (z/2)\cos(2E) + C_8\cot E\end{cases} \tag{5.15}$$

将上式中的各项误差分别以 P_i 代替，即

$P_1 = C_1$；$P_2 = C_2 - z/2$；$P_3 = C_3\cos C_4$；$P_4 = C_3\sin C_4$；

$P_5 = l$；$P_6 = m$；$P_7 = n$；$P_8 = m - C_6$；$P_9 = x$；$P_{10} = y/2$；

$P_{11} = z/2$；$P_{12} = C_8$

得到 12 项误差的增强误差修正模型：

$$\begin{cases}\Delta A = P_1 - P_3\tan E\cos A - P_4\tan E\sin A + P_5\tan E - \\ \qquad P_6\cos E + P_7\sin E - P_8\sec E \\ \Delta E = P_2 + P_3\sin A - P_4\cos A + P_9\cos E + P_{10}\sin 2E + \\ \qquad P_{11}\cos(2E) + P_{12}\cot E\end{cases} \tag{5.16}$$

用上述增强修正模型进行修正，可以有效提高标校精度。

2. 参数估计方法

求解参数估计问题有多种方法，参数估计方法的选择取决于问题的特殊性及数据的特征，从标校模型上可分为线性和非线性两种模型。线性模型的求解方法通常是直接求解，而非线性模型的求解常常采用迭代方法。天线指向误差修正模型中虽然包含轴角的三角函数，但对于模型参数而言，含轴角三角函数的模型是线性的。

所谓参数估计，就是根据观测到的样本，对观测样本函数中的未知参数进行估计，如在(0，T)区间内得到观测样本：

$$\boldsymbol{y}(t)=\boldsymbol{s}(t;\beta_1,\beta_2,\cdots,\beta_m)+\boldsymbol{\varepsilon}(t) \tag{5.17}$$

式中，$\boldsymbol{s}(t;\beta_1,\beta_2,\cdots,\beta_m)$表示已知函数；参数 $\boldsymbol{\beta}=(\beta_1,\beta_2,\cdots,\beta_m)^{\mathrm{T}}$ 为待估参数，可以是确定值，也可以是随机变量；$\boldsymbol{\varepsilon}(t)$是各种原因引起的干扰信号即噪声，噪声的大小影响所得数据的准确程度。参数估计就是克服噪声的影响，提取混在噪声环境中的有用信息。典型的参数估计方法有最小均方差估计、极大似然估计、极大后验估计、最小二乘估计等。线性最小二乘估计是一种在先验信息上比最小均方误差估计与线性最小均方误差估计远为宽松的估计。

若观测样本满足线性观测方程，选择高斯-马尔科夫模型作为观测数据的基本处理模型，其模型形式为

$$\begin{cases}\boldsymbol{Y}=\boldsymbol{X\beta}+\boldsymbol{\varepsilon}\\E(\boldsymbol{\varepsilon})=0,\ D(\boldsymbol{\varepsilon})=\sigma_0^2\boldsymbol{Q}\end{cases} \tag{5.18}$$

式中：$\boldsymbol{Y}$—— 观测向量，$\boldsymbol{Y}=(y_1,y_2,\cdots,y_n)^{\mathrm{T}}$；

$\boldsymbol{X}$—— $n\times m$ 阶设计矩阵；

$\boldsymbol{\beta}$—— 未知参数向量，$\boldsymbol{\beta}=(\beta_1,\beta_2,\cdots,\beta_m)^{\mathrm{T}}$；

$\boldsymbol{\varepsilon}$—— 误差向量，$\boldsymbol{\varepsilon}=(\varepsilon_1,\varepsilon_2,\cdots,\varepsilon_n)$；

σ_0^2——单位权方差；

$\boldsymbol{Q}$——观测误差的协因矩阵。

若 $\mathrm{rank}(\boldsymbol{X})=m$，则高斯-马尔科夫模型为满秩模型。

线性模型式的误差方程为

$$\boldsymbol{V}=\boldsymbol{X}\hat{\boldsymbol{\beta}}-\boldsymbol{Y} \tag{5.19}$$

式中：$\boldsymbol{V}$——残差向量。

最小二乘准则为

$$\boldsymbol{V}^{\mathrm{T}}\boldsymbol{PV}=\min \tag{5.20}$$

则待估参数 $\boldsymbol{\beta}$ 的最小二乘估计为

$$\hat{\boldsymbol{\beta}}_{\mathrm{LS}}=(\boldsymbol{X}^{\mathrm{T}}\boldsymbol{PX})^{-1}\boldsymbol{X}^{\mathrm{T}}\boldsymbol{PY}=\boldsymbol{S}^{-1}\boldsymbol{X}^{\mathrm{T}}\boldsymbol{PY} \tag{5.21}$$

式中：$\boldsymbol{S}=\boldsymbol{X}^{\mathrm{T}}\boldsymbol{PX}$，为法方程系数矩阵。

估计量 $\hat{\boldsymbol{\beta}}_{\mathrm{LS}}$是无偏估计量，即

$$E[\hat{\boldsymbol{\beta}}_{\mathrm{LS}}]=E[(\boldsymbol{X}^{\mathrm{T}}\boldsymbol{PX})^{-1}\boldsymbol{X}^{\mathrm{T}}\boldsymbol{PY}]=\boldsymbol{S}^{-1}\boldsymbol{X}^{\mathrm{T}}\boldsymbol{P}E(\boldsymbol{Y})=\boldsymbol{S}^{-1}\boldsymbol{X}^{\mathrm{T}}\boldsymbol{PX\beta}=\boldsymbol{\beta} \tag{5.22}$$

误差向量 $\boldsymbol{\varepsilon}$ 的最小二乘估计为

$$V = X\hat{\boldsymbol{\beta}}_{LS} - Y = X(X^T PX)^{-1}X^T PY - Y = (H - I)Y = -Q_{VV}PY \tag{5.23}$$

式中：$\boldsymbol{I}$——n 阶单位矩阵；

$\boldsymbol{H}$——帽子矩阵，$H = X(X^T PX)^{-1}X^T P$；

Q_{VV}——残差的协因矩阵，且

$$Q_{VV} = P^{-1} - XS^{-1}X^T = (I - H)P^{-1} \tag{5.24}$$

线性最小二乘估计只需知道观测方程的观测矩阵 $\boldsymbol{X}$，对于待定参数 $\boldsymbol{\beta}$、观测噪声 $\boldsymbol{\varepsilon}$ 及观测样本 $\boldsymbol{Y}$ 的其他统计特性等，先验信息没有要求。且可以证明，当待估的参数为高斯分布时，线性最小二乘估计和极大似然估计是一致的。

5.4.6 应用案例

某 35 m 深空测控通信天线 Ka 频段标校结果如下：

利用 Ka 频段较强的射电源 3C274、3C273B、3C279、3C84 等进行了指向校正观测。标校中指向测量点在天球的覆盖范围如图 5.17 所示。

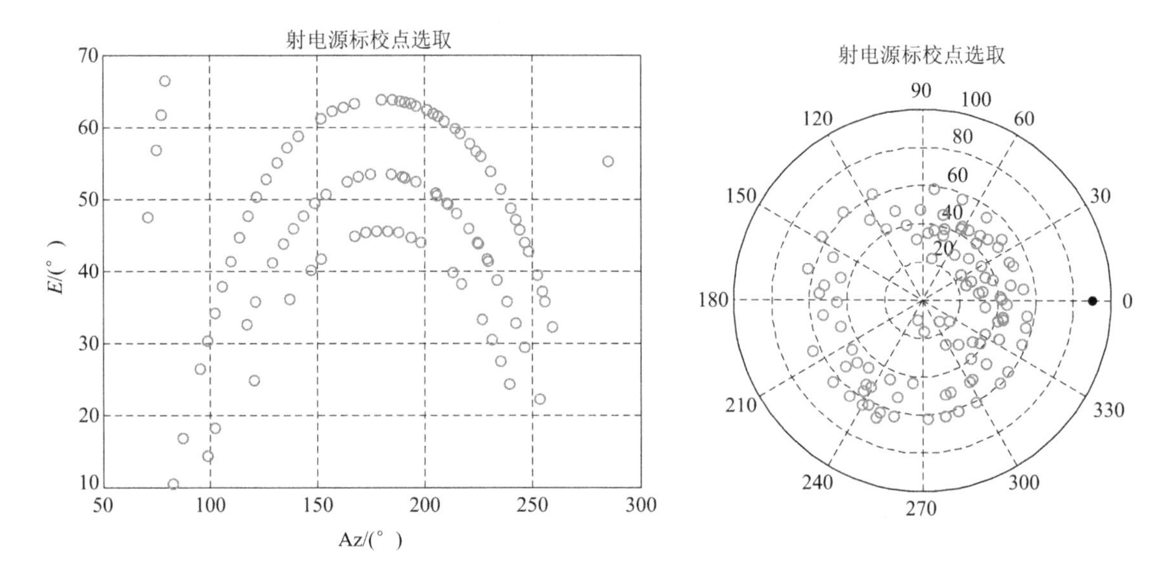

图 5.17 标校测量点空域覆盖图

标校完成后，重新装订 8 个误差项系数，对射电星进行指向验证，共验证数据 13 个，得到指向精度(rms)为：方位 0.0017°(6.2 角秒)，俯仰 0.0020°(7.08 角秒)。

对佳木斯 66 m 深空测控通信天线指向误差分布特性进行分析，确定指向误差主要是由方位轴与俯仰轴夹角以及重力变量两个参量带来的，通过引入这两个误差源的一阶展开项对基本 8 参数模型进行改进，获得 12 参数标校模型，经标校，佳木斯 66 m 射电望远镜的指向精度从 0.0125°(45 角秒)改进到 0.0056°(20 角秒)以内。

参考文献

[1] 鲁尽义. 航天测控系统一测角分系统. 中国电子科技集团公司第三十九研究所讲义，2008，350-368.

[2] 赵彦. 大射电望远镜指向误差建模分析与设计研究. 西安电子科技大学博士学位论文，2008.

[3] GUIAR C N，LANSING F L. Antenna Pointing Systematic Error Model Derivations. TDA Progress Report，1986，12：42-88.

[4] 付丽，凌权宝. TM65m 天线基础和轨道沉降及对天线指向的影响. 红外与激光工程，2016，45(11)：11-16.

[5] GAWRONSKI W，BAHER F，GAMA E. Track Level Compensation Look-Up Table Improves Antenna Pointing Precision，IPN Progress Report，2006，2：42-164.

[6] 付丽，董健. 天马望远镜结构重力变形对面形和指向精度影响. 电波科学学报，2017，32(3)：314-322.

[7] 王锦清，等. 大型射电望远镜高精度指向偏差检测方法. 中国科学：物理学、力学天文学，2017，47(12)：129-504.

[8] 中国科学院紫金山天文台. 中国天文年历. 北京：科学出版社，2011.

[9] GAWRONSKI W. Three Models of Wind-Gust Disturbances for the Analysis of Antenna Pointing Accuracy. IPN Progress Report，2002，5：42-149.

[10] 张垚，全录贤，洪宇，等. 测控天线射电星角度标校方法分析. 电讯技术，2017，57(4)：474-479.

[11] 高冠男，汪敏，等. 云台 40m 射电望远镜的指向误差校正. 天文研究与技术(国家天文台台刊)，2007，4 (2)：188-194.

[12] 喻业钊，韩雷，等. 佳木斯 66m 射电望远镜指向精度测量及改进. 天文研究与技术，2016，13(4)：408-415.

第6章 天线装备的服务保障管理

天线系统是航天测控系统装备中的重型电子设备，它作为航天测控设备的射频前端，是捕获和跟踪目标、建立上下行信号通道的关键设备，是测控装备保障的重要对象。充分发挥天线系统设备效能，让天线系统设备时刻处于最佳状态，是设备保障的最终目的。天线健康管理系统实现对设备的全寿命周期管理，通过体检实时掌握设备的健康状态，对设备进行故障诊断及维修、健康评估等健康管理活动，提高装备的现代化、信息化、专业化保障水平。为了进一步在装备保障方面充分发挥工业研制部门的作用，可以将装备保障这种比较专业的服务以合同协议的形式委托于工业部门，由工业部门提供专业化、合同协议式的装备保障服务(保障服务也是一种产品)，更好地提高航天测控设备的装备保障水平。

6.1 天线健康管理系统

6.1.1 概述

航天测控网是对航天器进行跟踪、测量和控制的专用网络，由航天测控中心和分布在全球的各个航天测控站组成，具有对航天器进行跟踪测量、遥测、遥控和数传的功能，用于确定航天器的运行轨道，接收并处理航天器的遥测数据，监视其工作状态，根据航天器的状态和任务对航天器进行有效控制等，在航天任务中起着举足轻重的作用。航天测控站设备(雷达、统一系统、遥测系统和卫星通信)是航天测控网的重要组成单位，它涉及的技术领域宽泛，组成纷繁复杂，是一种使用要求较高的大型电子设备。天线系统作为测控站设备的射频前端，是捕获和跟踪目标、建立交互链路的关键设备，一旦在任务当中出现故障，将会直接导致不可估量的后果，所以天线系统是设备保障的重要对象。相对于其他设备，天线系统一般都是大型的、大功率的机电一体化设备，设计和生产都比较专业化，在使用过程中维修和保养的经验积累也比较困难。

目前，军民融合已发展为国家战略，为构建能够打赢信息化战争、有效履行使命任务的目标提供了更为广阔的途径。将军民融合上升为国家战略，是中国长期探索经济建设和国防建设协调发展规律的重大决策，既是兴国之举，又是强军之策。军工企业作为国防科技工业的骨干力量，肩负着服务国防军队建设，促进科技进步、服务经济发展三大使命，具有鲜明的军民融合属性，是天然贯彻军民融合发展战略的主力军。今后，军队的工作重点聚焦在打赢能力的提升(执行航天任务就是打仗的另一种表现形式)上，而装备保障将向专业化工业部门靠拢。作为基层职能部门，测控站设备岗位人员在缩编的同时，也降低了技术层面的要求，这一切都为设备研制部门为军队提供专业化装备保障提供了新的思路和模式。

现在航天测控任务非常密集，测控设备处于“有人值班，无人值守”的工作模式，测控任务对设备的可靠性有很高的要求。天线系统作为一个大型复杂的机电一体化设备，执行任务时设备故障带来的后果是严重的和不可接受的。为了提高航天测控站遂行任务的能力，就要使天线设备的健康状况随时处于可信、可控的状态，传统的事件主宰的维修(事后维修)和时间相关的维修(定期维修)被视情维修所取代。视情维修具有较小的后勤保障规模和较低的经济支持要求。视情维修要求系统具有对故障进行诊断并对其健康状态进行管理的能力。航天测控天线预测和健康管理(Prognostics and Health Management，PHM)与保障系统(以下简称天线健康管理系统)就是利用尽可能少的传感器采集系统的各种参数信息，借助各种智能算法来评估系统自身的健康状态，在天线系统故障前对其故障进行预测，并结合可利用资源信息提供一系列维修保障措施的技术状态管理方法。

6.1.2 天线健康管理系统基本概念

健康管理技术是21世纪提高复杂系统可靠性、安全性、维修性、测试性和保障性以及降低寿命周期费用的一项非常有前途的军民两用技术，这种技术可广泛应用于航空、航天、武器装备、电力等多个领域。健康管理之所以是比故障诊断更高层次的设备保障方式，是因为健康管理被赋予了设备评估和状态预测的能力。状态预测与健康管理要想得到准确描述设备健康状况的设备特征，就要利用各种形式的传感器采集设备的状态数据，并借助各种算法进行数据挖掘、数据转换、特征提取，获取系统的健康状态特征，以实现对系统健康状态的实时监视、预测和管理。航天测控天线健康管理的主要功能有实时状态监视、故障隔离、状态评估、状态预测、维修保障决策以及设备的技术状态管理等。可以看出，航天测控天线健康管理系统(见图6.1)是对传统使用的机内测试和状态监控能力的进一步拓展，其主要技术特点就是从设备的状态监控向健康管理转变，这种转变引入了预测能力，借助这种能力识别和管理故障的发生，规划维修和供应保障，其主要目的是降低使用与保障费用，提高设备的安全性、完好性和任务成功率，实现基于状态的维修和自主式保障。

图6.1 航天测控天线健康管理系统

美军F-35战机上装备的健康管理系统是目前国际上PHM领域里程碑式的产品，是研发装备最早、世界公认的基于状态维修(CBM)技术所能达到的最高水平。它采用机载智能实时监控系统和地面飞机综合管理的双体系结构，采用多级系统实现信息综合，并将信息传给地面的联合分布式信息系统，从而对飞机安全性进行判断，实施技术状态管理和维护保障。国际上波音787ACMS系统、空客A380OMS系统、罗·罗公司T900发动机的EHMS系统等在PHM技术上都有先进而富有特点的表现。

我国在PHM技术上起步较晚，一些前瞻性的研究工作主要集中在院校和研究部门，在航空发动机、大型发电机设备的PHM技术上有很好的成绩，但是总的来说缺乏统一的、科学的体系架构和评估体系，从而影响了我国PHM技术的发展和推广。目前从复杂装备使用者的角度来看，我国对综合故障诊断、预测和健康管理技术的需求是明确而强烈的，但是由于理论研究和应用研究没有进行有效的结合，应用需求没有能够得到系统而明确的引导和推进，所以即使有一些基础研究成果，也因研究体系分散、理论研究和实际应用相脱节，没有广泛地将PHM技术应用于各种复杂产品中。因此可以说，国内对于状态预测和健康管理技术的应用总的来说还处于初级阶段。

6.1.3 天线健康管理系统体系结构

对于天线健康管理系统来说，首先需要建立适合航天测控天线设备特点的体系架构，有了明确的体系架构才能将具体的健康管理技术付诸实施，也有利于健康管理技术的进步和拓展。针对各个行业关于健康管理的技术需求以及国内外健康管理技术的不断发展，ISO、IEEE、ARINC、OSA等国际标准化组织陆续制定了一些标准和规范，我国关于健康管理技术的标准和规范还没有完全出台，所以我们主要依据国际标准和规范，这些标准和规范从不同的层面和侧面对健康管理的技术内容进行了统一和定义。OSA-CBM(Open System Architecture for Condition Based Maintenance)为视情维修系统的实现制定了一个标准的结构和框架，简化了不同软硬件的集成过程，提供了一个集成多种互易构件的方法，并且通过规范构件之间的输入和输出使集成过程变得容易。OSA-CBM已经在美国舰船系统、民用车辆等工业领域得到了应用，并被各大飞机制造商确定为实现飞行器综合健康管理的标准途径，其中以F-35联合攻击机的应用最为成熟，代表了最新的PHM技术。天线健康管理系统采用OSA-CBM标准形成的系统结构如图6.2所示。天线健康管理系统体系结构主要由数据采集和传输、数据处理、状态监测、健康评估、状态预测、设备保障决策以及人机接口7部分组成。从信息交互的角度看，天线健康管理系统也可以分为6层，依次为数据采集、数据处理、状态监测、健康评估、状态预测、决策支持等(见图6.3)。在健康

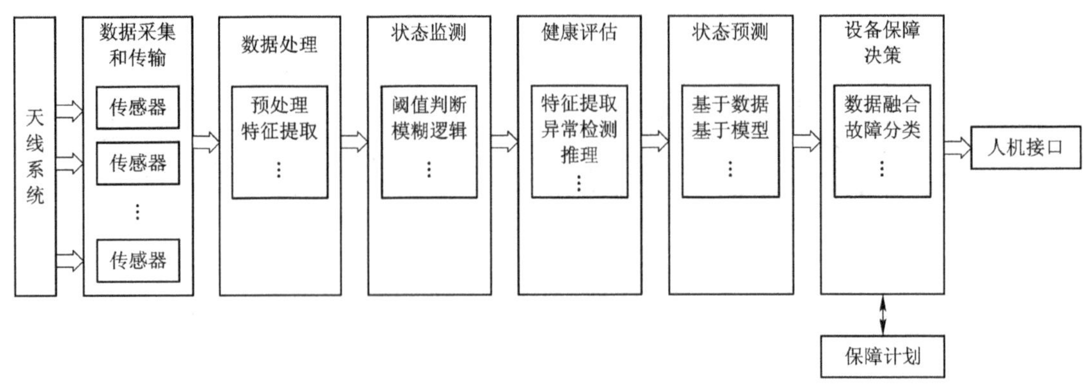

图6.2 天线健康管理系统体系结构

管理系统的分层结构中，自上而下是一个信息的获取、转换、分析、应用的过程；自下而上则是一个命令或配置信息下达的过程。

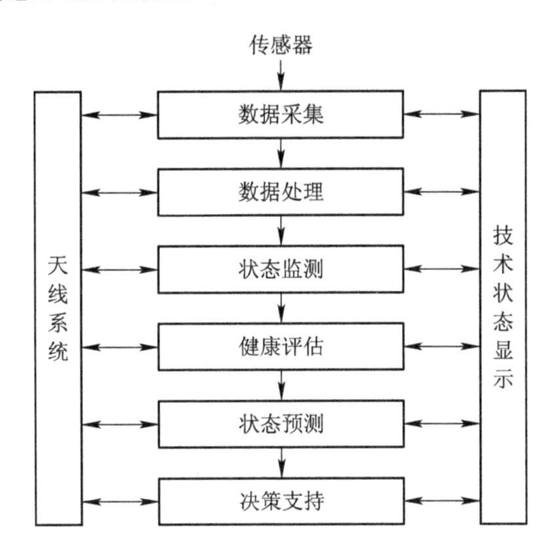

图 6.3　天线健康管理系统信息流程

为了更有效地发挥航天测控天线健康管理系统在设备自主保障中的作用，一个非常有效的做法是发挥远程广域网络的优势，由产品研发者充分利用产品研发阶段所使用的原理模型、产品生产调试阶段的试验数据及检测数据以及产品出所阶段的系统测试数据，充分利用和发挥各专业专家和生产技能人员的知识和经验(当然有些专业经验和维修经验是设备使用人员比较难以获得的)，将测控天线研发的产品质量管理延伸到产品的全寿命质量管理中去，这对于重大任务和突发故障的保障是非常有效的。将设备日常健康情况汇总给研发单位，产品研发者充分通过健康管理系统掌握设备的健康状况，对于设备的日常管理也是非常有利的，长期的天线维修与保障经验也说明了这一点。航天测控天线健康管理系统借助设备研发专家的技术和经验，充分发挥广域网络的强大功能，将设备的质量管理扩展到设备的全寿命周期管理中去，军民双方对设备保障进行分级集中管理，提高了设备的自主保障水平和设备的利用率。天线健康管理系统的拓扑图如图 6.4 所示。

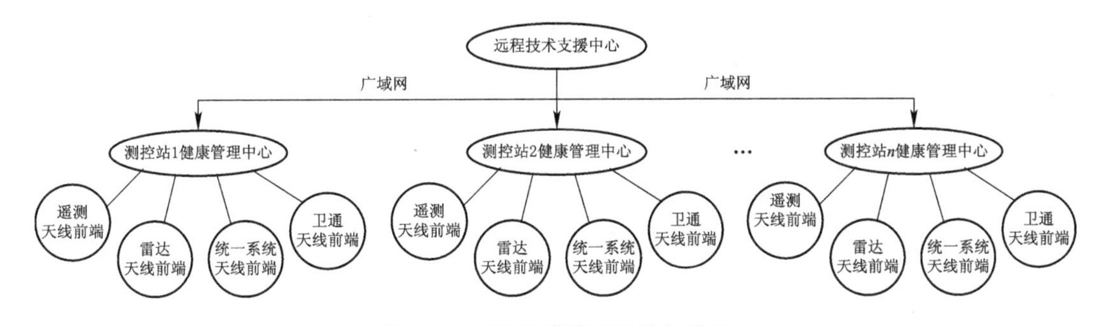

图 6.4　天线健康管理系统拓扑图

6.1.4　天线健康管理系统主要功能

天线健康管理系统充分利用机内测试(BIT)并尽可能利用较少的传感器采集天线设备

的各种数据信息，对系统进行全方位的监视，借助各种智能推理和分析算法来诊断自身的健康状态，在系统故障发生前对其进行预测，结合各种可利用的维修保障信息提供一系列维修保障措施，实现设备的视情维修。天线健康管理系统的所有功能都是围绕这一目的展开的。按照天线健康管理系统标准的CBM结构，其主要功能可以分为数据采集、数据处理、状态监视、故障诊断、健康评估、状态预测、数据库管理(包括保养维修以及基本数据库、故障树、故障案例库、模型库、知识库维护使用)、广域网通信等几个方面。

(1) 数据采集。数据采集和传输模块是整个天线健康管理系统的基础模块。要实现对天线系统的健康管理，首先需要利用尽可能少的传感器对天线系统的状态进行实时、准确的在线采集监测，评价天线设备的运行情况，诊断故障的部位和类型，判断故障的发生及发展趋势，才能为维修保障提供及时可靠的决策依据。天线设备是一个复杂的机电一体化系统，它包含大型机械及传动机构、大功率驱动机构、微波传输机构以及电子装备，表征其健康状态的基本参数主要有电压、电流、阻抗、功率、频率、噪声、振动、相位等。天线设备随着使用时间的增长会逐渐老化，外部工作环境应力也会对天线设备性能造成损失，其特性也会发生变化，所以对设备常出现故障的重要环境应力参数(温度、湿度、压力、振动等)也要进行数据采集监测。天线要采集的数据有电量类和非电量类，这些参数都需要由传感器来获取，传感器的种类、数量、安装形式、精度特性、动态特性等都会影响被测对象状态参数的真实性、有效性，而这些数据最终会影响诊断及预测的有效性。天线设备传感器采集的数据以总线的形式传输出去。

(2) 数据处理。数据处理将来自数据采集的数据进行处理，转变为预期的形式。数据采集的信号是随机的，天线设备信号有缓变信号，也有速变信号，这些信号中蕴含了系统的重要信息，直接从它的一维数据变化很难找出系统的内部规律，必须采用信号处理技术对数据进行各种处理，即剔除数据异常值、消除趋势项、加窗截断、降噪、平滑滤波以及时频域转换(FFT)，然后对处理过的数据进行归一化，找到天线设备运行的内部规律。天线设备采集的数据很多，一般不会将所有采集到的数据直接用于故障诊断和预测，而是利用天线系统原理模型对数据进行融合分析，形成天线系统健康特征参数，这些特征参数就是天线设备诊断、评估及预测的依据。

(3) 状态监视。将天线系统健康特征参数和特定的阈值进行比较，得到设备目前的状态信息。设备健康特征参数持续进行的历史存储，为设备健康状态的评估和预测提供数据输入。

(4) 故障诊断。根据传感器数据、状态监视信息和健康评估结果，结合天线系统模型特性和参数、运行工况和环境条件、设备运行历史记录和维修记录，对已发生的故障进行分析、判断，确定故障的性质、类别和危害程度、故障发生的原因，确定故障最小可更换位置并给出维修措施，天线健康管理系统采用基于故障案例的推理方法和基于故障树的分析方法来处理天线系统的故障。

(5) 健康评估。天线系统健康状态是指在规定条件下和规定时间内，设备能够保持一定可靠性和维修性的水平以及稳定、持续完成预定任务的能力。健康评估就是对来自不同类型的传感器获得的状态监视数据采用层次分析法进行天线系统健康状态的估计和分类，评定系统的健康等级。

(6) 状态预测。健康预测在健康特征参数出现微小异常征兆时，能够对故障的发展进行预测。根据天线系统过去的健康状态和现在的健康评估状态，采用灰色系统理论对未来故障可能发生的时间进行预测，或者判断未来的某个时间系统是否可能会发生故障。健康预测旨在预先诊断部件或者系统完成其功能的健康状态，确定系统将正常工作的时间长度。

(7) 数据库管理。天线健康管理系统数据库包括存储日常设备运行数据、设备状态检查运行数据、故障状态设备运行数据、任务设备运行数据和其他关心的设备运行数据，这些数据文件构成基本数据库，作为设备状态监视和评估、预测的基本数据。模型库是依据天线系统原理模型构建的数据库，存储着天线系统的设计依据及生产、调试过程中的检测数据和最终产品的测量数据以及有效范围。故障树和故障案例库则集合所有的故障可能情况进行故障树分析并给出最小可更换单元维修措施，或者依据专家经验，尽可能地穷尽该类天线产品在整个产品寿命周期中发生的故障情况以及故障现象，在故障诊断时进行最小欧几里得距离的智能匹配，达到找出最小可更换单元的目的。

(8) 广域网通信。广域网络将测控领域内所有的天线设备级联起来送往远程技术支援中心，可以达到集中保障管理、经验共享和发挥后方强有力的专家资源的目的，实现设备维修维护的实时性和专业性，使天线设备用户专心于面向任务、面向测控系统，而后方专家则面向设备，充分利用军民深度融合的优势，提高设备遂行任务的能力。

天线健康管理系统的工作流程如图 6.5 所示。数据采集模块采集天线系统的状态参数，数据处理模块进行数据处理和数据融合，提取天线系统健康特征信息，状态监测模块

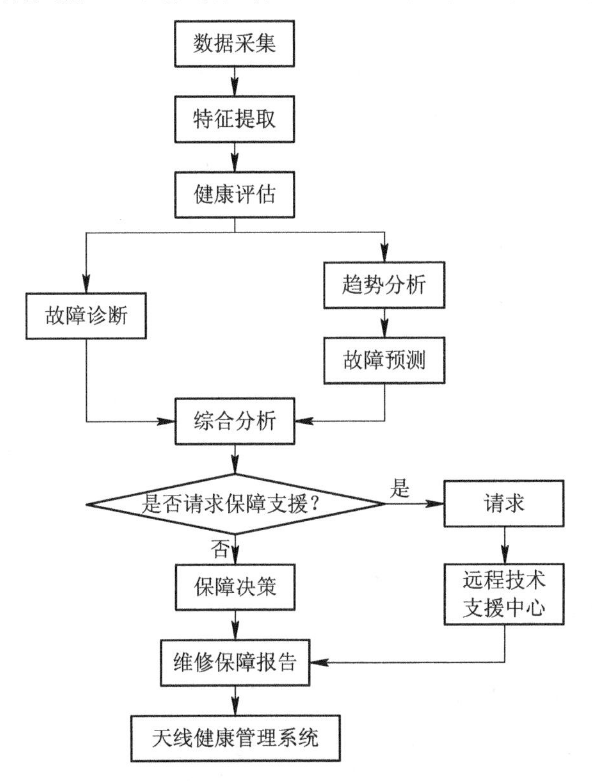

图 6.5　天线健康管理系统的工作流程

将这些特征信息进行辨识，并与模型数据库中的相关信息进行模糊匹配，实现对天线设备运行状况的监视或告警。天线设备定期通过加载不同形式的弹道进行检查体检，激励出天线健康特征参量，形成对天线健康状态的评估，给出评估等级，并将评估结果送往状态预测模块。在状态监视中出现的故障和健康评估中决策出需要解决的故障将在故障诊断模块中进行识别、推理，判断其故障模式、原因和部位。状态预测模块按照评估结果和基本数据库中的历史数据进行预测，根据预测结果进行保障维修决策，实现设备的状态管理。需要技术支援的可以向远程技术支援中心申请保障支援，发挥远程维修保障的优势，顺利解决设备的保障问题。

6.1.5 天线健康管理系统关键技术

1. 传感器应用技术

传感器是天线健康管理系统中的基础元件，是与被监测对象直接相关的器件或装置，其作用是感受被监测量的变化并按一定规律将其转化成为一个便于传递的输出信号。天线系统是一个复杂的机电系统，需要通过各种传感器得到多种可表达系统动态规律的状态参量。在实际中，针对某一参数进行测量时，可供选择的传感器型号非常多，需要根据天线设备的使用环境和安装条件，按照监测对象、监测参数和监测点的实际情况，合理选择和布置传感器，采集可信度高的数据，获得相关状态参数。

在天线健康管理系统中，传感器的选择、安装布局以及性能指标直接决定着健康管理系统的性能，所以在传感器应用方面需要主要关注几个方面的内容：首先是选择能反映天线系统运行工作状态的参数(如工作参数、环境参数和系统性能参数等)，这些参量选择得不能太少，太少不能完全反映天线系统的实际工作状态，但也不宜太多，太多则使系统设备量增大、设备可靠度下降，天线系统状态判别函数过于复杂。其次是根据所探测的物理量选择传感器的类型、传感器安放的位置，安装位置能真实、无损地反映所探测位置的物理量，而且不能妨碍天线设备的正常运行和维修空间。最后是确定传感器的性能指标，天线系统有众多的物理量需要测量，有些信号是速变信号，有些信号是缓变信号，有些信号甚至是微弱信号，这些都要求在选择传感器时全面考虑其性能。

近年来MEMS技术的发展，给小型无线传感器的研制及无线传感器网络的应用提供了条件。无线传感器可远端采集信号，就地进行信号处理，然后通过无线网络进行数据传输，可以实现真正意义上的分布式监测，有效提高系统的数据处理能力，减小设备量以及安装工作量。在不影响测控天线系统性能的情况下，小型无线传感器是一种很好的选择。

2. 数据处理技术

天线健康管理系统在采集到天线系统运行工作状态的各种技术参数后，需要对数据进行相应的处理，为状态监测、健康评估和状态预测提供可信的数据支持。数据处理技术主要包括数据预处理、特征提取和数据挖掘等。数据预处理通常包括数据去噪，低通、高通处理，快速傅里叶变换以及小波变换等方法。天线系统状态参数虽然经过选择，但实际采集的状态参数仍然很多，而且这些状态参数信息在一定程度上存在重叠。提取系统状态特征，用远少于初始参数数目的特征参数来充分准确地描述设备运行的状态，可以大大降低判别函数的复杂程度。特征提取过程就是对初始工作状态向量进行维数压缩，去掉初始向量中的噪声和冗余信息，采用基于模型的方法融合来自各个方面的状态信息，采用数据相关处理技术强化特征参量，使天线系统健康状态特征参量可信、可用。

数据挖掘是从数据库中抽取隐含的、以前未知的、具有潜在的应用价值信息的过程。用于天线健康管理系统数据挖掘的信息源主要是各种传感器采集的数据，在对数据进行预处理的基础上利用各种算法挖掘其隐藏的信息。常用的数据挖掘方法包括聚类法、粗糙集理论、神经网络和支持向量机等，这些方法在使用时的一个重要的条件是需要大量的数据去使用、训练和测试，天线健康管理系统在积累大量的数据后也可以采用这种方法。

3. 健康评估技术

天线健康管理系统的健康状态评估是指从多个传感器测量的信息中提取系统健康特征参量并进行融合处理，实现对天线系统设备健康状态的估计和分类。天线系统设备的健康状态评估是实施状态预测和维修决策的基础。

对天线系统进行健康状态评估时，首先需要定义设备的健康状态等级。设备的健康状态描述了设备及其部件执行设计功能的能力。设备的健康状态一般是通过系统典型测试数据来描述的，测试数据偏离标准值的程度越大，其健康状态越差，因此设备的健康状态在一定程度上可表现为测试数据偏离标准值的程度。为了更好地描述设备的健康状态，根据设备测试数据偏离标准值的程度，将设备的健康状态分为健康、正常、一般、异常、故障 5 个等级(如表 6.1 所示)。设备的健康状态等级划分要确保评估结果可用。设备状态评估是为预测和维护维修决策服务的，即根据健康状态评估结果做出相应的决策和行动。设备的每一个健康状态等级都有相应的决策和行动相对应。健康状态表示所有参数的测试数据均在允许范围之内，且所有参数的测试数据均远离阈值，可以按计划进行检测并适当延长维护周期。正常状态表示所有参数的测试数据均在允许范围之内，但部分参数的测试数据在标准值上下一定范围内波动，但远未达到阈值，可以按计划进行检测和维护。一般状态表示所有参数的测试数据均在允许范围之内，但部分参数的测试数据偏离标准值范围较大但还未达到阈值，可以适当缩短测试周期，加强监测并优先维护。异常状态表示所有参数的测试数据均在允许范围之内，但部分参数的测试数据偏离标准值范围较大且已接近阈值，设备劣化趋势明显，应缩短测试周期，加强监测并尽快维护。故障状态表示已产生故障，需要立即维护维修。

表 6.1　天线系统健康状态等级

等级	设备使用状况	任务危害程度
健康	正常使用	无
正常	可用	很小
一般	注意使用	一般
异常	维护保养	较大
故障	维修	大

健康评估方法多种多样，既包括简单的阈值判断方法，也包括基于规则、基于数据和基于模型等的推理算法等。层次分析(Analytic Hierarchy Process，AHP)法是美国著名运筹学专家T. L. Satty提出的将半定性、半定量复杂问题转化为定量计算的一种有效决策方法。它可以将一个复杂问题表示为有序的递阶层次结构，并通过同一层次中各评估指标的初始权重，将定性因素定量化。在天线系统健康状态评估时，采用AHP法是一个比较合理的选择。图6.6是天线系统层次分析结构图，图6.7是AHP法对天线系统进行层次分析的流程图。

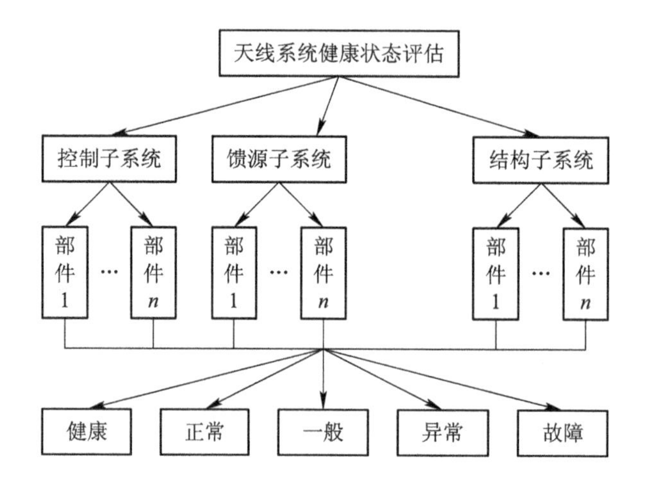

图6.6　天线系统层次分析结构

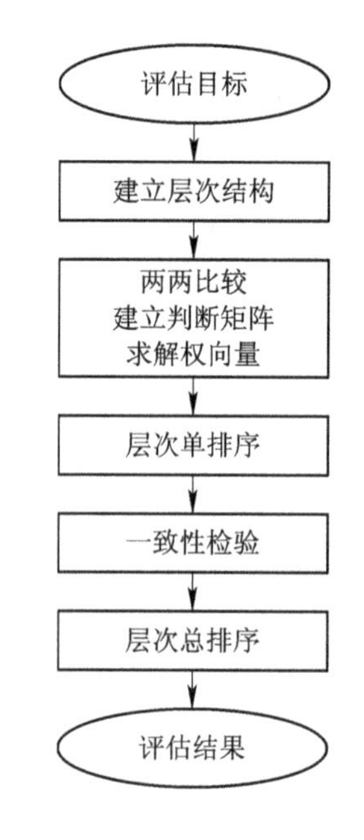

图6.7　天线系统层次分析的流程图

4. 状态预测技术

PHM系统的一个显著特征就是状态预测的能力。状态预测就是综合利用各种数据信息如工作状态参数、环境参数、历史数据等，借助各种推理技术评估部件或系统的状态，预计其未来的健康状态。状态预测的方法有很多种，按选取数学方法的不同可分为基于概率分布的状态预测、基于信息融合的状态预测、基于模糊理论的状态预测、基于灰色理论的状态预测、基于神经网络的状态预测、基于专家系统的状态预测等。在这些方法中，灰色理论具有对“小样本”“贫信息”系统进行预测的优势，并且短期预测精度较高，因此天线系统状态预测模型选用基于灰色理论的方法。

灰色理论模型GM(1，1)是一个只包含单变量的一阶灰色微分方程构成的模型。GM(1，1)模型预测的基本思路是：将无规律的原始数据进行累加生成以得到规律性较强的生成模型，然后重新选择，再由生成模型得到的数据通过累减生成还原模型，最后由还原模型作为预测模型进行预测。传统的GM(1，1)模型的建模过程如下：

(1) 一次累加生成。

设原始数列为 $x^{(0)}=\{x^{(0)}(1), x^{(0)}(2), \cdots, x^{(0)}(n)\}$，原始数列就是历史上每次对天线系统进行健康评估的值。对原始数列进行一次累加生成的数列为

$$x^{(1)} = \{x^{(1)}(1), x^{(1)}(2), \cdots, x^{(1)}(n)\}$$

其中，$x^{(1)}(k) = \sum_{m=1}^{k} x^{(0)}(m)$。

(2) 紧邻均值生成背景值。

对 $x^{(1)}$ 做紧邻均值生成计算，计算结果为GM(1，1)模型的背景值，即为 $z^{(1)}$，其中：

$$z^{(1)}(k) = 0.5x^{(1)}(k) - 0.5x^{(1)}(k-1),\ k = 2, 3, \cdots, n$$

$$x^{(0)}(k) + ax^{(1)}(k) = b \tag{6.1}$$

式中：a——发展系数；

b——灰作用量。

式(6.1)为GM(1，1)的灰色微分方程。

(3) 建立GM(1，1)模型。

对生成序列 $x^{(1)}$ 用一阶单变量微分方程进行拟合，得到灰色白化形式的灰色动态模型：

$$\frac{\mathrm{d}x^{(1)}}{\mathrm{d}t} + ax^{(1)} = b \tag{6.2}$$

令 $\hat{\boldsymbol{a}}=[a, b]^{\mathrm{T}}$ 为参数数列，并令

$$\boldsymbol{B} = \begin{bmatrix} -z^{(1)}(2) & 1 \\ -z^{(1)}(3) & 1 \\ \vdots & \vdots \\ -z^{(1)}(n) & 1 \end{bmatrix}, \boldsymbol{Y} = \begin{bmatrix} x^{(0)}(2) \\ x^{(0)}(3) \\ \vdots \\ x^{(0)}(n) \end{bmatrix} \tag{6.3}$$

则根据最小二乘法可得 $\hat{\boldsymbol{a}} = (\boldsymbol{B}^{\mathrm{T}}\boldsymbol{B})^{-1}\boldsymbol{B}^{\mathrm{T}}\boldsymbol{Y}$，可以计算得到白化方程的解为

$$\hat{x}^{(1)}(k+1) = \left[x^{(0)}(1) - \frac{b}{a}\right]\mathrm{e}^{-ak} + \frac{b}{a} \tag{6.4}$$

(4) 累减生成。

通过一次累减生成可得到还原数列为

$$\hat{x}^{(0)}(k+1)=\hat{x}^{(1)}(k+1)-\hat{x}^{(1)}(k)=(1-\mathrm{e}^{a})\left[x^{(0)}(1)-\frac{b}{a}\right]\mathrm{e}^{-ak} \tag{6.5}$$

利用该数列就可以对天线系统的健康状态进行预测。

6.1.6 天线健康管理系统效能评估

安全性、可靠性、维修性、保障性和可用性对航天测控天线来说至关重要，而航天测控天线健康管理系统是提高测控天线设备安全性、可靠性、维修性、保障性和维修性能力的重要武器。航天测控天线健康管理系统通过实时监测天线系统运行的状态及参数，及时全面地掌握设备的运行情况和运行维护历史，实施了对测控天线设备全生命周期的管理。通过快速故障诊断，实现故障精确定位，缩短维修时间。利用预测技术对天线设备未来的技术状态、执行任务能力的评估和预测来减少维修次数，进行视情维修。通过最优化的维修保障方案，有效地使用维修保障资源，提高设备利用率和任务成功率。通过远程网络通信与远程技术支援中心紧密协同，面向设备开展保障工作，构成一个军民融合的维修保障体系，充分发挥专家和技能人员的作用。通过设备的自主保障，减少了备品备件、保障设备、人力资源等保障需求，最大限度地降低了维修保障费用。据估计，通过采用健康管理技术等各种先进的技术措施可使维修人力减少20%～40%，后勤规模缩小50%，设备的使用与保障费用减少50%以上。

6.1.7 总结与展望

随着航天事业的高速发展，航天地面测控站迅速增多，测控站天线的保障能力越来越难以适应航天测控的任务需求。在军民融合的背景下，航天地面测控天线健康管理系统实现了将测控天线维修保障模式从状态监控向健康管理的转变，实现了设备由原来基于事件的维修或基于时间的维修到视情维修的转变，充分发挥了所专家和技能人员的资源优势，使得天线用户可以专心面向任务、面向系统，一心谋求任务的成功，所专家和技能人员可以专心面向设备，提高设备的利用率，充分展现军民融合的巨大作用，提高航天测控天线设备自主保障的能力。

6.2 天线装备的服务保障

6.2.1 概述

军民融合一体化装备(天线系统)服务保障是指天线设备在全寿命周期管理中，充分利用军用和民用资源及专业技术优势的一种新型装备保障模式，其宗旨是在军民融合思想的统一筹划和指导下，充分利用专业的军用和民用保障资源，保持或恢复装备的良好状态，满足部队遂行各种军事任务时对装备的需求。随着我国航天事业的蓬勃发展，地面测控设备呈现出集群式的增加，同时设备保障人员不断减少，专业能力要求不断降低，保障效率难以提高，目前保障部门运行的这套完整的、独立于民用市场的军队装备保障体制，已不能适应信息化条件下装备保障的需求，严重制约了装备保障效益的发挥。航天事业的发展迫切需要军民融合一体化装备服务保障模式，使工业部门能够抵近前沿，精确保障，充分保障设备效能。在装备保障领域积极推进军民融合一体化，实现军队装备保障体系与工业部门装备保障体系的相互融合和协调发展，既是军民融合、寓军于民的新要求，也是新时代航天测控事业发展的必然选择。

6.2.2　国内外装备服务保障的发展情况

随着航天事业的迅猛发展，航天测控设备的技术水平和设备的复杂程度越来越高，单纯依靠军方自身独立的装备保障能力已难以更好地完成保障任务。推行军民融合一体化装备服务保障已成为全球性的发展大势，一些军事强国，如美国、英国等国家，通过确立军民融合一体化装备服务保障的发展模式，增强了装备保障系统的快速反应能力，降低了装备的保障成本，提高了装备的保障效率。其中，美军在军民融合一体化方面起步最早、水平最高、最具代表性，很早就提出并实施了“强调保持和建设核心维修能力、积极推行基于性能的合同商保障力量、灵活运用多元化装备保障模式”等军民融合保障做法，实现装备保障能力的量级跃升和保障效益的快速提高。美国对核心维修能力的研究最为深入、最具规模，且已成系统，20 世纪 90 年代末以来，为满足新的作战环境和作战样式对装备保障提出的新要求，缩减保障规模，降低使用与保障费用，更好地发挥军方保障资源与地方保障力量保障资源的优势，美军提出了基于性能的保障(PBL)策略。经过这些年的发展，基于性能的保障取得了巨大的进展和成效，目前已经被美国国防部指定为武器系统首选的保障策略。美军从 2000 年第 1 个 PBL 项目到 2005 年，主要 PBL 项目累计数达到 143 个。在伊拉克战争中，实施 PBL 保障和全寿命周期系统管理的项目超过 12 个。所有这些作战平台的保障均超过了作战需求。自美国提出了 PBL 后勤保障模式之后，以美国为首的西方发达国家对其相关概念、理论和方法开展了一系列的研究。这些研究的成果以标准、指南及报告等形式广为宣传和制度化，以指导武器装备的保障实践；同时，美国也通过在实践中不断发现问题和解决问题，持续推动着 PBL 研究和应用的深化。美军近 20 年运用基于性能的保障策略所解决的主要矛盾与我军当前装备综合保障的主要矛盾基本一致。我军装备保障长期处于研制建造与部队使用保障相脱节的局面，即工业部门负责研制，部队自建保障体系。这一体制模式实际上已成为制约我军装备保障发展提高的体制障碍。在我军现有的装备保障体制下，要提高装备保障效益，有必要借鉴世界主要军事强国在军民融合一体化保障方面的有益经验，充分吸收、利用专业的民用保障资源，为部队装备保障服务。

6.2.3　天线装备的服务保障系统

军民融合一体化装备服务保障系统主要是指天线系统的服务保障，其方法也可以延伸到其他系统。

1. 天线系统的组成及原理

天线设备作为雷达、通信与测控等无线电系统的射频前端，它的主要作用是通过数字基带、上变频以及发射机等设备向空间辐射微波信号，同时接收空间飞行目标发出或返回的微波信号，通过场放、下行变频以及多功能数字基带设备的变频和检波，将天线电轴和空间目标的偏差送给天线控制设备，驱动天线完成对空间目标的自动跟踪，建立地面设备和空间目标之间的无线信号传输通道。

天线系统主要由抛物面天线、副反射面、机械传动系统、天线座、馈源网络、旋转关节、旋转变压器、功率滑环、低频滑环、中频滑环、轴角编码器、天线控制单元、天线驱动单元以及其他附属设备组成。图 6.8 为天线系统的组成框图。图 6.9 为实际的天线系统。

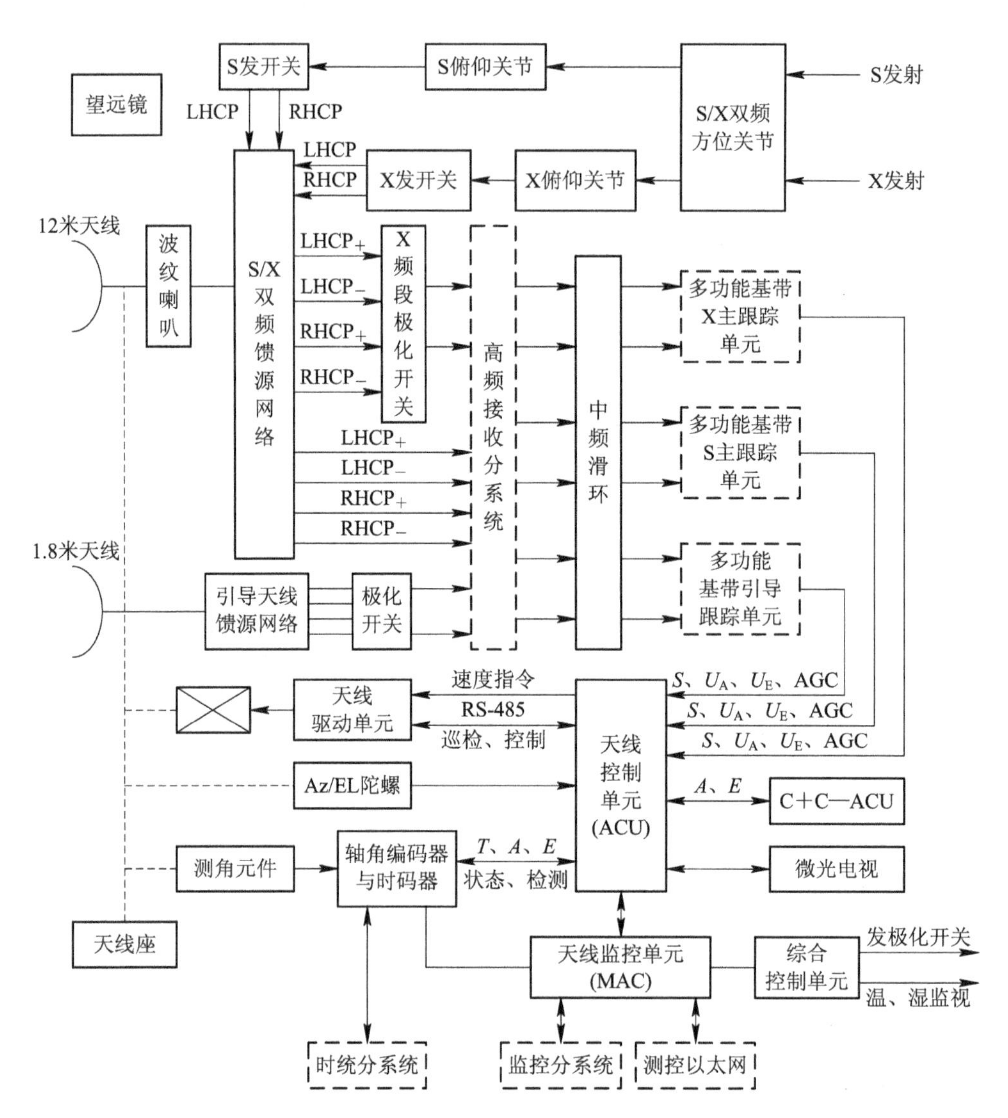

图 6.8 天线系统组成框图

图 6.9 天线系统

2. 天线系统维修保障的特点

天线系统作为无线电测控与通信设备的前端，它的维修保障具有自己专业上的特点，具体包括：

（1）设备分布分散。

天线设备不同于其他无线电设备，由于各个技术领域测控目的的需要，天线设备往往以国内甚至国外作为背景进行布设，各个设备和用户单位之间以及各个设备之间距离跨度都比较大，设备分布比较分散，给设备的维修、维护带来一定的困难，设备故障维修响应及时性难以保障，增加了保持设备可用度的成本。

（2）设备类型复杂。

无线电测控与通信设备在测控与通信技术上最终目的的不同，导致无线电设备的射频前端部分复杂多变，型号多样，很少存在型号化的产品，设备维修、维护需求复杂，给天线系统的后期设备保障带来了很大困难。

（3）专业跨度大。

在天线系统的设计、生产、测试、调试、联试以及使用维护等设备全寿命周期运行过程中，需要的技术门类比较多，跨度也比较大，各门类的专业技能需求比较深。在天线设备的全寿命周期中，需要天线设计、机械传动及工艺、电磁场与电磁波、自动控制、电气及自动化、微电子技术、计算机、软件等很多专业来支持，专业跨度比较大，给设备保障队伍的建设带来了一定困难。

（4）设备保障专业性强。

天线设备是一个复杂的机电一体化设备，从可靠性设计上讲也是无线电测控与通信设备中的一个单点环节，无法进行在线备份设计，在维修时往往需要比较专业的大型机械工具，设备测试也需要专业设备及环境，有时用户无法提供这样的条件，因此设备保障条件难以保证。

天线设备的这些特点使得设备保障在响应及时性、保障队伍建设、保障条件的保证以及保障成本上给用户带来了比较大的困难。目前部队的保障管理模式采用的是传统的、封闭式的、自成体系的管理模式，工业部门的参与形式还属于召唤式，设备保障的组织形式和能力已与飞速发展的航天事业不相适应，服务保障效率较低，有必要提供一种与天线设备保障特点和部队用户保障条件、保障能力相适应的，工业部门主动参与、深度介入的合同协议式新型服务保障模式——军民融合一体化装备服务保障模式。

3. 装备服务保障模式

装备保障能力是战斗能力的重要组成部分，为了满足军事装备“能打仗，打胜仗”的需求，适应用户实战化的要求，通过军民融合的一体化保障的实施，工业部门开展装备的维修维护和备品备件的供应，基于全系统设备健康管理的远程技术支援中心平台对所有设备进行全寿命期健康管理，确保装备的完好性；通过对部队岗位人员的专业培训培养，确保部队自主保障能力的提升；通过军地签署合同协议模式，由军方从实战任务的角度、工业部门从设备保障的角度共同提出装备保障需求和计划，双方确认保障内容以及验收方式，军地双方以合同的形式由工业部门深度介入部队的装备保障，主动地从设备全寿命周期管理的角度为部队提供装备保障服务，从装备服务保障市场化的角度提高工业部门装备服务保障的积极性。通过军地双方大量的装备保障业务的开展，不断提高装备保障队伍技术水平，进一步提升军民融合一体化装备保障系统的能力。

军民融合一体化装备服务保障系统见图 6.10。

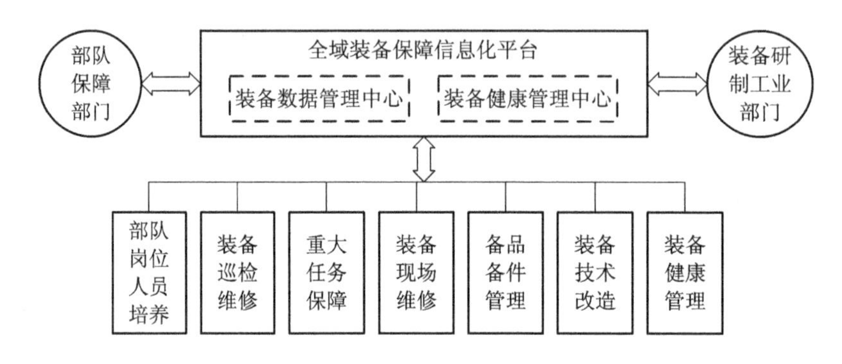

图 6.10　军民融合一体化装备服务保障系统

4. 远程技术支援中心

远程技术支援中心的主要作用是实现工业部门对部队设备的全寿命周期的健康管理，向设备现场提供远程技术支援，包括远程设备故障诊断、设备体检、健康评估和预测功能，完成装备信息库、故障树库、故障案例库以及状态信息库的建立与维护，实现全系统设备维修记录、图纸文档、备品备件、软件版本、质量追溯等全寿命周期管理功能，需要时也可以在现场和工业部门进行远程视频会商，及时解决现场技术问题，为设备进行多层次、多维度的立体服务保障，充分、及时地保障装备的战斗能力。

远程技术支援中心拓扑图如图 6.11 所示，远程技术支援中心的监控大厅如图 6.12 所示，远程技术支援中心的综合机房如图 6.13 所示。

远程技术支援中心健康管理的主要功能有：

(1) 设备状态信息及音视频采集。

(2) 天线检测信号提取与数据预处理。

(3) 远程数据传输。测站终端根据需要上传设备的原始数据和音视频数据或者提取的设备特征信息到远程技术支援中心。

(4) 数据管理存储。远程技术支援中心接收各测站的设备原始数据，按照分类、分层的方法存储，并在数据库中建立文件信息索引表。文件信息索引表中有多个字段，包括文件名、测站标识、设备标识、数据类型标识、生成日期时间、备注等。

(5) 远程设备故障诊断。远程技术支援中心根据测站终端上传的设备数据，进行故障分析和诊断，获得故障诊断结果，并将结果发送到测站终端上，供测站技术人员使用。

(6) 远程设备健康状态评估。远程技术支援中心根据测站终端上传的设备数据，采用变权的层次分析评估方法，对设备健康状态进行分析与评估，并将评估结果发送到测站终端上，供测站技术人员使用。

(7) 远程设备健康趋势预测。远程技术支援中心根据历次的设备健康评估结果，预测系统或组件的健康趋势和走向，并绘制健康趋势预测曲线。

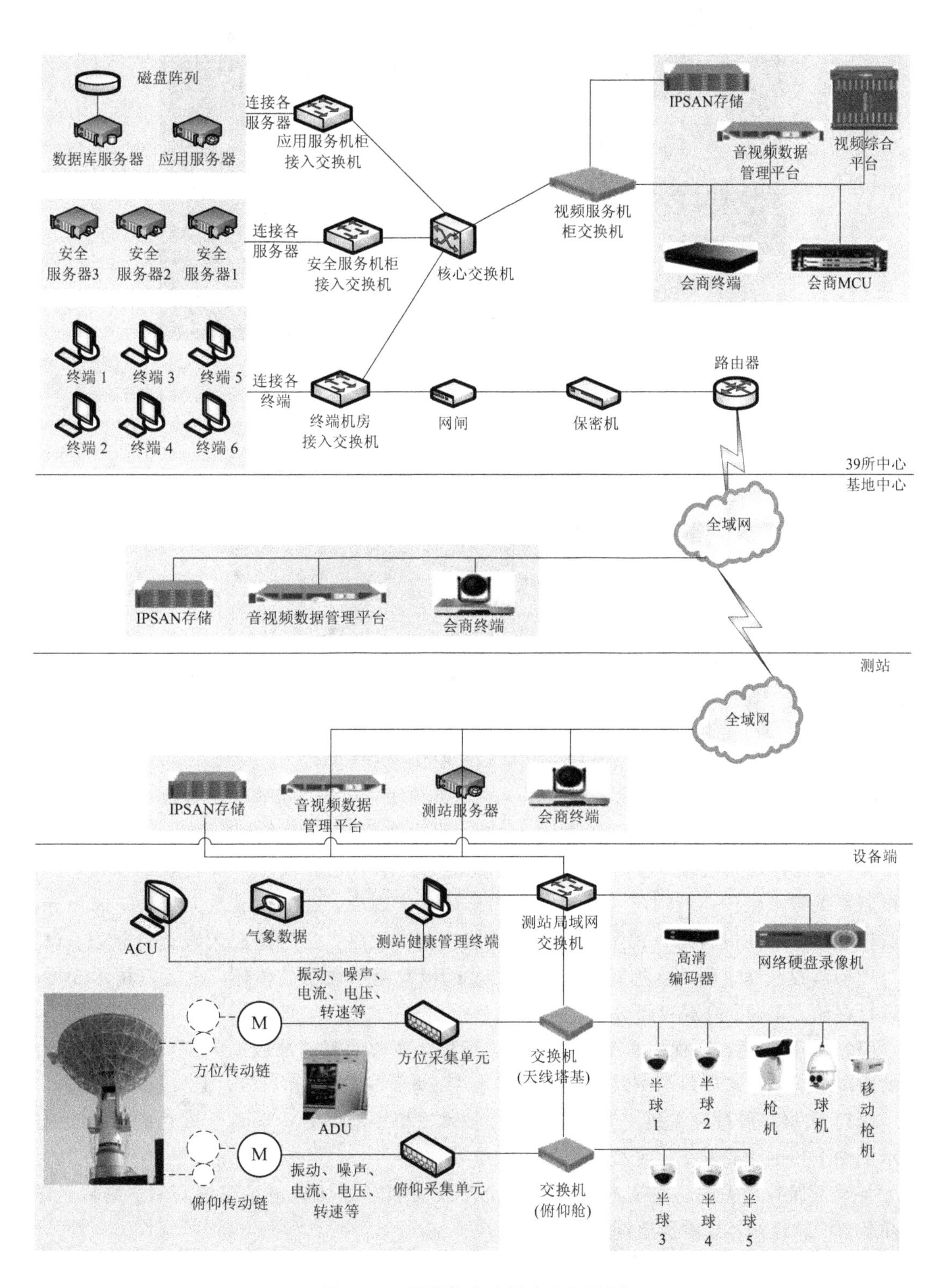

图 6.11　远程技术支援中心拓扑图

图 6.12 远程技术支援中心的监控大厅

图 6.13 远程技术支援中心的综合机房

(8) 数据库管理，即管理设备模型库、故障案例库和设备状态库。远程技术支援中心通过对全部设备状态的搜集、整理和统计、分析，提高系统设备保障的精确性。

(9) 远程音视频监控。远程音视频监控数据为技术专家提供了一种直观的手段，可以直接监视关键点位的运行情况，及时发现和排除异常现象，避免造成重大事故。远程音视频监控通过部署在设备运行现场关键点位的监控前端设备，实时监控天线运行状态；也可以对现场监控画面进行图像抓拍和录像，经过远程音视频数据的传输，在远程技术支援中心进行存储、查询、检索和回放。

(10) 远程会商。远程技术支援中心通过远程会商功能跨越地域的限制，拉近中心与测站的距离，技术专家可以与测站技术人员进行“面对面”的交流和讨论，提高工作效率。

(11) 大屏幕管理和人机交互功能。远程技术支援中心具有大屏幕管理功能，可以同时显示测站上传的设备状态、音视频数据以及会商画面。

与设备保障相关的远程技术支援中心全寿命周期管理功能包括图纸资料、维修记录、备品备件、软件版本、质量追溯的管理。

(1) 图纸资料管理：主要包括技术方案、设备接线图、电缆连接图、接口协议以及其他有关技术协议等图纸资料，可以 PDF 形式进行上传、下载。

(2) 维修记录管理：对设备维修情况进行记录，将维修时间、维修部件以及维修原因等信息进行登记，以标准表格的形式进行管理。

（3）备品备件管理：对备品备件的贮备与维护情况进行管理，将备件名称、配属分系统、堪用性、备份数量、更换方式、采购时间等信息进行录入，并对入库、出库情况进行动态记录。

（4）软件版本管理：对在设备的全寿命周期中，因为需求的变化或者因为运行中软件测试发现的问题而产生的软件版本更动进行版本管理。

（5）质量追溯管理：定期对全系统设备维修情况进行统计，分析设备故障发生的原因，并将原因反馈给质量部门和设计部门，从源头上提高设备的设计水平。

5. 天线装备服务保障内容

军民融合一体化装备服务保障主要是利用全系统设备健康管理的远程技术支援中心，对全系统设备健康状态进行监视、管理，按照计划对岗位人员进行培训培养，对设备故障进行维修，适时对设备进行巡检巡修，在有重大任务时进行伴随保障，实现备品备件的管理供应，对所有设备进行全寿命周期管理等，从执行任务和设备状态的多个维度实现军民融合一体化的装备服务保障。

所有的装备保障服务以合同的形式进行，即对服务进行购买。军民双方签订合同时，工业部门根据军方装备保障需求，制定装备服务保障条款和实施细则、方法及时间。对于工业部门的服务保障质量，由军方最后进行综合评估，最终落实服务合同内容。

（1）岗位人员培养服务。

对部队全部设备岗位上的人员进行针对性的进阶培养，制订培训计划，选择培训内容，进行岗位等级考试，发给装备保障能力等级证书，提升岗位技术人员的专业技术能力，增强部队专业人才储备，更好地实现装备的维护保障，为圆满完成作战任务提供内生动力。

（2）现场维修服务。

部队根据天线系统的设备状态情况，提出天线系统设备的维修需求；工业部门组织专家利用远程技术支援中心进行故障分析，判断故障等级，根据故障等级进行设备维修方案设计。

天线设备故障等级分为设备失效故障、设备可降级使用故障和一般性故障三个等级。

天线系统失效故障是指天线系统失去跟踪目标和收发射频信号能力；天线系统装备降级使用故障是指天线系统可以完成跟踪目标和收发射频信号任务，但分系统技术性能或技术指标下降；天线系统装备一般性故障是指个别设备出现问题，但天线系统可以在规定的技术性能和技术指标要求下完成跟踪目标和收发射频信号任务。当设备出现故障时，工业部门按照故障等级和设备所在地域，启动装备保障中心的装备保障力量，在最短时间内（合同约定）到达现场，对天线系统进行检查，对设备进行维修服务。

（3）巡检巡修服务。

根据远程支援中心对设备状态的评估，按照部队的任务计划要求，适时（合同约定）对设备进行巡检巡修，及时在现场对设备进行全面检查，确定设备状态，发现设备隐患，提前解决可能发生的设备问题，对设备进行维护保养，使设备始终处于良好的状态。

（4）重大任务保障服务。

部队根据年度测控任务计划，提出重大任务保障需求；工业部门根据基地的重大任务保障需求，由保障中心制定保障预案，组建重大任务保障工程队，在合同约定时间内到达部队的指定地点，在重大任务执行期间对设备进行伴随保障。

(5) 备品备件服务。

部队根据各个设备的备件需求，结合天线系统巡检巡修和现场故障维修检查确认的备件需求，制订年度或应急备品备件采购计划，工业部门装备保障中心按照这个计划制订备品备件保障计划，对备品备件的采购、生产加工、入所测试、出所测试及检验、备品备件的齐套过程进行统一监督管理。

对备品备件进行入库、出库管理，将备品备件信息录入远程技术支援中心的备品备件信息库中。

对备品备件进行周期性检测管理，由部队或工业部门周期性地对备品备件进行检测，对不能现场进行检测的，可发回(合同约定)工业部门进行检测，检测后出具检测证书并返回原存单位。

(6) 天线装备服务保障评价指标。

为了保证装备服务保障质量，按照军方服务保障的需求和工业部门所能提供的服务保障能力，需要确定几项重要的评价指标进行约束。

装备服务保障的评价指标主要有装备完好率、维修响应时间、备件支援时间和返场维修时间以及其他衡量指标。军民双方根据装备任务保障具体需求和工业部门的保障能力进行合同约定，以比较高的能效比来完成装备的保障需求，并以装备保障评价指标的逐步提高为目标共同提高军民融合一体化装备服务保障水平。

6.2.4 总结与展望

长期以来，部队装备保障执行的是一套完整的、独立于民用市场的保障体制，工业部门对装备保障服务基本上属于召唤式的被动行为。随着航天技术的迅猛发展以及部队对提升装备战斗力需求的不断提高，装备服务保障日益需要提供一种新型的由工业部门主动深层次介入的、合同协议式的装备服务保障方案——军民融合一体化装备服务保障，由工业部门以设备健康管理平台为基础，及时、充分地掌握设备状态，对设备进行全寿命周期管理，军民双方以合同协议的形式，来共同快速、高效、专业、经济地满足部队装备保障需求，进一步提高装备的战斗力水平，使部队“能打仗，打胜仗”，为我国航天事业的发展做出更大的贡献。

参考文献

[1] 上海航空测控技术研究所. 航空故障诊断与健康管理技术. 北京：航空工业出版社，2013.

[2] 任占勇. 航空电子产品预测与健康管理技术. 北京：国防工业出版社，2013.

[3] 王晗中，杨江平，王世华. 基于PHM的雷达装备维修保障研究. 装备指挥技术学院学报，2008，19(4)：83.

[4] 盛海潇. 基于性能(PBL)的航空备件保障方法研究. 南京：东南大学出版社，2013.

第 7 章 天线反射面精度测量

7.1 概 述

本章首先介绍天线反射面精度测量技术的发展历程，以及在整个发展历程中出现的各种测量设备及其在工程实际应用中的特点；然后重点介绍目前在该领域的几种主流检测设备、技术原理以及工程应用案例，同时介绍根据主流检测技术演变出的多种检测技术及手段；最后根据不断发展的测试需求，结合检测技术的发展方向，对应用新技术新方法进行的探索性试验方案进行简单介绍，对反射面天线检测技术的发展方向，尤其是对检测设备、技术及相互搭配、取长补短的综合测量方案进行详细的论述及后期展望。

7.2 天线反射面精度测量技术的发展历程

天线反射面精度是反映天线实际工作曲面与理论曲面之间偏离情况的参数，一般以天线上若干个点误差的均方根值来表示。测点的密度取决于天线工作频率，误差根据需要可以是轴向误差、法向误差、径向误差或半光程差等。图 7.1 所示为测量误差示意。

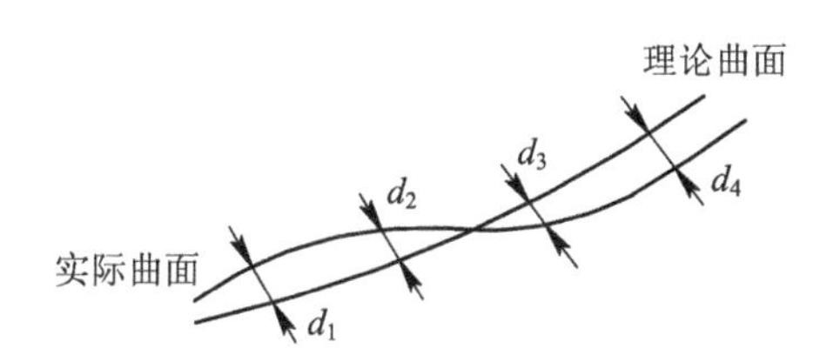

图 7.1 测量误差示意图

依据各测点相对于理论曲面的偏差数值，有如下反射面精度计算公式：

$$d_{\text{rms}} = \sqrt{\frac{\sum_{i=1}^{n} d_i^2}{n}} \tag{7.1}$$

如图 7.2 所示，假设天线反射面上有一个凹点。在 ρ 方向上该凹点与理想反射面的最大偏差等于 $\Delta\rho$。显然，从焦点 F 发出的光线在这点反射的射线路程比其他点反射的射线路程要长。

根据图 7.2 所示的路程差示意图可知，光线传输的实际路程与理论路程存在如下关系：

$$\Delta L = \Delta\rho + \Delta\rho\cos\varphi \tag{7.2}$$

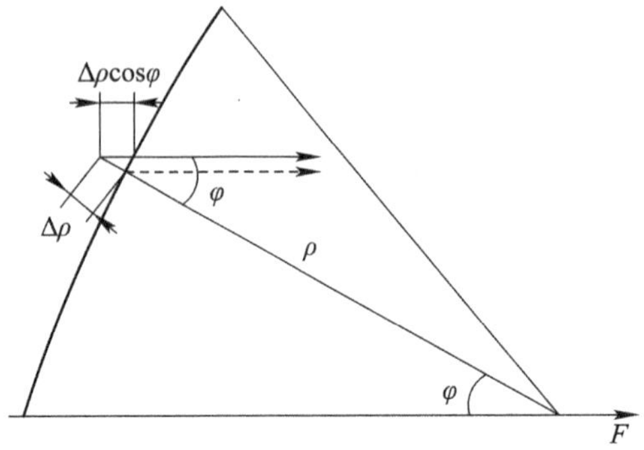

图 7.2　路程差示意图

由于反射面上各点的反射路程差会引起电磁波相位的变化，从而影响天线辐射性能，为了获得天线反射面的最佳辐射性能，需对天线反射面精度进行准确的测量及调整，因此天线反射面精度的测量成为了一门学科。

在天线反射面精度测量领域，随着测量技术的不断发展和精度要求的不断提升，工业测量系统逐渐替代了早期传统的单经纬仪＋目标测量法和旋转样板测量法。与传统方法相比，工业测量系统量程大，精度高，测量速度快，自动化程度高，劳动强度小，对天线检测姿态无特殊要求。基于上述诸项优点，工业测量系统在天线面精度检测中发挥着越来越重要的作用。下面按照在该领域的检测技术的发展历程，对依次出现的各种测量设备、测量原理及其在工程实际应用中的特点进行简单介绍。

天线反射面精度测量属于典型的高精度大尺寸工业测量，早期受限于测量技术及仪器的不足，通常使用旋转样板检测法、单台经纬仪＋目标测量法等传统检测方式。随着测量技术及仪器设备的不断发展，天线反射面精度测量迅速完成了从传统的测量方法到工业测量系统的跨越，实现了高效、精度、数字化的检测。目前几何量工业测量技术分门别类、各有所长，在该领域发挥着各自的作用。

应用在面精度测量领域的工业技术均可归结到空间坐标测量，通常按照测量系统使用的传感器进行分类。下面按照测量技术的发展历程，对几种较为常见的测量方法和系统进行介绍。

7.2.1　单经纬仪＋目标测量法

单经纬仪＋目标测量法是典型的传统测量方法之一，目前仍然应用在中小口径抛物面天线的车间整架、安装现场的姿态粗恢复过程中。

该方法在作业时，将单台经纬仪通过定心工装架设在天线反射面旋转轴线上，调整天线反射面旋转轴线与大地垂直，调整经纬仪旋转轴线与大地垂直，完成装配前仪器的准备工作。

进入安装阶段后，首先将第 1 圈面板全部安装到天线中心体定位止口上进行径向定位，随后调整面板侧向间隙均匀。第 2 圈面板通过卡规与第 1 圈面板进行径向定位。以此类推。将在理论抛物线上选取的各个待测点的理论弧长画在天线反射面上，此标记为测量目标点。依据经纬仪三轴中心到各个待测点的高差及半径，可计算出经纬仪视准轴到各测点的俯仰角度值，用经纬仪读取待测点的实际俯仰角度值，可获得与理论角度值的偏差，通过半光程误差公式将角度偏差转换成轴向线性偏差，进行数据处理，即可获得天线面精度数据。安装及检测原理见图 7.3。

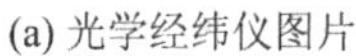
(a) 光学经纬仪图片

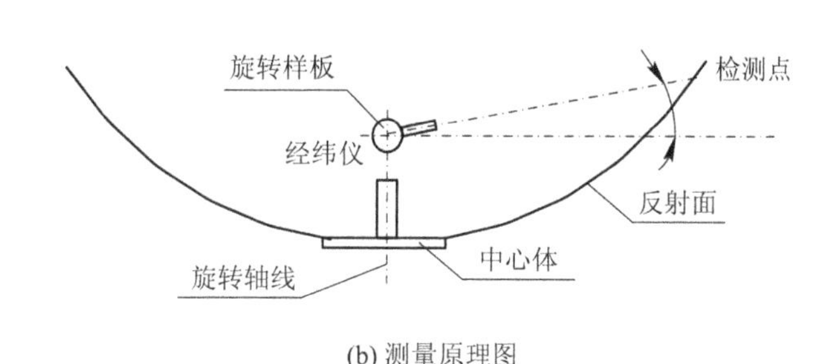

(b) 测量原理图

图 7.3　光学经纬仪及测量原理

由于测量误差较大，加上电子经纬仪的出现，单经纬仪＋目标点的传统方式逐渐被经纬仪交会测量系统替代。

7.2.2　旋转样板测量法

旋转样板测量法依据理论抛物线，制作可沿天线旋转轴进行旋转的测量样板，将样板安装到专用旋转架或车床上，样板上沿径向加工有已知位置的百分表安装孔，测量时将百分表插入不同半径的安装孔位处，通过旋转一读数一旋转一读数的方式，在 360°旋转范围内读取多组百分表到面板表面的轴向距离，可通过距离的离散程度来计算面精度。检测原理见图 7.4。

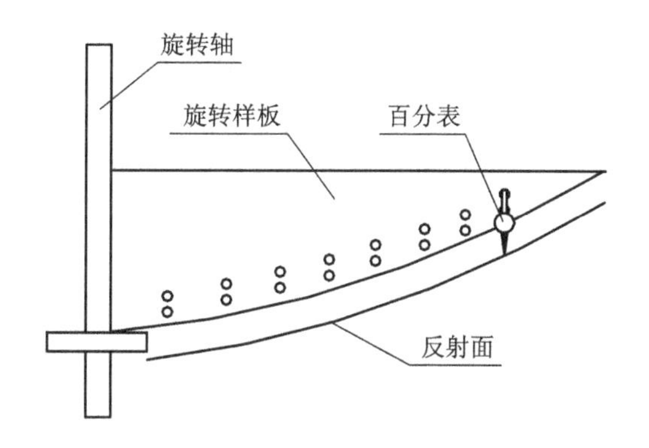

图 7.4　旋转样板测量原理

旋转样板法在小口径、低频段、大批量天线面精度的测试领域仍有应用。

7.2.3　经纬仪交会测量系统

经纬仪交会测量系统属于典型的非接触式单点测量，测量原理及仪器如图 7.5 所示。

经纬仪交会测量系统以两台或两台以上高精度电子经纬仪(0.5″)为传感器，结合系统软件和附件，基于前方交会原理对被测物实现无接触测量，检测范围从几米到几十米，测量精度为 ±(0.05～0.2)mm，具有非接触测量、精度较高、测量距离较大、可精确测量特

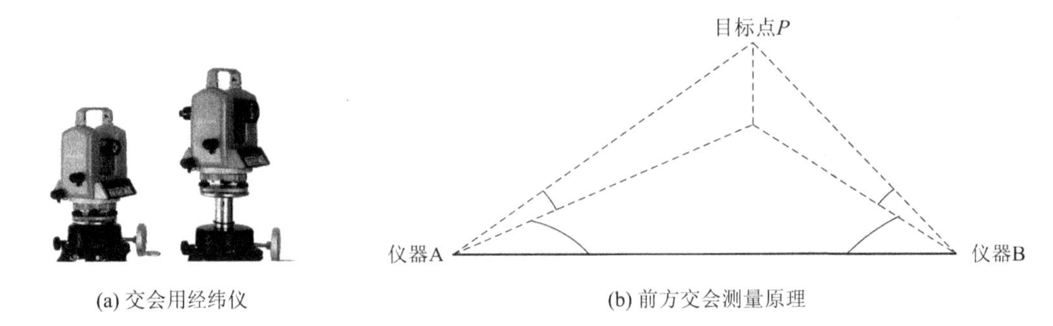

(a) 交会用经纬仪　　(b) 前方交会测量原理

图 7.5　交会测量仪器及原理

征点及孔的中心坐标等优点，在天线反射面精度测量中有着广泛应用。目前的代表设备是美国海克斯康（徕卡）公司 *Axyz/M* 系统及郑州辰维公司的 SMN 系统。

经纬仪前方交会属于三角形测量法，通过三角形测量原理可知，依据两台或多台经纬仪瞄准测量点后的各自方位、俯仰角度值，可推导出测量点的空间坐标。该测量坐标系的建立遵循右手螺旋法则，即以命名的第 1 台经纬仪为坐标原点，指向第 2 台经纬仪的方向定义为 X 轴，右手螺旋法则定义 Y、Z 轴。

该测量系统推出时，因其具备非接触、精度较高等优势，在面精度测量领域开始广泛应用。但随着高效的自动化测量新技术的不断推出，其低效率的逐点人工瞄准、测量距离偏小等缺点越发突出，遂逐渐淡出了人们的视线。目前凭借短距离内高精度测量特征孔、点的独有特点，该测量系统在基准立方镜的测量方面仍占有一席之地。

7.2.4　全站仪测量系统

全站仪全称为全站型电子速测仪（Electronic Total Station），是集传统的水平仪测高程、红外线测距离、经纬仪测角度等诸多功能于一体的高技术测绘仪器。因其一次安置仪器就可完成该测站全部测量工作，所以称之为全站仪。

全站仪测量系统通常由电源部分、测角系统、测距系统、数据处理部分、通信接口及显示屏、键盘等组成，通常应用于大地测绘领域。近年来随着测距技术、微电子及微处理技术的发展，测角、测距精度不断提高，全站仪逐渐从测绘领域进入工业测量领域并成为不可或缺的检测仪器。全站仪见图 7.6。

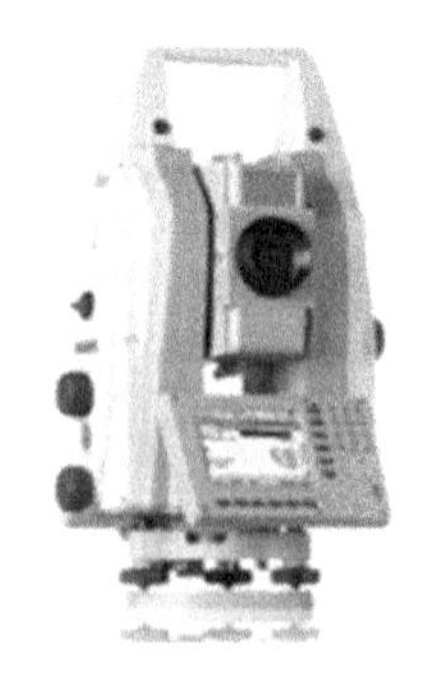

图 7.6　全站仪

目前国际市场上有代表性的全站仪厂家主要分布在瑞士及日本，如瑞士 Leica 公司、日本 SOKKIA 等，代表性的仪器型号有 TDA5005、TDRA6000 及 Net05 等。

1. 测量原理

全站仪测量利用了极坐标原理。它通过测量目标点相对于仪器的方位角、俯仰角及斜距，直接计算出目标点相对于仪器的三维坐标值。测量坐标系原点为全站仪三轴（方位轴、俯仰轴、光轴）相交的中心点 O，以右手螺旋准则生成测量坐标系。仪器方位旋转所构成的平面为 XOY 平面，定义仪器方位角度 0°方向为 Y 轴正方向，以 Y 轴为基准在 XOY 平面顺时针转动 90°方向为 X 轴正方向，过中心点 O 且垂直于 XOY 平面向上的轴线为 Z 轴正方向。坐标系建立方式及各轴方向如图 7.7 所示。

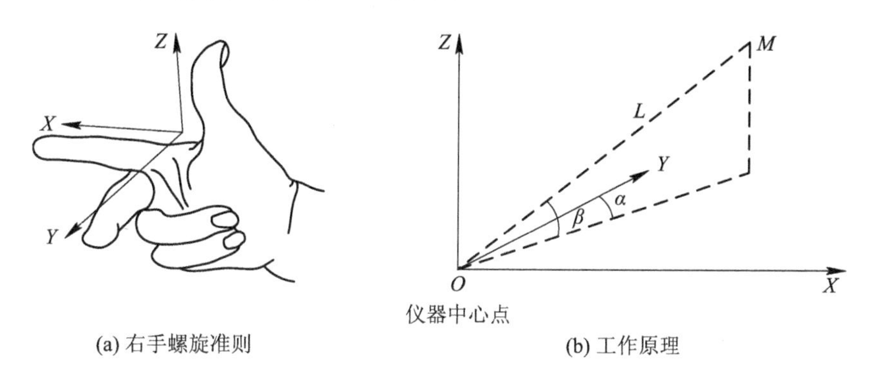

(a) 右手螺旋准则　　(b) 工作原理

图 7.7　坐标确定及工作原理

通过测量目标点 M 的方位角 α、俯仰角 β 及斜距 L，可计算出 M 点在此坐标系中的三维坐标值，计算公式如下：

$$\begin{cases} X = L \times \sin\alpha \times \cos\beta \\ Y = L \times \cos\alpha \times \cos\beta \\ Z = L \times \sin\beta \end{cases} \tag{7.3}$$

2. 测距原理

高精度全站仪采用相位法测距。全站仪拥有同轴化的视准轴、测距波发射轴、测距波接收轴，仪器对准目标后发出连续正弦电磁波，电磁波到达目标点并被反射回全站仪接收系统，与此同时为实现精确测距，仪器内部还存在一路光路系统，通过分光棱镜系统中的光导纤维将由光敏二极管发射的调制红外光送给光电二极管接收，利用测得的相位差、光的传播时间及电磁波测距公式，可计算出仪器到被测物体的斜向距离。通过公式推导，斜向距离 L 为外路电磁波正弦周期的个数与波长乘积的一半，即

$$2L = \left[\lambda\left(n + \frac{\theta}{2\pi}\right)\right] \tag{7.4}$$

式中：λ——波长；

n——正弦波的完整个数；

$\theta/(2\pi)$——不足 1 个完整正弦波的余数。

由上述公式及 λ=光速/频率可以看出，在测相分辨率一定的情况下，提高发射信号频率(减小发射信号的波长)可提高测试精度。

3. 测角原理

工业测量用全站仪系统的最高角度精度与最高精度经纬仪相同，其轴系结构与电子经纬仪基本相同。全站仪通常采用光电扫描测角系统，其类型主要有编码度盘测角系统、光栅盘测角系统及动态(光栅盘)测角系统等三种。

编码度盘是工业测量用全站仪较为常用的角度编码方式。编码度盘的角度分划通常采用二进制码。在码区度盘上分布有若干宽度相等的同心圆环，圆环被称为度盘的“码道”，在码道数目一定的情况下，度盘又被分成数目一定且均分的扇形区，称为度盘的码区。在同一码区中各码道根据是否透光、导电等特性按二进制码的方式处理成 1 或 0，则构成了二进制码区度盘。每一码区对应度盘分划中的某一角度值，通过读取及编译二进制码，可实

现角度度数的读取与显示。

4. 测距用合作目标

工业测量用合作目标主要是球形棱镜及反射贴片。

球形棱镜由金属球壳和内置的玻璃直角三棱锥体组成，直角顶部与球心重合，其优点是测距等效反射中心与球心重合，适用于测量物体表面形状。其原理是不论入射光线是否与反射镜面垂直，光线都要在3个直角面上进行反射，反射光线从镜面射出并与入射光线平行。由于光线从不同角度入射，其在棱镜内的各反射路径不同，但通过光路反射原理可知，各路光在棱镜内的光路总长相等。

球形棱镜体积较大，回光反射能力强，适用测程较长，配合全站仪使用可达到(0.5 ± 10^{-6}) mm的精度。其球内棱镜的成型方式及外形见图7.8。

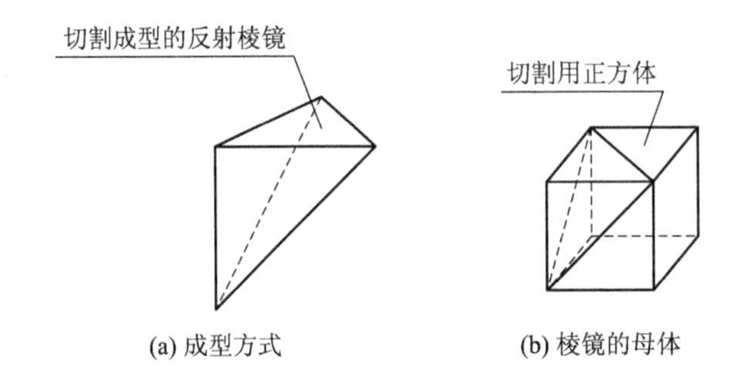

图7.8 棱镜的成形原理

反射贴片表面由玻璃微珠或微晶直角三棱锥体组成。每一个微小的组成都具有将入射光线平行反射的功能。由于微珠或微晶的体积较小，其回光反射能力较弱，适用的测程较短，通常在几十米的测量范围内使用，测距精度最高达到(1 ± 10^{-6}) mm。

无合作目标测量方式是全站仪测量系统的一大优势，但早期因测量精度不高，在面精度测量领域很少使用。随着测量技术的不断发展，无合作目标的测量精度目前已经达到亚毫米级别，在面精度检测领域已经开始有探索性的使用。

7.2.5 激光跟踪仪测量系统

激光跟踪仪测量原理与全站仪相同，属于接触式单点测量。测量时只要将球形靶球在天线反射面的表面移动，就可获得移动轨迹处反射面空间坐标值，实现快速数字化。与全站仪的区别是，激光跟踪仪使用了干涉光进行测距，测量精度更高。激光跟踪仪见图7.9。

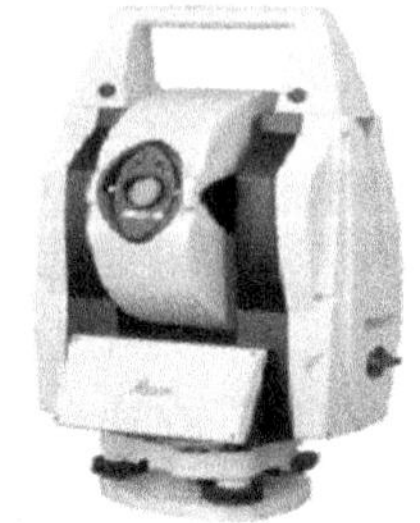

图7.9 激光跟踪仪

激光跟踪仪主要由测角及测距两部分组成。跟踪仪发射出的干涉激光束照射到球形靶球上并反射回仪器，通过传播时间及波长参数可以精确计算出仪器到球形靶球的距离，这是测距部分的工作原理。在跟踪仪方位转轴及俯仰转轴上各自套轴安装有高精度角度编码器(光栅码盘)。该编码器随仪器方位和俯仰的运转实时显示相对于仪器初始位置的运转角度值，这是测角部分的工作原理。

激光跟踪仪利用其测角和测距功能，可同时测量出待测点水平角 α、天顶距 β 和斜距 S。用这三个测量值，按照极坐标测量原理可得到该待测点的空间三维坐标。此时坐标系是以跟踪仪三轴中心为原点，以仪器水平度盘零方向为 X 轴(由原点指向零方向为正)，以铅垂线的反方向为 Z 轴，由右手准则确定 Y 轴(即水平度盘 270°)的测站坐标系。其计算公式与全站仪测量系统相同。

测量中需使用专用球形测距靶球，与全站仪通用。目前国际上的跟踪仪主要生产厂家有三家，分别是美国的 API 公司、FARO 公司、海克斯康公司。仪器精度在一个量级，约为 5×10^{-6}。

激光跟踪仪的优点是中短距离测量精度高，缺点是单点接触式测量。目前激光跟踪仪正在朝小型化、便携式及远距离测量方向发展，在中短距离空间坐标测量方面可称为精度最高的移动测量设备。

2019 年海克斯康公司推出了具备非接触测量功能的全新跟踪仪 ATS600，60 m 内非接触测量精度优于 0.3 mm，30 m 内精度优于 0.1 mm。

7.2.6　激光雷达测量系统

激光雷达测量系统的测量原理是通过对测量点的测角及测距，计算空间被测物体相对于仪器坐标系(测量坐标系)的三维坐标值。其特点是非接触、快速扫描、自动化获取点云的三维坐标数据，非常适用于几何量的非接触快速测量，缺点是精度有待提高。目前新推出的产品精度重复性已达到了 10×10^{-6}，但在天线反射面精度检测领域的应用案例不多。激光雷达测量系统见图 7.10。

图 7.10　激光雷达测量系统

激光雷达具备非接触、高精度测量的特点。该技术源于比利时的 Metris 公司。其推出的产品型号为 MV224 及 MV260，二者精度相同，对应的工作距离分别为 24 m 和 60 m。该公司于 2010 年被日本尼康公司收购，随之推出升级的两款产品(测量精度有较大提升)，产品代号分别为 MV330 及 MV350，二者精度相同，对应的工作距离分别为 30 m 和 50 m。

7.2.7　激光扫描仪测量系统

激光扫描仪通常内置两个伺服驱动马达系统，用于精确控制多面扫描棱镜的转动，决定激光束的出射方向，从而使脉冲激光束沿横轴方向和纵轴方向快速扫描。其工作原理见图 7.11。

扫描仪分为三角测距、相位式测距和脉冲式测距三大类。

三角测距是根据测量的三角形几何关系，计算扫描仪中心到对象的距离，在扫描仪里属于精度最高的方法，精度可高达 0.005 mm。但由于测量距离较短，通常为 0.3～5 m，所以三角测距在大型天线面精度检测领域无法应用。

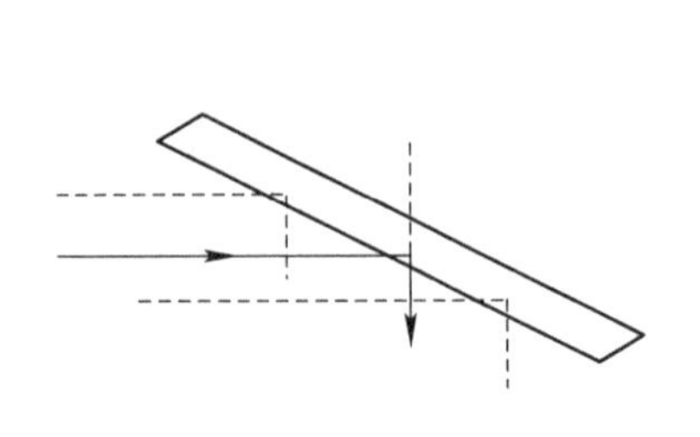
(a) 摆动扫描方式

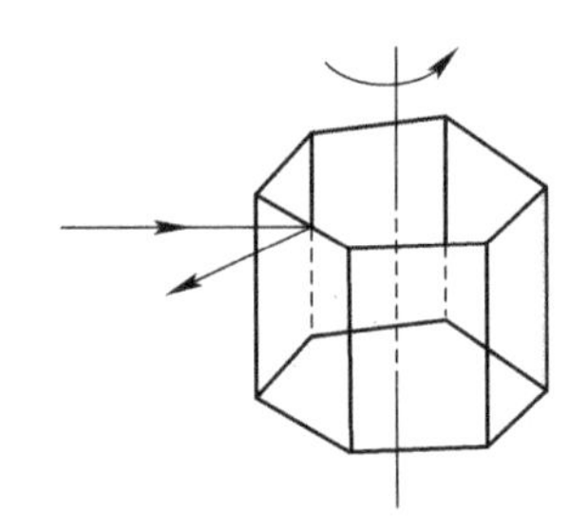
(b) 旋转扫描方式

图 7.11　扫描示意图

相位式测距利用无线电波的频率调制激光束的幅度，测定调制光往返测线一次产生的相位延迟，根据调制光波长计算相位延迟代表的距离。该类扫描仪具有较高精度(目前已达到亚毫米级)，测量距离可达几百米。随着测量精度的不断提高，该类型扫描仪在大型天线面精度检测领域已有应用。

脉冲式测距通过测量发射和接收激光脉冲信号的时间差来间接获得被测目标的距离，测程最长，高达几千米，但因测距精度较低，在大型天线面精度检测领域未见应用。各类扫描仪见图 7.12。

图 7.12　各类扫描仪

7.2.8　关节臂测量系统

关节臂测量系统又称为关节臂测量机，是近年来几何量测量领域出现的一种便携式的三坐标测量系统。其工作原理是利用空间支导线技术，通过距离已知的多节测量臂，利用连接各测量臂的旋转关节实时测量角度值，计算测量系统触头处的空间坐标值。

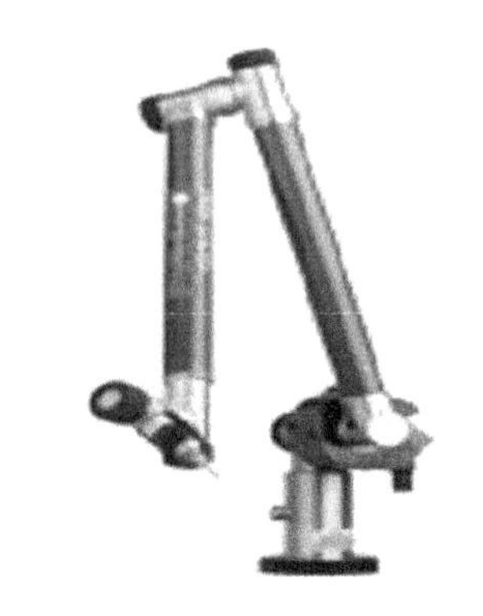

图 7.13　关节臂

该测量系统通常由若干根高强度臂杆和一个测头通过带精密角度测量系统的旋转关节串接而成，一端固定，另一端在空间自由运动，构成一个球形测量空间，如图 7.13 所示。由于轻便易携带，可随时搬运至被测物现场实现在线检测，故关节臂测量机又被称为便携式三坐标测量机。

目前关节臂测量系统主要由美国 Faro 公司和 Hexagon 公司这两家公司提供。由于受臂长限制，其测量距离较短，通常会采用蛙跳的形式增加测量距离，但这同时也降低了测量精度，因此在大型天线面精度检测领域未见应用。

7.2.9　区域 GPS 测量系统

区域 GPS 的典型代表为 iGPS，英文全称为 indoor GPS，故也称为室内 GPS，是基于多角度交汇的多站式大尺寸几何量三维坐标测量系统。

室内 GPS 是根据 GPS 的测量原理，提出基于区域 GPS 技术的三维测量理念，进而开发出的一种具备高精度、高可靠性和高效率的测量系统。其测量原理跟 GPS 一样，都是利用三角测量原理建立坐标系，区别是 iGPS 采用 700～800 nm 波长的红外激光代替卫星信号。它利用多个发射器组网并发射不同频率的计量用红外激光信号，众多接收器(传感器)同步接收不少于两个发射器(又称为基站)的信号，可计算出各个接收器的空间位置坐标。室内 GPS 的工作原理及设备组成分别见图 7.14 和图 7.15。

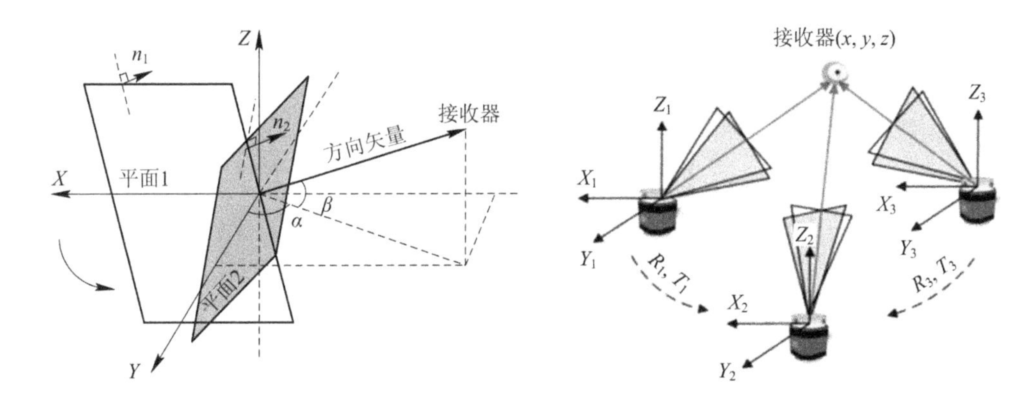

图 7.14　室内 GPS 的工作原理

图 7.15　设备组成

室内 GPS 测量系统由两个或两个以上发射器组建局域空间坐标系。工作时发射器产生两个激光平面并在工作区域内旋转，每个发射器有特定的旋转频率，转速通常为 3000 r/min，发射信号作用距离为 50 m。其组建的测试系统覆盖范围内的所有接收器，只要能够同时接收到不少于两个发射器的信号，就可对水平角和垂直角进行测量，进而计算出接收器的坐标值。接收器接收到的发射器信号越多，获得的坐标精度就越高，理论状态下，测量精度可达到±0.1～±0.25 mm。

室内 GPS 系统在工作区域可以支持无限数量的传感器，同时还可以增加基站来等精度扩展工作区域。因具备同步、多点实时测量、测量范围随发射器的增多而等精度宽展的特点，又加上设备成本降低和精度的不断提高，该测量系统在大型天线面精度检测领域会逐渐发挥其作用。

该领域知名厂家有比利时的 Metris 公司。目前国内已推出了自主研发的产品，如天津大学的局域 GPS 系统，标称精度可达±0.2 mm。

7.2.10 工业近景数字摄影测量系统

工业近景数字摄影测量是摄影测量技术在工业测量中的应用，又称为视觉成像技术，具备快速、高精度的非接触坐标测量能力。它基于数字摄影测量的基本原理，融合计算机视觉的相关理论，应用计算机技术、数字图像处理技术、模式识别等学科的理论和方法，利用数字相机高分辨率 CCD 或 CMOS 成像器件作为传感器，获取被测目标的数字图像，以得到目标的空间三维坐标。图 7.16 为业内最经典的一款摄影测量用相机。

图 7.16 摄影测量用相机

摄影测量经历了从模拟、解析到数字方法的变革，硬件也从胶片相机发展到数字相机。近年来，高分辨率、高信噪比的数字成像 CCD、CMOS 器件发展迅速，加之计算机图像处理和模式识别技术的快速进步，使得数字摄影测量技术迅速实现了由理论到实际应用的转变。

摄影测量技术的早期研究和开发主要集中于欧美国家。德国在 2002 年发布了两个工业摄影技术标准——VDI/VDE 2634 Part 1(摄影点测量)、VDI/VDE 2634 Part 2(面扫描)，2006 年发布了 VDI/VDE 2634 Part 3(多视面扫描)。欧美国家的技术研发水平一直处于该领域的前沿。具有代表性的产品主要有美国 GSI 公司的 V-STARS 系统、德国 AICON 公司的 DPA 系统、澳大利亚的 Australis 系统(2007 年被美国 GSI 公司收购)、德国 GOM 公司的 TRITOP 系统、挪威 Metronor 公司的 Portable CMMs 系统。

GSI 公司的 V-STARS 系统主要应用于美国航天测量领域，进入中国市场较早，市场占有率和知名度较高。德国 AICON 公司的 DPA 系统主要应用于欧洲测量市场，进入中国市场较晚，但近几年的崛起势头较为强劲。

2014 年郑州辰维公司推出了国产的测量系统 MPS，因产品更贴近用户的需求，同时还积极提供测量服务，因此在测量领域也占有一定的市场份额。目前大口径天线面精度测量领域广泛使用的主要是 V-STARS、DPA 和 MPS 这三类产品。

7.2.11 微波全息测量系统

微波全息测量法又被称为幅一相全息测量法，在大型天线反射面精度检测领域的应用始于 20 世纪 80 年代。为满足大口径及超大口径天文观测天线及深空测控通信天线的需求，该技术及应用逐渐走向成熟，在天文观测天线的形面精度检测领域占据着重要地位。

微波全息测量法和前述的所有测量方法有着本质的不同，前述方法均是围绕着天线反射面几何精度的坐标测量，而微波全息测量是对天线辐射性能的直接测量，结果更直接，反映的是天线最终的使用效果。

微波全息测量有两种形式。一种是相位恢复法，该方法是在测得天线远场辐射特性的情况下，通过天线辐射模型导出相位特性，并将其与理论相位特性相比较，通过反射面的几何调整来消除相位差异，修复实际相位值使之无限趋近于理论相位值。另一种是相位相关法，该方法利用参考天线跟踪信号源的变化，用相关的方法获取被测天线相位信息，通过反射面的几何调整来消除相位差异，修复实际相位值，使之无限趋近于理论相位值。

两种形式的工作原理基本相同，但由于在实际工作中后者的测量工作更加有效，因此相位相关法逐渐成为微波全息测量法的代表。

微波全息测量(相位相关法)的理论基础是在天线口径场分布函数与远场辐射方向图之间存在傅里叶变换关系。理想的抛物面天线的口面是等相位面，但在工程实际中，因为天线反射面与理想反射面存在几何偏差，从而导致天线的口面存在相位误差。

我们用已知的口径场分布函数(幅度和相位)经傅里叶变换就可得到天线辐射方向图，同样可以用已知的辐射方向图经反傅里叶变换得到口径场函数。口径场分布的幅度表示场强，相位表示反射面表面轮廓。

严格来说，为了进行微波全息测量，需要知道 4π 球面角内天线辐射方向图的幅度和相位，对其进行反傅里叶变换，就可以得到反射面口面上场的幅度与相位分布。均匀平面波经理想反射面反射后在口面上产生恒定的相位分布函数。我们将测量的相位偏差衍射到反射面上，得到其与理想反射面的几何偏差。这个偏差为轴向偏差，分为周期性偏差和随机偏差。周期性偏差为系统误差，表示副反射面的偏焦，在调整反射面姿态前，首先要消除这个系统误差。随机误差表示实际反射面与理想反射面的几何偏差，可用插值的方法得到误差表，用来指导天线反射面的调整。

微波全息测量设备框图如图 7.17 所示。

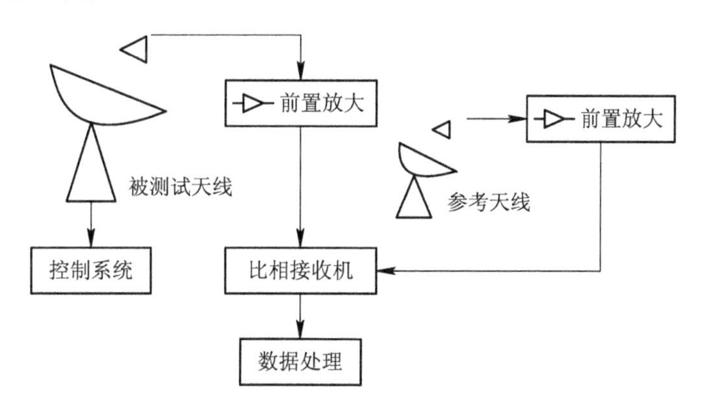

图 7.17 微波全息测量设备框图

整个测试系统由卫星、被测试天线、参考天线、比相接收机组成。测试前通过辐射特性测试将参考天线和被测试天线的姿态恢复到最佳状态。测试时，将卫星的强射电源作为信标信号，将两部天线均对准这颗卫星。参考天线保持不动，被测试天线围绕卫星方向进行网格式扫描，扫描密度与测量精度有关。随着扫描角度的变化，被测试天线与参考天线会产生相位差，采集各个位置点相位、幅度和时间信息，可在天线反射面上形成若干像素的孔径平面图，利用最小二乘法使天线面板分布模型与孔径平面相位相吻合，经过既定算法，可得到每一块天线面板的调整参数，按照给定的参数即可将天线面板调整到最佳位置。同理，通过远场辐射与反射面几何误差关系公式，可推导出天线面精度误差。

微波全息测量的特点是直接测量天线反射面的辐射性能，是最直接的一种测试方法，测量精度即为实际工作精度，最接近使用状态。该精度包含了主反射面、副反射面及彼此辐射位置关系等因素，但获得的面精度因受到副面撑腿遮挡、边缘辐射信号较差等因素的影响，与几何量测量获得的面精度数值会有一定的偏差。

该测量系统的组成及使用较为复杂，与几何量测量系统相比，其测量效率较为低下，因此在大型面天线精度检测领域，利用该测试系统直接进行精度调整的应用较少，而在射电天文观测天线的面精度检测领域，通常作为验证手段来使用。

7.2.12 各种测量系统的特点比对

各种测量系统的特点比对如表 7.1 所示。

表 7.1 各种测量系统的特点比对

设备名称	测量范围	测量精度	测量效率	测量方式	接触方式
经纬仪	小	高	低	逐点	非接触
全站仪	大	较高	较低	逐点	接触/非接触
激光跟踪仪	大	高	较低	逐点	接触/非接触
激光雷达	大	较高	较低	逐点	非接触
激光扫描仪	大	较高	较高	逐点	非接触
关节臂	小	较高	较低	逐点	接触
室内 GPS	大	较高	实时	多点	非接触
摄影测量	中	高	高	多点	非接触
微波全息测量	大	高	低	面测量	非接触

7.3 天线反射面精度测量的主流测量方法及其应用

7.3.1 单相机摄影测量系统

单相机摄影测量系统利用了三角形交会测量的原理。在被测物体上均匀粘贴多处圆形回光反射标志，通过一台数字相机在多处不同位置对固定位置的被测物拍照，可得到被测物表面粘贴的圆形回光反射标志的二维数字影像，根据透视投影的目标点、相机中心和像点三点共线条件，经相机定向及图像匹配后，解算出相机各测站间的位置和姿态关系，得到回光反射标志三维坐标，见图 7.18。单相机摄影测量系统属于静态的脱机测量模式。

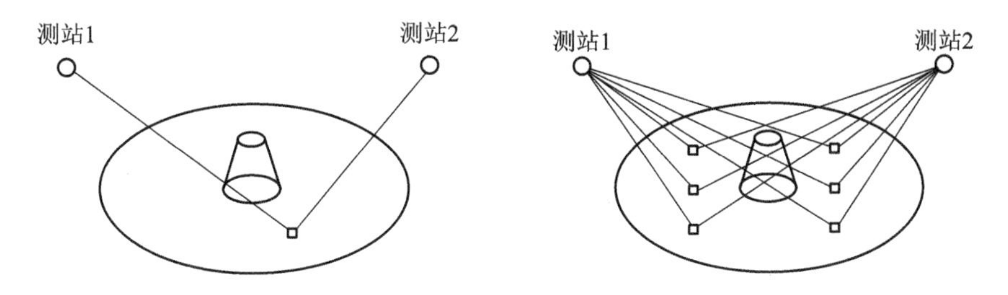

图 7.18　交会成像示意图

圆形回光反射标志又称为物方点，经过相机镜头摄影后成像在像平面上。理想的投影成像模型是几何光学中的小孔成像模型，其本质就是摄影几何中的中心透视投影过程，见图 7.19。

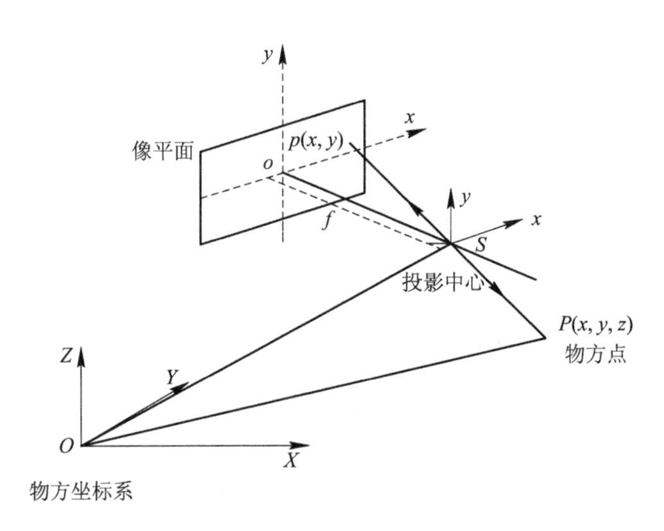

图 7.19　坐标系间的关系示意

如图 7.19 所示，镜头的光学中心为 S，物方点 P 经过 S 投影到像平面上的像为 p，摄影光轴 So 与像平面垂直，o 称为主点，So 间的距离称为主距，记为 f。

摄影测量中使用了多种坐标系，现结合图 7.19 对常用的坐标系进行简单的描述。

物方(空间)坐标系 $O-XYZ$ 是全局统一的坐标系(也称全局坐标系或世界坐标系)，用来定义物方点的坐标 $P(x, y, z)$。一般选取控制点的测量坐标系(如经纬仪测量坐标系)为物方空间坐标系，在数字近景工业摄影测量中一般根据自动定向棒来确定。

像平面坐标系 $o-xy$ 用以表示像点在像平面上的位置。坐标系的原点为像平面的几何中心，x 轴平行于像素的水平采样方向。理想的成像系统中像平面坐标系的原点与主点 o 重合。

像空间坐标系 $S-xyz$ 用于表示像点在像空间的位置。坐标系原点选在投影中心上，x 轴和 y 轴分别与像平面坐标系的 x 轴和 y 轴平行，这时 z 轴就与摄影光轴重合了，则像点

p 在像空间坐标系中的坐标为$(x, y, -f)$。

摄影测量坐标系是一种辅助的坐标系。当存在多个不同测站的相机拍摄相片时，一般选取第一个测站的像空间坐标系为摄影测量用坐标系。

依据摄影测量的原理，利用共线方程和最小二乘法，可得到目标点的空间坐标解算公式。

7.3.2 单相机摄影测量系统的应用

三十九所单相机摄影测量技术在大型反射面天线面精度检测的应用始于 2013 年左右的 35 m 和 66 m 深空大口径天线。依据摄影测量技术在小口径天线面精度检测方面积累的多年经验，结合大口径天线的实际特点，三十九所制定了详细的检测方案，在实际应用中获得了圆满成功。目前单相机摄影测量技术已成为三十九所抛物面天线面精度检测的主要手段。

大口径反射面天线精度的摄影测量是一个复杂而细致的过程，需要针对不同的测量环境、测量工况制定不同的测量方案并选用适宜的测量系统及相机，需要事先进行详细规划。下面对某台 35 m 口径天线的反射面精度实际测量进行详细的描述。

1. 设备规划

合理选择测量系统、相机、编码标志、回光反射标志。

天线反射面直径 35 m，在测量时副反射面及其撑腿均安装到位，因此设定测站的位置和距离时既要考虑测量精度、效率，又需兼顾测量安全性。经综合评估后测试距离选择为距反射面 15～20 m 左右处。测站的设置原则为每个测量点至少要出现在 3 张相片中且测量角度围绕测点呈合理分布。

基于这些需求，为提高测量稳定性，在整个测量过程中选取美国 GSI 公司研制的 V-STARS 摄影测量系统，搭配 INCA3 相机。该套测量系统具有三维测量精度高(相对精度可达 5 μm+5 μm/m)、测量速度快、自动化程度高且能在恶劣环境中工作等优点，是目前国际上最成熟的商业化工业数字摄影测量产品，见图 7.20(a)。

基于 20m 的测量距离，选用 20mm 直径的回光反射标志作为测量标志点，选用由 20 mm 直径回光反射标志组成的编码标志，见图 7.20(b)和(c)。

(a) 相机

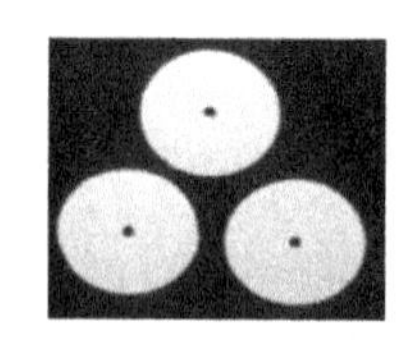

(b) 测量标志

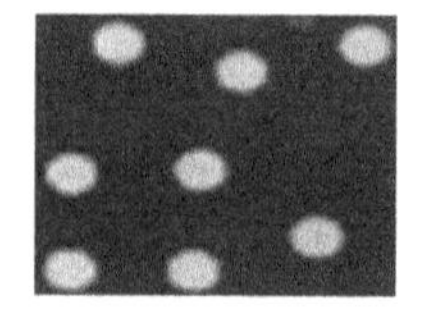

(c) 编码标志

图 7.20 相机及标志

2. 测点规划

规划测点、编码标志、基准尺、转换工装在天线反射面上的分布。

测点在天线反射面上的分布原则：面板四处边角处、面板对接处、调整螺杆上方均需粘贴测量标志。图 7.21 所示为反射面拼装后面板示意图。

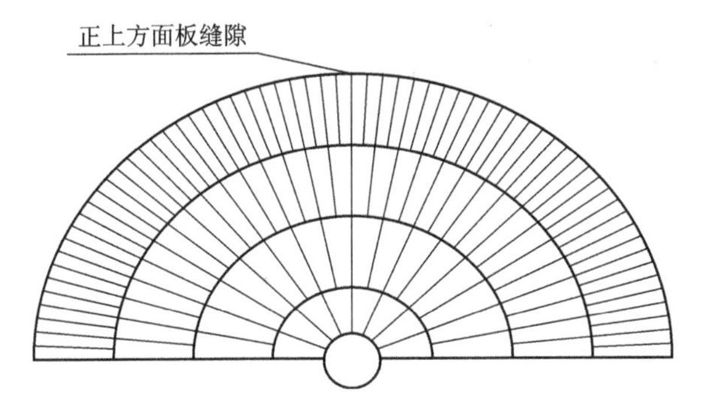

图 7.21　反射面拼装示意

编码点在天线反射面上的分布原则是：由最内圈面板开始，在环向上每隔 1 块面板，在面板中心处粘贴 1 张编码标志；在纵向上看，相邻环向上的编码标志均匀错开即可。

3. 摄站规划

规划相机在天线口面的拍摄位置、拍摄数量、拍摄角度。

对于大口径天线反射面的初次测量，测量方案偏向于较为保守的原则，测站及拍摄数量宁多毋少，后期再根据实际情况进行优化。因此初次测量的方案是：以包络 35m 直径圆的矩形为依据进行网格式划分，以每格距离 5 m 左右的原则，在反射面口面边缘设置测站 12 处，每处拍摄多角度照片不少于 6 张，共计不少于 72 张；在反射面口面内设置测站 36 处，每处拍摄多角度照片不少于 8 张，共计不少于 288 张；完成初次测量的照片不少于 360 张。测站规划示意图见图 7.22。

图 7.22　测站规划示意图

4. 基准规划

为将像空间坐标系与天线坐标系对齐，需合理布设坐标基准点。

该 35 m 天线（见图 7.23 ）的电磁波传输是通过波束波导来完成的，因此在天线反射面中央原本安装馈源的位置，安装有 1 个波束波导传输通道（孔洞），通道周边是基准法兰盘。该位置属于整体结构性能稳定的位置，适合作为坐标基准点的载体，因此将 8 个基准点（回

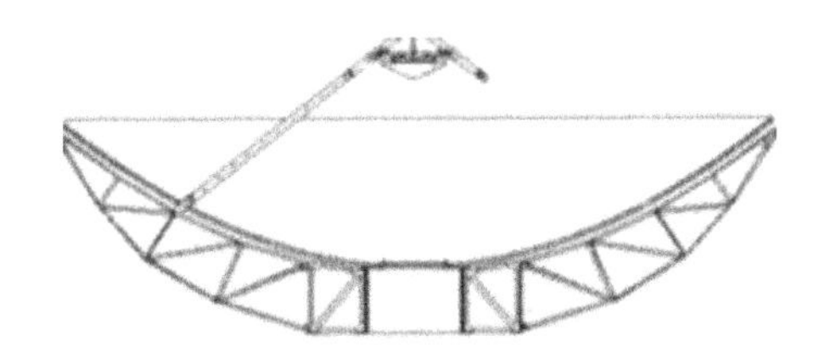

图 7.23　天线反射面示意图

光反射标志)均匀设置在法兰盘上。

天线口径 35 m，而上述过程中选取的坐标基准点分布尺寸只有 3 m(法兰盘直径)，依靠小基准来对齐大尺寸坐标，会存在较大误差，因此在天线反射面撑腿的斜拉杆根部(4 处)(即理论上该处结构稳定、无变形)又增加了 16 个坐标基准点。

5. 标尺规划

规划在天线反射面建立大尺寸基准作为测量标尺。

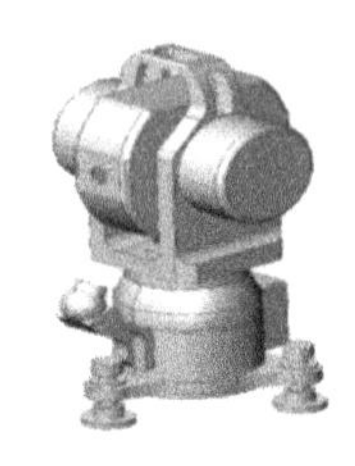

图 7.24　激光跟踪仪

常规的摄影测量用标尺只有 1 m 左右长度，这个长度无法为 35 m 口径的被测尺寸提供精确的长度基准，从而影响最终的数据解算精度。因此该方案中利用激光跟踪仪(见图 7.24)、1.5 英寸磁力球座、摄影测量用半球工装(20 mm 直径的反射标志)、跟踪仪用球形靶标等，在反射面表面建立 1 个高精度的大尺寸基准标尺，给摄影测量系统的数据解算提供长度基准。大尺寸高精度基准标尺的建立方法为：在天线反射面表面，以中心体为中心，沿俯仰轴方向，向天线外沿对称延伸 10 余米处各固定一个 1.5 英寸磁力球座，在球座上分别放置1.5 英寸球形靶标，利用跟踪仪读取两处球形靶标的坐标值，得到大尺寸高精度基准标尺；将跟踪仪用球形靶标换成摄影测量用半球工装(20 mm 直径的反射标志)，即可将大尺寸高精度基准标尺传递给整个摄影测量系统。

6. 测量的实施

依据上述规划，利用吊车将测量人员吊至设定的各个测站处，手持相机通过多角度、多姿态的拍照完成所有测量工作。经过后期的数据处理，获得了天线反射面表面 18 圈共 1200 个测量点的空间坐标值，通过与标准数学模型的比对，获得各个测点的偏差及反射面精度。

初次测量后，天线反射面精度为厘米级的均方根值，需要进行精度调整工作。利用获得的每个点的偏差值，通过每个测量点下方的调整螺栓，按照调整—测量—调整—测量这一过程，经过 9 个循环，直至整个反射面的调整精度达到 0.21 mm(rms)。精度及偏差分析见图 7.25。

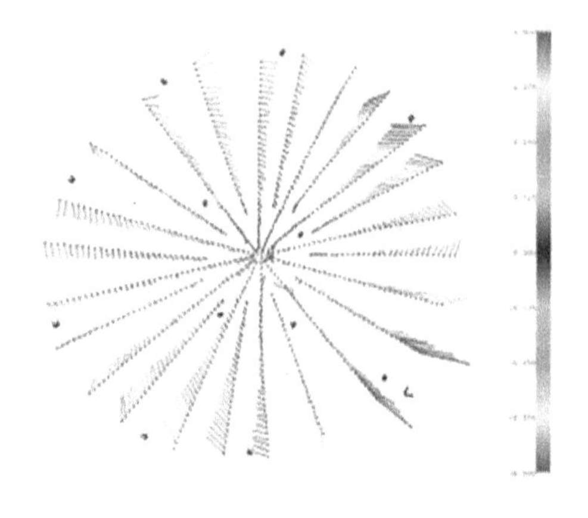

图 7.25　精度及偏差分析

彩图

7.3.3　多相机摄影测量系统

前面介绍的摄影测量，只是摄影测量系统多种应用形式中最基本的一种，也称为单相机摄影测量系统，这种应用形式比较普及和广泛，是摄影测量技术的典型代表。随着应用需求的多样化，摄影测量在基于单相机测量的基础上，还演变出了多相机测量系统、以无人机为载体的摄影测量系统等应用方式，以应对快速批量测量、便捷测量、安全测量的需求。

多相机摄影测量系统的工作原理与单相机测量系统基本相同。对于被测物体而言，单相机摄影测量系统是利用 1 台相机在多角度、多位置进行摄影，多相机摄影测量系统是提前在多位置、多角度布设好相机。多相机摄影测量系统与单相机摄影测量系统的区别是：单相机为静态脱机测量，属于事后测量模式，而多相机为实时动态联机测量，属于过程测量模式。多相机摄影测量系统因提前进行了系统标定，测量效率极高，非常适用于批量产品的精度测量或者是需要重复测量精度的工况。

多相机摄影测量系统以两台或两台以上的测量相机为传感器，以系统软件为核心，通过控制器实时采集天线反射面上两幅以上的测量照片，经双像或多像前方交会而得到各个测量点的三维坐标。

7.3.4　多相机摄影测量系统的应用

多相机测量系统高效、在线的测量模式，使其在反射面精度的批量检测方面成为主要测量手段。下面以某工程为例，介绍基于多相机摄影测量系统的检测方案。测量要求如下：

- 面板数量＞4000 块；
- 反射面板为球面三角形壳体形式，最大边长 11 m 左右；
- 单块面板精度＜2 mm(rms)；
- 单块测量时间＜1 min。

测量方案：

· 为满足边长 11 m 的三角形反射面板精度的批量测量工作，本方案采用 3 台相机组成实时动态测量系统。

· 搭建一个可容纳边长 11 m 三角形反射面板的金属桁架，用于在测试区域(反射面板)上方架设测量相机，见图 7.26。

· 配置 1 名测量人员和 2 名辅助人员。测量人员负责测量和数据的管理，辅助人员负责铺设及移除测量标志网。

测量设备组成：

- 移动三角形面板用的小推车；
- 供架设相机的立体金属桁架；
- 3 台高分辨率数字测量相机；
- 1 个联机控制器；
- 1 套专用软件；
- 1 根专用基准尺；
- 多根联机电缆；
- 由多个回光反射标志点组成的网。

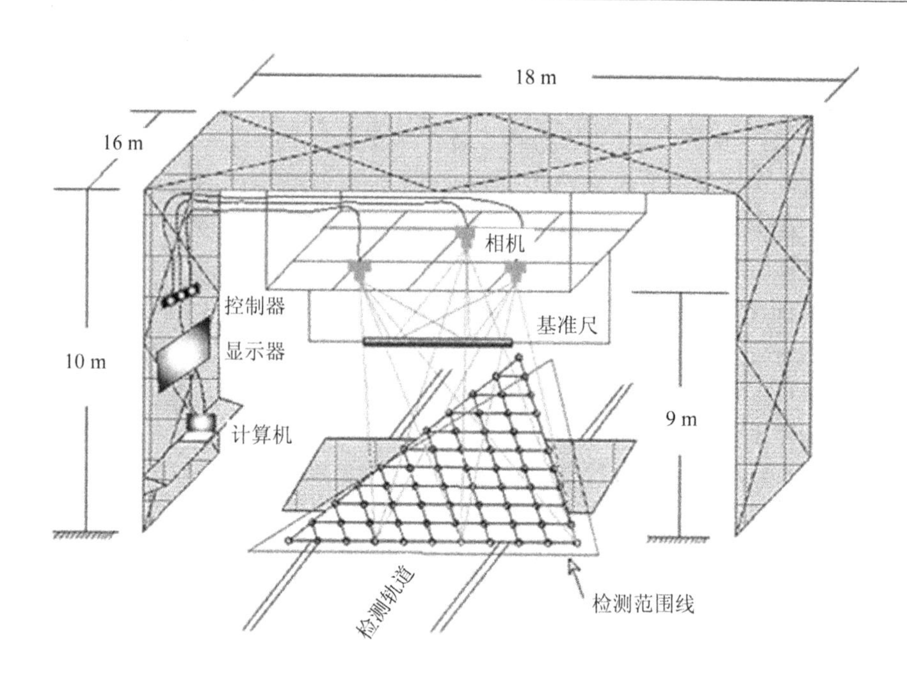

图 7.26 测试方案示意图

测量的实施：见测试流程图图 7.27。

· 首先在反射面板上铺设摄影测量标志网，然后将反射面板推入待测量区域。

· 启动多相机自动化测量系统，触发测量后计算机自动获取并处理数据，实时地把测量结果以图形化的形式在投影机上显示。

· 如果面精度数据满足要求，则自动编号并保存；如果面精度数据超差，则依据各点偏差进行精度再调整，在调整过程中实时动态显示精度数值，直至精度满足要求为止。

· 将反射面板移除测量区域并移除摄影测量标志网。

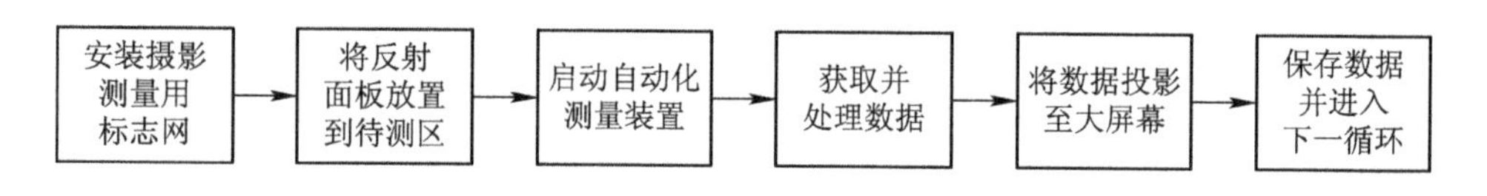

图 7.27 测试流程图

系统特点：

· 系统精度为 1/120 000，可满足反射面板精度小于 2 mm(rms)的实时测量要求。

· 系统自动化程度高，整个测量过程仅由 2～3 名人员完成。

· 瞬间即可获取反射面板上所有测量点的三维坐标，满足测量时间小于 1 min 的要求。

7.3.5 无人机摄影测量系统

测量天线反射面精度时，需要大吨位吊车配合。吊车将站人的吊篮吊起，在天线口面不同位置移动，待到达各个测站位置后，吊篮内测量人员手持相机对天线反射面目标点进行多姿态、多角度拍摄，见图 7.28。

图 7.28　吊车＋人工实施摄影测量

摄影测量人员利用吊车在高空作业，由于安全风险较高、吊车费用高、移动速度慢、测站位置不准确等原因，该方式已经不适用于大口径反射面天线的检测，于是演变出了无人机摄影测量系统。

由于无人机技术逐渐成熟，测量界尝试着将摄影测量用相机通过云台安装在无人机上，通过飞控系统遥控无人机使之悬停在反射面上方的各个指定位置，指导相机在各个角度进行拍摄，获得反射面表面精度，以取代人工手持相机的测量模式，见图 7.29。

图 7.29　无人机实施摄影测量

其检测方案的设计思路如下：通过无人机对天线反射面进行粗侧，识别出反射面位置、姿态、区域，计算出飞行航路及理想的测量点；正式测量时，在设定的点位悬停并实施摄影测量。无人机摄影测量系统以最优化的测量网型、最佳的测量角度和照片数量、最高的测量效率、最简洁的空间移动路径，实现了测量自动化。无人机摄影测量系统主要组成框图见图 7.30。

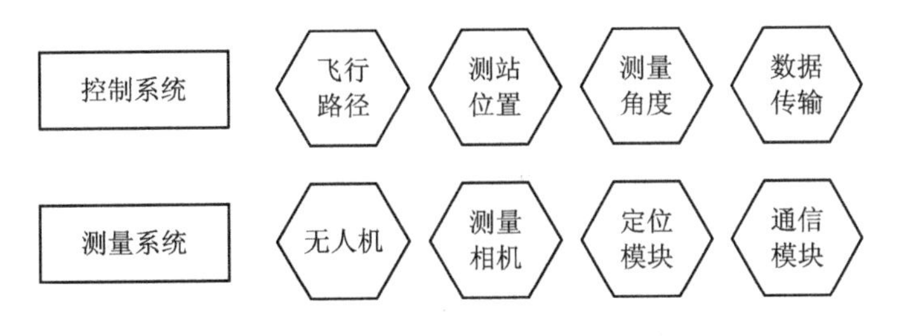

图 7.30　无人机摄影测量的组成

将摄影测量技术与无人机飞行技术相融合，不是简单地将两者进行硬件组合，而是需要完成测量系统、网络系统、监测系统的硬件平台构建，研究精确定位和稳定拍摄的控制算法，开发测量控制软件，使无人机摄影测量设备能够按预定轨迹自主飞行，在指定位置和方向拍摄，获取清晰有效的照片。这其中包含多项参数需要进一步研究，比如相机拍摄的位置、拍摄角度、拍摄照片数量、拍摄防抖控制、温湿度对测量系统的影响、副反射面撑腿的规避、最优化飞行路径设计等，见图 7.31。

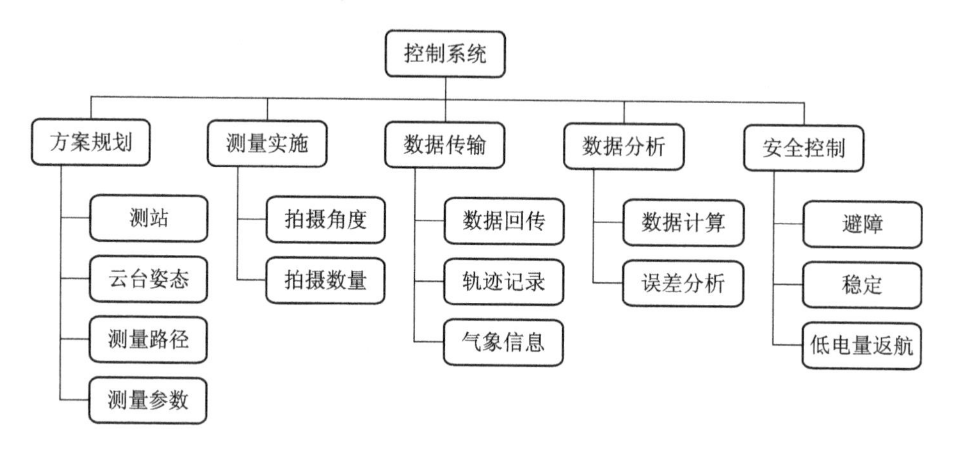

图 7.31　与控制关联的因素

由于摄影测量系统已成为当今大口径反射面天线精度测量的主流方案，因此在该领域，三十九所对无人机摄影测量技术进行了深入的研究，并推出了具备大口径反射面天线精度测量特色的无人机摄影测量系统。

该测量系统利用在 Android 平台下自主编写的飞行控制软件，通过手机或平板电脑控制无人机，调用 Google 地球中的 GPS 数据，按上述确定的 GPS 坐标飞行到相应位置，在记录飞行轨迹的同时控制云台，将相机转动到相应角度进行拍摄。该系统代表着以无人机为载体的摄影测量技术在反射面天线精度测量方面达到了较高水平。

该套无人机摄影测量系统由无人机、定位模块、摄影测量相机、云台、各类控制及显示器组成，见图 7.32。

图 7.32　无人机摄影测量系统的基本构成

将无人机摄影测量技术应用于工程中，除了前期大量的研发工作外，还进行了多次无人机的摄影测量系统与人工摄影测量的对比试验。通过检测结果的对比(见表 7.2)，可以看出两种方法的测量精度非常接近，基于无人机的摄影测量系统的测量结果达到了预期效果，已经可以在天线反射面精度测量工作中加以推广，也将成为未来大口径反射面天线精度检测领域的主要手段。

表 7.2　无人机与人工的摄影测量结果比对

	天线反射面精度(rms)/mm		
天线口径	13 m	13 m	12 m
无人机摄影测量	1.19	0.5	0.28
人工摄影测量	1.14	0.49	0.23

7.4　天线反射面精度实时测量技术的展望

大口径天线需要对准不同的空间目标去工作。在对准不同目标的运动过程中受重力、温度、风载荷的影响，天线反射面会发生变形，较大的变形会严重影响天线的指向精度。因此测量界开始寻求一种能对天线反射面精度进行实时测量的方法，这就是在线测量。

在空间大尺寸实时测量方面，既要保证测量精度，又要求测量速度尽可能快。而目前还没有任何一种单一的测量技术和设备能同时满足这些要求。因此后期的实时测量技术会沿着多种测量技术相结合的模式发展。

在没有满足需求的单一测量技术推出前，后期的在线实时测量系统会由至少两种测量设备组成，一种测量速度快，一种测量精度高，几种测量设备相结合，在快速获得数据后进行系统的精度补偿。

按照上述思路我们设计出这样一套在线实时测量方案：

在反射面上布设好测量点，指定部分有代表性的测量点作为公共点，又称为精度补偿点；利用速度快的测量系统来快速获得所有测量点的坐标值，利用精度高的测量系统获得公共点的坐标值，用公共点的高精度坐标值补偿快速测量获得的所有测量点的坐标值，提高系统整体测量精度。

7.4.1　侧重于精度的测量系统

能实现高精度测量的系统有很多，在大口径天线的实时在线测量中，需要根据实际情况合理选取测量系统，例如多线激光干涉测量系统、激光雷达、激光跟踪仪等。此处对多线激光干涉测量系统做简单介绍。多线激光干涉测量系统见图 7.33。

图 7.33　多线激光干涉测量系统图

该系统利用3台或3台以上的发射器搭建测试系统，根据距离交会测量原理可精确测量任意点的空间三维坐标，精度为±0.5 μm/m。测量原理见图7.34。

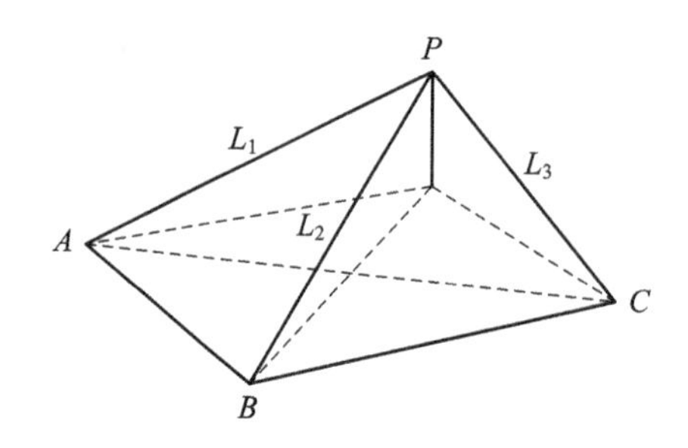

图7.34 多线激光干涉测量系统测量原理

实际操作时，可在天线副反射面撑腿适当位置架设4台发射器组成测量网，通过测量天线中心体上多个已知坐标值的基准点，获取4台发射器相对位置关系及坐标值。

在天线反射面上布设反射器(测量点)，用4台发射器同时测量同一台反射器，利用空间距离交会原理，可解算出高精度的测量点坐标值。

7.4.2 侧重于速度的测量系统

快速测量系统是指具备瞬时或实时获得测量范围内所有测量点坐标值的测量设备。下面以区域GPS为例进行简单说明。

在天线反射面上空架设多个发射器，使其信号发射范围可覆盖整个反射面。按数据采集需求数量及位置，在反射面布设接收器，用于采集反射面板表面的坐标值。系统组成框图见图7.35，组成测试系统的主要实物见图7.36。

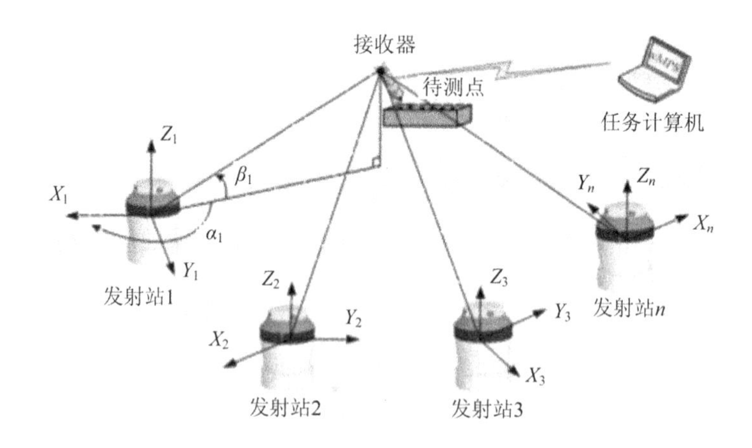

图7.35 测试系统的组成示意

众多接收器同步接收到不少于2个发射器的信号，实时计算出自身的空间坐标值，这些数值就是面板上测量点的坐标值。将测量点坐标值与天线反射面理论数学模型比对，可获得测量点相对于理论模型的偏差值，从而计算出天线面精度。

将实时测量获得的各个测量点的偏差值用于指导反射面精度的调整，直至满足精度要求。

快速测量系统目前标称的测量精度为±0.2 mm。

(a) 发射器

(b) 接收器、采集器

(c) 手持式接收器

图 7.36　测试系统实物图

7.4.3　多种测量技术相结合的实时测量

在实时测量系统中，首先在众多的测量点中设定公共点(精度补偿点)，利用区域 GPS 测量系统快速获得所有测量点的坐标值，同时利用高精度测量系统获得公共点(精度补偿点)的高精度坐标值，通过测量误差补偿和高精度坐标值修正等措施，测量精度可达到 ±0.1 mm，从而达到快速、高精度的测量效果。

精度补偿点的形状为十字标尺，见图 7.37。测量前需对标尺上的 4 个测量点(3 个圆形和 1 个方形)进行计量标定，然后将标尺布设在反射面选定的各个位置处。测量时，高精度测量系统获得 3 个圆形点的坐标，快速测量系统获得方形点(精度补偿点)的坐标。利用事先计量标定的几何关系可求得方形点的精确坐标值。通过方形点在两种测量系统下的坐标差值，可获得快速测量系统偏差，经数据处理后可提升快速测量系统的测量精度。

公共点(精度补偿点)的布设原则是在整个反射面工作区域，左右对称、均匀分布式布设。区域 GPS 发射器的布设原则是使整个反射面工作区内任意位置处，均能收到不少于 2 路的发射信号。GPS 接收器按照数据采集需求布设。GPS 发射器及接收器的布设示意图见图 7.38。

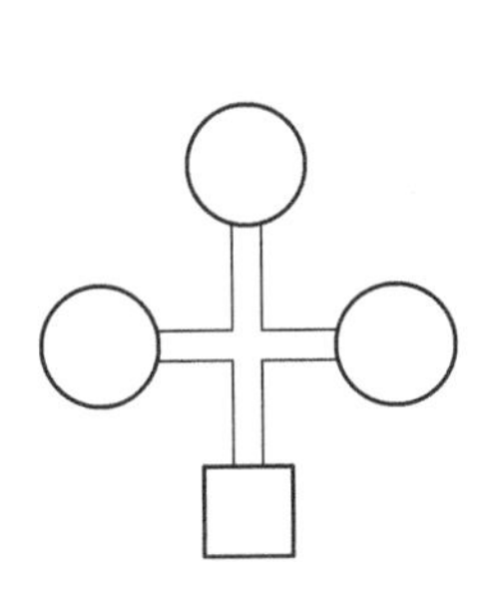

图 7.37　精度补偿点(公共点)形状示意

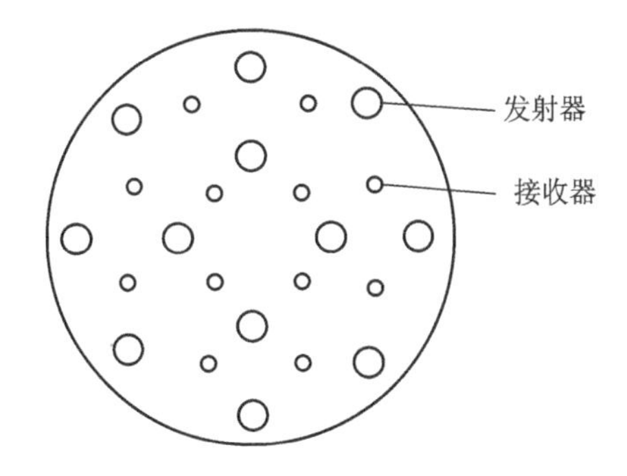

图 7.38　GPS 发射器及接收器的布设示意

该实时测量方案仅仅是基于目前的测量技术和能力而设计的，代表着一种思路以及对后期测量技术发展方向的预判。这个方案中选用的多线激光干涉测量系统和区域 GPS 测量系统只是一种举例说明。各具特色的测量领域里有代表性的测量系统还有很多，在实时测量方案的设计中具体选用哪一种，需要跟工程的实际需求相结合，需要跟场地、环境、被测物尺寸、测量特性以及测量性价比相结合。随着测量技术的不断进步，该示例的方案和测量系统可能会逐渐被替代，但多种测量技术相配合、互有侧重的综合测量理念会一直引导着实时在线测量方案的不断优化。

参考文献

[1] 李广云，等. 工业测量系统原理及应用. 北京：测绘出版社，2011.
[2] 王锦清，等. 抛物面天线微波全息测量及结果分析. 上海天文台年刊，2011.
[3] 黄桂平. 数字近景工业摄影测量理论、方法及应用. 北京：科学出版社，2019.